中国科学技术馆 | 研究书系
CHINA SCIENCE AND TECHNOLOGY MUSEUM

国家科技支撑计划项目研究（全五册）
Research on a Project of National Science and Technology Support Program (Five Volumes in Total)

第一分册

基础科学原理
解读与探究系列展品展示关键技术研发

中国科学技术馆　编著

社会科学文献出版社
SOCIAL SCIENCES ACADEMIC PRESS (CHINA)

国家科技支撑计划项目研究（全五册）

《第一分册　基础科学原理解读与探究系列展品展示关键技术研发》

主　　编：隗京花

副 主 编：韩永志　洪唯佳　马　超

统筹策划：唐　罡　洪唯佳　毛立强　魏　蕾

撰　　稿：第一章：孙婉莹　胡永立

　　　　　第二章：马　超　李瑞婷　邢金龙

　　　　　第三章：范亚楠　黄俊全

　　　　　第四章：孙晓军　张　浩　张代兵

　　　　　第五章：洪唯佳　陈志刚　孙　帆

总目录

目录
CONTENTS

1

概　述

　　科技馆是实施科教兴国战略、人才强国战略和创新驱动发展战略，提高公民科学素质的科普基础设施，是我国科普事业的重要组成部分。[①] 科技馆以互动体验展览为核心形式开展科学教育，达到弘扬科学精神、普及科学知识、传播科学思想和方法的目的。展品是科技馆与观众直接交流最主要的手段和方式，是实现科学教育目标的核心载体。公众通过与展品间生动、有趣的交互，能够直观地理解科学原理、科学现象及科技应用，进而激发科学兴趣、培养实践能力、启迪创新意识。科技馆（国外也叫科学中心）在全世界起源并发展至今已 80 余年，积累了丰富的展览展品开发经验，也由此产生了一批深受世界各地公众喜爱的经典展品。

　　党和国家一直高度重视科普事业，近年来对科普的投入显著增加，科技馆得到极大发展，展品需求量猛增。由于我国科技馆事业起步较晚，落后发达国家近 50 年，与我国科技馆发展的需求相比，展品数量仍显不足，质量仍有很大的提升空间，很多馆的展览设计长期停留在模仿国外先进科技馆创意的层面；而各展品研制企业普遍规模较小，更看重企业盈利与发展，缺乏展品创新的动力。现阶段我国科技馆展品创新能力与国际水平相比严重不足，直接影响了科技馆的教育效果，在一定程度上限制了科技馆促进公众科学素质提升服务能力的发挥，制约了我国科技馆的可持续发展。

---

① 科学技术馆建设标准。

　　2015 年 7 月，科技部批复立项国家科技支撑计划"科技馆展品创新关键技术与标准研发及信息化平台建设应用示范"项目，这是国家科技支撑计划第一次将科技馆展品研发项目纳入其中，充分体现了党和国家对科技馆事业的高度重视，以及科技馆展品创新研发的迫切性和必要性。项目由中国科协作为组织单位，由中国科学技术馆作为牵头单位，协调 15 家单位共同参与，并于 2018 年顺利通过科技部组织的验收。通过项目实施，课题组研发了一批创新展品，并研究了不同类型展品的关键技术，总结了研发规律，为我国科技馆创新展品研发提供了可借鉴的宝贵经验，有效地促进了科技馆展品创新研发能力和生产制造水平的提升，有力地推动了相关产业的发展，为提升科技馆的科普服务能力起到积极促进作用。项目共设置了五个课题，涵盖了基础科学、高新技术、机器人三类互动展品关键技术研究与展品开发，标准研究及信息化共享平台建设几个方面。中国科学技术馆作为课题承担单位，申请并完成了"基础科学原理解读与探究系列展品展示关键技术研发"的课题研究任务，聚焦基础科学互动展示关键技术，研发适应科技馆发展、能充分展示基础科学特点、受观众喜爱的基础科学展品，同时总结基础科学展品的特性和研发规律，为国内科技馆基础科学类展品的研发厘清思路。

一　研究背景

　　基础科学是一切科学技术的理论基础，推动着科技的变革。国家对基础科学普及传播高度重视，对基础科学类展品创新研发给予了高度支持。《国家中长期科学和技术发展纲要（2006—2020 年）》提出了建设创新型国家的总体目标。强大的基础科学研究是提高我国原始创新能力、积累智力资本的重要途径，是建设世界科技强国的必要条件，是建设创新型国家的根本动力和源泉。提高公众基础科学素养、促进全民基础科学水平提升将是科普工作长期且重要的方向。

在科技馆发展初期，基础科学类展品占据了相当的比例，科技馆设计人员已经成功地将一些经典的物理实验和物理现象通过机电技术手段转化为观众可以参与的基础科学类科普展品，可以说，基础科学类展品是最先被重点研发的，且已拥有相当数量的经典展品。在此基础上进行基础科学类展品的创新研制，难度较大，以往我国科技馆该类展品大多以模仿发达国家科技馆的展品创意为主，缺少自主创新且形式精彩、互动性强的基础科学类展品。

发达国家的科技馆（科学中心）特别重视展品研发创新工作，大多有自己的展品研发团队，并定期对展厅的展区和展品进行更新改造。我国只有一些大型科技馆设有展品研发部门，但因人员、资金等条件限制，创新研发能力不强。在我国承担展览展品研发任务的主要是展品制作企业，但它们普遍缺乏创新动力和能力，多数情况下只是对现有的成熟展品进行复制和有限的优化。

另外，我国科技快速发展，全民科学素质不断提高，公众广泛了解科普知识的期待和需求不断增加。科技馆的展品研发也吸引了越来越多的企业、科研院所、大专院校来参与。未来的科技馆展品研发将形成以科技馆为主导，企业、科研院所、大专院校参与的"产学研用"联合研发模式。

基础科学是科技进步的根本，因此，如何开发出更多符合科技馆科学性、知识性、趣味性特点，生动、活泼的互动性基础科学类科普展品，使公众对基础科学有更加直观、形象的理解，激发公众对科学的浓厚兴趣，从而自发地爱科学、学科学，促进我国公民科学素质的提升，已成为目前我国科技馆展品设计研发工作中亟待解决的主要难题和亟须完成的重要任务。

"基础科学原理解读与探究系列展品展示关键技术研发"课题从探索研究基础科学类展品的特性及研发规律入手，创意、设计并制作出一批受公众喜爱的创新展品。课题的实施有效地促进了基础科学类展品研发能力的提升，丰富了我国科技馆优质展教资源，推动了科技馆基础科学类展品研发、创新水平的提升，为科技馆展品研发的可持续发展提供了有力保障。

二　研究方向

针对我国科技馆基础科学类展品研发工作中存在的"以模仿为主，缺乏自主创新"等问题，探索研究基础科学类展品的特性及研发规律，创意、设计并制作出一批符合科技馆科学性、知识性、趣味性特点，受公众喜爱，生动、活泼的基础科学类科普创新互动展品。

通过文献研究、调查分析、专家咨询、归纳总结等方法调研国外先进科技馆基础科学原理展示研发现状和国内科技馆、企业、高校基础科学原理展示研发现状，分析阻碍我国科技馆基础科学原理展示研发水平提升的主要原因，并以此研究为依据，针对光学、数学、机电、力学、生命五个科技馆基础科学类展品研发设计重要领域，开展"光学全息互动展示技术研究""几何特性互动展示技术研究""传动机构集成互动展示技术研究""载人气浮平台互动展示技术研究""竞赛式科普游戏互动展示技术研究"等五个关键技术方向研究，研发出"全息摄影""圆锥曲线光学性质""双曲面特性""有趣的传递""随风而动""健康竞赛"等6件优秀的基础科学类展品。在展品研制过程中探索归纳总结基础科学类展品的研发规律，让广大公众在互动体验中，对基础科学产生探索的好奇心，得到科学思想和科学方法的启迪。

第一章 | 光学全息互动展示技术研究

习近平总书记在"科技三会"上提出"科技创新、科学普及是实现创新发展的两翼，要把科学普及放在与科技创新同等重要的位置"。科研与科普相辅相成、相互促进。《"十三五"国家科普与创新文化建设规划》提出，推动科技创新成果向科普产品转化，提高科普创新能力。科普能够促进创新成果的转化，推动科技创新，科技创新更是科普不可或缺的源头。将科技创新成果转化为科普展品，是丰富科普资源、推进科技创新的重要途径，有助于向社会公众传播科技前沿知识，提高公民科学素质和创新能力，对于开展科普工作、提高科普创新能力、增强科普能力建设、推动科技与科普事业发展具有重要意义。

激光全息技术作为科技创新前沿，在智能制造与信息领域中具有广泛应用。迅猛的发展速度与巨大的应用前景，使激光全息技术成为占领未来科技战略制高点的关键技术之一，成为各国激烈竞争的科技焦点。为了突破将前沿科技成果转化为科普展品的瓶颈，普及光学全息知识，开展光学全息互动展示技术研究尤为重要。开发展品"全息摄影"，攻克光学全息互动展示关键技术，创新展示内容与形式，可以为该类展品的创新研发提供引领示范作用。

光学全息互动展示技术研究，是要实现首次将专业光学全息技术从特定环境的实验室搬入科普场馆，首次将专业光学全息技术转化为互动式科普展品，全息摄影装置全透明地展现在观众面前，满足观众现场制作一张简单全息图并带回家的愿望，使更多的观众了解全息摄影技术。

全息摄影是物理实验中的一个基础实验，是一种利用波的干涉原理记录被摄物体反射（或透射）光波中的振幅和相位信息的照相技术；具体来说，即通过一束参考光和被照物体上反射的光叠加在感光材料上产生干涉条纹而成，如图 1-1 所示。通过全息摄影技术获得的全息图并不直接显示被照物体的图像，观察时需要用一束与参考光相同的再现光照射全息图，便可以通过记录好的全息图观察到与被照物完全相同的像。

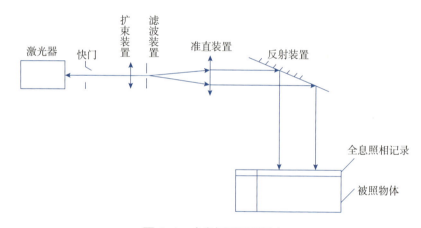

图 1-1　全息摄影原理示意

基于该技术研发的"全息摄影"展品，通过观众在红光照明的亮室环境中利用全息图拍摄装置制作一张简单全息图的互动方式，直观地展示光学全息技术，增强观众对全息技术的认识，通过观众将自制的全息照片带回家，全息知识得以进一步扩展与传播。

一　展示技术难点分析

目前在社会上盛行的所谓"全息投影"并不是采用真正的全息技术，所谓的全息画面只是将画面投射在一块透明的投影膜上，图像是平面而非立体的，属于幻影成像技术。从前些年的初音未来演唱会，到周杰伦在演唱会上与邓丽君隔空对唱，到 2015 年春晚李宇春出现三个分身，再到 2016 年 G20 峰会室外水上晚会（见图 1-2），以及一些展会、科普场馆中虚拟成像展品（见图 1-3），都属于幻影成像技术的应用，并不是全息技术的应用。

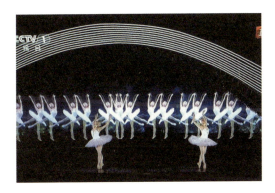

图 1-2　G20 峰会室外水上晚会

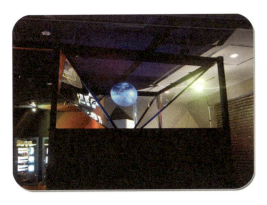

图 1-3　虚拟成像展品

近年来，科普场馆对全息摄影技术的展示形式虽然已有所进步，从单纯的静态观看全息照片，到具有一定的互动性，如中国科技馆展品"全息体验"中的酒瓶与酒、变色全息图、孙悟空等，观众不仅能看到动态全息图，而且可以通过互动操作，观看到全息图像更加神奇的特性——每一小块全息图都具有完整的图像信息，因此当全息图裂开时，一个孙悟空也随之变为四个完整的孙悟空，深受观众的喜爱。相关展示方式较之前已有不小进步，但仍存在一些问题：首先，展示形式仍显单一，互动性不强；其次，目前的全息技术只展示了科学现象，对科学技术原理解读仍不够深入。

我们发现，相当多的公众对全息技术存在误解，同时科技场馆对全息技术原理及全息照片成因等相关内容的传播也是缺失的，面对这样的现状，开展光学全息互动展示技术研究迫在眉睫。

在研究过程中，我们发现，一方面，全息拍摄时通常需要在刚性和隔振性能良好的工作台上调整参考光和物光的光路、显影过程需要的避光条件，使全息摄影仅能在特定环境的实验室中进行，并且要求操作人员具有良好的光学技术基础。另一方面，常用的银盐记录材料需要进行化学显影，不仅工艺操作性差，而且会产生大量的废弃物和污染物。因此，如何将只有在特定环境的实验室中进行的全息摄影转移到环境相对复杂的科普场馆进行现场的演示，如何将专业技术人员的操作通过机电等技术手段实现普通观众的参与操作并实现全息摄影，是本关键技术的两大难点。

二　展示关键技术研究

为解决上述难点，创新设计思路、丰富展示形式，让观众更加直观、深入地了解全息技术的原理，我们对全息技术相关文献、国内外先进全息技术进行研究，对科普场馆中全息技术展示现状等做了大量调研，充分了解全息摄影技术的原理、实现机构及技术手段。在展示形式方面，注重观众亲自动手操作控制全息照片的拍摄，将全息拍摄和显影的过程进行可视化展示。在技术手段方面，为了在科技馆复杂环境下实现全息摄影全过程，需要攻克全息互动展示中新材料的应用、拍摄系统与显影系统的一体化设计、模型位置与底片传输的精准控制等几项关键技术（见图1-4）。

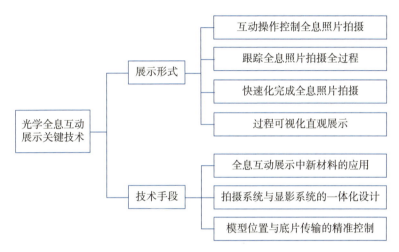

图 1-4 光学全息互动展示关键技术框图

（一）全息互动展示中新材料的应用研究

研究光学全息互动展示技术，首先要实现全息技术对环境的极高要求，调研中我们发现了一种我国具有自主知识产权的全息摄影的特殊方法以及该方法采用的新型材料，使全息摄影在科普场馆这种复杂环境下实现具备了可行性。在全息领域专家的指导下，我们对实验光路进行了单光束光路的简化，采用新材料光致聚合物记录全息图，从而降低了全息记录对环境振动的要求。采用光致聚合物材料只需要进行简单的紫外光照射和加热就可以实现显影，这样的完全物理显影，避免了废弃物和污染物的排放。

（二）拍摄系统与显影系统的一体化设计研究

全息摄影技术的实现包括拍摄与显影两个过程，上述研究虽然降低了全息技术对环境的要求，但全息拍摄过程对环境的光照与振动仍具有较高要求。将拍摄光路、红光明室、防振系统、显影定影系统一体化设计，以内部空间分割成红光室与白光室为实现手段，以钢结构方式作为展品主体平台为基础，以传送系统贯穿始终，开发拍摄与显影系统，打造出全息摄影全流程机电一体化控制系统，节省了展品空间，提高了拍摄效率，实现了全息摄影流程化、可视化的直观展示。

（三）模型位置与底片传输的精准控制研究

在光学全息互动展示技术研究中，为满足观众可以互动操作光学全息精密仪器，引入机器人、电动滑台、十字滑台等高新技术设备。利用机器人抓取和移动的高精度性，实现拍摄模型选择及底片入位的全姿态自动定位，确保模型定位与底片传输的精准控制；电动滑台在红光室与白光室之间建立传送通道，运载底片从全息拍摄至全息显影，最终实现成片输出；十字滑台夹取全息底片从紫外照射区到加热区，确保底片与操作区域的完美贴合，实现最佳的显影效果。PLC控制器通过总线拓扑连接到机器人、电动滑台、十字滑台等设备，这种简单布置具有极高的响应速度，同时大幅降低了系统的故障率，提高了总体的稳定性。高新技术的引入成功实现了控制和跟踪全息照片拍摄全过程，使全息摄影全程快速化的互动展示成为可能。

三　"全息摄影"展品研发

（一）展示目的

展品"全息摄影"通过观众操作实现模型选择、全息拍摄、显影及全息照片再现全过程，直观地展示全息照片的制作过程，使观众可以通过简单操作，实现在红光照明的亮室环境中利用设计巧妙的拍摄装置制作一张简单全息图，建立对全息技术的初步认识，产生对光学全息技术的探索兴趣。

（二）技术路线

1. 主要结构

展品"全息摄影"由多媒体区、拍摄区、显影区和展示区等部分组成。

多媒体区为一台65寸显示器，通过多媒体动画的方式，介绍全息摄影的原理、全息照片的形成及全息技术的应用。

拍摄区和显影区展台上半部为全透明玻璃罩，方便观众观看全息照片制作装置及制作全过程。展台内部由双层亚克力板隔为红光室和白光室。红光室为全息拍摄区，照明为LED红光，内设光学元件平台、机械臂、底片盒、拍摄模型及底片传送机构；白光室为全息显影区，照明为LED白光，设置紫外照射平台、加热固化平台、定向照明、十字滑台及底片传送机构。两个区域的操作台上设置了带灯按钮与进度指示灯，根据灯光亮灭指示当前操作流程与拍摄进度。

展示区由全息照片输出口和图文板组成（见图1-5至图1-8）。观众在这里可以获得加工制作完成的全息照片。在全息照片成品输出瞬间，通过灯光直射，全息照片能够立刻呈现立体影像，带给观众惊喜与震撼。

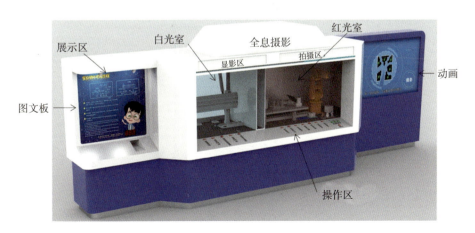

图1-5 展品"全息摄影"效果图

单位：毫米

图 1-6 展品"全息摄影"主视图

图 1-7 展品"全息摄影"顶视图

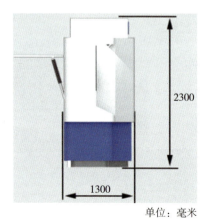

单位：毫米

图 1-8 展品"全息摄影"侧视图

展品所使用的全息底片为一块 6cm×8cm 大小、2mm 左右厚度的玻璃片，玻璃片的一面覆盖着一层感光膜，玻璃片的边缘进行了包边处理。全息底片经过曝光及显影过程之后变成一张全息照片（见图 1-9），观众可以自行取走自己制作的全息照片成品，作为纪念。

图 1-9　全息照片

2. 展示方式

展品"全息摄影"通过模型选择、全息拍摄、紫外照射、加热固化及成品输出等互动流程实现全息照片的拍摄和制作。

（1）模型选择

观众通过按钮对三种不同的拍摄模型（见图 1-10）进行选择，选定后，机械臂启动，打开底片盒盖，夹取全息底片至曝光位，并将选定的模型夹起放至全息底片下的凹槽内。同时，操作台上通过指示灯提示目前的工作进度（见图 1-11）。

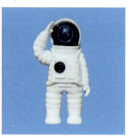

图 1-10 三种模型图片

图 1-11 拍摄区的按钮与指示灯

（2）全息拍摄

模型放好之后，"启动拍摄"按钮闪亮，提示观众可以开始拍摄。观众按下按钮后，程序自动启动静台、曝光过程。所有光学元件均固定在防振平台上（此展品中的"防振"主要防止光学元件、底片等之间的相对振动，所以采用"振"）。曝光过程由程序控制快门完成。曝光光路和曝光参数均已预先完成设定。静台时间大概 30 秒，曝光时间大概 10 秒。观众可以通过透明玻璃罩看到全部过程（见图 1-12）。曝光完成后，观众按下"模型归位"按钮，机械臂将模型归位，再将全息底片放置在电动滑台的底片槽内，全息底片经电动滑台传送，经过隔板的自动开闭安全门，进入显影区。

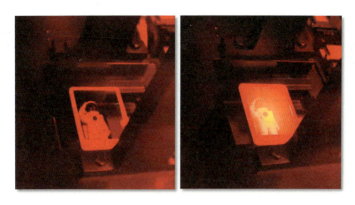

图 1-12 曝光过程中全息底片的神奇现象

（3）紫外照射

观众按下"紫外光显影"按钮，十字滑台上的夹爪将全息底片放置紫外照射区，紫外光照射需要 60 秒左右（见图 1-13）。紫外光源设置在玻璃柱内，由新型紫外 LED 光源提供，此过程不产生臭氧及强光。观众可以通过透明玻璃罩看到紫外光定影过程。

图 1-13 显影区的按钮与指示灯

（4）加热固化

按下"加热影像增强"按钮，十字滑台上的夹爪将全息底片放置加热区。加热区为一块加热板，全息底片贴在加热板上面加热 60 秒左右。观众可以透过玻璃罩看到加热过程中全息影像由暗变亮的神奇成像过程（见图 1-14）。

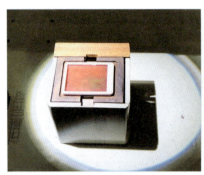

图 1-14　加热过程中全息影像由暗变亮的神奇现象

（5）成品输出

全息底片完成显像后，全息照片就做好了。全息照片通过滑轨传送到展示区，由风机对其进行降温，LED 屏显示降温倒计时。降温结束后，全息照片自动滑入下面的输出口，观众可以获得全息照片成品（见图 1-15），并在白光下看到全息影像再现过程。

图 1-15　全息照片在白光下影像再现

（三）工程设计

1.机械设计

"全息摄影"机械设计的技术难点包括底片传送与模型选择装置设计、防振平台设计、显影机构设计、暗室环境设计和全息底片存储装置设计。经过项目团队的反复论证与设计优化，"全息摄影"机械设计达到全程可视化、实现快速化、互动体验性强的展示效果。

（1）底片传送与模型选择装置设计

在最初设计中，底片传送装置采用升降支架机构作为运送底片的载体，配合导轨将底片由存储机构传送到全息拍摄光路反射镜正下方的底片曝光区，再利用耐老化传送带将其由曝光区经暗室活动门传送至显像区。模型选择装置采用转盘的方式进行模型选择，配合导轨将模型传送至防振平台的底片下方（见图1-16）。观众可以对操作台上的转轮进行操作，控制内部转盘选择喜欢的模型，承载模型的转盘在导轨上滑动入位，使被选择模型正好位于底片正下方。

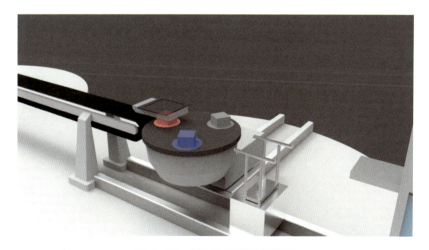

图 1-16　最初的模型选择装置

在原型试验中，我们发现支架与传送带无法达到底片传送的精度要求。

另外，全息照片拍摄过程参与的联动机构比较多，运动程度比较复杂，难以保证机构间的联动配合的精度与拍摄过程的防振要求。特别是承载模型的平台与底片并不处于同一底板上，使曝光过程中被拍摄物体及底片之间的相对振动很难降低，全息拍摄效果无法保证。

经过对技术手段的调研和反复的原型试验，将底片传送装置与模型选择装置同步进行优化，最终选取 6 轴机械臂代替升降支架、导轨、转盘等复杂的结构，机械臂可以抓取底片与模型并且精准移动，实现拍摄模型选择及底片入位的全姿态过程，这样使底片存储装置、模型选择装置与底片传送装置都得到简化（见图 1-17），既满足了全息拍摄平台对防振的极高要求，又保证了底片运输中的稳定性及精准度，降低结构复杂性从而使各

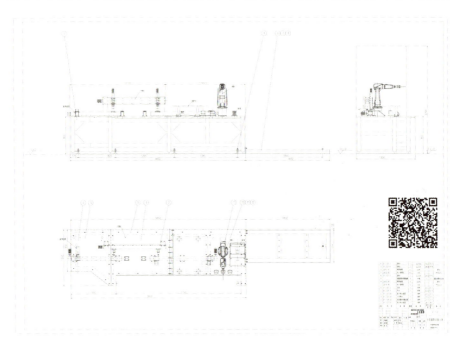

图 1-17　底片传送与模型选择装置结构图

注：由于版面限制，本图无法清晰呈现结构，请扫描图中二维码查看清晰大图，本书其他大图同此情况。

机构提高了运行速度和整体协调性，降低了后期复杂结构的维护难度。

此外，采用电动精密滑台代替传送带，将底片由拍摄区传送至显影区。电动滑台利用伺服电机和同步带组合驱动机构，保证了底片从拍摄区至显影区、显影区至输出口传送过程中的位置精度，同时降低了噪声，加减速通过程序柔性处理，提高整个传送过程的灵活性。

（2）防振平台设计

全息拍摄防振平台，承载着全息拍摄过程中所用的所有光学元件，且要求光路可定期调试维护。考虑到场馆嘈杂的外部环境，为降低振动，平台采用全金属结构，去除内部应力，质量大，抗振性能好。将所有的光学元件底座采用磁力吸盘吸附在防振平台上，保证曝光过程中光学元件稳定、可靠，且方便维护与调试（见图1-18、图1-19）。

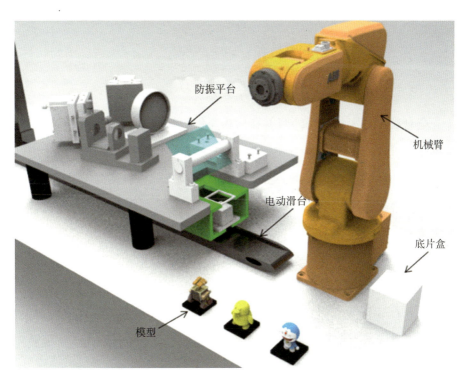

图 1-18　拍摄区效果图

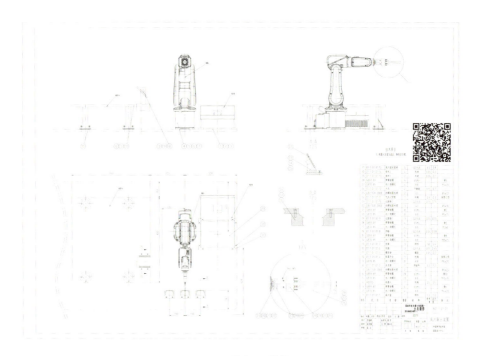

图 1-19 拍摄区结构图

（3）显影机构设计

全息底片显影包括紫外照射和加热固化两部分。在最初设计中，显影区设计成可旋转平台，平台两侧先后为紫外光源及远红外加热单元（见图1-20），该版设计仍延续拍摄区中所采用的升降支架机构作为运送底片的载体，并配合导轨移动底片，由于支架无法达到精度要求，可旋转平台同样在优化中被淘汰。

调研相关技术手段，稳定性与精确度更高的十字滑台脱颖而出，用以替代支架和可旋转平台，由电动滑台代替传送带。十字滑台利用伺服电机和滚珠丝杠导轨副结构，将从拍摄区传送来的底片夹取到紫外照射台上，经紫外灯照射后再由十字滑台将底片夹取到加热台上进行加热，待加热完成再由十字滑台将底片放置电动滑台上，传送至输出口（见图1-21、图1-22）。十字滑台这种夹取底片的传送方式，特别适合显影区中光显像及热

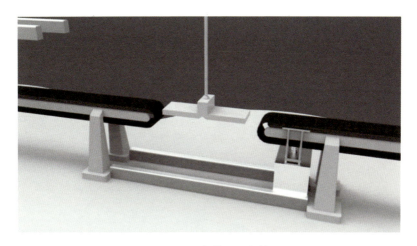

图 1-20　最初的显影机构图

显像两个平台的结构设计，能够适应不同的环境条件，顺畅地实现不同工艺的物料运送环节，保证了显影过程中底片的精准定位和配合要求。

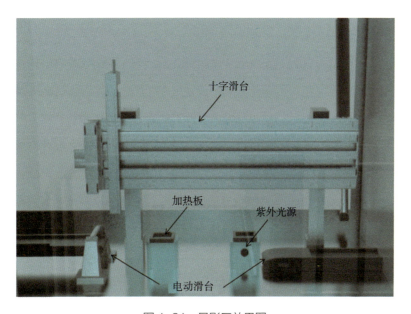

图 1-21　显影区效果图

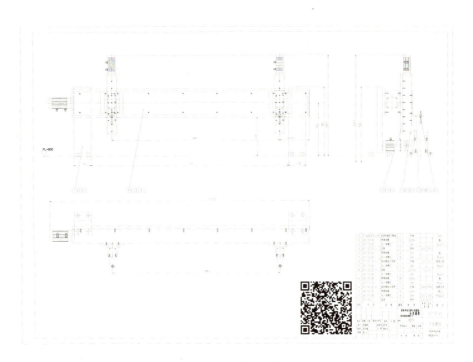

图 1-22 十字滑台结构图

（4）暗室环境设计

由于全息拍摄过程对避光性的严格要求，我们需要打造暗室环境。我们将拍摄区域的空间内部喷涂成哑光黑色，满足拍摄所需的暗室环境，但是从科普场馆展览展示的角度来讲，希望观众能够看到暗室里发生的"故事"，因此设计了一面橱窗供参观使用。本展品所使用的全息底片对绿光敏感，故展示窗口采用红色亚克力隔绝外部自然光对暗室环境的影响，对外部光线进行隔离，保证安全的暗室拍摄环境。此外，由于暗室与明室之间连通全息底片传送通道，隔板上设计一扇可控的暗门，既保证底片的传送，又防止白光照进暗室。

（5）全息底片存储装置设计

关于底片存储装置，最初项目组设计的是叠片式底片存储机构（见图1-23）。由于底片是由 2mm 左右厚度的玻璃片贴全息膜制成，易碎且表层不能划损，对底片盒内结构设计要求极高。而该版设计在底片自动弹出过程中上下层接触比较紧密，会磨损底片上的感光材料，影响曝光效果，且弹簧设计无法保证长期运行的稳定性。

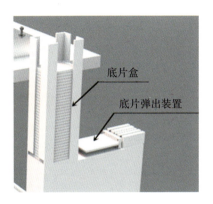

图 1-23　原叠片式底片存储机构图

　　为解决上述问题，项目团队设计出新版底片盒。采用标准的航空箱及双重保险盖的结构（见图 1-24、图 1-25），内置珍珠海绵保护玻璃底片，确保全息底片运输及安装过程中内部底片完全避光，这样只需要在展品上按照指定的卡位放置好底片盒，打开外部盖子即可，不再需要逐一转移底片，减少更换底片的工作量，降低更换底片的难度，这样在保证了运输及安装的便利性的同时，也确保了内部底片的防振与避光。

图 1-24　底片盒效果图

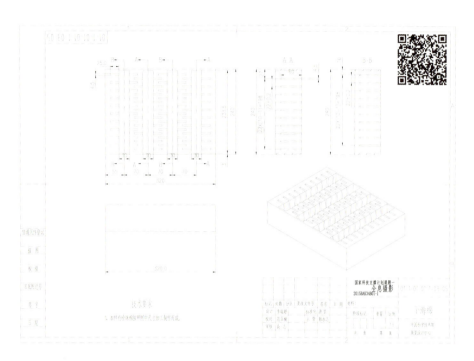

图 1-25　底片盒结构图

2.电控设计

电控设计与机械设计同步优化，优化后的电控系统主要包括电力拖动系统和电气控制系统，为实现6轴机械臂与传送带以及工装之间的完美配合，集成的控制系统是最关键的。

电气控制系统（见图1-26）包括机器人系统、伺服驱动、气动夹爪与气缸等部分。为实现精准而快速灵活的联动控制，采用西门子S7-1500系列 PLC 中的 CPU1511 和通信、输入、输出模块组成控制核心，该控制器具有稳定、快速等特点；通过 Profinet 总线实现对 ABB120T 和 V90 伺服电机（见图1-27）、气动夹爪及气缸的控制，囊括诸如实时以太网、运动控制、分布式自动化、故障安全以及网络安全等当前自动化领域的热点技术，平台兼容性强，极大地提高了各设备之间的响应速度，保障了系统的稳定性与精准度。

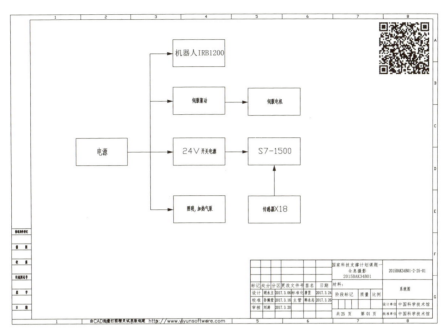

图 1-26　电气控制系统框图

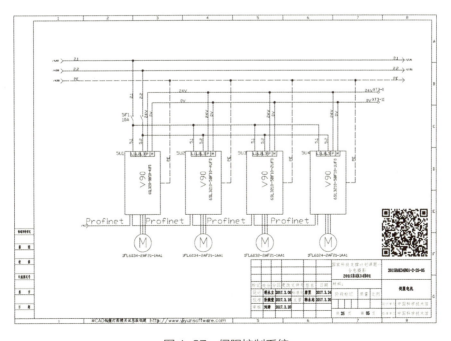

图 1-27　伺服控制系统

3. 多媒体设计

全息技术专业性强，项目团队特别制作了多媒体动画，解析全息的神奇现象、解密全息技术原理、揭开全息照片制作的奥妙、传播全息技术在军事与科技等领域的应用。全息技术是一门大学专业课程，其原理解读涉及光学基础知识与术语，为了达到使普通观众能够理解全息现象与原理的目的，极大地增加了多媒体动画的设计与制作难度。在多媒体内容策划过程中，项目团队考察了多家专业光学实验室，咨询了多名全息技术领域专家，经过对全息技术的深入研究与对多媒体大纲和脚本不断地修改完善，最终制作出多媒体动画成品。

（四）制作工艺

展品外罩采用 2mm 厚碳钢钢板，按展开图进行激光切割后焊接而成，做喷砂、除锈、除油处理，烤底漆、面漆、亮油。

结构平台采用 100mm×100mm 方通拼焊而成，使用共振平台进行 72 小时去应力处理，经大型数控加工中心对底面与上表面进行表面基准加工，保证上表面水平。加工完成后，做喷砂、除锈、除油、喷塑表面处理。

防振平台采用 35mm 厚钢板，调质后，经数控加工中心对钢板两面铣削至 30mm 厚，保证两平面平行，再次使用数控加工中心加工平台安装定位槽，做喷砂、除锈、除油、喷塑表面处理。

底片盒采用标准的航空箱及双重保险盖的结构，使用了高密度珍珠棉材料通过数控加工中心铣削制作卡槽，既保证了玻璃底片上的感光材料不被破坏，同时也确保了底片的安全与避光。

十字滑台气爪手指采用碳钢材料调质后使用线切割按图纸模型切割而成，抓取底片准确率接近百分之百，牢固可靠。

加热平台采用橡胶加热单元，使用绝缘耐高温电木铣削外壳护在加热单元外侧，既减少了热量损失，又避免了高温灼伤及对周围环境的热辐射；同时加热单元紧贴底片，使底片热显像过程快捷、受热均匀、显影效果自然。

（五）外购设备

表1-1　外购设备

序号	项目名称	规格／型号／材质	单位	数量	品牌
1	ROB6轴机械臂	rob120-3/0.58T	台	1	ABB
2	ROB六轴控制器	ROBIC5T	台	1	ABB
3	机械手夹爪	定制	套	1	
4	单纵模固体激光器（532nm）	绿光单纵模激光器（MSL-F-532nm-1W）	台	1	长春新产业
5	电动滑台与气缸	定制（同步带型）	台	4	
6	伺服电机	SINAMICS V90伺服驱动、SIMOTICS S-1FL6伺服电机	台	1	西门子
7	气路控制系统	定制	套	1	
8	成套控制柜	定制	台	1	
9	电视	UA65TU8800JXXZ	台	1	三星
10	工控机	Vostro 3667-R1838	台	1	戴尔

（六）示范效果

光学全息互动展示技术的研究探索出一条将前沿科技成果转化为科普展品的新模式，有机连接科研活动与科普事业，拉近了科学家、实验室与普通大众、现实生活的距离，丰富了科普资源，促进科普能力建设，提高了公众的科学素质，为科研成果科普化起到引领示范作用。

　　展品"全息摄影"能够广泛应用于科普场馆，满足科技馆对传播科学知识、启迪观众创新的基本要求，即强调激发观众探索兴趣，通过自主操作展品，学习科学知识、科学方法。展品深入技术原理，通过一系列巧妙机构，使展品富有科学性、知识性、互动性、趣味性，同时开发衍生品，扩展全息知识的进一步传播。依据展品开展光学全息互动体验科普教育活动，进一步加强观众对新知识的学习兴趣。

　　展品"全息摄影"研制成功后，受到业内专家们的高度好评。展品设置在中国科技馆二层 A 厅光学展区长期展出，以其专业的知识解析、趣味的互动流程、神奇的全息现象及可带走的全息成品吸引高校、社会的广泛关注，深受广大观众的喜爱。项目团队研究开发的"实现全息摄影过程的互动展示方法及其系统"获得 1 项发明专利和 1 项实用新型专利的授权。已有数家科技馆对展品表示了兴趣，对展品研制过程做了调研，可见展品的科普教育功能已得到认可，为更广大地区的更多公众提供了优质的科普服务，创造了更大的社会效益。

第二章 | **几何特性互动展示技术研究**

科普场馆中的科普展品大多通过让观众动手参与，使观众能够观察和体验不同展示效果的方式展示相关科学内容。互动性是科技馆展品的一个主要特点。数学尤其是几何，由于较为直观，项目团队通过机电手段将效果直观、明显地展示出来，使其成为科普场馆展品重要的展示内容之一。像双曲线狭缝等数学展品，由于立意新颖、现象反常规，已经成为科技馆中的经典展品，相关技术已经广泛运用到其他展示领域。

在几何科学内容的展示中，椭圆、抛物线和双曲线等圆锥曲线因具有贴近生活、立体、直观等特点，受到观众的欢迎和喜爱，成为科普场馆中几何科学内容的主要展示方向。鉴于此，本研究领域针对几何特性互动展示技术展开了圆锥曲线光学性质和双曲面特性两个方向的展示研究。

一 圆锥曲线光学性质展示研究

圆锥曲线在我们的日常生活中应用非常广泛，大到天体的运动轨迹，小到灯罩的形状都离不开圆锥曲线，可以说，掌握了圆锥曲线的科学内容，就可以理解在生活中经常遇到的椭圆、抛物线和双曲线等形状物体背后的科学原理了。当前我国大力推动基础科学研究，向普通公众推广宣传圆锥曲线等基础科学的科学内容变得尤为重要,不仅使公众更深入地了解日常生活中的科学原理,同时激发公众,尤其是青少年对基础科学的好奇心,引导青少年致力于基础科学研究,为我国科研事业贡献力量。

由于圆锥曲线类型的展品具有较好的可视性,可以通过机电互动的方式将科学原理以较好的展示效果进行展示,这种方式深受国内外科普场馆的欢迎。1988 年,中国科技馆借鉴国外科技馆的展示方式,研制了"椭圆焦点"展品,采用观众动手弹射圆柱块击中目标的方式展示椭圆的光学性质,展品技术手段简单、可靠,展示效果上乘,深受观众的喜爱,已经成为科技馆业内的经典展品。之后,国内科技馆相继开发了"抛物线"等展示圆锥曲线性质的科普展品,同样受到观众的欢迎。

针对圆锥曲线光学性质的展示,目前椭圆和抛物线两种圆锥曲线的展示形式已经相对成熟,项目团队认为,应该进一步挖掘其他圆锥曲线光学性质的展示方式,努力通过机电的方式,将相应的光路直观地展示出来;同时,进一步创新已有的椭圆和抛物线等圆锥曲线光学性质的展示形式;最后,将不同形状的圆锥曲线组合成展品组,采用同样的展示形式和实现手段、类似的互动方式,通过对比的方式展示不同的圆锥曲线各自特有的光学性质。"圆锥曲线光学性质"不仅可以使观众了解不同圆锥曲线具有的不同性质,还可以使观众在互动体验中感受几何的奥秘,激发观众尤其是青少年对于几何的好奇心。

(一)展示技术难点分析

圆锥曲线作为平面几何中的重要内容在科技馆中已经有所展示,例如,双曲线狭缝、正交十字磨、圆锥曲线的形成等展品已经作为经典展品在国内科普场馆的数学展区中展示。展示圆锥曲线光学性质的展品也有涉及,例如,上文提到的椭圆焦点和抛物线等,多是以小球或圆片作为载体,展示不同形状的圆锥曲线之间光的传播路径,从而揭示圆锥曲线的光学性质。

展品互动性较强、展示效果较好、运行稳定可靠，得到了观众的欢迎和认可。上述展品虽然非常优秀且经典，但已经在国内多家科普场馆展示了很多年，观众逐渐产生了审美疲劳，科普场馆需要新的展示形式来激发观众的参与体验欲望。展品从展示内容、展示效果和观众收获等方面仍存在较大的提升空间。

对于圆锥曲线光学性质的展品开发，从技术手段来讲是成熟的。在展示内容上，如何将未展出的科学内容能够有效地转化为互动性强、可靠性高、适合科技馆展示的科普展品？如何将相关科学内容的展品进行有机整合，实现更大的展教效果？在展示形式上，如何优化已有科普展品的展示方式，更大程度地发挥展品教育作用？在技术手段上，如何稳定、可靠地实现既定展示效果？这些是本关键技术的技术难点，需要项目团队逐一攻克。

（二）展示关键技术研究

为了解决上述技术难点，更加直观地展示圆锥曲线的光学性质，项目团队集思广益，试图在展示内容和形式上有所突破，研制双曲线光学性质的展示方式，通过对比的方式同时展示椭圆、抛物线和双曲线三种圆锥曲线的光学性质，激发观众参与兴趣，引发观众思考。在设计展示形式时，注重在原有的形式上有所创新和突破，采用物体运动轨迹代替不易显现的光路的形式，使观众在互动体验中感受圆锥曲线科学原理的美妙与神奇。

展品展示形式的创新需要技术手段的支撑。在技术手段方面，需要重点对弹射装置的研发、减少弹射物摩擦力和弹性形变技术进行重点研究（见图 2-1）。

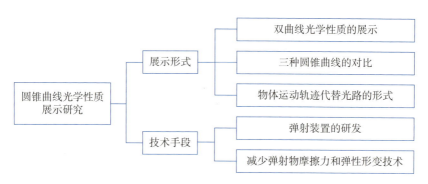

图2-1　圆锥曲线光学性质展示研究框图

1.弹射装置的研发

弹射装置主要用于双曲线光学性质部分，由于双曲线光学性质对光线有定向要求，因此，项目团队考虑采用弹射装置的方式来实现。为了实现较好的展示效果，要求通过弹射装置释放的物体具有较好的定向性，即物体的弹射方向与弹射装置的指向方向保持一致。同时，弹射出的物体应具有稳定的初速度，确保能够按照双曲线的光学性质，实现弹射出的物体经过双曲线反弹后以一定速度击中目标物。弹射装置的研制是实现双曲线光学性质预期展示效果的重要技术难点。

2.减少弹射物摩擦力和弹性形变技术

为了实现展品展示效果，要确保弹射物体能够以一定速度在台面上运动，运动过程中的摩擦损耗较小。同时经过弹射后，物体仍然可以以一定速度继续运动，确保碰撞过程中的能量损耗较小。为了解决上述问题，项目团队从弹射物体的形状、材料、台面材料以及圆锥曲线挡板材料等多个方面进行研究，力求解决问题，实现预期展示效果。

（三）"圆锥曲线的光学性质"展品研发

1.展示目的

展品"圆锥曲线的光学性质"通过观众手动弹射和利用机械装置发射

弹射片的方式，将直观、易于观察的弹射片运动轨迹表示为光线经过圆锥曲线的光路。通过观察弹射片的运动轨迹，对比不同圆锥曲线的光学性质，使观众对圆锥曲线的特性有更深入的了解，使观众尤其是青少年对数学、几何及基础科学研究产生好奇心。

2.技术路线

（1）主要结构

展品由椭圆的光学性质、双曲线的光学性质和抛物线的光学性质三部分组成。每部分均为圆形台体，三部分组合成花瓣形台体（见图2-2至图2-5）。

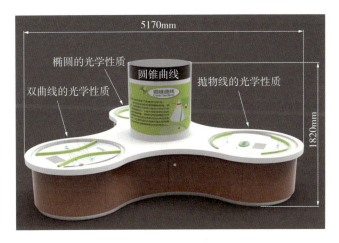

图2-2　圆锥曲线的光学性质展品效果图

图2-3　圆锥曲线的光学性质展品主视图

33

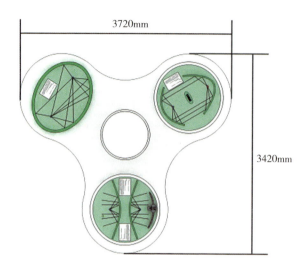

图 2-4 圆锥曲线的光学性质展品顶视图

图 2-5 圆锥曲线的光学性质展品侧视图

椭圆的光学性质：由玻璃台面、椭圆形轮廓挡板和弹射片等组成（见图 2-6）。在展台上设置椭圆形轮廓挡板，挡板内部设置玻璃台面，在椭圆形轮廓的一个焦点位置上设置固定目标块，该目标块与玻璃台面固定。

双曲线的光学性质：由展台、双曲线形挡板、圆弧形导轨、弹射装置、玻璃台面和弹射片等组成（见图 2-7）。在展台上设置两个双曲线形挡板，双曲线形挡板的中心为台面中心。在双曲线两个焦点位置分别设置目标块，目标块与玻璃台面固定。在一侧台面设置一个圆弧形导轨，该圆弧形导轨的圆心是双曲线形挡板的远端焦点位置。在圆弧形导轨的滑块上设置弹射装置，该弹射装置可以将弹射片以稳定的方向和速度弹出。

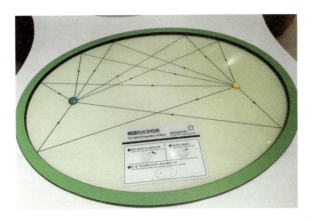

图2-6　椭圆的光学性质展品照片

图2-7　双曲线的光学性质展品照片

抛物线的光学性质：由展台、两条不同形状的抛物线挡板、障碍挡板、玻璃台面和弹射片等组成（见图2-8）。展品两端设置两条不同形状的抛物线挡板，两条抛物线挡板的对称轴为同一条直线。在中间区域设置一个障碍挡板。其中一个抛物线焦点位置为出发位置，另一个抛物线的焦点位置上设置一个目标块为目标位置，该目标块与玻璃台面固定。

图 2-8 抛物线的光学性质展品照片

（2）展示方式

"圆锥曲线的光学性质"包含"椭圆的光学性质"、"双曲线的光学性质"和"抛物线的光学性质"三部分展示内容，三部分相对独立，观众可以选取其中部分内容参与，也可以分别操作三部分装置，在参与体验中了解三种圆锥曲线光学性质的不同。

①椭圆的光学性质

观众参与时，将弹射片放置在椭圆的焦点位置，可以朝任意方向用手弹射，弹射片随即开始在台面上滑动，经过椭圆外围轮廓挡板的反弹后，正好能够撞击到椭圆另一个焦点位置上的目标块。

②双曲线的光学性质

"双曲线的光学性质"两端采用不同的参与方式，一边为手动弹射方式，另一边为机械装置弹射方式。

手动弹射：观众首先将弹射片放置在手动弹射一侧台面的任意位置，根据台面上背景喷绘的路径指示，朝双曲线远端的焦点方向弹射，如果弹射方向正好是远端焦点位置，则弹射片被弹出，经过台面滑动和近端双曲线挡板反弹后即可击中近端焦点位置的目标块。

机械装置弹射：首先，观众将弹射片推入弹射装置底部，随后可以在圆弧形导轨上任意移动弹射装置，由于圆弧形导轨的圆心是双曲线远处的焦点位置，即弹射装置在导轨任意位置，其均指向双曲线远处的焦点位置。观众确定发射位置后，按下发射按钮，弹射片即按照指向方向从弹射装置内弹出，经过台面滑动和近处双曲线挡板反弹后击中近处焦点位置上的目标块。

③抛物线的光学性质

观众参与时，将弹射片放置在抛物线焦点的出发位置，按照图示提示，朝向本侧抛物线弹射，其经过抛物线反弹后，向另一条抛物线运动，经过二次反弹后，会到达另一条抛物线的焦点位置，击中目标块。观众只要朝向近处抛物线将弹射片弹射出去，且弹射片经过反弹后能够绕开障碍挡板，经过两次抛物线挡板的反弹后，弹射片均会击中另一个焦点位置的目标块。

3. 工程设计

"圆锥曲线光学性质"机械设计的技术难点是弹射机构和弹射片的设计。项目团队对上述部分设计均进行了多次试验和优化，最终达到较好的展示效果。

（1）弹射机构设计

为了确保弹射片运动的准确性，实现展示效果，需要在机械设计上确保弹射出的弹射片运动方向的准确性且具有一定的运动速度，这是弹射装置必须解决的关键技术问题。经过几个版本的设计，最终实现了展品功能。

在最初设计时，采用了通过弹簧蓄能驱动小球的弹射装置，观众通过拉动操作杆压缩弹簧后释放，将小球弹射出去（见图2-9）。在制作后项目团队发现存在一些问题：例如：由于弹射杆较长，弹射过程中弹射杆顶部无法稳定击中小球的中心位置，出现小球运动方向偏离轨迹线的问题；偶尔出现弹射无力的问题；操作杆部分是观众唯一互动部分，容易导致观众用力过猛，造成操作杆损坏。

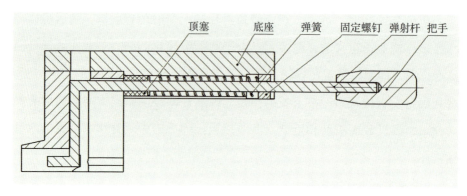

图 2-9 弹射机构最初机械示意

随后，设计团队根据存在的问题对弹射机构进行优化，优化后的弹射机构通过按下操作片，驱动撞击杆将弹射片弹出（见图 2-10）。在进行图纸审核时发现，按压处存在较大间隙，手指容易误入间隙，按压过程中操作不当容易导致手指压伤，存在较大安全隐患。

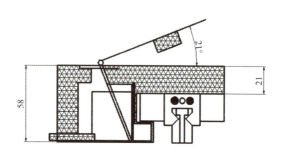

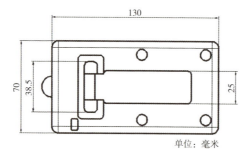

单位：毫米

图 2-10 弹射机构第二版机械示意

根据上述安全隐患，项目团队对弹射机构又进行了全新的整改，改为通过按下按钮的方式驱动弹射片释放（见图 2-11）。观众参与时，按下按钮将压簧压缩的能量释放出来，使撞板撞击弹射片将其弹射出去。弹射装置可以通过更换压簧来调整撞板撞击弹射片的速度，使其弹射速度稳定在合理区间。经过反复试验，项目团队确定该装置能够实现弹射，且效果良好，但仍然存在发射按钮不够明显；移动弹射装置时，装置与导轨接触位置存在夹手的安全隐患等问题。

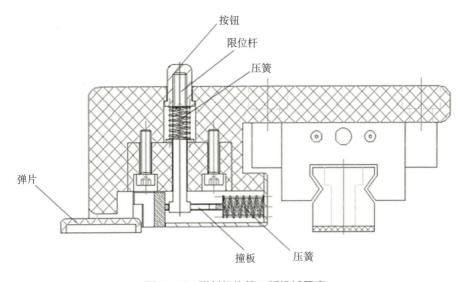

图 2-11　弹射机构第三版机械示意

弹射机构已经实现了较好的弹射效果，项目团队针对弹射机构存在的问题进行了局部调整。弹射机构增加了移动的把手，两端进行了优化，内嵌 EVA 软制材料，解决夹手问题，发射按钮下方增加文字（见图 2-12），让观众能够直观地了解按钮的作用。

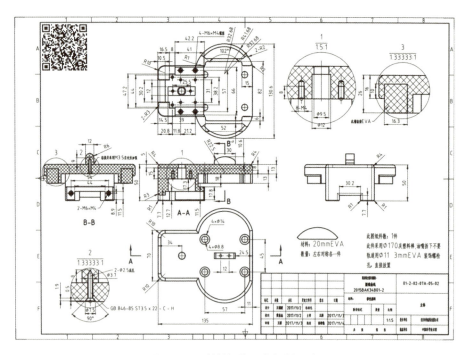

图 2-12　弹射机构最终机械示意

（2）弹射片设计

展品通过弹射片的运动轨迹的方式来展示圆锥曲线反射光线的不同特性，因此，弹射片成为可以实现展品展示效果的关键零件。在进行弹射片设计时，首先，要确保弹射片的圆柱度，使弹射片发生碰撞弹射时能够基本符合光的反射定律，不至于产生较大的方向偏差；其次，要保证弹射片与台面之间滑动时的摩擦力尽可能小，确保弹射片能够以一定速度完成既定轨迹的运动。

在最初设计时，项目团队采用圆柱形弹射片，但由于圆柱形底面与台面的接触面积较大，因此，摩擦力较大影响弹射片的运行速度。随后，项目团队根据试验，将弹射片的外观调整为单面凹槽型弹射片，这样有效地减小了弹射片与台面之间的接触面积，同时为了减少空气阻力和美观要求，对弹射片顶部进行了优化，增加了圆弧顶。最后，项目团队对弹射片的直径和高度进行了重新调整，使弹射片在满足展示要求的前提下更加美观和便于操作（见图 2-13）。

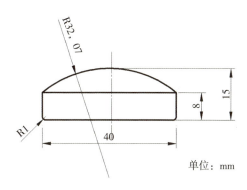

单位：mm

图 2-13 弹射片机械示意

4. 制作工艺

展品"圆锥曲线光学性质"的台体采用冷轧钢板折弯焊接制作而成，内表面防锈处理，外表面烤漆。台面采用人造石无缝拼接后打磨制作而成。操作面板采用进口亚克力材料。双曲线和抛物线轨道选用不锈钢材料，进行机加工制作。椭圆采用进口亚克力材料加工制作。双曲线光学性质所用导轨选用 THK 圆弧形导轨。双曲线光学性质发射装置选用不锈钢材料进行机加工制作。展品所用弹射片采用 PVC 材料通过数控设备加工而成。

5. 外购设备

表 2-1 外购设备

序号	项目名称	规格 / 型号 / 材质	单位	数量	品牌
1	圆弧形导轨	HCR25A1LL+45/750R-2T	根	1	THK

6. 示范效果

在项目启动初期，展示形式上，项目团队对双曲线光学性质的展示、三种圆锥曲线的对比展示和物体运动轨迹代替光路形式的方案进行了系统深入的研究，经过多次优化后，确定了上述方案在展示圆锥曲线光学性质的可行性和优越性。

展品"圆锥曲线光学性质"的研发过程，凝结了项目团队集体的宝贵智慧和辛勤汗水。为更好地展示圆锥曲线的光学特性，保证展示效果，项目团队攻克了多个难关，解决了弹射装置稳定弹射的技术问题，完成了弹射片减小摩擦力和弹性形变的研究，解决了弹射片定向稳定运动，并击中目标的技术难点。最终实现了关键技术研发目标。

展品"圆锥曲线光学性质"研制完成后，自贡、北京两地组织了十余场临时科普展示活动，邀请当地多所学校及社会团体参观和体验，受到广大公众及社会各界广泛关注和一致好评。项目团队研究开发的"弹射装置"、"双曲线光学性质的科普展示"和"抛物线光学性质的科普展示"分别获得 3 项实用新型专利的授权。本展品 2018 年至今一直在中国科技馆"探索与发现"主题展厅展出，受到观众尤其是青少年的欢迎和喜爱。

二　双曲面特性展示研究

双曲面尤其是单叶双曲面，在我们的日常生活中是比较常见的，比如，热力发电厂的冷却塔，广州市的地标建筑——广州塔，它们的外形都是单叶双曲面。之所以会建造这种塔状建筑，除了美观，还与其结构强度和建造成本经济性有密切关系。当前我国正在大力推动基础科学研究，向公众宣传普及双曲面等基础科学知识变得尤为重要，不仅使公众更深入地了解日常生产生活中的科学原理，同时激发公众，尤其是青少年对基础科学的好奇心，引导青少年投身基础科学研究，为我国科研事业注入更多的社会力量。

展品"双曲狭缝"是科技馆一件经典展品，展示一根倾斜的直杆旋转后可以穿过平面上的双曲狭缝，通过这一神奇现象展示单叶双曲面与任一轴线所在平面相交得到双曲线的科学内容。该展品几乎遍布国内各个科普场馆常设展览，深受广大观众的喜爱，有着非常重要的科学教育意义。尽管该展品能够很好地展示形成单叶双曲面的母线与其轴线所在平面之间的关系，但并不能完整地构建出单叶双曲面的立体形象，也无法表现出单叶双曲面与圆柱面、圆锥面等典型旋转直纹面之间的关系，项目团队认为有必要研究新的展示形式，系统展示单叶双曲面的上述特点，使观众可以更加立体、全面地了解单叶双曲面。

本研究针对单叶双曲面的形成原理和特性，结合机械、电控等技术手段，直观地展示单叶双曲面的立体结构和性质，使抽象的数学理论得到形象的演绎，引导观众观察和思考，让深奥的科学知识变得浅显易懂。

（一）展示技术难点分析

作为空间解析几何的重要内容，单叶双曲面及双曲线特性展品历经静态展示、动态展示、动静结合展示，直至本研究前，已发展到动静结合多角度展示和实心体双曲狭缝隧道展示。

在几何学中，单叶双曲面是由与转轴交叉的母线绕转轴旋转而形成的，但是观众对于此原理难以直观理解，同时，圆柱面和单叶双曲面同属旋转直纹面，它们的形成过程有内在的联系，国内外均没有能够动态、综合展示这些内容的展品。现有展品中有些可以对曲面进行完整展示并体现直纹曲面的特性，但只能静态展示，无法实现互动。如何创新展示方式，将单叶双曲面的形成过程、特性以及与其他典型旋转直纹面之间的关系，通过互动方式动态展示出来是技术难点，同时在新的展示方式下如何确保展品长期稳定运行是另一个难点。

（二）展示关键技术研究

为了解决上述技术难题，项目团队以展示内容全面、展示方式新颖、互动性强、效果形象直观、运行安全稳定为目标进行技术攻关。在展示形式上，力求解决如何通过旋转构建完整立体形象问题、如何增强视觉效果问题和如何通过控制角度实现立体形状改变问题。在技术手段上，主要进行了旋转直纹面空间形象立体可视化、曲率连续调节、素线可视化等关键技术研究（见图 2-14），最终应用视觉暂留效应，通过灯带旋转和倾斜角度联动控制，攻克了双曲面特性直观展示的关键技术，实现了课题研究目标。

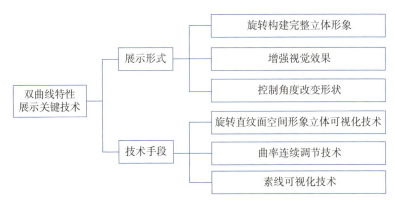

图 2-14　双曲面特性展示关键技术研究

1. 旋转直纹面空间形象立体可视化技术

人眼在观察景物时，光信号传入大脑神经需停留一段短暂的时间，光的作用结束后，视觉形象并不会立即消失，而要延续 0.1 ~ 0.4 秒，这种现象被称为视觉暂留。实现旋转直纹面的空间立体形象可视化，需"留住"母线绕转轴旋转的轨迹，而利用"视觉暂留现象"即可实现"留住"轨迹的目的。

根据视觉暂留现象，人眼若要观测到连续的空间曲面，理论上需保证母线在 0.1~0.4 秒围绕转轴旋转一周，即母线转速在 150~600r/min 时，旋转轨迹可以形成一个完整的空间曲面。

理论上不发光的母线在最佳转速下也可呈现视觉暂留现象，但是由于发光体对人眼的刺激更加明显，所以演示装置采用可变色发光母线以求更佳的演示效果。

2. 曲率连续调节技术

文中提到的曲率指的是单叶双曲面的弯曲程度，它由母线与转轴的交角控制：交角越大，形成的单叶双曲面越弯曲，反之就越平缓。在交角为零时，母线的旋转轨迹形成圆柱面。

为解决单叶双曲面曲率连续调节的技术难题，项目团队经过反复研究，决定采用在转轴上装配可控制的连续转动部件的方式实现。将转动部件与母线相连，在母线旋转过程中，控制转动部件转动，带动与之连接的母线，从而改变母线与转轴的交角，实现圆柱面到不同曲率的单叶双曲面外形的连续变化。

3. 素线可视化技术

母线在旋转直纹中的任一位置称为旋转直纹面的素线。素线可视化是指在演示过程中，可见若干条亮线组成完整的空间曲面。实现素线可视化也需要利用视觉暂留现象，故实现此功能的条件之一是母线达到最佳理论转速 600r/min。

素线可视化是将立体连续的空间曲面中按一定规律摘取若干母线轨迹，并凸显出来。实现此功能，需要母线具备显态和非显态两种状态。在母线旋转过程中，控制母线按照一定频率在显态和非显态之间快速切换，根据视觉暂留现象，若干显态的母线轨迹会留存到人的大脑里，形成素线构成的空间曲面。

（三）"动态立体双曲面"展品研发

1. 展示目的

展品"动态立体双曲面"通过互动体验方式向观众展示单叶双曲面和圆柱面的空间立体形象，动态、立体、直观地演示旋转直纹面的形成原理以及常见旋转直纹面之间的关系，使观众在互动体验中，理解几何相关科学内容，激发其对数学的兴趣。

2. 技术路线

（1）主要结构

展品由展台、LED 发光母线、蜗轮蜗杆减速电机、控制电路、旋转主轴组件、按钮和旋钮等组成（见图 2-15、图 2-16）。

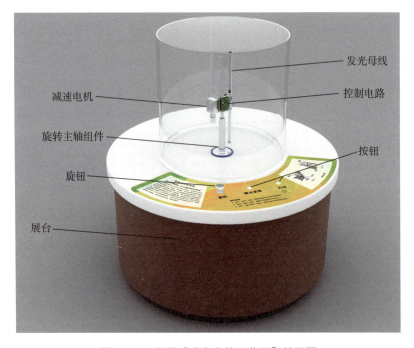

图 2-15 展品"动态立体双曲面"效果图

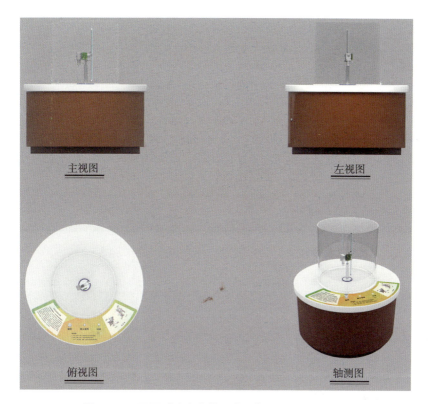

主视图

左视图

俯视图

轴测图

图 2-16   展品"动态立体双曲面"三视图和轴测图

（2）展示方式

当观众按下"启动"按钮后，LED 发光母线开始转动，当旋转达到设定速度后，LED 发光母线点亮，从而出现 LED 发光母线的旋转面轨迹。在旋转过程中，观众可通过转动旋钮，调节 LED 发光母线与旋转轴的角度。当 LED 发光母线与旋转轴平行时，所形成的旋转面为圆柱面；当 LED 发光母线与旋转轴不平行时，所形成的旋转面为单叶双曲面（见图 2-17、图 2-18）。当观众按下"演示素线"按钮时，LED 发光母线会以一定频率进行频闪，从而形成素线构成空间曲面的效果。在没有观众操作的情况下，展品运行到设定的时间后会自动停止。

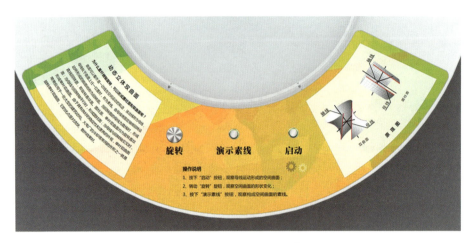

图 2-17 展品"动态立体双曲面"操作区域

图 2-18 展品"动态立体双曲面"演示效果

3. 工程设计

（1）机械设计

展品"动态立体双曲面"机械设计的技术难点主要是发光母线结构设计、曲率调节机构设计和频闪匹配机构设计。经过了多次试验和优化，最终达到了较好的展示效果（见图 2-19）。

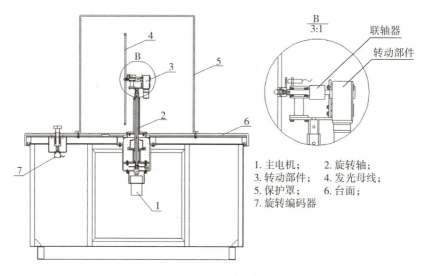

图 2-19 展品结构组成

1. 主电机；　2. 旋转轴；
3. 转动部件；　4. 发光母线；
5. 保护罩；　6. 台面；
7. 旋转编码器

① LED 发光母线结构设计。根据视觉暂留原理，当 LED 发光母线旋转转速达到 150r/min 以上时，可以观看到连续的母线轨迹。实验过程中发现，当 LED 发光母线转速为 600r/min 时，演示效果较好。由于转速较高，灯带本身强度较差，运行时极易产生较大形变，为保证演示效果，需设计支撑固定模块来保证 LED 发光母线的强度。

LED 发光母线模块最初方案是将 LED 点阵板放置于乳白色半透明亚克力管中（见图 2-20），模拟灯管发光效果，虽然能够形成单叶双曲面效果，但由于强度要求，LED 发光杆较粗，素线效果并不理想。

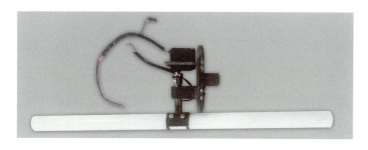

图 2-20 亚克力发光母线照片

针对上述问题，经过原型试验和反复论证，选用 U 形铝型材内嵌 LED 点阵发光板作为发光结构，采用乳白色半透光亚克力板作为导光板，嵌入 U 形铝材的卡槽中，整体结构紧凑、重量轻、尺寸小、强度高、可视范围广，展示效果较好（见图 2-21、图 2-22）。

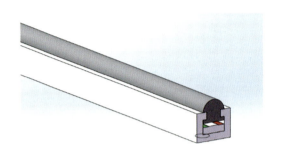

图 2-21 铝型材发光母线效果示意

图 2-22 铝型材发光母线实拍

②曲率调节机构设计。展品"动态立体双曲面"可以通过控制母线与旋转轴交角实现动态调整单叶双曲面曲率的功能，但是，若在 LED 发光母线高速转动时调整交角，会给曲率调节系统带来巨大负载和冲击。为保证演示过程的安全性和平稳性，原型试验最先选用了舵机作为控制 LED 发光母线角度的动力单元。但在试验过程中发现，由于舵机本身的工作特性，它

在运转过程中会不停地矫正角度，这种情况会导致舵机寿命大大缩短，且矫正过程会产生巨大噪声。

针对上述问题，决定采用蜗轮蜗杆减速电机作为 LED 发光母线的曲率调节动力单元（见图 2-23），该类电机具有扭矩大、噪声小、转动平稳等优点，且具备机械自锁功能，安全可靠。为保证呈现最优美的曲线外形，采用三个霍尔传感器限制减速电机转动范围，中间位置的霍尔传感器控制发光母线的复位，两边的霍尔传感器限制蜗轮蜗杆减速电机在 ±45° 的转动范围内运转（见图 2-24）。

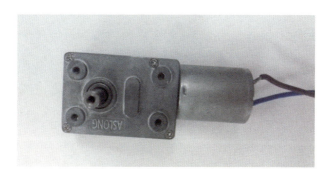

图 2-23　蜗轮蜗杆减速电机

图 2-24　霍尔传感器

③频闪匹配机构设计。素线可视化需要按一定规律将若干母线轨迹摘取并表现出来，实现此功能需要在母线旋转过程中，控制母线按照一定规律进行频闪，根据视觉暂留现象，摘取出来的母线轨迹会留存到人的大脑里，形成素线构成的空间曲面。

最初的方案是通过程序控制 LED 发光母线按照一定规律进行频闪。但在实验过程中发现，在调整 LED 发光母线角度时，主电机转速会产生一定程度的波动，利用程序控制发光母线闪烁频率，很难做到实时匹配主电机转速，进而影响素线演示效果。

针对上述问题，最终确定采用凹槽式光电传感器配合码盘达到从硬件上匹配电机转速的目的（见图 2-25）。码盘的边缘均匀分布了 30 个矩形槽（见图 2-26），将码盘与主轴固定，主轴带动码盘以相同角速度转动，凹槽式光电传感器每检测到一个矩形槽就发送一个数据，控制系统接收到数据后控制发光母线闪烁，从而实现频闪精准匹配主电机转速的功能（见图 2-27）。

图 2-25　凹槽式光电传感器

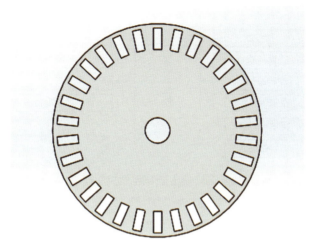

图 2-26　码盘

图 2-27　凹槽式光电传感器组件

（2）电控设计

　　最初的方案是采用一块控制电路板实现控制功能（见图 2-28），但在实验过程中发现，无论是设置在台面上还是设置在台面下，都需要大量信号线通过导电环，输入信号和输出信号混合在一起，系统臃肿且不稳定。

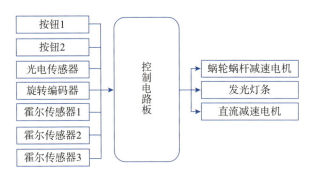

图 2-28　最初方案电气控制框架

针对上述问题，项目团队调整了电气控制技术方案，考虑采用"主机 + 从机"的控制方式（见图 2-29），分别管理台面上电气组件信号和台面下电气组件信号，"主机"和"从机"之间通过 RS232 串口通信。通过测算发现，只需要 2 根通信线和 2 根电源线，共 4 根线通过导电环。采用"主机 + 从机"的控制方式，虽然相对于最初方案多一块控制板，但"主机"与"从机"分工合作，电气系统更加简洁，效率更高，稳定性更好。

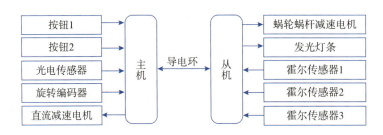

图 2-29　改进电气控制框架

4. 制作工艺

为保证强度和稳定性，台体采用钢骨架加外蒙皮结构。钢骨架采用 30mm × 30mm × 2mm 方钢管焊接，方管间距为 300mm，外蒙皮采用 2mm 厚冷轧钢板材质。钢骨架与外蒙皮焊接为一体，焊接美观，牢固可靠。展品台面采用 12mm 厚人造石材质，为保护台面板，在台面与台体之间粘接了

8mm 厚阻燃板，且在台面下翻边内侧与台体钢结构之间预留 5mm 间隙。

展品主轴采用 Q235 材质，为保证过线美观，内部为空心结构，主轴壁厚为 8mm。主轴承座采用 304 不锈钢材质，具有较高的同轴度。主轴承座安装于台体钢结构上，不会对人造石台面造成损坏。主电机架采用碳钢焊接制作。

用于制作 LED 发光灯杆的 C 型铝型材，根据灯带长度切割，切割后对切口进行修整和打磨。导光板采用乳白色亚克力制作，插槽开缝尺寸均匀，可平顺插入 C 型铝型材。LED 发光灯杆的轴承座采用 304 不锈钢材质制作，底部与电机输出轴连接，安装调试后 LED 灯杆转动平顺无卡顿。

5. 外购设备

表 2-2　外购设备

序号	项目名称	规格 / 型号 / 材质	单位	数量	品牌
1	蜗轮蜗杆减速电机	LX44WG 单轴，额定转矩 270kg·cm	个	1	理一讯
2	直流齿轮减速电机	直流电机：DM07 24V 减速箱：4GN-3K 减速箱输出转速 600rpm	个	1	关西
3	导电滑环	滑环 6 路 10A 内孔 25mm，外径 78mm	个	1	高升
4	旋转编码器	ZSP4006-003G-100B （100 线，NPN）	个	1	倍能
5	霍尔传感器	NJK-5001C	个	3	沪工
6	U 槽光电传感器	EE-SX672-WR	个	1	欧姆龙
7	电路板	定制（主机 + 从机）	组	1	通用
8	LED 灯条	定制	根	1	通用

6. 示范效果

展品"动态立体双曲面"是一套旋转直纹面动态互动展示系统，它突破以往传统的展示方式，设计科学合理，结构安全可靠。可演示不同样式单叶双曲面和圆柱面的形成过程和特点，巧妙利用了人眼的视觉暂留效应，通过灯带旋转、扫描频率和转轴间夹角的联动控制，使观众能够直观地观察到立体可变的旋转直纹面。该展示系统具有较高的知识性、趣味性、互动性和可操作性，极大地激发了观众体验热情，对于提升观众的学习兴趣，帮助其建立相关数学概念有较大帮助。本展品主要具有以下三个创新点：一是实现旋转直纹面空间立体可视化；二是实现曲率连续调节；三是实现素线可视化。

展品"动态立体双曲面"在形体特征方面有一些通用规律：其一，在其他因素不变的前提下，发光母线与转轴之间的空间距离越小，旋转形成的曲面越"瘦"，反之越"胖"；其二，在其他因素不变的前提下，LED 发光母线的长度越长，旋转形成的曲面相对越"高"，反之则越"矮"；其三，在其他因素不变的前提下，发光母线越细，旋转面越清晰。这些规律对于将来研究以围绕转轴旋转形成图形的展示具有参考意义。

展品"动态立体双曲面"研制成功后，项目团队在合肥组织多场临时展览活动，邀请当地多所学校及社会团体参观和体验，受到广大公众及社会各界广泛关注和一致好评。2018 年该展品参加中国国际科普作品大赛获得了科普展品二等奖的好成绩，并在 2018 年全国科普日北京主场展出。2020 年该展品荣获由中国科学技术协会、人民日报社、中央广播电视总台组织的"典赞·2020 科普中国"年度科普展览展品。同时基于该研究开发的"人体视觉惰性实验装置"、"一种视觉暂留现象的空间网格结构演示装置"、"一种展示余晖效应的动态立体演示装置"、"一种空间直线面的演示装置"和"一种旋转直纹面展示系统"分别获得 5 项发明专利的授权。展品目前在山东省科学技术宣传馆展出，受到观众尤其是青少年的欢迎和喜爱。

第三章 传动机构集成互动展示技术研究

机械工业是国民经济的基础行业，它的各项经济指标占全国工业的比重高达 1/4 以上，机械工业的发展直接影响到国民经济各部门的发展，也影响到国计民生和国防力量的加强。各国都把机械工业的发展放在首要位置，从德国工业 4.0 到中国制造 2025，凸显各国在机械工业领域的激烈竞争。在此背景下，向普通民众推广宣传机械这一基础科学显得尤为重要。

机械传动在机械工程中应用非常广泛，任何机械设备都需要传动机构将动力传递到工作机构，传动机构设计制造的水平一定程度上反映了机械工业的水平。限于安全、成本、展示效果等方面的考虑，科普场馆在展示机械方面的内容时，一般以传动机构互动展示为主，其互动性和启发性强，操作结果直观，是机电互动展品的典型代表，深受观众喜爱。中国科技馆在 2009 年建设新馆时，设计了展品"小球旅行记"，以传递小球为载体，设置若干机构，通过若干巧妙设计的传动机构，使小球在精确控制的轨道上运动起来，展示了各种运动形式及能量转换等相关力学和机械方面的科学内容。展品展出后好评不断，观众流连忘返，这种展示方式为流动科技馆和多家实体科技馆所借鉴。

针对机械传动的展示，除了参考"小球旅行记"外，还有很多科普场馆设计了铿锵锣鼓、汽车传动机构等科普展品。这些展品一般集成度不高，展示的机构相对简单，互动点、互动方式较单一，探究学习的特点体现不足。由于创新乏力，科普场馆中目前的传动机构类展品受欢迎度有所降低，观众期待有新型展品出现。因此，课题设置传动机构集成互动展示技术研发方向，以期突破设计瓶颈，研究设计大型综合性互动展品，充分展示一系列精彩传动机构，引导观众感受传动机构的精密与奇妙，激发探索机械科学的兴趣。

一　展示技术难点分析

目前，在科普场馆中，机械传动类展品的典型代表是"铿锵锣鼓"和"小球旅行记"，以敲锣鼓和小球运动的方式吸引观众注意力，形式新颖，趣味性强。项目团队经细致研究后认为，两类展品多采用观众操作后被动观看机构动作的方式，虽然展品"小球旅行记"有一些观众自主选择的环节，但选择内容相对比较简单，整体缺少让观众主动探究机构特点并根据探究结果操作展品的设计理念，不能充分启迪观众思考，让观众主动探究传递机构的结构特点；同时，展品传动类型较为单一，可靠性不足。

传动机构是多种多样的，同时也是非常成熟的，但如何将机械、流体、电磁等多种传动方式巧妙地集成在一起，通过不同传动方式间的组合实现特定动作，展示不同传动方式的原理、特点，组成一套生动、有趣、互动性强，直观展示一系列精彩传递机构的大型互动展示系统是本关键技术的技术难点；同时，如何突破以往展示形式，引导观众主动探究，启迪观众思考，达到更好的教育目标，是本关键技术的另一个技术难点。

二　展示关键技术研究

为了解决上述技术难点，项目团队集思广益，着重研究了传动机构集成互动展示关键技术的要点。经过反复研究与征求专家意见，项目团队认为，对于传动机构集成互动展示，其关键点在于集成、互动、启迪和探究，即传动机构集成互动展示关键技术的核心是以互动性强、集成度高为前提，创新展示理念合理引入探究式学习方式，设计出一套能引导观众自主探究传动机构特征、启迪观众思考机构原理、激发观众学习兴趣、培养探究学习能力的展示系统。展示形式依然以观众喜爱的小球运动为代入点，通过对多种传动机构集成对比展示和引导观众自主探究机构特征的研究，引导观众操作展品，探索传动机构中的科学原理。同时，为保障展品的可靠性，技术手段方面需要对成熟、可靠性高的图像识别技术和机电一体化控制集成技术进行重点研究，以最终实现展示效果（见图 3-1）。

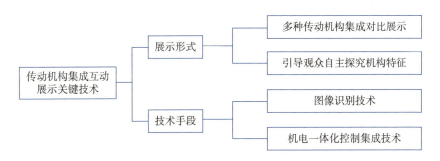

图 3-1　传动机构集成互动展示关键技术框图

（一）图像识别技术研究

传感器是一种检测装置，能感受到被测量的信息，并能将感受到的信息按一定规律变换成为电信号或其他所需形式的信息输出，以满足信息的传输、处理、存储、显示、记录和控制等要求。传感器的特点包括微型化、数字化、智能化、多功能化、系统化、网络化。它是实现自动检测和自动控制的首要环节。

颜色传感器是一种传感装置，是将物体颜色同前面已经示教过的参考颜色进行比较来检测颜色的装置。当两个颜色在一定的误差范围内相吻合时，输出检测结果。颜色传感器在机器人的接收器中广泛使用，用于感知颜色，将颜色信号转化成数据信号，进而进行后续处理。

为了实现自动识别小球颜色，展品采用成熟的颜色传感器，快速、准确地识别黑白小球，并通过系统运算确定小球先后顺序，以决定小球运行轨道，达到互动形式多样、能充分启迪观众思考的展示目的。

（二）机电一体化控制集成技术研究

展品"有趣的传递"主要由传动机构、轨道、黑白小球、工控机、互动操作机构等部分组成，是典型的机电一体化展品，在机电一体化控制集成技术上做到协调统一。

机械设计需要在充分考虑展品展示功能的基础上，确保结构强度和安全可靠，小球在轨道上滚动，机构众多、互动强的特点决定了展品结构复杂、故障点多、整体可靠性低，因此，机械设计必须预留足够的安全系数，保障展品稳定运行。控制技术重点在保证传动机构准确、及时地将球传递到下一组机构，如电磁弹射、气压弹射机构，要求及时识别小球已经就位，及时提供能量将球弹射出去，否则小球积压于此，将使展品直接瘫痪。

三　"有趣的传递"展品研发

（一）展示目的

展品"有趣的传递"通过不同传动方式间的组合，将机械结构、流体、电磁等形式各异且结构较为复杂的传动机构巧妙地结合在一起，组成一套生动、有趣、互动性强、能引导观众主动探究、启迪观众思考的大型集成展品，展示不同传动机构的原理、特点；引导观众在亲身体验中，观察展项发生的奇妙现象，产生探索机械科学的兴趣，从而理解其中蕴含的传动机构运动原理，激发观众的探索精神和团队协作意识。

（二）技术路线

1. 主要结构

"有趣的传递"主要由展台、传动机构、轨道、小球、传感器和防护装置等组成。本展品为大型综合性互动展品，设置多个展台，每个展台上设置不同的若干个观众可以互动的传动机构，传动机构应用机械、气压、电磁、液压等多种传动方式。轨道用于连接不同的传动机构和展台。小球一组四个，分为两个黑色球和两个白色球，作为传动机构机械原理展示的载体，在不同的传动机构和轨道上运动。传感器设置在多个位置，主要用于识别小球的颜色以及是否有球经过或停留，是确保展品正常运行的重要检测装置。本展品根据传递路径共设置五个关卡，可供多人协同参与（见图3-2 至图 3-5）。

图 3-2 展品"有趣的传递"效果示意

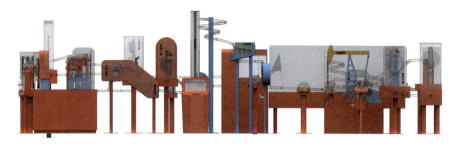

图 3-3　展品"有趣的传递"主视示意

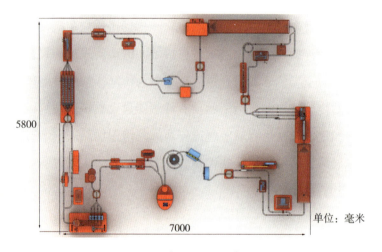

单位：毫米

图 3-4　展品"有趣的传递"顶视示意

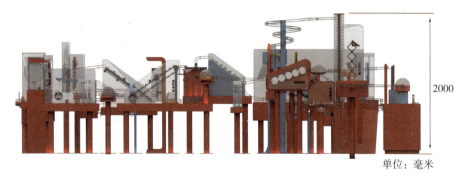

单位：毫米

图 3-5　展品"有趣的传递"顶视示意

2.展示方式

展品"有趣的传递"通过传递一组四个黑白颜色的小球，将机械、流体、电磁等多种传动方式巧妙地集成在一起，形成精彩的互动展示方式。展品共设置五个关卡，每一关之间由轨道连为一体，要求观众按照给定的顺序，完成黑白小球的依次传递。为了能让观众主动探究传动机构的特点，在互动方式上让观众的操作结果直接影响传动机构的动作结果。为了正确完成小球的顺序传递，观众需要充分了解传递机构的特点，才能正确将球按顺序传递；根据传递顺序正确与否，小球将沿不同路径传递，充分调动观众的探索兴趣，达到让观众主动探究传递机构结构特点的目的。

展项开始位置设置触摸屏，观众可在屏幕中设置四个黑白小球的排列顺序。选定小球顺序后，分球机构自动将四个小球排列好顺序。观众点击开始，小球由初始位置出发，进入传递路径，五关考验从这里开始。

（1）第一关：转轮排序

小球从起点位置出发后，通过螺旋提升装置抬升至轨道高处，随后沿向下的螺旋轨道滚入小球换序机构，通过机构后，小球的顺序被打乱后沿轨道进入转轮排序机构。转轮带动小球一起转动，转轮下方有开口，观众操作按钮选择性地让小球从转轮滚出，重新排列小球的传递顺序。小球完成此段传递后，依次滚入检测分球装置，传感器检测小球的排列顺序是否与预设的顺序相同，然后触发路径分离装置。如传递顺序正确，小球则经过曲柄摇杆机构，触发旋转升旗装置，升起一面小红旗。如果小球顺序有误，小球则经过手摇交错提升机构向后传递，表示本关传递有误。随后，小球会合到主路径上，依次通过电磁发射装置，将小球逐个发射到下一关（见图3-6）。

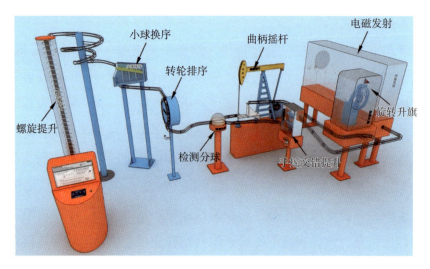

图 3-6　展品第一关"转轮排序"示意

（2）第二关：最速降线

本关设置四条形状不同的下降轨道，通过小球达到终点的快慢差异控制小球的排列顺序。

经过第一关的电磁发射装置后，小球被发射到第二关设有网状缓冲装置的入口位置，之后小球沿轨道进入台阶提升机构。提升机构将小球提升一段高度至曲线下滑机构。观众可以通过手动分球装置将小球分别推向不同的轨道，使小球分别停放到四条轨道的开始位置。四条轨道分别为过山车轨道、直线轨道、最速降线轨道和更陡的曲线轨道。观众扳动手柄同时释放小球，使四个小球同时下落，根据轨道的形状不同，四个小球下落的速度不一样，最速降线轨道上的小球首先达到终点。随后，四个小球到达检测分球装置，传感器检测小球到达的顺序（如黑白黑白），如传递顺序正确，小球经过双曲柄连杆托举提升机构提升，触发螺旋升旗装置，升起一面小红旗。如果检测小球顺序有误，小球则经过平移提升机构向后传递，表示本关传递有误。小球会合到主路径上，然后依次进入气动发射装置，发射到下一关（见图 3-7）。

图 3-7 展品第二关"最速降线"示意

（3）第三关：协作抓球

本关设计一套协作抓球机构。通过两人合作，控制球夹把小球依次抓起，向后传递。

从第二关气动装置发射过来的小球进入漏斗状的缓冲容器中，随后进入协作抓球机构，协作抓球机构设置两套操作装置和一个悬挂的球夹，通过两人相互协作，控制球夹移动，抓起小球并把小球放到出口位置，滚入轨道向后传递。观众根据小球排列顺序，依次将四个小球抓起，完成本关传递。之后四个小球先后到达检测分球装置，传感器检测小球到达的顺序，如传递顺序正确，小球则通过敲铃铛凸轮机构后，触发凸轮升旗装置，升起一面小红旗。如果小球顺序有误，小球则经过螺旋提升机构向后传递，表示本关传递有误。之后，小球会合到主路径上，依次通过阶梯提升机构向上提升，进入下一关（见图 3-8）。

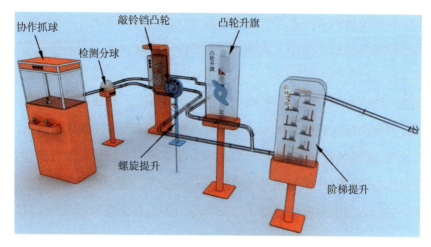

图 3-8　展品第三关"协作抓球"示意

（4）第四关：皮带传动

本关设计一套不同传动比的皮带传动机构，控制小球传递的速度，改变小球排列的顺序。

小球首先进入曲柄摇杆分球机构。根据后面不同传动比的皮带机构传递速度不同，观众需要控制分球机构，为不同颜色的小球选择一条正确的路径。之后观众摇动手轮，同时带动四条路径上的小球移动。因为每个皮带机构的传动比不同，小球移动的速度有快有慢。之后四个小球先后到达检测分球装置，传感器检测小球到达的顺序，如传递顺序正确，小球则经过齿轮传球机构后，触发连杆升旗装置，升起一面小红旗。如果小球顺序有误，小球则经过手摇提升机构向后传递，表明本关传递有误。之后小球会合到主路径上，经过轨道进入最后一关（见图 3-9）。

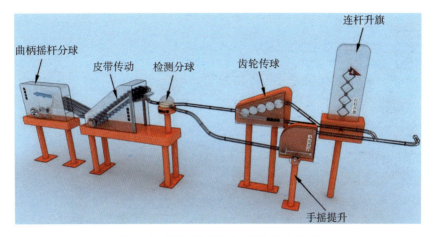

图 3-9 展品第四关"皮带传动"示意

（5）第五关：液压提升

本关设置了一套提升效率不同的液压提升机构。通过不同提升速度的液压机构提升小球，改变小球的排列顺序。

本关起始位置设置了挡块分球机构，观众通过观察液压提升机构的区别，转动旋钮将小球分别引入四条液压提升路径。观众按压手柄，带动四组液压机构一起运动，分别带动小球向上提升。因为每组液压机构的速率不同，小球移动速度的快慢也不同，先后到达检测分球，传感器检测小球排列的顺序，如传递顺序正确，小球则经过圆盘下落装置后，触发链条升旗机构，升起一面小红旗；如果小球顺序有误，小球则经过水平运球机构、摇摆花朵传球机构向后传递，表明本关传递有误。之后，小球会合到主路径上通过回球装置返回起始位置（见图 3-10）。

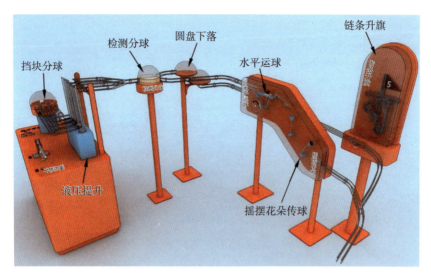

图 3-10 展品第五关"液压提升"示意

（三）工程设计

1. 机械设计

展品由螺旋提升机构、小球换序机构、转轮排序机构、手摇交错提升机构、曲柄摇杆机构、旋转升旗机构、电磁发射装置、台阶提升机构、曲线下滑机构、双曲柄连杆托举提升机构、平移提升机构、螺旋升旗机构、气动发射装置、协作抓球机构、敲铃铛凸轮机构、凸轮升旗机构、阶梯提升机构、曲柄摇杆分球机构、皮带传动机构、齿轮传球机构、手摇提升机构、连杆升旗机构、液压提升机构、圆盘下落装置、水平运球机构、摇摆花朵传球机构、链条升旗机构以及五个分球机构、地台等构成。其中，电磁发射装置、螺旋升旗机构、气动发射装置、齿轮传球机构是本展品机械设计过程中的难点。

（1）电磁发射装置设计

该装置用于展示电磁弹射原理，当小球落入斜坡中，触发检测装置，电磁炮自动将小球弹射出去，使小球落入接球框（见图 3-11）。

为了保证小球准确射出、落入接球框中，需要对小球重量进行精确测量，按照重量、抛射角度和距离进行计算，以确定电磁发射装置的功率。在安装调试过程中，为了降低小球未入网的概率，项目团队反复试验，逐步调整检测装置位置，精确设定弹射启动时机；同时通过串联变阻器的方式将弹射功率设计为可调，这样便于试验调试，保证小球入网的高命中率。

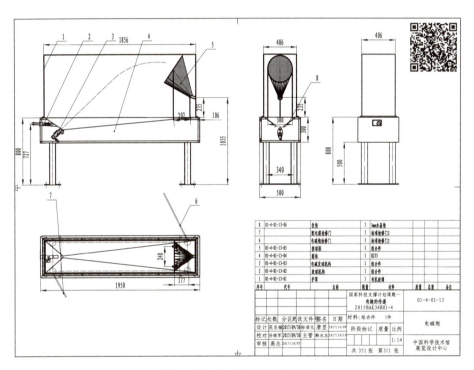

图 3-11　电磁发射装置示意

（2）螺旋升旗机构设计

该装置由电机通过齿轮减速机构带动双向螺纹轴旋转并驱动滑轨做上下往返运动。旗子固定在滑轨上，根据滑轨的上下运动，展示升旗及降旗的过程，该装置主要展示凸轮及其衍生机构的工作原理（见图3-12）。

为了确保滑轨在表面雕刻有双向螺旋沟槽的立柱上实现上下运动，项目团队经过多次讨论和原型试验，制定了在螺旋沟槽中设计小型滚轮的方案，滚轮与滑轨连接，通过滚轮的运动带动滑轨向上或向下运动。其中的技术难点是滚轮的装配，展品在试验过程中，多次出现滚轮滑落轨道或与立柱抱死的情况。项目团队经过分析，一方面通过数控加工提高双向螺旋沟槽的加工精度，另一方面优化滚轮结构，在滚轮悬臂位置设计弹簧，确保滚轮能够始终轻轻压在螺旋沟槽中，这样成功地解决了滚轮装配的问题，确保机构的稳定运行。

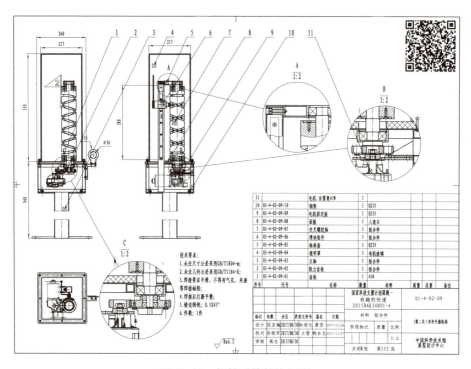

图 3-12　螺旋升旗机构示意

（3）气动发射装置设计

该机构主要展示空气炮机构组成和原理（见图 3-13）。观众通过连续扳动手柄驱动气缸，将空气充入气罐中，当空气储满，触发检测装置，电磁阀释放压缩后的空气，将小球发射出去，落入接球网中。为保证小球能及时准确地被发射到接球网中，项目团队经过多次计算和试验，确定空气压强数据范围，为了解决小球入网后被弹出的情况，我们对接收网的角度进行了精确微调，通过压强和角度的联调试验，使小球被弹射后，能够准确地飞入接球网中，确保小球的命中率。

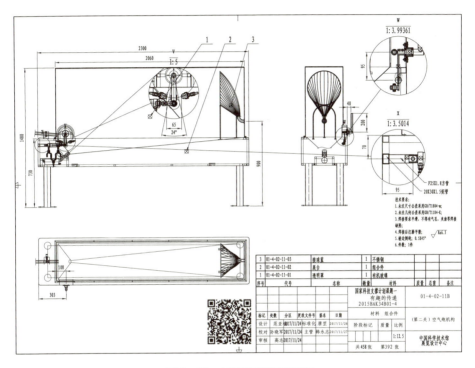

图 3-13　气动发射装置示意

（4）齿轮传球机构设计

该机构由五组采用金属制作的齿轮传球装置组成。它通过红外对射传感器检测到小球，当小球被传送到齿轮传球机构后，电机开始运转，带动五组齿轮一起转动。小球落入齿轮上的球勺后，在齿轮的转动下掉落到下一组球勺中，随后一组接一组地将小球传递下去，展示小球奇妙的运动轨迹（见图 3-14）。

小球的传递是空中的抛接，存在掉球的可能。在调试过程中，掉球现象一直困扰着项目团队。为此，项目团队深入研究，反复试验，采取多种措施防止小球掉落。一是在球勺内壁粘贴缓冲材料，利用柔软的硅胶卸载小球的冲击力；二是调整齿轮转动速度，使小球离开球勺抛入下一个球勺时处于合适的速度；三是在小球即将落入球勺前，电机驱动齿轮反向转动微小角度，实现卸载冲击的作用。上述措施有效地降低了小球传递中掉落的概率，保障了小球传递的可靠性，提升了展品的展示效果。

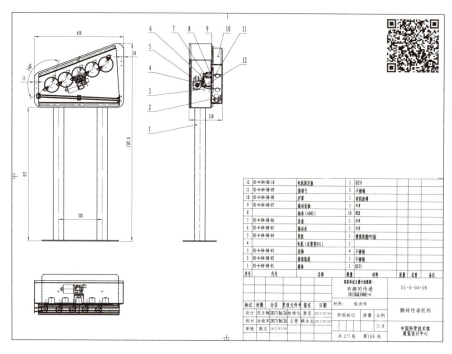

图 3-14　齿轮传球机构示意

2. 电控设计

在电控设计中，实现展品中小球的分发、检测、发射和小球按照设计的预定路线完成各个机电互动机构的运动为本展品电控设计的关键技术，完成各个关卡的机构互动，使小球顺利通过各个关卡是本展品电控设计的重点，要求电控系统能够快速、精准、稳定地配合实现各机构的展示效果（见图 3-15）。

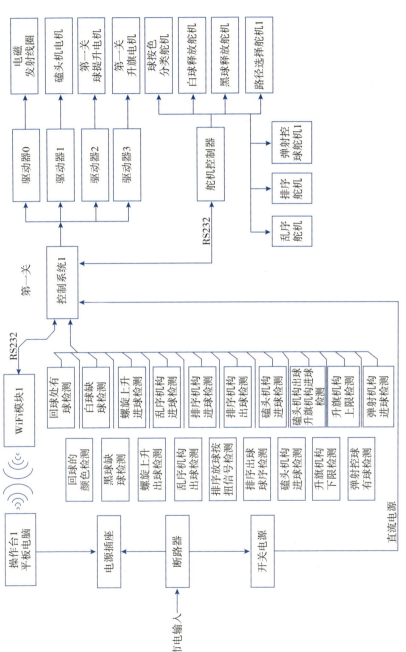

图 3-15　有趣的传递第一关电控框架

电气控制部分主要由平板电脑、直流电机和舵机、电控系统、电机和舵机控制模块、无线 WiFi 模块、磁感应弹射系统、光电传感器、霍尔传感器等组成。展品每一关的电控系统可以独立运行，根据小球传递的不同路线触发不同的动作。其中平板电脑用于观众任意选择初始的发球颜色及顺序；电控系统通过 WiFi 与平板电脑进行通信，接收平板电脑的指令控制电机释放不同颜色小球，同时还负责接收处理各个传感器发来的信息从而给电机控制模块发送指令驱动电机运行；控制系统还实时检测观众操作从而控制电机完成相关既定动作。

（1）电控系统

电控系统主控芯片采用基于 Cortex-M3 内核的 STM32F103RBT6 开发，通过外接输入输出扩展模块处理各类传感器的开关信号，发送开关指令，还与 WiFi 模块、舵机驱动器、其他类型电机驱动器等进行通信，具有集成度高、运行速度快等优点，充分保证控制系统的实时响应要求。

（2）传感器选型

传感器采用直射式红外光电传感器和霍尔传感器，由于本展品小球有黑白两色，通过对光电传感器进行改制，使之可判断小球是黑色还是白色。红外光电传感器检测光缝宽度可低至 1mm，检测精度高，响应时间 2us，可准确检测快速通过的小球，确保不漏检。

（3）磁感应弹射系统

磁感应弹射系统参考军用电磁炮原理进行设计（见图 3-16、图 3-17），由弹射控制板和电磁线圈构成，弹射控制板采用自行设计的电磁弹射电路板，电磁线圈依据小球实际弹射距离自行绕组，以保证小球弹射效果满足展示需求。每次弹射完成后控制系统为弹射装置储能，为下次弹射操作做准备。

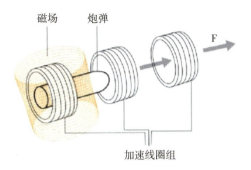

图 3-16　电磁炮原理示意

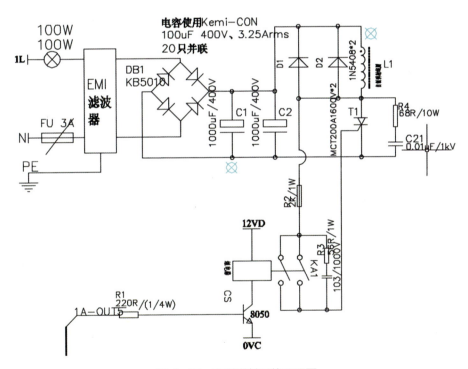

图 3-17　电磁弹射系统原理图

（四）制作工艺

展品"有趣的传递"属于多种机电互动机构的组合，各组机构结构相对简单，设计制作技术成熟，对制作工艺要求看似不高。实际上，由于展品组成机构众多，由多个零部件组成，总体结构复杂。五个环节串联，任意一个机构出现故障将导致展品无法运行；同时，展品采用开放式参观体验，以观众自主操作探究展品。因此，在制作展品过程中，需要项目团队主要解决结构安全性、可靠性和机构故障率的问题。

针对安全性要求，主要采取增加防护装置结构强度、锐边圆润处理等措施。例如，连接每个部分的小球运行的轨道，采用 4 根 3mm 钢丝焊接而成，轨道形状依据需要弯折成形，轨道折弯处均采用大圆角过渡；为保障轨道结构强度，以免观众触碰致使轨道变形，4 根钢丝每隔 20cm 即焊接一法兰盘，焊缝和法兰盘均打磨平整、去除尖棱尖角。在制作亚克力防护罩时，在设计强度要求的基础上，除采用高强度胶粘接外，接缝均采用阶梯截面连接，以增加整体结构强度，确保在观众误操作、意外撞击等情况下起到安全防护作用。

针对可靠性要求，主要采取措施保障机构薄弱环节结构强度、提高制造和装配精度等。例如，展品中全部焊接结构采用组合焊接，要求平滑，不得有气孔、夹渣等缺陷，焊缝打磨平整并矫正，焊接完成后对焊缝进行检查，焊接确保无虚焊、焊透等情况，检查通过后进行防锈处理。在焊接、打磨后还需矫正钢架的平行度、垂直度；镀锌管与矩管焊缝要求手工配磨。为提高展品制作精度，项目团队对制作工艺流程做了严格规定。例如，为保证抓球机构立柱与底板钢架焊接后垂直度满足要求，焊接过程中首先将立柱焊接于底板上，重新调整位置测量垂直度后，使用夹持机构固定，再焊接制作底部钢架，焊接完成后局部加热微调，直至垂直度检测合格。

为提高装配精度，除了严格按照装配工艺顺序装配外，采取矫正、配平衡等措施，确保机构稳定运行。例如，磕头机提升机构摆杆装配后配平衡；平移提升机构固定轴与钢架焊接打磨平整后，将固定轴和其他机构装配完成再严格校正，如出现运行偏差较大情况，则通过微调焊接件、配合孔尺寸等方式调整。

在展品完成制作和装配后，通过长时间试运行，最大限度地发现和排除存在的故障，确保展品可以长时间稳定运行。

（五）外购设备

表 3-1　外购设备

序号	名称	单位	数量	型号	品牌
1	舵机	台	12	BLS815	KST
2	平板电脑	台	1	10.1 寸平板电脑	神舟
3	断路器	个	1	EA9RN2 C1030C	施耐德
4	舵机控制电脑板	套	1	32 路舵机控制板	外购
5	电机	台	7	ZD143745W/12V	法雷奥
6	无线 WiFi 模块	套	5	USR-WIFI232-2	有人科技
7	轴流风机	个	1	90*90 DC12V	SUNON
8	交流接线端子	套	8	SAK	外购
9	电磁阀	个	1	2W31-25	YONG CHUANG
10	电机	台	3	15316A	法雷奥
11	传感器	套	1	气压传感器	外购
12	操作手柄	套	2	LS-32-02	清水
13	步进电机	只	1	42HS48-17S4-5.18	START SHAPHON（斯达特）
14	电机	台	2	RE16 4.5W GP16A84:1	MAXON（美信）
15	电机	台	1	ZS-RI 12V 30R/Min	正科
16	减速电机	台	2	ZD1437-200 45W/ZD16316A 45W	VALEO

续表

序号	名称	单位	数量	型号	品牌
17	步进电机驱动器	套	1	STEP DRIVER:SH-2H042Mb	START SHAPHON（斯达特）
18	空压机	台	1	TC-20 30MPa	新勇士 - 外购
19	电磁阀	只	1	3V/08 F 12VDC	亚德克

（六）示范效果

展品"有趣的传递"突破传统的展示方式，取得了以下创新成果：一是突破传统的机械传动展示方式，集成度高，设计出一套包含多种类型约40个机构的集成互动展示系统，通过集成机械、流体、电磁等多种类型传动机构，将一系列精彩的传动机构直观地展示在观众面前。二是需要观众在每一关都探究机构特点，自主思考后调整小球顺序，这样才能正确地完成小球传递任务，达到促使观众主动探索、了解传递机构的目的。三是机构设置富有科学性、知识性、趣味性，具有较强的吸引力，互动性强，互动形式丰富，能充分启迪观众思考。四是设置多条并行路径，各机构相对独立；采用模块设计，可快速对展品进行维护；使用成熟机电技术，各机构可靠性高，维护间隔时间长。

展品"有趣的传递"研制完成后，项目团队在四川省自贡市组织科普展示活动，当地多家中小学积极组织学生参观体验，受到自贡市科协及老师和同学的关注和一致好评。体验的老师及同学积极反馈，展品对课堂教学，尤其是中学物理知识的学习起到非常有益的辅助和促进作用，帮助同学理解，激发同学们对机械传动和物理的探索兴趣。在研制展品过程中项目团队获得1项实用新型专利的授权。展品研制成功后，获得2018年中国国际科普作品大赛展品一等奖的好成绩。

第四章 | 载人气浮平台互动展示技术研究

强大的基础科学研究是建设世界科技强国的基石。当前，新一轮科技革命和产业变革蓬勃兴起，科学探索加速发展，学科交叉融合更加紧密，一些基本科学问题孕育重大突破。世界主要发达国家普遍强化基础研究战略部署，全球科技竞争不断向基础研究前移。强化基础研究系统，坚持从教育抓起，潜心加强基础科学研究，对数学、物理等重点基础学科给予更多倾斜，也是我国科技发展的重要部署。

力学是一门应用性很强的基础学科。它作为研究物质机械运动规律的科学，是物理学、天文学和工程科技的先导和基础。在工程制造生产中，力学为开辟新的工程领域提供概念和理论，为工程设计提供有效的方法。力学与其他学科交叉渗透突出，具有很强的开拓新研究领域的能力，不断涌现新的学科生长点，在支撑现代工业发展、高新技术提升和国家安全等方面发挥着不可替代的作用。因此，力学是向公众进行科学传播的重要学科，力学内容的科普展示是科普场馆展览内容中的重要组成部分。

牛顿第三运动定律——两个物体之间的作用力和反作用力，总是大小相等、方向相反，是1687年伟大的科学家牛顿经过多次理论和实验验证，进行归纳总结的定律。作用力与反作用力在生活中最为常见，例如，火箭升空、人在路面上行走、运动员在泳池里游泳等均是作用力与反作用力在日常生活中的典型案例。它揭示了两个物体相互作用的规律，同时为解决力学问题、转换研究对象提供了理论基础，拓宽了牛顿第二运动定律的适用范围，是牛顿物理学中不可分割的重要组成部分，是中学物理的教学重点，同时也是科普场馆力学展示的重要内容。

　　针对牛顿第三运动定律，多家科技馆开发了各式各样的科普展品，形式多为从第三视角进行观察的小型物理实验式展示。虽然展示效果非常明显，但整个互动过程，观众体验感较差，最终的演示现象也较为枯燥，趣味性不足。因此，在"载人气浮平台互动展示技术研究"中，项目团队以牛顿第三运动定律为展示基础，通过创新载人气浮平台展示形式，对原有展示方式进行突破。在研发过程中，需实现气浮平台载人的平稳悬浮以及平台向外施力引发的自由可控的移动，从而实现平台上的观众以第一视角亲身感受作用力与反作用力，更加真切地体会和理解牛顿第三运动定律，使科学探索更具代入感和趣味性。

一　展示技术难点分析

　　现有展示牛顿第三运动定律的科普展品，多为第三视角进行观察的小型物理实验式的展示形式。如观众通过观看可沿固定轨道运动的小车在发射小球后产生反作用力而沿轨道后退的现象，领会和认识作用力与反作用力特性。虽展品发射小球后，小车倒退现象明显直观，能反映出作用力与反作用力的特性，但整个互动过程观众体验感较差，最终的演示现象也较为单调和枯燥，趣味性明显不足，难以激发观众的参与热情。项目团队经过调研及讨论，选用气浮平台技术进行展示形式创新，通过移动范围不受限制的载人气浮平台，增加趣味性、拓展性，大大提升了观众的参与欲望。

　　以载人气浮平台互动展示技术为基础，创新研制展品"随风而动"，直观展示牛顿第三运动定律。为保证展品的良好展示效果和稳定的运行可靠性，在展示形式方面依据气浮平台技术如何实现突破和创新是本关键技术的一大难点；在技术手段方面如何保障载人气浮平台平稳悬浮，如何保障平台施力后移动的平稳可控，是本关键技术的另一个技术难点。

二 展示关键技术研究

为了解决上述技术难点，更加直观地通过载人气浮平台互动展示技术对牛顿第三运动定律进行展示，项目团队群策群力、通力合作，设计完成既定任务的互动展示形式，通过载人气浮平台悬浮与方向控制技术，以完成追踪光斑任务第一视角体验的方式，对作用力与反作用力的特性进行直观展示。

气浮平台利用空气在平台底和地面间形成气垫，使平台实现悬浮，从而大大减小平移的摩擦力。因此，施加较小外力于平台，即可产生平台明显位移，以此使人们感受作用力与反作用力之间的特性。这种展示方式突破了小型物理实验式的表现形式，实现了观众亲身乘坐、自由控制气浮平台移动的体验式展示方式，将枯燥的力学原理与观众体验相结合，在提升趣味性的同时使展品所要表达的科学内容更容易被观众理解。

在展示形式上，项目团队深入研究，确保第一体验视角、设置激励的游戏任务形式；在技术实现上，重点筛选、优化技术手段，对气浮平台悬浮技术、方向控制技术进行研究，形成了一套更具体验感、挑战性、悬浮稳定、移动控制流畅的载人气浮平台互动展示系统（见图4-1）。

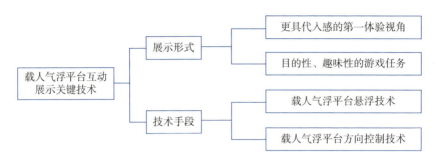

图4-1　载人气浮平台互动展示关键技术框图

（一）载人气浮平台悬浮技术

载人气浮平台的平稳悬浮是展品成功研制的基础，也是研究中的难点。为了保障平台均匀、快速与地面形成气垫并实现悬浮，项目团队选用中心对称形状——圆形的平台，载人座椅固定于平台正中心，高压气体通过气管于平台中心导入。为了降低气浮平台对地面平整度的要求，项目团队考虑采用减小平台与地面接触面积的技术方案。在保证平台整体圆盘面积较大的基础上，在平台下方均布三个小圆盘与地面接触，有效减小气垫形成面积，实现了对地面平整度降低要求的设计目的。

（二）载人气浮平台方向控制技术

载人气浮平台在外力的作用下产生位移是作用力与反作用力的直观的现象。施加外力、控制平台方向是实现良好展示效果的关键。项目团队在多种实现方式中，最终选用吹风的方式给予平台外力。观众坐在悬浮平台的固定座椅上，通过平台上的设备向外吹风，在风的反作用力下，实现平台向出风的反方向移动。

为了避免吹风时的作用力对气浮平台产生扭转力矩，造成平台旋转，项目团队将吹风机设置于平台中心位置。为了观众在体验时便于控制吹风机的旋转方向，项目团队在座椅前设置合适高度的转盘，并通过平台底部传动机构带动吹风机运动，实现吹风机的可控旋转，从而实现载人气浮平台的方向控制。

三 "随风而动"展品研发

（一）展示目的

展品"随风而动"以载人气浮平台为基础，将力学原理与观众第一视角亲身体验的展示方式相结合，直观展现力学中作用力与反作用力的科学内容，极大地提高了展示的互动性、趣味性和挑战性，激发观众主动探究，使参与观众直观地理解与体会相关科学内容。同时，"随风而动"的成功研制为力学科普展示提供了一种全新的展示形式，便于拓展相关展示内容、开发教育活动，更充分地发挥展教效益。

（二）技术路线

1.主要结构

展品"随风而动"由气浮平台装置、转向控制风机装置、风机方向转盘、空压机、光斑灯、座椅、提示面板、围栏等组成（见图4-2至图4-5）。气浮平台可以实现在围栏范围内移动。

展品设置有一台空压机，压力气体通过展架上方管道进入气浮平台，从平台底部中心流出，使平台平稳悬浮；方向转盘控制气浮平台上方中心处转向风机的出风方向，从而控制平台的移动方向；光斑灯感应装置设置于方向转盘中心，便于移动过程中接收展架上射灯射向地面的光斑信号。

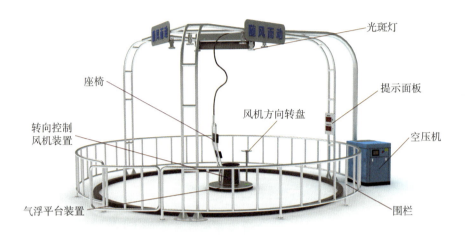

图 4-2　"随风而动"效果图

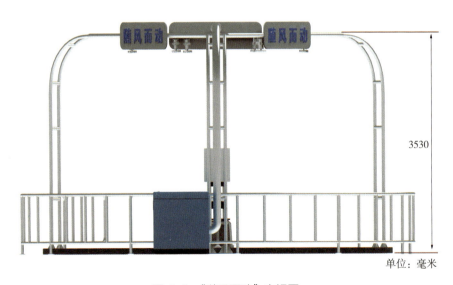

单位：毫米

图 4-3　"随风而动"主视图

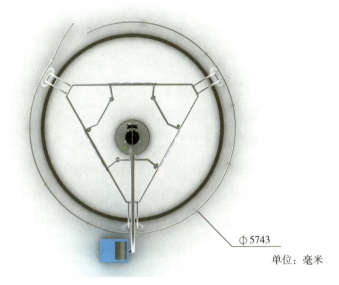

φ5743

单位：毫米

图 4-4 "随风而动"俯视图

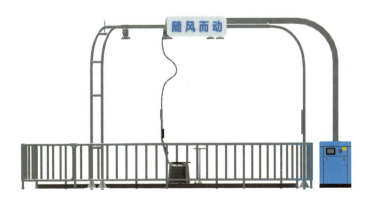

图 4-5 "随风而动"侧视图

2. 展示方式

为增加展品的目的性、趣味性，项目团队设置了"追踪光斑"任务。在展品顶部设置了多个光斑灯，光斑灯可以随机往地面垂直投射不同颜色的光斑。观众参与时坐在气浮平台的座椅上，按下启动按钮，光斑灯随机往地面投射 3 个光斑，同时空气压缩机启动，将高压气体通过气管传输到平台底部，这时座椅实现上浮，当平台稳定悬浮后，观众按下转向风机的启动按钮，通过操作方向转盘，控制转向风机的出风方向，实现气浮平台的移动，追踪地面光斑。当观众追踪到光斑，相应灯光熄灭，光斑消失，同时启动激励的音效表示该项任务完成。随后观众可以去追踪其他光斑。观众需在规定时间内完成追踪光斑的任务，场地内显示屏上可实时显示观众参与的成绩。在观众体验过程中，若出现突发状况，现场的科技辅导员需及时按下场边控制台上的急停按钮，立刻停止展品的运行，确保观众安全。

为了充分发挥该展品的科普教育作用，以该展品为基础，可以设计多项教育活动，如物理学中力的合成、摩擦力、反冲现象的展示等。

（三）工程设计

1. 机械设计

展品"随风而动"机械设计的技术难点是载人气浮平台设计、平台的移动设计等，以实现气浮平台稳定悬浮和各方向的稳定移动。项目团队对各部分设计进行了多次研究和优化，最终达到较好的展示效果。

（1）载人气浮平台设计

在展品设计中，结构合理且气浮效果好的载人气浮平台是展品实现展示效果的关键。在展品研发过程中，在对气浮平台的原理深入学习后，项目团队设计制作平台样机，并进行试验，确保展示形式的可实施性；根据试验效果，项目团队发现平台样机对地面的光洁度和平整度提出了极高的要求，稍不满足要求，便会出现无法悬浮的情况。项目团队分析其中的不足，不断优化平台结构，将原设计方案调整为以均匀分布于圆型平台下方的三个小圆盘为气垫支撑的气浮平台形式，降低对于地面的要求及加工难度，确保平台在基本平整的地面上实现稳定悬浮。

压力气体从气浮平台上方座椅管道传至平台下方，并通过平台下方3个软管传送至支撑圆盘，从每个支撑圆盘底部中心流出，从而与地面形成气垫，实现气浮平台的平稳悬浮。为了保障载人时的稳定悬浮，座椅设置于平台中心位置，保持平台总体平衡；为了防止气浮平台在移动过程中与外物撞击造成平台损害，在平台边缘设计橡胶材质防撞缓冲圈，起到缓冲作用（见图4-6）。

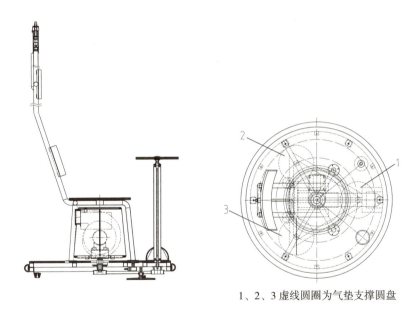

1、2、3 虚线圆圈为气垫支撑圆盘

图 4-6　气浮平台结构示意

（2）平台的移动设计

气浮平台在高压气体反作用力的作用下呈现悬浮状态，通过吹风的形式实现平台移动（见图4-7）。在平台上方设置转向风机，通过控制转向风机出风方向，实现平台的各方向移动。在展品研发过程中，项目团队设计不同位置、数量的转向风机，并进行试验，试验证明只有将转向风机设置于平台中心位置，平台才不会发生旋转，确保气浮平台可以沿各方向稳定运动，因此最终项目团队将转向风机设置于平台上座椅的正下方。为了方便观众操作转向风机的方向，在座椅正前方设置方向转盘，观众通过转动方向转盘能够实现对转向风机出风方向的控制。具体结构如图4-8所示，观众转动控制盘，通过旋转轴1将动力传送给带轮2，带轮通过皮带5将动力传递给带轮4，带轮4与风机3固连，故动力从风机3输出，风机3随方向转盘转动。

图4-7　气浮平台效果

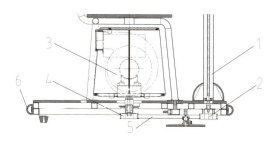

1. 控制旋转轴；2. 带轮，与旋转轴固连；3. 转向风机；4. 带轮，与转向风机固连；
5. 带轮2与带轮4之间的传送皮带；6. 防撞圈

图4-8　转向风机机械示意

（3）气源管路和电气线路缠绕现象的解决方式

在气浮平台气浮状态自由移动测试中，项目团队发现存在气浮座椅若顺着一个方向旋转或往不同方向旋转的次数不同时，气浮平台的高压气源气管会发生自缠绕及与沿气管由上往下布置的转向风机电线发生缠绕。经过项目团队研究，决定增加气动旋转接头和电气滑环装置，保障气浮平台360度连续旋转过程中气管通畅，电源、数字信号、模拟信号不中断，保障气浮平台平稳运行。

气动旋转接头是将气体介质从静态系统传送到动态旋转系统的过渡连接密封装置，可以有效解决气管自缠绕问题；滑环是负责为旋转体连通、输送能源（供电）与信号的电气部件，解决了气源气管与方向调节风机电线发生缠绕的问题（见图4-9）。

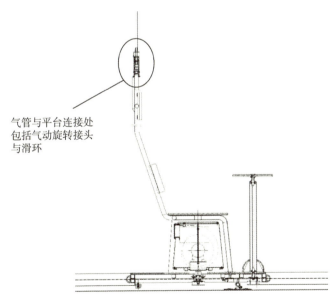

气管与平台连接处包括气动旋转接头与滑环

图4-9　气管与平台整体示意

2.电控设计

为了实现展品"随风而动"的气浮平台自由移动，并完成追踪光斑任务，同时确保观众参与体验的安全，展品的电控关键技术主要包括单片机控制系统、光斑检测和安全保障等方面内容（见图 4-10）。

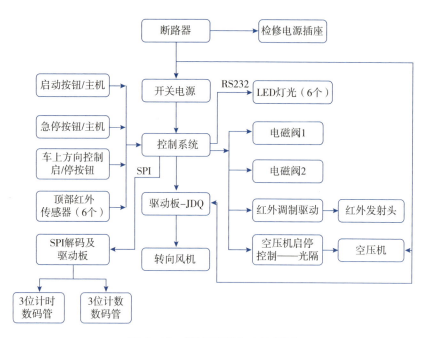

图 4-10　"随风而动"电控框图

电气控制部分主要由手动控制部分（展品的启停、转向风机的启停等）、单片机控制系统、空压机、光斑灯、数码管计时计数模块、红外光电传感器等组成。其中单片机控制主板、数码管及其驱动模块等为自研电路板，其他设备和配件为外购。电控系统主要负责接收工作人员和观众的操作信号、红外光电接收传感器发来的信号，给灯光控制器、电磁阀、数码管驱动模块等发送信号，实时控制光斑灯的亮灭、转向风机启停和数码管显示等（见图 4-11）。

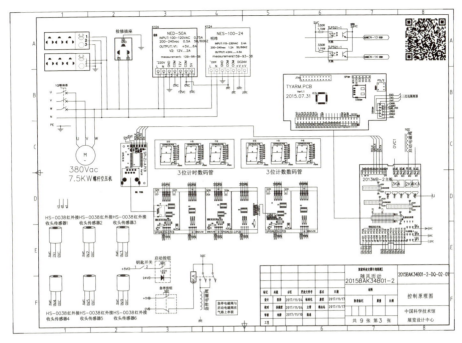

图 4-11 "随风而动"控制原理

（1）单片机控制系统

主控芯片采用基于 Cortex-M3 内核的 STM32F103RBT6 开发，具有集成度高、接口丰富、运行速度快等优点，可充分保证展品对于多种硬件的控制需求。单片机控制主板引出 16 路输入输出和 SPI、JTAG、RS-232 等多路接口，再通过外接自研的扩展驱动板，可直接驱动控制一般的小功率器件，如控制本展品的电磁阀、数码管显示、LED 灯光控制器等。

（2）光斑检测

设置的"追踪光斑"体验游戏，采用调制过的红外对射式光电传感器。在气浮平台上装有红外发射端，座椅上方的射灯附近分别装设 6 个红外接收端。为了减少灯光对检测的干扰，红外接收端采用一体化红外接收头 HS0038，发射端为 5mm 红外 LED 可调制发射传感器，发射端在观众体验过程中持续不断垂直向上发射固定频率红外线。当观众驾驶气浮平台到达指定位置，追踪到光斑后，上方的红外接收端接收信号后并传至主控模块，计数器加 1，同时相应的光斑熄灭。

（3）安全保障

为保障观众的人身安全，在展品控制部分设置了钥匙开关与急停按钮，且启动电磁阀与急停电磁阀在供气管路上串联。工作人员通过钥匙使展品通电开启，当观众在体验过程中遇到突发状况时，工作人员按下急停按钮停止展品运行，保障观众安全。

（四）制作工艺

展品主要加工部件为展架、围栏及气浮平台。展架与围栏的材料均为不锈钢管焊接，焊接平整，焊缝手工配磨光滑。对于展品关键部件气浮平台的结构主要分为平台面板、座椅、支撑钢架及小支撑圆盘、防撞圈等。平台面板为增强厚皮阻燃板；座椅及支撑钢架为钢材焊接加工；防撞圈为橡胶材质；三个与地面形成气垫的小支撑圆盘为不锈钢板与钢管焊接。为延长支撑圆盘的使用寿命，扩大保护地面，支撑圆盘在不锈钢板底部以粘接的方式固连尺寸合适的 EVA 板。在粘接时，双方粘接面均匀涂胶后黏合按压。零部件加工严格按照图纸精度要求，平台装配时注意三个支撑圆盘的平整度；气管与圆盘连接时采用外购的气道连接件，保证气密性。

（五）外购设备

表 4-1　外购设备

序号	项目名称	规格 / 型号 / 材质	单位	数量	品牌
1	断路器	EA9RN4C3230C 32A 4P	个	1	施耐德
2	开关电源	NED-50A	台	1	明纬
3	开关电源	NES-350-24	台	2	明纬

续表

序号	项目名称	规格/型号/材质	单位	数量	品牌
4	开关电源	NES-100-24	台	1	明纬
5	LED 七彩射灯	DMX512 七彩射灯	台	6	外购
6	DMX512 智能SD 卡灯光控制器	CYL-512-USB RS232 触发	套	1	成都泽创
7	离心风机	D550 0.55KW 48V 700m³/h	台	1	海宁塔峰风扇有限公司
8	电磁阀	DF-20 1.6MPa 24V 四通电磁阀	个	1	余姚
9	接电环	MT2042 8 线各 5A 长 39.2mm	只	1	默孚龙
10	接电环	MT2042 4 线 2A	只	1	默孚龙
11	继电器	RXM2AB 1P7（220V）	套	1	施耐德
12	光电隔离器	UT-211	个	1	宇泰
13	传感器	HS-0038 红外接收头	只	6	Hisym
14	空压机	永磁变频 MF-7AV 螺杆空压机	台	1	美氟斯

（六）示范效果

在课题启动初期，项目团队对载人气浮平台互动展示技术的关键展示形式——载人气浮平台、气浮平台移动控制的具体实施方案进行系统深入的研究，不断调整和优化实施方案，确定了载人气浮平台互动展示技术在力学类科普展示中的可行性。

在研制创新展品"随风而动"的过程中，项目团队经过多次试验，针对问题不断调整技术结构、攻克多项难题，确定了气浮平台的展示结构、平台移动方式，解决了气浮平台平稳浮起及移动控制的难题，增加了趣味性强的追踪光斑任务，拓展了教育活动，丰富了力学类科普展品的展示思路及形式，最终实现了关键技术研发目标。

展品"随风而动"研制完成后，在四川省自贡市组织科普展示活动，当地多家中小学积极组织学生参观体验。这一展品受到自贡市科协及老师同学的关注和一致好评。体验的老师及同学积极反馈，展品对课堂教学起到非常有益的辅助和促进作用，帮助同学们理解，激发其对物理的浓厚探索兴趣。项目团队获得 1 项实用新型专利的授权。展品研制成功后，宁夏科技馆对该展品进行了复制，借鉴展品研发方面的经验和教训，进一步优化展品结构，实现展示效果的进一步提升。

竞赛式科普游戏
互动展示技术研究

第五章

在科普场馆中，科普展品是以通俗易懂的方式将科学精神、科学思想、科学方法和科学知识传播给观众。为了取得较好的传播效果，展品的展示形式要具有一定的趣味性，来增强展品对观众的吸引力。竞赛式科普游戏互动展示技术是一类趣味性较强的展示技术，观众在参与互动的过程中能够实现彼此间的竞赛比拼，使他们能够更加投入地参与体验展品，从而使观众能够从展品中获得更多收获。近些年来，竞赛式科普游戏互动展示技术逐渐成为科普场馆新兴的展示手段，用于各类科学内容的展示。

在科普场馆中，竞赛式科普游戏的互动展示是一种需要多人共同参与，以竞赛的方式，将科学内容融入游戏和比赛中，使观众在与其他观众的竞赛中了解相关的科学内容和科学知识的展示形式。它在科普场馆中常见，通常需要多人同时共同参与完成竞赛。目前常规形式的竞赛类科普展品展示形式较为单一，一般为多媒体互动类抢答形式，即观众站在多媒体机前端，通过触摸屏或抢答按钮的形式与其他竞技者进行有关科普知识内容的抢答，这虽然也属于竞赛式科普展品，但并不能完全呈现竞赛式科普展品的体验感和观众之间互相比拼的现场感。

针对"竞赛式科普游戏互动展示技术"的研究，项目团队在原有展示技术的基础上，立足研究可供多人同时参与竞技的新型交互体验式科普展示技术。结合机械、电控、自动控制、多媒体及无线网络等多种技术手段，通过趣味横生的可参与互动竞赛展示方式，在游戏的过程中向观众传达相关科学知识。该展示技术可以结合不同的展示内容，具有一定的通用性。对竞赛式科普游戏互动展示技术的研究可以对今后此类展品的设计开发提供有益的探索性尝试。

一　展示技术难点分析

现有运用竞赛式科普游戏互动展示方式的展品多采用多媒体互动类答题形式，观众通过触摸屏或抢答按钮与其他观众进行相关科普知识的答题。此类展品存在抢答形式单一，观众参与度不高，答题过程缺乏趣味性，竞赛体验感不强等问题，导致展品未能充分调动观众参与热情，展示效果不甚理想。本展示关键技术研究的重点是提升观众的参与程度，增强竞技体验感，激发观众的参与热情，同时使观众在参与体验后有所收获和感悟。

对于"竞赛式科普游戏互动展示技术"的研究，若想突破原有竞赛式科普游戏的展示方式，就需要调用多感官互动体验。这势必导致展品互动机构和电气控制相对复杂，保证整套机构在科普场馆中长期稳定运行是本展示关键技术的难点。

在内容选取方面，如何贴近观众生活，如何选取观众感兴趣的内容进行展示，如何将科学内容进行科普化的转化，同样是决定展品成败的关键因素，值得我们深入研究。

二　展示关键技术研究

为解决上述技术难点，从展示形式、技术手段和展示内容方面有所突破，项目团队搜集了各种竞赛类展品的展示方式，结合本展品的展示内容，同时考虑展品需具有一定通用性的要求，确定采用肢体互动叠加脑力互动多人参与的方式，通过脚踏式载人座椅、多人参与答题、游戏和竞速的方式来提升展品的竞技性和趣味性，使观众在体力和脑力的双重竞赛中了解相关科学内容，激发观众探索科学的兴趣。

竞赛式科普游戏互动展示技术在技术手段方面，需要重点对座椅运动方式，座椅摇摆、震动、倾斜功能进行重点研究，确保展示效果得以实现。

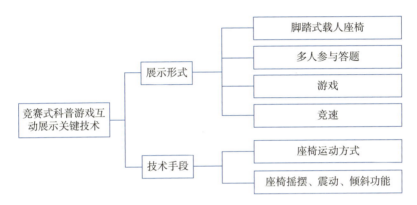

图 5-1　竞赛式科普游戏互动展示关键技术框图

（一）座椅运动方式

座椅载人移动是本展品的基本功能。为了保证移动的平稳顺畅，同时结合运动方向为固定直线的特征，座椅底盘的运动系统采用了以齿轮齿条机构提供进退动力、以双导向轮和槽型轨道保证运动方向、以多组滚轮分散支撑满足承重的方法。

（二）座椅摇摆、震动、倾斜功能

座椅摇摆、震动、倾斜功能可大大提升观众的参与体验感，但需要确保座椅摇摆、震动、倾斜等动作平稳连贯，运行稳定。由于座椅内部空间受到一定的限制，在设计过程中项目团队经过反复测试，认为摇摆和倾斜功能可合并采用一套机构实现，这样既节约了结构空间，也保证了稳定性。最终采用了两组平面连杆机构分别在前后和左右两个方向驱动座椅，再增设震动机构，很好地实现了座椅摇摆、震动、倾斜功能。

三　"健康竞赛"展品研发

（一）展示目的

展品"健康竞赛"主要是研究可供多人同时参与的新型交互体验式科普展示技术。选取社会热点问题，结合机械、电控、自动控制、多媒体及无线网络等多种技术，通过趣味横生的可参与互动竞赛的展示方式，在游戏中向观众传达相关科学内容。该技术还可与不同的展示内容相结合，具有一定的通用性。

（二）技术路线

1.主要结构

展品"健康竞赛"由三套运动座椅、轨道及激光投影和音响等设备组成。三套运动座椅安装于轨道之上，在系统控制下，可实现前后移动、前后左右摆动和震动的功能。在运动座椅上设置一个10寸平板电脑（含前置摄像头），用来采集三名参与观众头像并在竞赛过程中配合投影显示竞赛题目、游戏场景、所处位置等信息。座椅前端设有脚踏板，当观众答题正确时，观众可通过蹬脚踏板，驱动座椅前进。座椅两侧设有扶手，扶手上设有控制柄和确认键，在游戏和竞赛环节可以进行方向控制和点击确定来完成与多媒体内容的交互，另外扶手可以便于观众抓握以利于身体平衡和踩踏发力。运动座椅的正前方设置激光投影大屏幕和音响设备，显示屏中的虚拟主持人和观众一起互动，完成展品的体验（见图 5-2 至图 5-7）。

图 5-2　展品"健康竞赛"效果图

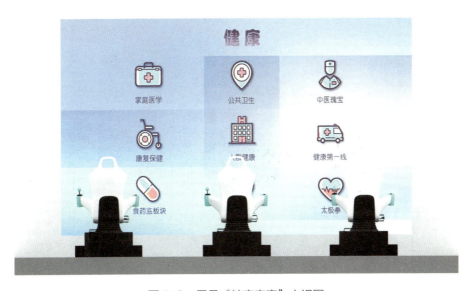

图 5-3　展品"健康竞赛"主视图

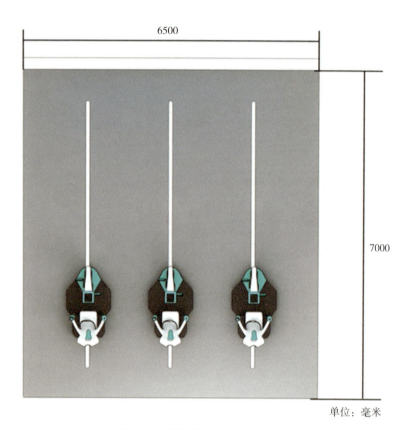

6500

7000

单位：毫米

图 5-4 展品"健康竞赛"顶视图

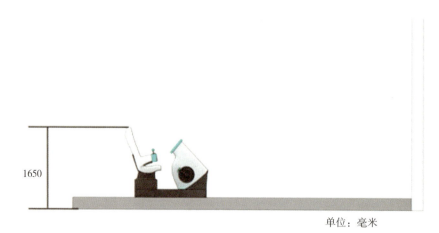

1650

单位：毫米

图 5-5 展品"健康竞赛"侧视图

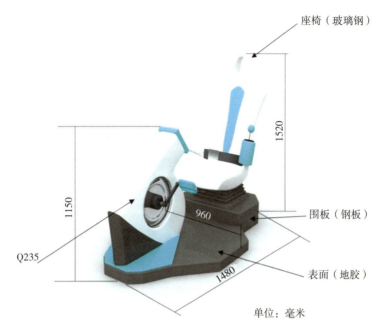

单位：毫米

图 5-6　展品"健康竞赛"座椅效果图

图 5-7　展品"健康竞赛"局部效果图

2. 展示方式

展品现场设置单向出入闸机口，由专人负责。在展品出入口各设有二维码，观众通过扫描二维码，可以进入与健康知识相关的网页（内含即将参与竞赛的答题内容），可以文本下载竞赛知识内容，使观众提前了解展品内容，也可以在参与体验后重温竞赛知识内容。

展品知识问答由 50 道题的题库组成，竞赛时观众将随机抽取题目。一场竞赛由 5 个健康知识内容组成，分为 3 道必答题、2 道抢答题，可供三位观众同时竞赛。

展品体验开始，观众在座椅上就座并系好安全带，在虚拟主持人的引导下拍摄个人头像，了解比赛规则。首先为 3 道必答题，其中前两道题三位观众依次作答，第三道题采用游戏的方式，三位观众同时参与以健康知识内容为背景的打病毒游戏，以上 3 题每答对 1 题答对者获得 5 秒蹬骑时间，驱动座椅向终点前进。答错者的座椅不能移动，座椅通过四连杆机构产生前后左右的摆动和较强的震动，以此惩罚答错者。之后为两道抢答题，虚拟主持人出题后，观众通过蹬座椅踏板抢答，最先蹬满 10 圈者获得答题权。答对者同样获得 5 秒蹬车时间，答错者座椅向后倒退。

当 5 道题全部答完后，即使全部答对者的座椅也无法到达轨道终点，此时要依靠观众蹬脚踏板驱动座椅到达终点。之前答题正确率越高的观众距离终点越近，越占优势。在主持人和现场观众的加油助威声中，哪位观众最先到达终点，就获取胜利。比赛结束后，大屏幕显示胜利者头像，并配有庆祝画面和欢快特效，下一个环节是颁发虚拟奖杯。

（三）工程设计

1. 机械设计

展品"健康竞赛"机械设计的难点是座椅行走机构和座椅摇摆机构的设计，针对上述技术难点，项目团队集思广益、深入研究，并对技术方案进行了多次优化，最终实现了较好的展示效果。

（1）座椅行走机构设计

从整体来看，座椅的前进和后退是整个系统的主运动，需要解决方向和动力两个问题。为了把座椅的往复运动限制在固定的直线上，项目团队采用了轨道作为导向部件，与导向轮配合可以限制底盘向两侧的位移。轨道和导向轮有多种组配方式，比如，轨道是否承重，轨道的配合面是内侧还是外侧，导向轮的配合面是圆柱面还是侧面，每个节点上的导向轮是否成对，单轨还是双轨等。双承重轨的好处是可以同时解决底盘平衡问题。这里采用的是凹轨和柱面配合的圆柱导向轮，轨道只用来导向，不承重，且轨道安装在地台的沟槽里，使场地看上去更整洁美观。

为了平稳地撑起底盘，项目团队设置了4处滚轮，把重量传递到地台上。为了减小滚轮与地台接触部分的压强，我们采用了并列多个滚轮的方法。这种设计的好处是使导向和承重两种功能在结构上相互独立，便于装配和维护。同时为了避免底盘在水平面上的扭转，项目团队在直线方向上前后布置了两处导向轮。

在动力方面，项目团队采用的是齿轮齿条结构。与前边提到的功能性结构相互独立的做法一致，在底盘和地台上分别增加了专门用于驱动的齿轮和齿条。齿轮齿条这种传动方式，具有传动负荷大、运行精度高、不易磨损等优点。齿条固定在地台上，为了有利于保持齿条齿面的清洁，这里选择齿面侧放。使用齿轮齿条机构，需控制齿面的啮合宽度和啮合间隙。啮合宽度取决于齿轮与齿条在竖直方向的相对位置，靠滚轮支撑来保持。啮合间隙靠导向机构来保持。为了避免底盘因受驱动力不平衡发生水平面上的扭转，齿轮和齿条应尽量靠近底盘的纵向中心线，同时也便于隐藏在安装导轨的沟槽里（见图5-8）。

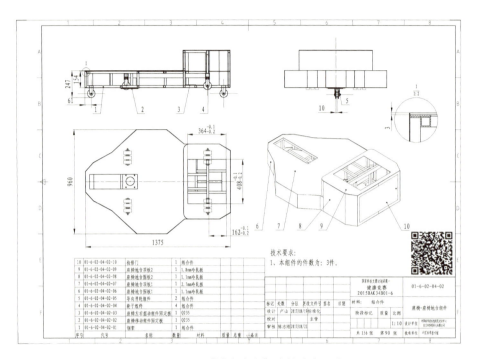

图 5-8　展品"健康竞赛"座椅底盘示意

　　为了便于调节和控制座椅移动的速度，项目团队没有采用脚踏转轴直接通过纯机械结构驱动齿轮的方式，而是先把转轴的运动通过传感器转化成输入信号，再通过电机驱动齿轮转动的方式实现座椅的移动（见图 5-9、图 5-10）。

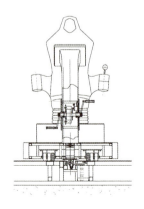

图 5-9　展品"健康竞赛"行走机构示意

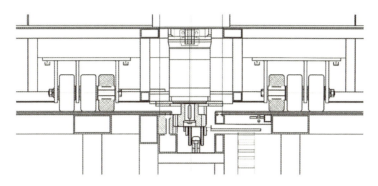

图 5-10　展品"健康竞赛"行走机构局部示意

　　为了控制脚踏转轴部分的阻尼，达到阻力随转速增加的效果，项目团队设计了一套用转轴通过链条传动带动电机转动的装置，可以通过检测电机输出的电压来判断转速，再相应地控制与电机相连的电路的参数来调节阻尼（见图 5-11）。

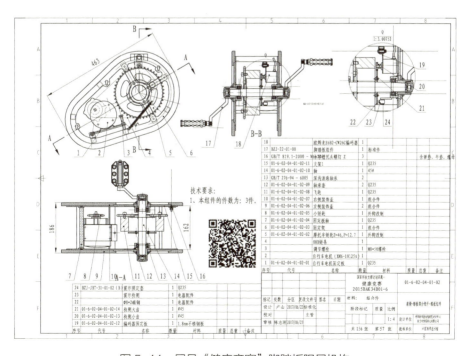

图 5-11　展品"健康竞赛"脚踏板阻尼机构

（2）座椅摇摆机构的设计

座椅的摇摆机构要求座椅能够实现前后左右摇摆，由于要安装在座椅下部的密闭空间内，整体体积不能太大，又需要观众坐在座椅上，要求结构足够结实。为满足上述要求，项目团队采用了两组平面连杆机构分别在前后和左右两个方向上驱动座椅。座椅的运动由两个方向的运动叠加而成。两个方向的驱动机构是可以独立控制的。两组驱动机构的配合，可以实现多种不同的座椅摇摆形式（见图 5-12）。

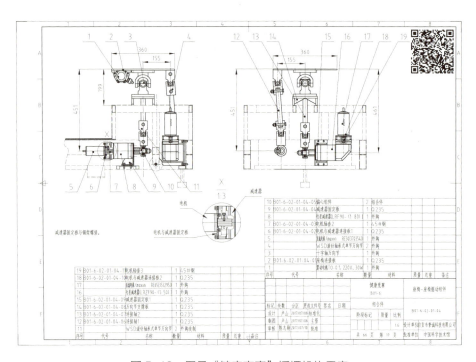

图 5-12　展品"健康竞赛"摇摆机构示意

2. 电控设计

实现三位观众的竞赛互动，投影多媒体和三套互动座椅的协调配合是本展品电控设计的重点。

电控系统主要由主机部分、每套座椅的控制系统和座椅的轨道控制系统组成。其中，主机部分只负责每套座椅系统的供电、与座椅轨道控制系统之间信号的处理和投影多媒体的播放。主机与座椅系统之间的通信是通过 WiFi 方式实现的。座椅的轨道控制系统相对独立，主要负责检测座椅的位置和脚踏、操作手柄、按钮、触摸屏等互动节点的状态，把这些信息发送给主机，主机可以了解到系统的全面信息，并根据预定的游戏规则给每个座椅系统发出控制信号，实现对座椅系统的控制，同时控制大屏幕的播放内容（见图 5-13）。

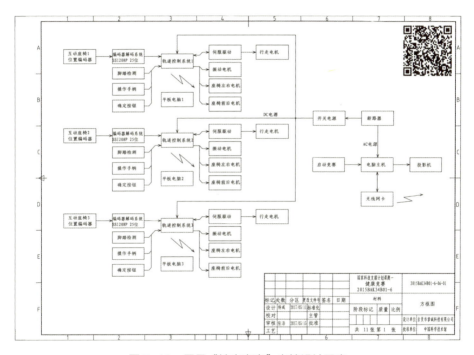

图 5-13　展品"健康竞赛"电控设计示意

3. 多媒体设计

在多媒体设计方面，主要从增强参与体验的趣味性、适当运用激励和惩罚环节、充分利用信息手段等方面进行研究。

（1）通过游戏结构要素，增强展品的趣味性

游戏结构要素包括动态视觉、交互作用、目标的呈现、控制的规则等。

在多媒体界面设计时应该清晰明了，色彩搭配得当，环节生动有趣。符合人们的视觉感受和思维习惯。同时要平衡游戏的媒体元素和思维习惯。其次，交互是竞赛式科普展示设计的核心，设计良好的交互对科普内容的展示有重要的意义。它不仅能够吸引观众的注意力，而且反馈的信息能够真正促进观众的思考。观众从反馈的信息中可以了解自己的操作是否正确。如展品"健康竞赛"就是采用良好的界面交互信息和动态视觉效果，在观众完成答题、得到对错信息的同时，显示科学的解释并鼓励观众继续游戏，增强了展品的科学性和趣味性。

（2）运用激励性设计，充分体验竞争带来的快乐

在游戏的过程中，观众完成某个任务或答对某道问题后可以获得一定的奖励，这可以激发观众的参与兴趣。如展品"健康竞赛"在竞赛开始时获取观众头像，当竞赛结束后，大屏幕会呈现带有获胜观众头像的一个卡通人物手举金灿灿的奖杯不停地挥舞，四周礼花绽放，并响起欢快的音效。这种方式使观众在体验展品和与对手竞争中获得愉悦。

（3）利用信息技术增强科技感并扩大参与群体

项目团队充分利用信息技术增加展品的趣味性，扩大参与群体。在展品"健康竞赛"中采用了人像采集，通过大屏幕播放获胜者头像；通过控制系统判断观众座椅位置信息并在大屏幕上显示等手段，使展品更具科技感。同时项目团队设计了通过二维码扫描可下载健康知识内容的方式，让其他不能参与体验的观众也可以了解相关科学内容，扩大了参与群体。

（四）制作工艺

展品"健康竞赛"的座椅控制台和底盘部分的外壳造型采用2mm厚的冷轧钢板折弯焊接制作，对于弧形圆角棱边部分，先用与圆角尺寸对应的圆管弯出棱边的框架，再把其他面的钢板搭接焊接在圆管上，然后再经过打磨，用腻子找平，最终做出带有大圆角的弧形棱边效果。

　　椅面部分的外壳造型比较圆润，采用玻璃钢制作而成，玻璃钢内部预埋了增加强度和与底部机械结构对接的金属构件。

　　地台的承重部分由方钢管框架和表面钢板焊接而成，在支撑底盘滚轮的位置设有加强梁。地台表面粘贴地胶。

（五）外购设备

表5-1　外购设备

序号	项目名称	型号	单位	数量	品牌
1	固态继电器	PQSSR-DA 10A	个	3	康泰
2	前后电机	RE65+GP81A 24V	台	3	MAXON
3	多圈编码器	EQN425	个	3	汉德海
4	有源音箱	R1000TC	套	1	漫步者
5	无线网卡	TL-WN826N（USB 网卡）	个	1	TP-LINK
6	投影机	NEC CR5450HL	台	1	NEC
7	电脑	戴尔 Optiplex 7050 微型机	台	1	戴尔
8	485 转换器	UT2201	个	3	宇泰
9	左右电机	RE50+GP52C 24V	台	3	MAXON
10	断路器	EA9RN2 C20 30C	个	1	施耐德
11	增量码盘	E6B2-CWZ6C	个	3	欧姆龙
12	震动电机	TO-0.1 220V 30W	台	3	PUTA
13	WiFi 模块	USR-WIFI232-B	套	3	有人科技
14	平板电脑	PC pad CM 10.1 寸 4G 128G	台	3	神舟
15	行走电机	RE50+GP52C 24V 带编码器 512 点	台	3	MAXON
16	自行车电机	XM4-10125A 250W	台	3	小飞鸽
17	桥堆	KBP5010	个	12	外购

（六）示范效果

　　展品"健康竞赛"突破传统展示方式，从参与形式、技术手段和多媒体表现形式多方面入手，带给观众全新的竞赛式科普游戏互动体验。为了增强展品的趣味性，增设了座椅前后左右摆动和震动环节；为了增强展品的游戏性，添加了多人游戏环节，选取了不同类型的游戏和问答形式；为了体现健康理念，在参与体验最后阶段增加了蹬车竞赛到达终点的环节，将健康和运动理念贯穿始终。

　　展品"健康竞赛"的研制具有以下创新点。第一，展示技术研发与展示内容高度契合。展品在竞赛环节引入蹬车竞速方式，使观众在竞赛过程中参与健身并通过游戏了解健康知识。鼓励、激励观众平时多进行身体锻炼。第二，采用无线网络，使参与展品的观众更多，受众更广。通过无线网络下载技术，使更多人了解有关健康的科普内容，使科普受益人群最大化。第三，引用虚拟主持人，使展示形式更加生动活泼，为今后此类展出方式提供了探索性尝试。第四，竞赛形式多样，分别设置了必答题、游戏、抢答题、竞速四个环节，使得整个比赛过程高潮迭起，精彩纷呈。以上内容均是首次呈现在竞赛式科普游戏互动体验中，展品研制完成后，落地到南京科技馆展出，当地观众反响热烈，获得业界人士一致好评。

结　语

在为期三年的展示关键技术研究过程中，项目团队对课题的研究内容开展了广泛且深入的调研、论证及原型实验，并完成了6件创新展品的开发。项目团队秉承"可推广、可复制"的设计原则，发挥行业内的引领示范作用。项目团队对于展示关键技术研究和创新展品开发总结的经验和建议如下。

第一，展品开发应考虑通用性。如展品"健康竞赛"竞赛式科普游戏互动平台，适用于各种主题的竞赛式内容展示，具有极强的通用性，可以推广到其他多个学科领域的科普展示中。

第二，展品开发应同步考虑延展性。以展品为平台，通过教育活动、科普知识拓展等形式深化、延续展教理念。如展品"随风而动"，可作为载体，展示摩擦力、太空对接等多种不同的力学内容，还可以结合其他相关内容开展丰富多彩的教育活动，最大限度地提高展品效益。

第三，展品开发应充分运用信息技术。充分利用互联网进行展品科普内容拓展。

第四，对于基础科学类展品应加强集成创新。针对现有展品，探寻相关点，进行集成创新展示。如展品"圆锥曲线的光学特性""有趣的传递"将具有内在联系的科学内容和多种展示形式进行组合规划，形成集成创新，可以更好地发挥集成展品的展教功能。

第五，原始创新仍是展品开发的最高追求。如展品"全息摄影"突破以往只能在实验室中进行全息摄影的局限性，研发出可在科普场馆展厅环境中进行全息摄影的新型展示技术，实现了全息摄影在科普场馆内全过程、可视化、快速化地展示，是将科研成果转化为科普展品的有益尝试，也实现了展示内容的原始创新。

上述展品目前分别在北京、河北、南京、合肥等地的科普场馆中展出，深受当地观众欢迎。其中涉及的关键展示技术如双曲面特性展示技术、气浮平台展示技术、传动机构集成展示技术等也在其他展品设计过程中得以应用，为相关企业赢得了经济效益，并在行业中起到了引领示范作用。

图书在版编目(CIP)数据

国家科技支撑计划项目研究：全五册. 第一分册,
基础科学原理解读与探究系列展品展示关键技术研发 /
中国科学技术馆编著. -- 北京：社会科学文献出版社,
2021.10
　　ISBN 978-7-5201-9430-3

　　Ⅰ.①国…　Ⅱ.①中…　Ⅲ.①科学馆－陈列设计－研
究－中国　Ⅳ.①G322

　　中国版本图书馆CIP数据核字（2021）第243602号

国家科技支撑计划项目研究（全五册）

第一分册　基础科学原理解读与探究系列展品展示关键技术研发

编　　著 / 中国科学技术馆

出 版 人 / 王利民
组稿编辑 / 邓泳红
责任编辑 / 宋　静
责任印制 / 王京美

出　　版 / 社会科学文献出版社·皮书出版分社 （010）59367127
　　　　　　地址：北京市北三环中路甲29号院华龙大厦　邮编：100029
　　　　　　网址：www.ssap.com.cn
发　　行 / 市场营销中心（010）59367081　59367083
印　　装 / 北京盛通印刷股份有限公司

规　　格 / 开　本：787mm×1092mm　1/16
　　　　　　本册印张：7.75　本册字数：105千字
版　　次 / 2021年10月第1版　2021年10月第1次印刷
书　　号 / ISBN 978-7-5201-9430-3
定　　价 / 598.00元（全五册）

中国科学技术馆 | 研究书系
CHINA SCIENCE AND TECHNOLOGY MUSEUM

国家科技支撑计划项目研究（全五册）

Research on a Project of National Science and Technology Support Program (Five Volumes in Total)

第三分册

机器人技术
互动体验系列展品展示关键技术研发

中国科学技术馆　编著

社会科学文献出版社
SOCIAL SCIENCES ACADEMIC PRESS (CHINA)

国家科技支撑计划项目研究（全五册）

《第三分册　机器人技术互动体验系列展品展示关键技术研发》

主　　编：隗京花

副主编：马　超　王晨飞　孙　帆

统筹策划：唐　罡　洪唯佳　毛立强　魏　蕾

撰　　稿：第一章：王晨飞　郭　超

　　　　　第二章：王晨飞　孟　维

　　　　　第三章：马　超　王　洪

　　　　　第四章：王晨飞　李成荣

　　　　　第五章：王晨飞　李成荣

　　　　　第六章：马　超　郑家贵

　　　　　第七章：马　超　陈　涛

核　　稿：王学旗

总目录

目录
CONTENTS

1

概　述

　　科技馆是实施科教兴国战略、人才强国战略和创新驱动发展战略，提高公民科学素质的科普基础设施，是我国科普事业的重要组成部分。[①] 科技馆以互动体验展览为核心形式开展科学教育，达到弘扬科学精神、普及科学知识、传播科学思想和方法的目的。展品是科技馆与观众直接交流最主要的手段和方式，是实现科学教育目标的核心载体。公众通过与展品间生动、有趣的交互，能够直观地理解科学原理、科学现象及科技应用，进而激发科学兴趣、培养实践能力、启迪创新意识。科技馆（国外也叫科学中心）在全世界起源并发展至今已 80 余年，积累了丰富的展览展品开发经验，也由此产生了一批深受世界各地公众喜爱的经典展品。

　　党和国家一直高度重视科普事业，近年来对科普的投入显著增加，科技馆得到极大发展，展品需求量猛增。由于我国科技馆事业起步较晚，落后发达国家近 50 年，与我国科技馆发展的需求相比，展品数量仍显不足，质量仍有很大的提升空间，很多馆的展览设计长期停留在模仿国外先进科技馆创意的层面；而各展品研制企业普遍规模较小，更看重企业盈利与发展，缺乏展品创新的动力。现阶段我国科技馆展品创新能力与国际水平相比严重不足，直接影响了科技馆的教育效果，在一定程度上限制了科技馆促进公众科学素质提升服务能力的发挥，制约了我国科技馆的可持续发展。

[①] 科学技术馆建设标准。

1

2015 年 7 月，科技部批复立项国家科技支撑计划"科技馆展品创新关键技术与标准研发及信息化平台建设应用示范"项目，这是国家科技支撑计划第一次将科技馆展品研发项目纳入其中，充分体现了党和国家对科技馆事业的高度重视，以及科技馆展品创新研发的迫切性和必要性。项目由中国科协作为组织单位，由中国科学技术馆作为牵头单位，协调 15 家单位共同参与，并于 2018 年顺利通过科技部组织的验收。通过项目实施，项目团队研发了一批创新展品，并研究出不同类型展品的关键技术，总结了研发规律，为我国科技馆创新展品研发提供了可借鉴的宝贵经验，有效地促进了科技馆展品创新研发能力和生产制造水平的提升，有力地推动了相关产业的发展，为提升科技馆的科普服务能力，起到积极促进作用。项目共设置五个课题，涵盖了基础科学、高新技术、机器人三类互动展品关键技术研究与展品开发，标准研究及信息化共享平台建设几个方面。作为"科技馆展品创新关键技术与标准研发及信息化平台建设应用示范"项目下的课题之一，"机器人技术互动体验系列展品展示关键技术研发"聚焦机器人互动展示关键技术，研发适应科技馆需求、能充分展示机器人技术特点及发展方向、受观众喜爱的机器人展品，同时总结机器人展品的特性和研发规律，为国内科技馆机器人类展品的研发厘清思路，奠定基础。

一　研究背景

机器人技术融合感测技术、通信技术、智能技术和控制技术等多个技术领域，被誉为"当代最高意义的自动化"，是一个国家高科技竞争能力的重要标志。目前，工业机器人自动化生产线已逐渐成为自动化设备的主流及未来发展方向。汽车行业、电子电器行业、工业机械行业等大量使用工业机器人自动化生产线，以保证产品质量，提高生产效率。人类进入信息时代后，机器人技术的应用逐渐由生产领域向更为广泛的人类生活领域拓展。

随着机器人在生产生活中不断普及，公众对机器人技术的科普需求逐渐增加，机器人科普教育成为时下关注热点。机器人科普教育既是传播和普及前沿科学知识的需要，也是提高全民科学素质的重要手段。积极开展机器人科普教育，能够增强公众对机器人技术的科学认知，激发公众对机器人技术探索的兴趣，为进一步推动我国机器人技术的良好发展建立公众基础，营造社会环境，有效促进社会生产力的发展与产业结构的调整。机器人具有增强青少年的动手能力、促进学生思维发展、创新能力训练方式的特点，是深受公众喜爱的科普题材，近年来，国内机器人比赛和中小学机器人实验室得到迅速发展。

目前，国内的机器人科学普及教育资源研究投入明显不均衡，主要集中在以学校教育为基础的机器人实验和比赛方面。机器人科普教育资源比较单一和匮乏，不能满足公众对机器人科普教育的需求。作为向公众普及科技知识、传播科学思想重要阵地的科技馆，虽然国内大中型科技馆均设置了机器人展品，但由于机器人技术属于高新技术，展品设计难度大，展示形式创新难，即使展品研发人员做了很多努力和尝试，但整体来讲，机器人展品的展示效果一般，展品无法让公众全面了解机器人技术的构成和发展方向，以及机器人技术的发展对提高社会生产力的重要作用，与社会反响强烈的机器人高新技术形成较大反差。因此，就科技馆来讲，迫切需要开展机器人技术互动展品的关键技术研究，提升机器人展品研制水平，为观众提供一批高质量的机器人展品。

二　研究方向

国务院颁布的《中国制造 2025》为我国未来机器人技术的发展提供了指引和方向，指出要发展工业机器人、服务机器人和新一代机器人。实现多关节工业机器人、并联机器人、移动机器人的本体开发。重点开发社会

3

公共服务、教育娱乐等消费服务领域机器人和医疗康复机器人、救援机器人等特种机器人。积极研发能够满足智能制造需求，特别是与小批量定制、个性化制造、柔性制造相适应的新一代机器人。为了能够充分展示机器人的最新技术和发展方向，我们关注国家机器人方面的重大政策和重点研究领域，以此作为课题研究方向的重要参考。

针对机器人展览展品的展示需求，我们对国内大型科技场馆的观众进行了现场调查。经统计，80%以上的观众对机器人技术充满期待和兴趣，特别是机器人的高精度技术、机器人灵活性技术、机器人平衡技术、仿生机器人技术、机器人智能控制技术和拟人型机器人等方面。

根据近期国家颁布的重大机器人政策重点领域指引和公众对机器人技术的主要关注点，结合科技馆对机器人技术的展示需求，"机器人技术互动体验系列展品展示关键技术研发"项目团队，针对"机器人高精度定位互动展示技术""机器人机构灵活性互动展示技术""特种机器人互动展示技术""平衡机器人互动展示技术""语音与图像识别互动展示技术""体感机器人互动展示技术""拟人型机器人互动展示技术"等七个关键技术方向开展研究，研发出"机器人移动投篮""机器人装配生产线""坦克机器人""机器人骑自行车""机器孔雀""体感机器人""古筝机器人"等7件优秀的机器人展品，让公众能够在互动体验中，对机器人技术产生探索兴趣，积累科学认知，得到科学思想和科学方法的启迪。

第一章

机器人高精度定位互动展示技术研究

当前，中国正处于经济结构调整转型升级的关键期，而"智能制造2025"则是助力中国经济转型、迈向创新社会的重要举措。作为"智能制造2025"重点发展领域，机器人产业成为新亮点之一。在此背景下，向普通民众推广宣传机器人应用技术尤为重要。

机器人高精度定位技术，是最重要的现代机器人应用技术，依托令人匪夷所思的精度控制水平，能够实现各种工业产品的加工制造，被广泛应用于电子、物流、化工等各个工业领域。不仅如此，高精度定位互动机器人一直以来也深受科技馆青睐，吸引着广大观众热切并充满期待的目光。2000年，中国科技馆设计了"机器人投篮"展品，采用机器人与观众比赛投篮的方式，重点展示机器人高精度定位技术。当时，现场一度火爆，引来观众不断的喝彩声。之后，多家科技馆采用机器人投篮的方式展示机器人高精度定位技术。

针对机器人高精度定位技术的展示，多家科技馆开发了机器人射箭、机器人画画等科普展品。相比之下，机器人投篮展示效果更佳，可以更精彩地展示机器人高精度定位技术，因此，在"机器人高精度定位互动展示技术研究"中，项目团队以"机器人投篮"为基础，在展示形式上寻求突破，采取了"机器人移动投篮"的方式，使工业机器人实现了类似篮球运动员的投篮动作，并由传统的投固定篮筐方式调整为难度更大、更吸引观众的投移动篮筐形式。在这个过程中，系统需要运用精确的外部轴多种运动轨迹复合技术，根据机器人及篮筐位置信息，实时控制投篮机器人投球的时间、角度以及力度，使篮球始终能按照预定运动轨迹，快速精准地进入篮筐。"机器人移动投篮"不仅可以拉近观众与现代工业机器人的距离，还可以使观众充分认识机器人精准的定位执行能力，感受机器人技术的先进性，激发观众探索机器人技术的兴趣。

一　展示技术难点分析

现有展品"机器人投篮"是采用由工业机器人改造的投篮机器人向不同位置的固定篮筐投篮，或者观众和机器人进行固定篮筐的投篮比赛的方式进行展示。由于机器人高精度定位控制，投篮机器人的投篮命中率非常高，几乎可以做到百投百中。上面的展示形式非常精彩，深受观众的喜爱，但项目团队研究认为，优秀的篮球运动员也会具有较高的投篮命中率，这无法体现出机器人的优势，更无法充分体现机器人高精度定位的技术特点，另外，机器人投篮这件展品虽然非常优秀且经典，但已经在国内多家科技馆展示了 10 余年，观众逐渐产生了审美疲劳，科技馆需要新的展示形式来激发观众的参与体验欲望。

以工业机器人为基础，将其改造为投篮机器人的技术是成熟的，在 10 余年前投篮机器人展品已经能够实现稳定的投篮效果，如何在此基础上进行全面创新和超越是本关键技术的技术难点，在展示形式上实现全面创新的同时，如何保证投篮机器人较高的投篮命中率，如何保证展品长期稳定和可靠运行，是本关键技术的另一个技术难点。

二　展示关键技术研究

为了解决上述技术难点，更加直观地将机器人高精度技术进行展示，项目团队集思广益，试图在机器人投篮难度上有所突破，设计使工业机器人完成公众难以完成的任务——以向移动篮筐投篮的方式来展示机器人高精度定位技术，激发观众的兴趣，进而引发观众思考。同时在设计展示形式时，注重观众的参与体验，设置机器人与观众的投篮比赛环节，使观众在参与体验中真切地感受工业机器人的智能化与高精度。

将人们熟知的投篮运动与工业机器人的技术优点相结合，在技术手段方面，需要重点对机器人高精度定位技术，多机协调控制技术，机器人通信、语音、状态显示控制技术，机电一体化控制集成技术进行研究（见图1-1）。

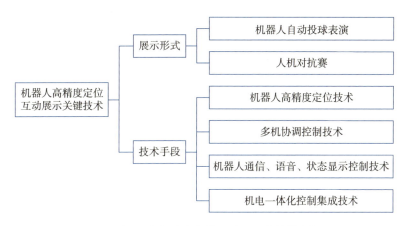

图 1-1　机器人高精度定位互动展示关键技术框图

（一）机器人高精度定位技术研究

机器人物理精度的提高一直是国内外重点研究的问题。重复定位精度更是衡量机器人的主要指标。为配合机器人高精度工作需求，要在行走机构机械设计上保证行走机构的高精度和重复定位精度。

由于齿轮齿条具有承载力大、传动精度较高、传动速度高、传动距离长等优点，展品"机器人移动投篮"机械结构选用齿轮齿条结构传动方式。

为了实现电机安装的微调,保证电机轴端安装的齿轮与齿条安装精度,展品"机器人移动投篮"通过电机带动的齿轮位置微调整装置来保证齿轮齿条啮合位置,进而实现齿轮位置的微调。

此外,不慎落入齿轮齿条的灰尘与杂物对行走机构的精度与寿命有很大影响,因此,行走机构的防尘结构设计尤为重要。在确保结构强度的前提下,最大限度地解决了防尘的问题。

(二)多机协调控制技术研究

双机器人协调运动控制技术是展品"机器人移动投篮"的核心技术。双机之间、机器人与外部轴之间的协调运动、机器人速度与位姿的精准控制,是完成较高的投篮命中率的重要保证。

展品"机器人移动投篮"两台机器人依靠双机协调电缆连接,两台机器人控制柜使用一台控制基板,实现两台机器人与行走机构共 13 个轴的协调控制,两台机器人程序之间通过协调控制,保证两台机器人动作的协调一致。

(三)机器人通信、语音、状态显示控制技术研究

展品"机器人移动投篮"电气控制部分由工控机、电控柜、显示屏以及各种气缸传感器组成。其中,电控柜负责处理信号以便工控机进行应用,工控机作为整个系统的上位机,主要负责运行控制程序,控制系统流程,监控各个传感器状态,并控制各个执行部件响应。

(四)机电一体化控制集成技术研究

"机器人移动投篮"主要由机器人、工控机、行走机构、气缸、传感器、音响、闸机等多个部分组成,是典型的机电一体化展品,在机电一体化控制集成技术上做到协调统一。

　　机械设计需要在充分考虑展品展示功能、结构强度和安全可靠的基础上，兼顾运动控制带来的影响，例如，抓手要尽量轻，抓手重心位置要尽量靠近机器人的重心位置，使投球机器人运动时具有较小惯性矩，保证机器人投球过程的运动轨迹稳定一致。控制技术重点考虑发球机器人发球时间、篮球在空中运动时间、篮筐机器人运动时间的协调一致，这样才能保证篮球精准进筐。篮筐机器人运用中断程序控制技术，保证篮筐机器人随时从其他动作切换到接球动作中，并做到精准地与篮球同时移动到同一位置。

三　"机器人移动投篮"展品研发

（一）展示目的

　　"机器人移动投篮"通过机器人进行包括移动投篮在内的多种投篮形式表演，以及观众与机器人进行投篮比赛的方式展示工业机器人的高精度定位技术，使观众在参与和体验中充分认识机器人精准的定位执行能力、感受机器人技术的先进性，激发观众尤其是青少年探索机器人技术的兴趣。

（二）技术路线

1. 主要结构

　　"机器人移动投篮"主要由工业机器人、行走机构、回球装置、控制单元以及操作台等结构组成，在展示互动区域边界采用隔离网形式，模拟真实篮球场情境，增强互动沉浸感（见图 1-2 至图 1-5）。

　　展品设置两台工业机器人，一台机器人扮演投篮手角色，设立在固定位置，根据系统指令，完成投篮和动作表演等；另一台机器人扮演持筐手角色，设立在行走机构之上，完成持筐自由移动和动作表演等。

　　行走机构、回球装置是展品主要辅助机构。行走机构采用齿轮齿条结构传动方式，辅助篮筐机器人，实现高精度、高稳定的水平方向移动。篮球场地面呈一定角度倾斜，使掉落的篮球借助自身重力，自动回位到升球台入口处，并由气缸驱动分球，实现篮球自动收回功能。

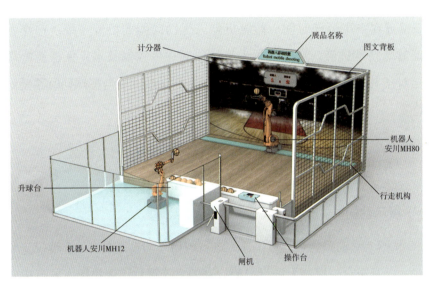

图 1-2　展品"机器人移动投篮"效果图

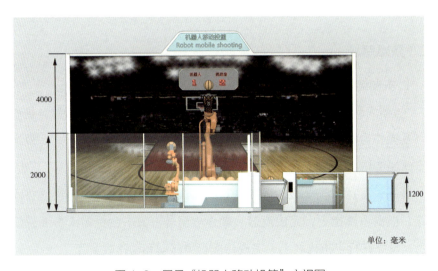

图 1-3　展品"机器人移动投篮"主视图

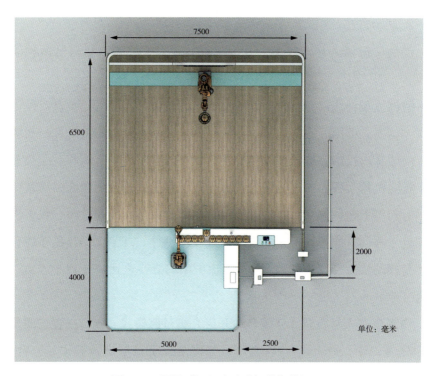

图 1-4 展品"机器人移动投篮"俯视图

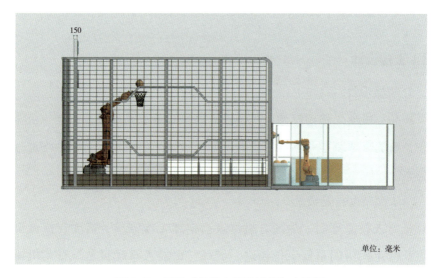

图 1-5 展品"机器人移动投篮"左视图

2. 展示方式

展品"机器人移动投篮"分为机器人投篮表演与人机对抗两种展示方式。

机器人投篮表演分为静止筐投篮和移动筐投篮两部分，投篮难度由低到高。首先，进行静止筐投篮。球筐机器人在不同位置举起球筐，投球机器人向球筐内投球完成投球动作。静止状态投篮结束后进入移动筐投篮环节，行走机构时而停止、时而运动，行走机构上的球筐机器人时而快速移动，时而停下来，篮筐位置也随之时远时近，飘忽不定。这时，投篮机器人向处于移动状态的球筐快速投球完成投球动作。球筐无论是处于静止状态还是移动状态，投篮机器人的投篮命中率均能够达到 98% 以上，可以被称为"神射手"。

当观众进入闸机时，系统自动开启人机对抗模式。参与过程按照投篮难度分为"易、中、难"3 个关卡，当观众按下难度选择按钮与"启动"按钮后，即进入投篮比赛状态，比赛模式是观众和机器人各投 5 球，投中篮数量多者胜。观众首先投 5 个球，然后投篮机器人在同等难度模式下再投 5 个球，投篮结果实时显示在场地内 LED 显示屏上。

（三）工程设计

1. 机械设计

展品"机器人移动投篮"机械设计的技术难点是高精度行走、机器人抓手、系统收球装置和球框装置的设计，项目团队对每部分设计均进行了多次优化，最终达到较好的展示效果。

（1）高精度行走设计

机器人投篮球时，为配合机器人高精度工作需求，需要在机械设计上保证行走机构的重复定位精度。展品"机器人移动投篮"行走机械结构关键部件选用齿轮齿条配合导轨形成移动副结构的传动方式，而非同步带、链条、丝杠等传动方式，能保证高力矩传递、高精度移动的作业需求（见图1-6、图1-7）。

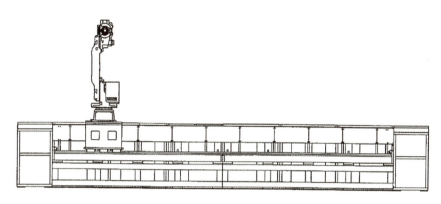

图1-6 展品"机器人移动投篮"行走机构机械设计简图

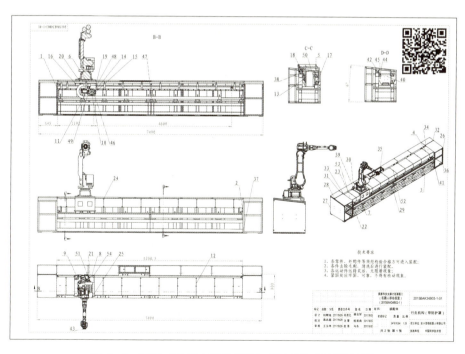

图1-7 展品"机器人移动投篮"行走机构机械设计图
注：由于印刷受限，想看清晰大图请扫描图中二维码，本书其他大图同此情况。

13

　　为了保证机器人投篮的高精度定位，项目团队通过电机进行位置微调整以保证齿轮齿条的啮合位置，确保行走机构的重复定位精度。展品"机器人移动投篮"通过电机带动的齿轮位置微调整装置来保证齿轮齿条啮合位置，该装置主要由两个成90度、形状为"L"形的定位块组成，设有调整螺钉与固定螺钉，进而实现齿轮位置的微调。

　　为了防止篮球进入行走机构内部，根据其外部结构专门设计防护板，同时防护板也起到防尘作用。展品"机器人移动投篮"将防护板设计为"7"形，并将机器人安装台面设计为"Z"形，在确保结构强度的前提下，最大限度地解决了防尘的问题。

　　行走机构的电气走线通过拖链防护，保证电缆与设备之间无直接摩擦，整体设计做到稳定、可靠。

　　（2）机器人抓手设计

　　在机器人投球过程中，实现对篮球的定位尤为重要，为提高机器人捡拾球位置的重复定位精度，项目团队选用了精密的三指气缸确保定位准确。在前期试验过程中，项目团队发现工业机器人投篮命中率并不稳定，经过分析观察，发现篮球上花纹对投篮命中率有较大影响，因为上料台上篮球的花纹位置是随机的，只能通过改善抓手结构解决问题，随后项目团队研究手指的抓球点位置与结构形式，将抓手设计为阶梯状定心圆板，增加篮球的定心面，保证篮球的定位精度，随即投篮命中率明显提高，达得良好的展示效果（见图1-8、图1-9）。另外通过对抓手气缸的控制时间、出球角度、出球位置与出球速度等精准控制，保证了篮球在运动过程中路线的精准性，在实现移动投篮等精彩动作中起到重要作用。

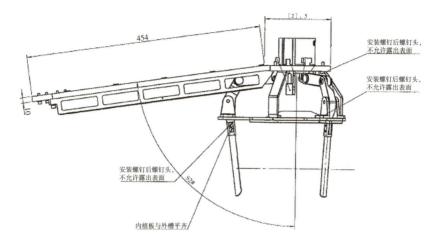

图 1-8　展品"机器人移动投篮"抓手结构机械设计简图

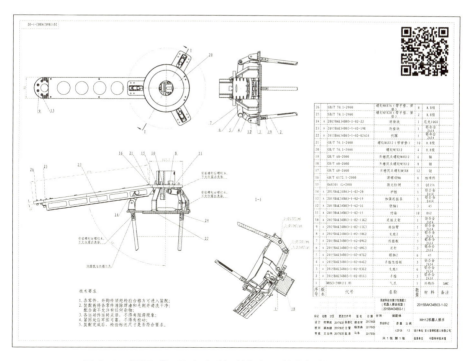

图 1-9　展品"机器人移动投篮"抓手结构机械设计装配图

（3）系统收球装置设计

展品"机器人移动投篮"可以实现掉落台面的球自动收回功能，场地台面呈一定角度倾斜，场地中央设有滑球轨道，有利于篮球自由滚动到预定位置（见图1-10至图1-12）。在前期试验时，项目团队发现有时会出现球在轨道中堆积、卡在轨道中的情况，之后在滑道中央增加跷板装置，防止球堆积于升球台入口处。升球台利用气缸改变分球挡板的位置，分球装置可以交替为观众与机器人的投篮位置分球。分球装置同样由系统来控制，并设有检测装置，当检测到观众或者机器人投篮位置篮球已装满时，不再分球。

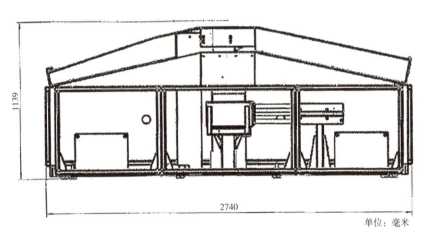

单位：毫米

图 1-10 展品"机器人移动投篮"收球装置机械设计简图

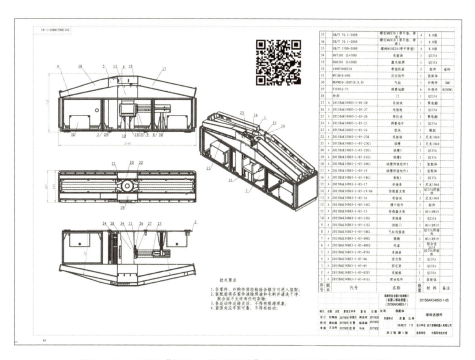

图 1-11 展品"机器人移动投篮"收球装置机械设计装配图

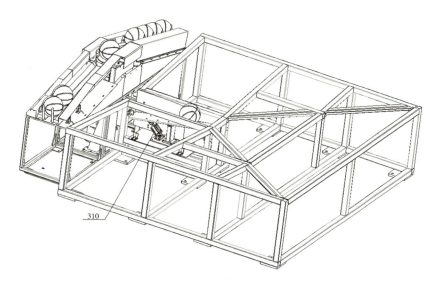

图 1-12 展品"机器人移动投篮"接球区底板与升球台机械设计简图

（4）球筐装置设计

为增强投篮真实性，展品"机器人移动投篮"球筐选用篮球比赛使用的真实篮筐并根据实际需求进行改装，在球筐上安装两个光电检测开关，能够检测是否有球投入（见图1-13、图1-14）。由于篮球穿过篮筐时速度较快，光电开关选用高频率信号采集类型，保证检测的可靠性。经试验，项目团队将光电开关安装在球筐下方，增强光电检测的稳定性。光电开关检测篮球入筐后，将信号发送给计算机智能管理系统，系统会通过语音和球框边框的LED闪灯等形式提示观众，篮球已投入篮筐。

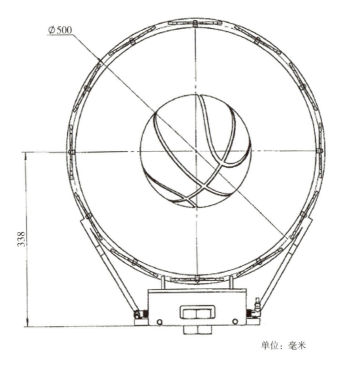

单位：毫米

图1-13　展品"机器人移动投篮"球框装置机械设计简图

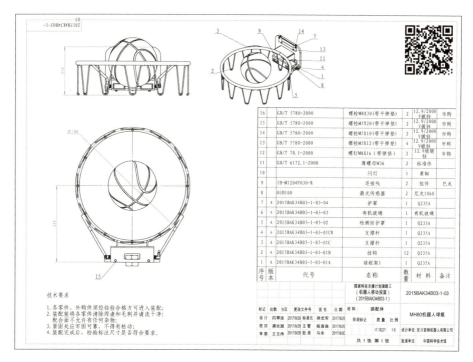

16	GB/T 5780-2000	螺栓M8X30(零平弹垫)	2	12.9/200H	市购
15	GB/T 5780-2000	螺栓M5X20(带平弹垫)	2	12.9/200H	市购
14	GB/T 5780-2000	螺栓M5X10(零平弹垫)	2	12.9/200H	市购
13	GB/T 5780-2000	螺栓M5X12(带平弹垫)	2	12.9/200H	市购
12	GB/T 70.1-2000	螺钉M8X16(带弹垫)	2	12.9级螺钉	市购
11	GB/T 6172.1-2000	薄螺母M36	2	标准件	
10		闪灯	1	黄铜	
9	1B-M1204F030-R	连接线	1	组件	巴龙
8	O5D100	激光传感器	2	尼龙1060	
7	A	2015BAK34B03-1-03-04	护罩	1	Q235A	
6	A	2015BAK34B03-1-03-03	有机玻璃	1	有机玻璃	
5	A	2015BAK34B03-1-03-02	检测防护罩	1	Q235A	
4	A	2015BAK34B03-1-03-01CR	支撑杆	1	Q235A	
3	A	2015BAK34B03-1-03-01C	支撑杆	1	Q235A	
2	A	2015BAK34B03-1-03-01B	挂钩	12	Q235A	
1	A	2015BAK34B03-1-03-01A	球框架1	1	Q235A	
序号	版本	代号	名称	数量	材料	备注

技术要求

1. 各零件、外购件须经检验合格方可进入装配;
2. 装配前将各零件清除焊渣和毛刺并请清洗干净;
配合面不允许有任何杂物;
3. 紧固处应牢固可靠,不得有松动;
4. 装配完成后,检验标注尺寸是否符合要求。

图 1-14 展品"机器人移动投篮"球框装置机械设计装配图

2. 电控设计

实现高难度精彩的机器人移动投篮动作,各系统协调控制为本展品的关键技术,双机器人协调控制技术是本系统的重点,要完成很高的投篮命中率,需重点解决投篮机器人与篮筐机器人的协调运动,机器人速度与位姿控制的精准性。

电气控制部分由工控机、电控柜、显示屏以及各种气缸传感器等组成。其中电控柜负责处理信号以方便工控机进行应用,电控柜面板集成了整个系统的控制按钮和各种信号显示灯,技术人员可以实现对机器人和各部件的状态监测,并通过控制按钮对整套系统进行控制,展品连接关系图见图 1-15。

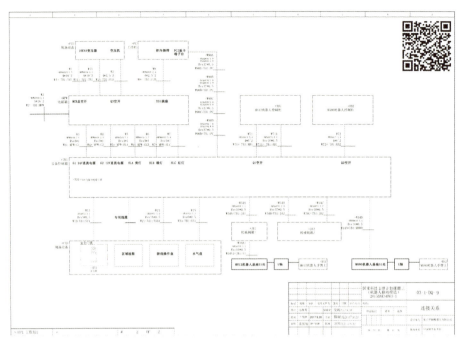

图 1-15 展品"机器人移动投篮"连接关系图

工控机作为整个系统上位机,主要负责运行控制程序,控制系统流程,监控各个传感器状态并控制各个执行部件响应,实时与机器人通信,控制机器人抓手、篮筐、音箱、LED 灯等部件与机器人运行动作状态同步。工控机扫描周期快,能够保证整个系统实时响应。

3. 多媒体设计

本展品多媒体部分分为机器人投篮表演和人机对抗两部分内容,其中,机器人投篮表演,通过机器人投篮球配合音效和旁白的形式,为观众展现工业机器人高精准的投篮技术以及工业机器人在工业生产方面的技术特点和应用;在人机对抗环节,通过旁白的形式,指引观众参与体验展品,实现与机器人的投篮比赛。

（四）制作工艺

展品"机器人移动投篮"的投篮机器人和篮筐机器人在采购的工业机器人的基础上进行改造，以实现投篮和抓住篮筐的展品展示效果。

展品收球装置采用多种材料复合制造而成，基础框架由方钢焊接而成，焊接后进行时效处理，之后进行矫形处理。收球台面覆盖钢板和橡胶缓冲板，其中橡胶缓冲板可以有效减轻篮球的反弹高度与篮球落地声音。

机器人行走机构加工精度要求较高，其基础钢架由方钢焊接而成，钢架焊接完成后进行时效处理，释放焊接应力，然后使用数控机床加工，保证机器人及导轨安装的水平度、平行度及表面粗糙度，最后进行喷涂防锈漆处理。

由于投篮抓手要求质量轻、强度高，其主体支架、抓手手指及其他抓手构件均采用铝合金材质，机加工后表面喷细砂，之后原色阳极氧化。销轴采用45号钢加工，之后淬火，镀哑光镍处理。

人机交互台面部分使用杜邦可丽耐人造石，根据台体形状进行数控下料，手工粘接，内部使用阻燃板进行加固。在需要安装设备的位置预留孔位，安装完成后再将空隙部分粘接填充，最后打磨抛光而成。

（五）外购设备

表 1-1　外购设备

序号	项目名称	规格/型号/材质	单位	数量	品牌
1	机器人	MH12	台	1	安川
2	机器人	MH80	台	1	安川
3	气爪	MHS3-50D	个	1	SMC
4	拖链	E4.56.20.175.0*45节（行程6米、45节）	套	1	IGUS

续表

序号	项目名称	规格 / 型号 / 材质	单位	数量	品牌
5	摆动气缸	CDRB1BW50–180–S–R73L	个	1	SMC
6	调速阀	AS2201–01–F08S	个	8	SMC
7	摆动气缸	CDRB1LW50–180S	个	1	SMC
8	无杆气缸	MY1B50–1000–Z73L	个	1	SMC
9	直线导轨	BRH45B3L6100–NZ1	套	2	ABBA
10	减速机	AFR100–014–S2–P2	台	1	台湾 APEX
11	工控机	610L /I5–2400/	套	1	研华
12	MOTOCOM32 软件	MOTOCOM32	套	1	安川
13	激光检测传感器	O5D100	个	3	易福门
14	安全激光扫描仪	SZ–V04	个	1	基恩士

（六）示范效果

在课题启动初期，项目团队对高精度行走机构设计与电气控制、双机器人和行走机构协调运动的自动化系统、机器人专用抓手、收球装置与球框装置实施方案进行了系统深入的研究，经过不断调整和优化，确定了上述技术方案在展示机器人高精度技术的可行性。

展品"机器人移动投篮"的研发过程，凝结了项目团队集体的宝贵智慧和辛勤汗水。为更好地展示机器人的技术特点，保证展示效果，项目团队攻克了多个难关，确定了机器人移动投篮的展示形式，解决了机器人高精度定位技术问题，完成了多级协调控制技术的研究，解决了机电一体化控制的技术难点，最终实现了关键技术研发目标。

展品"机器人移动投篮"研制完成后，项目团队在自贡、北京两地组织了十余场以"机器人"为主题的科普展示活动，邀请当地多所学校及社会团体参观和体验，受到广大公众及社会各界广泛关注和一致好评。项目团队研究开发的"投球系统及其控制方法"、"行走机构"和"机械抓手"分别获得 1 项发明专利和 2 项实用新型专利的授权。2017 年，中国科技馆启动"机器人与人工智能"主题展厅改造项目，在展厅改造过程中借鉴了本展品研发方面的经验和教训，实现了展示效果的进一步提升。

第二章

机器人机构灵活性互动展示技术研究

当前机器人产业迅猛发展，工业机器人已实现从原材料运输到设备维护保养、从电焊焊接到激光切割、从组装到喷漆各个工序的广泛应用。虽然工业机器人外形各异，功能特性大不相同，但是超高的灵活性已经成为现代机器人的重要标签。

众所周知，机器人灵活性最重要的因素就是轴的数量，它决定了机器人的自由度，自由度越高，机器人就越接近人手的动作机能，灵活性就越好，但是自由度越高，结构越复杂，对机器人的整体要求就越高。现阶段工业机器人选用的控制措施是把机械臂上每一个关节都作为一个独立的伺服机构，即每一轴对应一个伺服器，每一个伺服器根据总线控制，由控制器一致操纵并协调工作。

装配机器人是专门为装配而设计的工业机器人，具有灵活性好、精准度高、柔顺性好、工作范围小、能与其他系统配套使用等特点，是最能体现机器人灵活性的一类机器人。在工业生产时，装配机器人的使用可以保证产品质量、降低成本、提高生产自动化水平。

为了更好地展示机器人机构的灵活性，提高展品观赏性，在"机器人机构灵活性互动展示技术研究"中，项目团队采取"机器人装配生产线"的方式，重点展示零件分拣、出库传送运输、模型装配和拆解、返送回库四个过程，模拟完整的现代工业生产，向观众展示现代高科技机器人控制技术和协调作业技术水平，直观地展现机器人技术的灵活、快捷、可靠、智能、安全等特点，使观众清晰地了解机器人技术，并了解机器人在现代工业制造中的应用。

一　展示技术难点分析

在科普场馆中，目前展示机器人机构灵活性的方案较为单一，主要集中在以机器人作为演示主体进行物件分拣和叠码等方面，例如，机械臂根据指令将零散的物品叠码整齐。由于机器人动作多为快速、重复性动作，虽然能够吸引观众的关注，但观众难以从中有更多的收获，也无法直观地了解现代机器人生产线的相关科学内容，造成观众对机器人灵活性的认知层次较为浅显，很难达到深层次的展教效果。

作为机器人灵活性最直观的展示形式——机器人装配生产线，却由于体量较大、造价不菲，在国内外科普场馆中鲜有展示。即使在机器人短期展会偶尔可以看到，但出于对生产线的宣传和安全的考虑，展示过于工业化且均由专业的工作人员操作模拟完成各种产品的装配，不允许其他人员操控，这很遗憾地造成观众无法与机器人近距离接触、进行深度互动体验。

通过机器人装配生产线的方式展示机器人机构的灵活性不失为一种较好的展示方式，能够充分展示机器人动作的灵活和快捷，同时使观众建立先进装配生产线的宏观概念。经过研讨项目团队认为仍然存在以下问题和技术难点。首先，常规生产线体量庞大，科普场馆展览面积有限，如何将生产线合理巧妙地缩小面积，但不影响其展示效果；其次，装配模型的选取，既要有一定代表性，同时也要满足方便装配和拆解的要求；最后，机器人的选择，选用什么类型的机器人来完成模型的装配既可以体现机器人的高精尖技术，同时也体现机器人机构的灵活性。

二 展示关键技术研究

为了解决上述技术难点，直观地将机器人机构灵活性进行展示，项目团队大胆设想、小心求证，将模型的装配过程和现代工业场景充分结合——立体仓库、三坐标模组、传送带、双臂协作机器人互相配合，利用最小的空间将装配生产线中常用的部分缩小化、立体化展示。在装配模型的选取方面，项目团队深入研究，遴选出具有各自特点和代表性的 5 种产品模型：汽车、电视机、太阳能风车、电路板和跷跷板玩具。

在装配模型的过程中需要不断调整机器人的姿态来适应不同模型零部件装配的空间及位置要求，这对机器人的多轴灵活性要求很高。为了满足这一需求，项目团队选用了具有双臂 14 轴自由度的机器人进行展示，同时增添夹爪，实现零件旋转和夹持动作，保持超高的灵活性。

在实现 5 种模型的拼装和拆解展示形式的基础上，在技术手段方面，需要对机器人装配动作设计、机电一体化控制集成技术和模型装配的演示性设计进行深入研究（见图 2-1）。

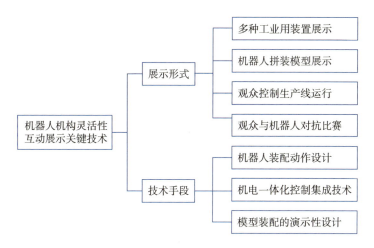

图 2-1　机器人机构灵活性互动展示关键技术框图

（一）机器人装配动作设计

机器人装配技术是机器人应用的重点研究方向之一，而双机器人协调装配更是研究中的难点。为了提升装配速度及效率，使用 14 轴的双臂协作机器人进行研究。这种双臂协作机器人比传统的两台 6 轴机器人多出两个自由度，可以大幅提升装配动作的灵活性；同时机器人系统中原生支持双臂的协同控制，在控制精度、响应速度上也能提升一个台阶。

根据双臂机器人 14 轴的高灵活性的特点，专门设计 5 套代表不同行业的轻量化模型。与机器人特制的夹爪配合，实现双臂协同装配，总结出了一套适用于双臂 14 轴机器人协同装配动作的示教编程方法，展现了其高效、稳定、灵活度高的特点。

（二）机电一体化控制集成技术

该展示部分包含多个不同类型的设备。为了实现多种设备之间的联动，搭建了中央控制平台，完成所有设备和程序的控制。在平台的基础上扩展出多个控制模块，分别实现装配机器人、传送带、立体仓库、多媒体触摸屏等设备的接入和控制。这种平台式的控制方式具有非常好的稳定性和扩展性。

除了实现基本的控制和动作外，在每个设备中设置了大量的检测传感器，实时监控机械和电气系统，并根据监测数据实时调整系统的运行，做到闭环控制，实现控制系统的智能化、智慧化。

（三）模型装配的演示性设计

传统的装配生产线的装配对象均为工业制品，不适宜向观众做科普展示。项目团队开发了 5 种和生活戚戚相关的日用品和工业品拼装模型，能够和装配机器人高度适配，配合机器人完成装配工艺演示，同时装配完成的模型还具备通电展示的功能，可以实现动态的功能演示。

三 "机器人装配生产线"展品研发

（一）展示目的

"机器人装配生产线"真实模拟现代工业中的机器人装配生产线的工作流程，实现汽车模型、电视机模型、太阳能风车模型、电路板模型和跷跷板玩具模型的组装和拆解，向观众展示现代高科技机器人控制技术和协调作业技术，并使观众充分了解机器人技术、自动化立体仓库技术、三坐标模组技术等一系列科技知识，并能对现代工业机器人灵活、快捷、可靠、智能、安全、高效的特点有更加直观、全面的了解。

（二）技术路线

1. 主要结构

"机器人装配生产线"主要由智能机器人系统、物流系统、工业产品模型、互动区域、控制系统和操作系统等组成（见图2-2至图2-5）。在机器人演示区域周围采用透明亚克力罩进行隔离，保护观众安全。

智能机器人系统由机器人本体、机器人控制柜、卡具夹具系统、气源等部分组成。机器人采用双臂机器人，每根手臂具有7轴，共计14轴，并配有专用手爪，能够完成各项装配和拆卸动作。气源由静音气泵产生，经过三联件等气动元件过滤干燥后接入系统使用，保证气源的工艺性和可靠性。

物流系统模拟工业立体仓库的概念设计，包括立体仓库、三坐标模组机械手和物料传送带三部分。立体仓库设计为3层，每层可设置9个模型托盘，模型托盘里放置5个模型的组件；三坐标模组机械手由精密滚珠丝杆和伺服电机驱动，根据展示模型的需求将模型的组件托盘逐个从立体仓库中取出并依次放置于传送带上，在展示结束后将传送带上的模型托盘逐个放回立体仓库；物料传送带由伺服电机驱动，传送带上设置凹槽，便于放置模型托盘，保证供料精度。

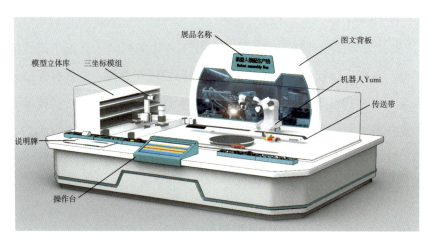

图 2-2　展品"机器人装配生产线"效果图

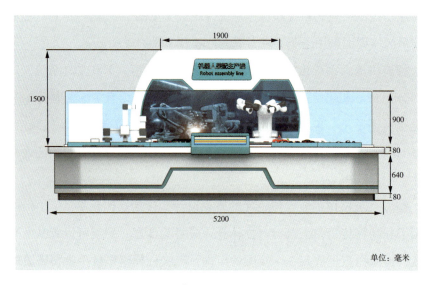

图 2-3　展品"机器人装配生产线"正视图

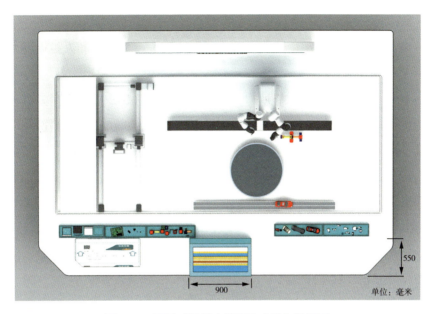

图 2-4　展品"机器人装配生产线"俯视图

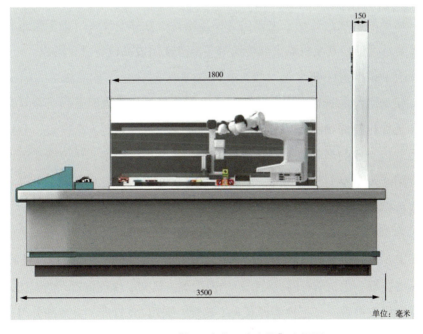

图 2-5　展品"机器人装配生产线"右视图

2. 展示方式

展品"机器人装配生产线"分为机器人装配模型表演和人机比赛两种展示方式。

观众通过交互平台选择模型类型，物流系统开始响应，通过三坐标模组从立体仓库中选取模型零部件放置于传送带上，再由传送带输送至机器人前，机器人根据指令开始独立完成模型的装配，模型装配完成后，机器人通过简单的动作演示模型的基本功能，待演示完毕后，机器人进行模型零件拆卸，并由传送带运回立体仓库。

当观众选择人机比赛模式时，需要在特定时间内，与机器人进行较量，比赛谁能快速将模型零件组装起来，当比赛结束后，系统进行判定，语音播报比赛结果。

（三）工程设计

1. 机械设计

本展品机械设计部分主要包含模型组件、立体仓库、三坐标模组和机器人夹爪设计，其余机器人和传送带等部分选用成品设备进行集成。

（1）模型组件设计

模型组件的选取偏向现代机器人重点服务领域，同时兼顾公众日常生活和工作接触的物品，项目组经过反复论证，最终确定 5 个模型，分别为代表现代工业的汽车模型、代表家电产品的电视机模型、代表新能源设备的太阳能风车模型、代表电子产品的 LED 拼接屏模型、代表轻工业产品的跷跷板模型（见图 2-6 至图 2-10）。

模型组件的设计既要保证良好的展示性，同时也要适应机器人的低载重、夹爪统一的要求。项目团队通过多版试验，总结出模型组件设计原则：一是夹持统一化，所有的夹持机构均使用统一机构，保证机器人的夹持，同时兼顾模型外观；二是模型外观为了美观，采用 3D 打印，夹持部分需确保精度，采用铝合金数控加工；三是所有模型装配完成后均可以进行效果演示。

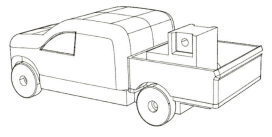

图 2-6　汽车模型设计简图

图 2-7　电视机模型设计简图

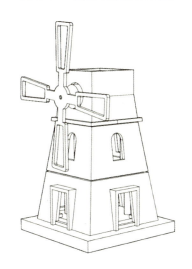

图 2-8　太阳能风车模型设计简图

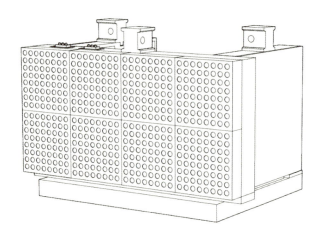

图 2-9　LED 拼接屏模型设计简图

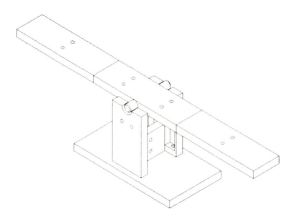

图 2-10　跷跷板模型设计简图

（2）立体仓库设计

立体仓库是为了体现现代装配生产线的特点，同时将展品空间进行最优化设计而设置的（见图 2-11 至图 2-13）。立体仓库包括仓库主体及模型托盘两部分，在最初的设计方案中主体框架使用钢板焊接拼装而成，三层托盘架使用钣金折弯，采取安装定位块的方式进行托盘定位。在实际试验中，项目团队发现托盘定位不准、精度不够。为了保证精度及强度，经过反复论证，项目团队最终使用 20mm 厚铝合金板材直接数控加工制作托盘架，并设计了导向、限位等机构。在安装过程中，项目团队使用三坐标模组配合百分表的方式进行水平度、直线度的调整，确保安装精度。

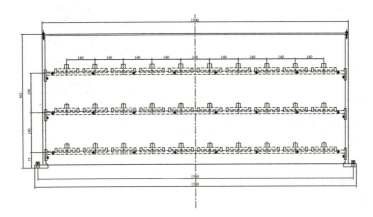

图 2-11　展品"机器人装配生产线"立体仓库机械设计简图

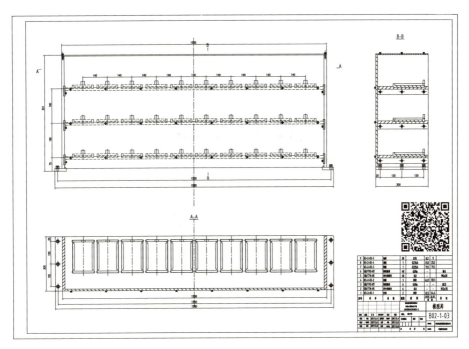

图 2-12　展品"机器人装配生产线"立体仓库机械设计图

图 2-13　展品"机器人装配生产线"立体仓库照片

在模型托盘设计中，为了保证通用性使用了统一的托盘造型，内部使用衬里适应不同的模型形状（见图 2-14）。项目团队经过一系列研究和试验后，最终托盘主体采用铝合金材质，使用数控机床一次成形，既保证了精度，也减轻了重量。衬里根据不同模型部件形状采用 3D 打印的方式进行制作。

图 2-14　展品"机器人装配生产线"托盘照片

（3）三坐标模组设计

三坐标模组的移动部件采用伺服电机驱动滚珠丝杠的方式实现，三轴行程分别为1400mm、900mm、400mm。它覆盖了立体仓库27个托盘的取放，以及传送带的传递。模组的驱动部件采用气动平行气缸，体积小巧，夹持力大。

三坐标模组夹爪（见图2-15）的设计经历了多个版本的改进，最初采用3D打印进行制作，由于导向和配合精度不足，最终改为铝合金材料通过数控机床加工制作，确保了加工精度，满足夹爪的使用需求。

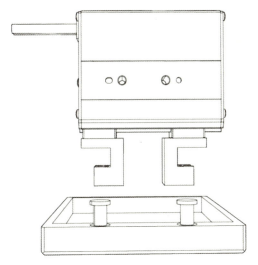

图2-15 展品"机器人装配生产线"模组夹爪设计简图

（4）机器人夹爪设计

机器人夹爪用于模型零部件的拿取、组装和拆卸（见图2-16）。项目团队经研究后决定采用两爪式，模仿手指造型，在夹爪上设计两个带有锥度的定位销，配合夹持面，实现定位、夹持的抓取功能。每个模块零件上同时设置两个抓取孔，配合定位销进行定位和夹持，保证机器人的抓取精度。

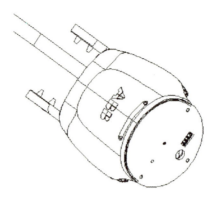

图 2-16　展品"机器人装配生产线"机器人夹爪示意图

2. 电控设计

电气控制系统以 S7–1500PLC 为主，预留扩展接口，保证系统的开放性（见图 2-17 至图 2-20）。动力电源与控制电源独立设置，避免动力电源波动对控制系统的冲击，控制电源使用隔离变压器，保证控制系统用电的稳定性和波形的平滑。所有电源器件均采用施耐德工业用电力器件，标配漏电保护装置，保证整个系统的安全性。控制系统独立成柜，使系统层次清晰，便于日常维护和检修。

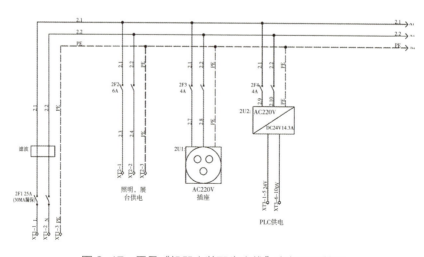

图 2-17　展品"机器人装配生产线"电气原理简图

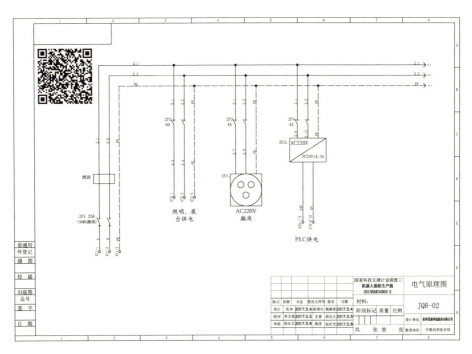

图 2-18　展品"机器人装配生产线"电气原理图

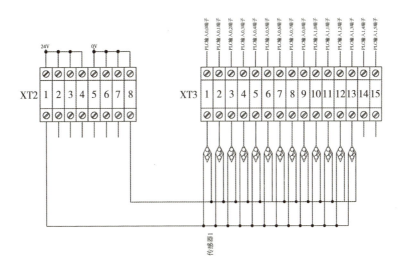

图 2-19　展品"机器人装配生产线"电气接线简图

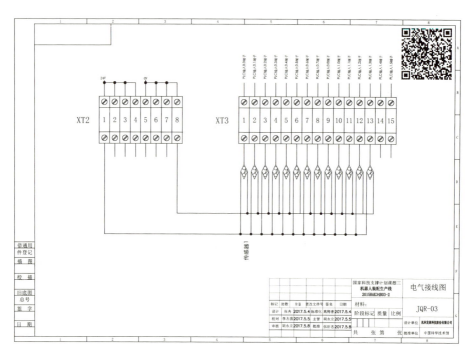

图2-20　展品"机器人装配生产线"电气接线图

　　控制系统为数据处理核心，其他系统为子系统，控制系统依据操作系统、检测传感器等反馈信息，经过数据处理，向子系统发送控制命令，并要求子系统反馈实时状态信息，为后续命令提供依据。控制系统采用西门子 S7-15000 PLC 为处理器，以工控机为信息交互平台，PLC 与机器人系统和物流系统使用 PROFINET 通信协议交互数据，使子系统执行相关动作。PLC 通过主站扩展模块、子站扩展模块、从站扩展模块收集模型和互动区域数据，通过 TCP/IP 通信协议与操作触摸屏交互控制数据。

　　操作系统主要指触摸屏承载的多媒体等相关软件系统，通过 TCP/IP 向主站发送观众的操作数据流，观众可以在操作系统上点选模型和选择参与互动的形式。

3. 多媒体设计

　　本展品多媒体部分分为机器人装配模型与人机比赛两部分内容，其中机器人装配模型，通过机器人装配演示，配合音效和旁白的形式，为观众展现工业机器人超高的装配技术和灵活性；在人机比赛环节，通过旁白的形式，指引观众深度参与体验展品，实现与机器人的组装模型比赛。

（四）制作工艺

"机器人装配生产线"台体采用多种材料复合制造而成，其中方钢焊接成基础钢架，钣金折弯作为外饰面，人造石铺设展台表面。为了克服机器人运动惯量，关键部位设有配重进行平衡，并在关键连接部位使用三角筋板加固。

钢架焊接完成后，要进行时效处理，释放焊接应力，之后使用数控机床对配合面进行加工，保证机器人及其他设备安装的水平度、平行度及表面粗糙度，最后进行喷涂防锈漆。

外饰面采用2mm厚钢板折弯钣金工艺制作，使用螺钉与钢骨架进行固定，在跨度较长位置使用加强筋进行加固，避免钣金出现空鼓，钣金制作完成后，进行喷砂烤漆处理。

台面部分采用人造石材料，根据台体形状进行数控下料，手工粘接，制作出翻边，内部使用阻燃板进行加固。在需要安装设备的位置预留孔位，安装完成后再将空隙部分粘接填充，最后打磨抛光至镜面效果。

（五）外购设备

表2-1　外购设备

序号	项目名称	规格/型号/材质	单位	数量	品牌
1	三坐标模组	3自由度，行程：1400mm×900mm×400mm	套	1	
2	机器人	双臂14轴，单臂载重200g	套	1	ABB

（六）示范效果

当前科技场馆内的机器人展示偏重于演示和表演，更多的是对机器人进行包装后完成拟人类表演型展示，很少有贴近机器人实际工业应用的展示案例，这在机器人技术展示形式方面存在缺憾。"机器人装配生产线"生动地将完整的机器人模型过程在观众面前直接呈现，这是对当前机器人灵活性的展示形式的有益补充和拓展，对机器人技术在科普场馆的传播展示有积极示范意义。

在展品研发过程中，项目团队创新性地为双臂机器人设计了特殊的夹爪和模型，并在对应的部件上添置了加持孔，这为类似机器人装配模型功能的实现提供了一个可行的方案，在一定程度上降低了机器人装配模型设计的门槛。

展品"机器人装配生产线"研制完成后，项目团队在北京和河北组织了多场以"机器人"为主题的临时科普展示活动，邀请当地多所学校及社会团体参观和体验，受到广大公众及社会各界的广泛关注和一致好评。2017年中国科技馆启动"机器人与人工智能"主题展厅改造项目，在展厅改造过程中借鉴了本展品研发方面的经验和教训，实现了展示效果的进一步提升。

第三章 | 特种机器人互动展示技术研究

    特种机器人是应用于专业领域，由经过专门培训的人员操作或使用的，辅助、代替人执行任务的机器人。特种机器人是除了工业机器人、公共服务机器人和个人服务机器人以外的一大类机器人，一般包括军用机器人、仿生机器人和医疗机器人等不同类型。近年来，特种机器人得到快速的发展和广泛的应用，在农业、建筑、物流、护理和救援等领域均有涉及。在科普场馆中，特种机器人的专业技术性较强，不适宜普通观众操作，至今多以静态展示或工作人员操作的科学表演的形式进行呈现。

    通过对特种机器人互动展示关键技术的研究，项目团队深度挖掘观众感兴趣，且可以充分表现特种机器人技术的展示方式，选取观众亲自操作坦克机器人完成排爆和发现火情的形式，通过开展对特种机器人导向、避障、机器人履带式移动机构和机械臂抓取力度过载保护等技术的研发，借助无线智能控制、实时远程图像传输等技术在特种机器人中的应用，实现由普通观众来操控特种机器人完成在复杂场景中执行特殊任务的展示目的，使观众在参与互动中了解特种机器人的工作特性，填补了科普场馆中与特种机器人实现互动展示的空白。

一　展示技术难点分析

在国内外科普场馆中，相当比例的场馆均有对机器人技术的展示，但对于特种机器人的展示相对较少，展示特种机器人的优秀展品更是凤毛麟角。美国芝加哥科学与工业博物馆受到灵敏又有力的大象鼻子的启发，采用 Festo 公司的仿生操作助手开发了展品"受自然启发"（见图 3-1）。展品由一串软质塑料组成，具有 11 个自由度，实现比传统机械臂更加灵活、空间移动能力更强的展示效果。

图 3-1　美国芝加哥科学与工业博物馆展品"受自然启发"

经过分析，项目团队认为造成科普场馆中特种机器人的展示相对较少有以下原因。第一，特种机器人较为专业，操作难度较大，普通观众难以短时间内掌握；第二，观众的误操作易导致机器人的损坏；第三，受到技术限制，特种机器人难以在科普场馆中长时间稳定运行。因此，科普场馆中很少通过互动的方式对特种机器人进行展示，多以科学表演、科学活动或静态模型的方式进行展示。虽然观众可以通过观看机器人的表演或者机器人的实物对特种机器人有基本的印象和了解，但由于不能直接参与体验，难以深入了解特种机器人的工作状态和工作原理。

作为特种机器人，如何通过对机器人导向、避障和抓取等设计，确保机器人展品的安全性、稳定性和易维护性，使普通观众有机会直接操作特种机器人，在特殊复杂的环境中完成具有挑战性和危险性的既定任务，是本关键技术的技术难点。

二 展示关键技术研究

为了解决上述技术难点，直观地展示特种机器人技术，项目团队试图在展品的展示形式上有所突破，采用观众操作特种机器人完成排爆和搜寻火源等危险任务的方式，营造特种机器人的工作场景，展示特种机器人技术，注重激发观众的好奇心，使观众在互动体验中充分感受特种机器人的智能性和机动性。

为了实现操控特种机器人完成特定任务的展示目标，在技术手段方面，项目团队重点对机器人无线控制技术、超宽带无线室内定位技术、电磁导向技术和超声波避障技术等关键技术在特种机器人上的应用进行研究（见图3-2）。

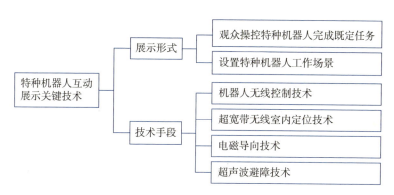

图 3-2　特种机器人互动展示关键技术框图

（一）机器人无线控制技术

由于机器人在场地内不停地运动，所以机器人无线控制技术在本展品机器人功能的实现上就显得尤为重要。项目团队利用控制系统通过 USR-WIFI232-602 通信模块与机器人进行 WiFi 数据传输，远程控制距离最远可达 100 米，能够很好地实现场地内机器人的控制。

（二）超宽带无线室内定位技术

超宽带无线室内定位技术（UWB）作为一项新的短距离无线通信定位技术，具有定位精度高、范围覆盖广、传输能力强、发射功率小等传统通信技术无法比拟的优势。项目团队采用该技术对机器人进行定位。在场景中设置 4 个基站，机器人通过获取 4 个基站的实时数据，计算机器人的当前位置。

（三）电磁导向技术

为了避免在观众互动过程中，由观众的人为干扰和错误操作给机器人带来危险和伤害，项目团队利用电磁导向技术，实现了对坦克机器人工作过程中的保护。在机器人通行的楼梯、独木桥等危险路段设置电磁信号导向带，机器人按照电磁信号导向带的引导轨迹运动，通过危险路段，避免从高处跌落造成机器人损坏。

（四）超声波避障技术

同样为了确保坦克机器人在运动过程中的安全，项目团队在机器人四周安装有超声波传感器，控制机器人动作，使机器人自动避开四周的障碍物，起到自主防撞的作用。

通过综合利用无线控制、超宽带无线室内定位、电磁导向和超声波避障技术，项目团队为观众提供了操控复杂的特种机器人，并完成既定任务的互动机会，使观众在互动体验中了解特种机器人机动灵活的特点和智能控制技术，填补了特种机器人在科普场馆中互动展示的空白。

三 "坦克机器人"展品研发

（一）展示目的

"坦克机器人"通过观众操控机器人在复杂环境下完成排爆和寻找火源的特殊任务的方式，展示特种机器人的智能性和高通过性，使观众在参与和体验中充分认识特种机器人的工作特点，感受特种机器人为人类生产生活带来的便利，激发观众尤其是青少年探索和研究特种机器人的好奇心。

（二）技术路线

1. 主要结构

展品由坦克机器人、操作台、场景模型和大屏幕等组成。场景内设置斜坡、台阶、独木桥、墙体、炸弹、排爆桶、模拟的火源等设施。其中，炸弹和模拟的火源可以隐藏在场地的不同位置（见图3-3至图3-6）。

坦克机器人采用履带式移动机构，装配有视觉传感器、激光测距传感器、红外传感器、超声波避障系统，可实现爬斜坡、爬楼梯、过独木桥等功能，能适应在多种复杂路面行驶，并实时回传拍摄的图像。坦克机器人设置具有5个自由度的机械臂，可以灵活实现旋转、伸缩、抓取等动作。

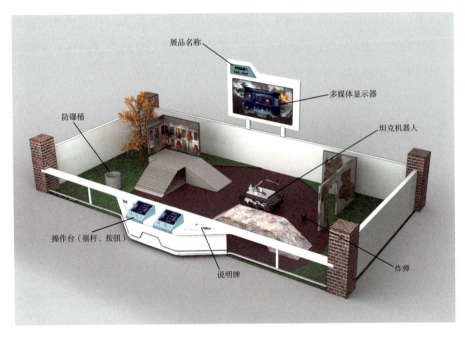

图 3-3 展品"坦克机器人"效果图

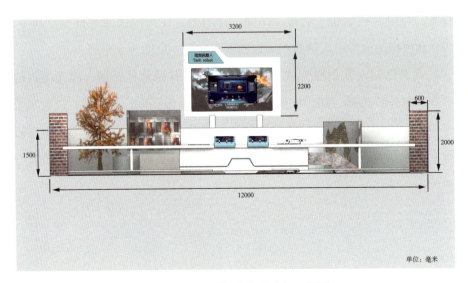

图 3-4 展品"坦克机器人"正视图

图 3-5　展品"坦克机器人"俯视图

图 3-6　展品"坦克机器人"左视图

49

2. 展示方式

展品"坦克机器人"设置两个操作台，每个操作台上分别设置显示屏和操作手柄。一个操作台执行排爆任务，另一个操作台执行寻找火源任务。每次任务由系统指定，只能由对应的一个操作台控制，每次任务设定规定的完成时间。在任务执行过程中，另一个操作台操作无效，在屏幕上提示观众等待参与下一项任务。

观众参与时首先通过显示屏接收系统下达的排爆（寻找火源）任务，观众模拟真实的抢险状态，通过观看操作台显示屏上坦克机器人实时回传的影像，操作手柄控制机器人在场景中运动，穿越各种障碍，在复杂的路面上行进，搜寻隐藏的炸弹（火源），当坦克机器人发现炸弹（火源），并接近目标物后，机器人会通过语音告诉观众已经发现炸弹（火源），随后机器人自主完成炸弹的抓取并放入排爆桶完成排爆（自主发出警报并报告火源的位置），完成抢险任务。

（三）工程设计

1. 机械设计

坦克机器人行走底盘、机械臂和机械手爪的设计是本展品机械设计的技术难点。针对这三部分的机械设计，项目团队均进行了多次优化，邀请机械设计专家进行技术把关，最终实现展示要求，达到较好的展示效果。

（1）行走底盘设计

在最初行走底盘的机械设计中，更多地从底盘的美观性，同时符合特种机器人底盘特点的角度考虑，项目团队采用直流电机驱动多履带式机构的方式实现坦克机器人运动（见图3-7）。履带与地面接触的一面有加强防滑筋，以提高履带板的坚固性和履带与地面的附着力，满足机器人在特殊路面的行走要求。

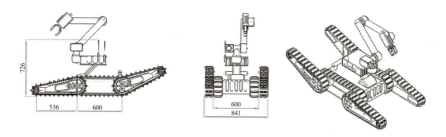

图 3-7　第一版坦克机器人行走底盘机械设计简图

在底盘试验中，项目团队发现行走底盘体积过大，结构复杂，运行速度慢，能耗高，综合性能差。虽然行走底盘外观美观，但并不实用。故对坦克机器人的行走底盘做了第二版优化设计，调整为单履带式结构，采用车架＋独立悬挂的设计（见图3-8），使行走底盘具有极强的通过性能。电机改为直流无刷电机。它具有调速容易、效率高等特点。

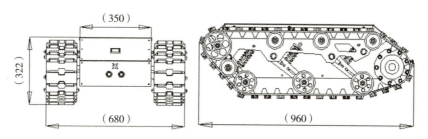

图 3-8　第二版坦克机器人行走底盘机械设计简图

（2）机械臂设计

机械臂安装在坦克机器人上，辅助机械手爪进行炸弹的抓取。项目团队根据抓取炸弹的尺寸进行机械臂设计。在最初的设计中，我们将机械臂的长度设定为1000毫米，采用不锈钢材料进行加工制作，动力由美新直流电机驱动（见图3-9）。

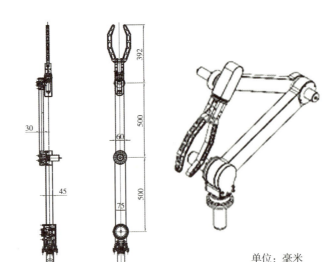

单位：毫米

图 3-9 第一版坦克机器人机械臂机械设计简图

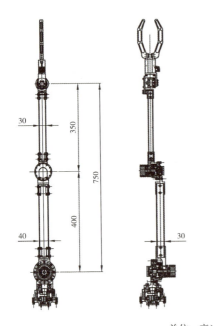

单位：毫米

图 3-10 第二版坦克机器人机械臂
机械设计简图

在对机械臂进行试验时，项目团队发现整个机械臂的重量达到 14 公斤，驱动电机的功率达到 600 瓦，电池充满电后只能连续工作约 2 小时，这样难以满足科普场馆的运行要求。为此项目团队想方设法提升机器人的连续工作时间，对机械臂部分进行了优化，努力减轻机械臂的重量，材质由不锈钢改为铝合金，机械臂长度由 1000 毫米减小到 750 毫米（见图 3-10、图 3-11），这样使整个机械臂重量减少约 50%，电机的功率大幅下降，使展品能够连续工作 5 小时，达到科普场馆基本的展示要求。

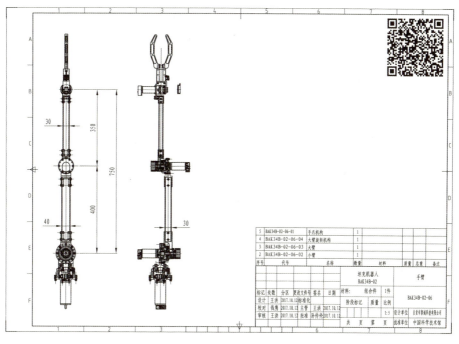

序号	代号	名称	数量	材料	质量	总重	备注
5	BAK34B-02-06-01	手爪机构	1				
4	BAK34B-02-06-04	大臂旋转机构	1				
3	BAK34B-02-06-03	大臂	1				
2	BAK34B-02-06-02	小臂	1				

图 3-11　第二版坦克机器人机械臂机械设计装配图

（3）机械手爪设计

机械手爪与机械臂连接，安装在坦克机器人上，用于炸弹的抓取。在最初设计机械手爪时，为了确保手爪的质感和质量，项目团队同样采用不锈钢材料进行加工制作，采用亚德客气缸进行驱动，响应速度快（见图 3-12）。

在机械手爪与机械臂联调试验后，项目团队发现由气缸驱动机械手爪，存在可控性差、噪声大等缺点，同时气缸体积较大，影响坦克机器人内部布局。随后，项目团队对机械手爪进行了优化设计，研

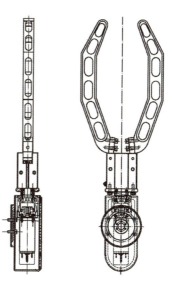

图 3-12　第一版坦克机器人机械手爪机械设计简图

究将机械手爪尺寸减小，改为由 30 瓦的美新电机驱动；同时将机械手爪改为铝合金材质，并进行镂空处理，最大限度地降低手爪的重量（见图 3-13、图 3-14），上述的优化显著提高了机械手爪的动作效果和稳定性。

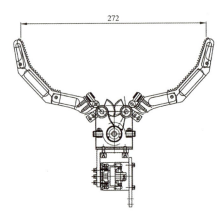

图 3-13　第二版坦克机器人机械手爪机械设计简图

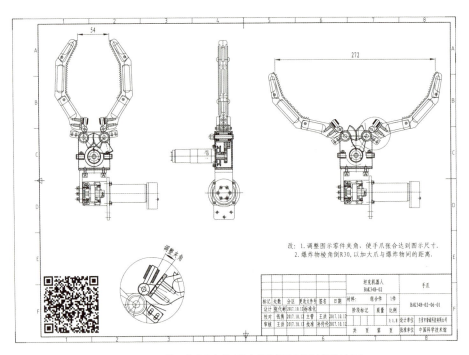

图 3-14　第二版坦克机器人机械手爪机械设计图

2. 电控设计

"坦克机器人"的电控设计主要由电气系统设计和电控程序设计两部分组成。为了满足展品的电控需求，项目团队针对实验测试中的问题进行了多次优化，最终实现了展品的展示效果。

（1）电气系统设计

在最初的电气系统设计中，坦克机器人的控制电脑、红外自动避障检测系统、气体压缩装置、观测识别摄像机、电池等设备均安装在坦克机器人的底盘上，可以实现机器人的控制、移动和避障等功能，同时项目团队设计了环境观察摄像机云台机构对周围环境进行观察并采集图像（见图3-15）。

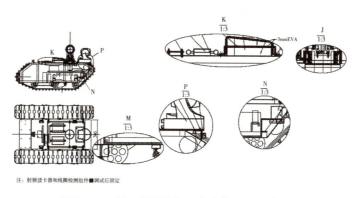

注：射频读卡器和线圈检测组件■调试后固定

图3-15　第一版坦克机器人电气设备总成图

经后续的试验，项目团队发现气体压缩装置和控制电脑安装在坦克机器人上极大地增加了能耗，同时占用体积，降低了坦克机器人内部的空间利用率。针对上述问题，项目团队对此进行了优化调整，首先，在手爪采用电动取代气动后，底盘上能耗较大的气体压缩装置也随之撤下；其次，将控制电脑改为设置在操作台内部，这样减小了坦克机器人的能耗和重量，提高了机器人的连续工作时间（见图3-16至图3-18）。

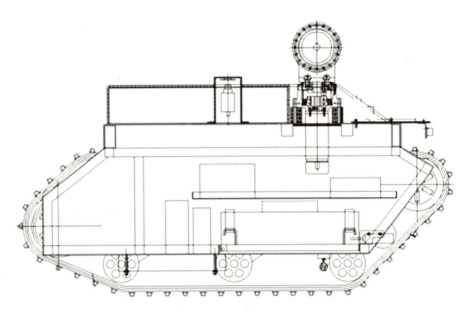

图 3-16 第二版坦克机器人电气设备总成图

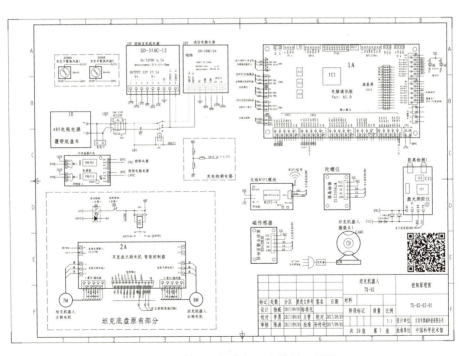

图 3-17 第二版坦克机器人控制原理图

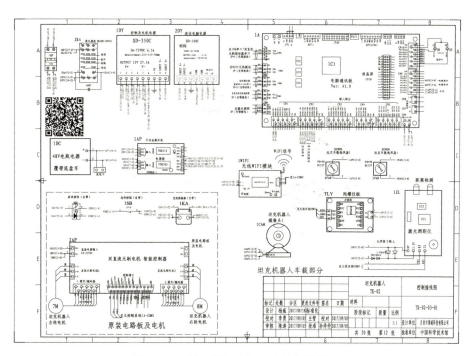

图 3-18　第二版坦克机器人控制接线图

　　之后，项目团队对试验反馈数据进行分析，自行设计的机器人环境观察摄像机云台机构控制复杂，而普通的观测识别摄像头识别速率慢；红外避障检测系统也存在误判率高等情况。针对上述问题，项目团队进行了第三版优化，采用一体化自带云台的环境摄像头，并采用 OpenMV3 CamM7 作为观测识别摄像头，识别速度较快，可实现两个目标物上两种颜色的识别。自动避障检测系统优化为超声波测距检测系统，能够实时检测障碍物距离，检测效果良好。

　　在后续试验中，项目团队进一步发现在复杂的环境中顶部的工业摄像机的识别率不高，同时机械手臂运动时会遮挡机器人上的标识，因此，项目团队决定对技术方案进行第四版优化，决定采用超宽带无线室内定位技术（UWB），在场景中设置四个基站，机器人通过获取四个基站的实时数据，计算机器人的当前位置（见图 3-19）。经过不懈努力，项目团队最终解决了上述全部问题，完成了展品电气系统设计。

57

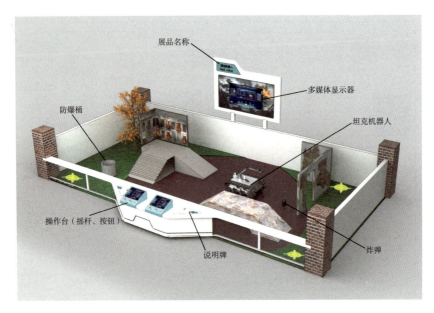

图 3-19　展品"坦克机器人"UWB 系统基站位置示意图

（2）电控程序设计

坦克机器人控制系统主要包括主控 PC 机模块、ARM 主控系统模块、云台摄像识别模块、I-UWB 定位模块、抓取物识别系统模块和超声波防撞检测模块。针对每一个模块的设计，项目团队均进行了充分研讨，在不断优化和调整中完成了各模块的程序设计。

主控 PC 机与坦克机器人 ARM 主控系统采用 WiFi 连接，由主控 PC 机对各种信息、数据进行处理，协调系统中各功能模块并发出控制指令。ARM 主控系统接收到指令后，对相应机构进行实时控制，完成预定任务。

云台摄像识别模块用于采集坦克机器人周围图像，与主控 PC 机通过无线数据传输，图像显示在大屏幕上，便于周围观众观看（见图 3-20）。

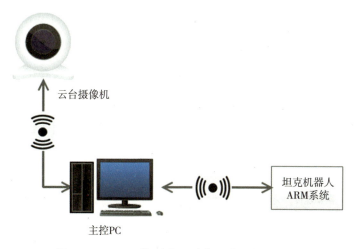

图 3-20 展品"坦克机器人"通信系统结构图

坦克机器人具有遥控和自动行驶功能，可实现自动路径规划及自动避障功能。因此机器人定位是其系统控制中最重要的环节，也是移动机器人完成任务必须解决的问题。坦克机器人对定位要求精度高（亚米级精度），实时性好。

项目团队经分析研究决定采用超宽带无线室内定位技术（UWB）和JY901陀螺仪传感器来解决坦克机器人的定位问题（见图 3-21）。

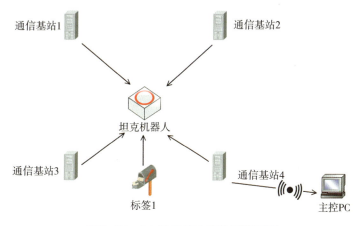

图 3-21 I-UWB 室内定位系统示意

在坦克机器人经过楼梯、桥梁等环节时，除了运用 I–UWB 定位系统的数据和安装在机器人上的电子罗盘提供的方位角信息，得到坦克机器人的位置和角度进行自动路径规划外，还运用了电磁引导寻迹技术。在楼梯和桥面设置导向线，通过传感器检测载流导线道路周围的电磁场信号，控制部分发出动作信号驱动电机和舵机等执行机构，实现机器人沿道路方向前进、变速和转向，最终沿着载流导线前进（见图 3–22）。

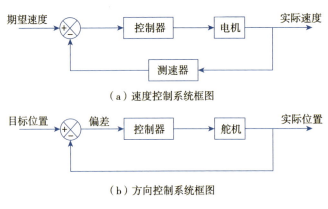

（a）速度控制系统框图

（b）方向控制系统框图

图 3-22　电磁寻迹控制系统框图

坦克机器人在识别炸弹抓取时使用了 openmv 摄像头，使用 Python 语言编写的识别方案，此摄像头分辨率较低，识别速度较快。通过图像增强、二值化及多种图像处理算法计算出目标的准确位置及目标形状，为机器人的手臂抓取目标物体提供数据支持。

超声波防撞检测模块用于防止坦克机器人撞到障碍物。它由超声波发射模块、信号接收模块、单片机处理模块等组成，由发射模块发出超声波束，照射到障碍物上，经过障碍反射，由信号接收模块接收，并送入单片机进行处理计算出距离控制机器人前进，实现自主防撞的功能。

3. 多媒体设计

展品多媒体设计主要包括两个操作台上屏幕中多媒体部分的设计和大

屏幕上多媒体部分的设计。其中操作台屏幕中的多媒体主要用于引导和辅助观众操控坦克机器人完成工作任务。大屏幕中的多媒体是以坦克机器人第一视角的影像，向展品周围观众演示机器人的工作状态。

（四）制作工艺

受到科普场馆的场地限制，"坦克机器人"的互动场地面积约为 80 平方米，考虑到机器人功能的实现，坦克机器人的底盘尺寸设置为 960mm×680mm×322mm。坦克机器人车体采用不锈钢材料，护罩采用 ABS 材料加工制作，坦克机器人行走底盘采用单履带式结构，车架＋独立悬挂的设计使行走底盘具有极强的通过性能。

机械手臂长度为 750mm，其中机械手臂的关键机构连接件采用铝合金材质，具有良好的抗腐蚀性和可焊接性，臂管采用铝合金矩管。机械手爪同样采用铝合金材质制作，进行镂空处理，降低重量。

操作台台体采用 Q235 材料焊接而成，操作台围板采用 Q235 和 PVC 增强阻燃板加工制作。操作台面板采用杜邦可丽耐人造石制作。

（五）外购设备

表 3-1　外购设备

序号	项目名称	规格 / 型号 / 材质	单位	数量	品牌
1	蓄电瓶	覆带地盘车 Komodo-01 自带	组	1	泰安极创机器人
2	电机	RE50 12V 200W 带编码器 512 点	台	2	MAXON 美信
3	电机	RE35 15V 90W 带编码器 512 点	台	1	MAXON 美信
4	覆带地盘车	Komodo-01	台	1	泰安极创机器人
5	电机	RE40 12V 150W 带编码器 512 点	台	1	MAXON 美信

续表

序号	项目名称	规格 / 型号 / 材质	单位	数量	品牌
6	显示器	S22E390H	台	2	三星
7	计算机	7040MT i5	台	2	戴尔
8	摄像头	定制 200 像素摄像头	个	1	海康威视
9	激光测距仪	0.03–50m RS232 TTL 电平	套	1	外购
10	轴流电机	90*90 DC12V	个	2	SUNON
11	轴流电机	120*120 AC220V	个	2	SUNON
12	室内定位系统	INF I–UWB RTLS（4 基站 2 标签）	套	1	外购
13	电机	NIMIMOTOR 2506 23/1 246：1	个	1	冯哈勃
14	红外触摸屏	21.5 寸 E21D03U–A01–01	套	2	汇冠

（六）示范效果

"坦克机器人"的研发过程，凝结了项目团队的集体智慧，在展示形式上突破了在科普场馆中特种机器人需要专业技术人员操控、不能适应普通观众操作的困难，首次将操作复杂的特种机器人通过优化设计转化为观众可以亲身参与、亲手体验的互动展品进行展示。在技术手段上，解决了机器人行走底盘、机械臂和机械手爪的机械设计以及无线控制技术、超宽带无线室内定位、电磁导向和超声波避障技术等难点，最终实现了关键技术的研发目标。

展品"坦克机器人"研制完成后，项目团队在自贡组织了多场以"机器人"为主题的科普展示活动，邀请当地多所学校及社会团体参观和体验，受到广大公众及社会各界的一致好评。展品对特种机器人操作的优化方式和对机器人本体的保护技术手段可以在科普场馆中其他机器人类或机械工程类展品研发中有所借鉴。

第四章 | 平衡机器人互动展示技术研究

　　自行车自发明以来深受人们的喜爱，在提倡环保的今天，越来越多的人选择"绿色出行"。比起自行车在人们当中的受欢迎度，机器人骑自行车却由于其控制方面尤其是平衡性上的难题，鲜有耳闻，人们很少在现实生活中看到骑行自行车的机器人。

　　机器人骑行自行车首先要解决机器人平衡性的问题。机器人平衡性是指移动机器人在实现静态伫立、平稳行进以及复杂机体动作时，不会轻易摔倒、保持机体平衡的能力。它是移动机器人的关键技术和核心指标。不同类型的移动机器人平衡性实现所需要的方法和路径往往不同，但一般都离不开系统动力学、传感器、平衡控制算法等方面的协同工作。在国内科技馆中，机器人的平衡性多以大型双足机器人的形式进行展示，但是由于机器人运动的可靠性较差、动作较为笨拙、整体效果不佳，这种展示难以达到最初展示效果。

　　针对机器人平衡技术的展示，项目团队打破原有的展示方式，力求以自行车为载体，将机器人与自行车结合，通过观众操控机器人骑行自行车的方式，展示机器人的平衡性和稳定控制技术。在这个过程中，系统需要精准的惯性轮控制，实时保持自行车的平衡，确保在静止、运动、直行、拐弯等多种状态下，自行车始终处于平衡状态。"机器人骑自行车"不仅拉近了观众与现代机器人技术的距离，还可以使观众在互动体验中，了解机器人平衡控制的科学内容，认识机器人平衡技术的重要性，感受机器人技术的先进性，激发观众探索机器人技术的好奇心。

一　展示技术难点分析

2018 年日本东京大学研制出一款会骑自行车的机器人，和人类一样，用双脚蹬骑提供动力，仅仅依靠双手紧握车把就能保持平衡，这一项技术在世界上处于领先地位。但由于自行车体量较小，对周围环境要求较高，这一技术尚未在科普场馆中进行展示。

在只靠车把维持平衡的自行车机器人的研发思路上，国内的研究起步较晚。科研团队对于前轮驱动的无机械辅助装置的机器人骑自行车进行了多年的研究和探索，逐渐实现了以一定车把转角的定车运动、原地回转运动和短时间内简易的直线运动，目前尚不具备在科普场馆中展示的条件。

在现有条件下，如何创新展示技术，实现机器人的基本骑行功能，巧妙展示机器人平衡性是本关键技术的技术难点。在展示形式上实现观众与机器人互动的同时，如何保证机器人的稳定性和可靠运行是本关键技术的另一个技术难点。

二　展示关键技术研究

为了解决上述技术难点，直观地将机器人平衡性进行展示，项目团队反复论证、大量试验，最终采用"仿人形机器人"腿蹬驱动自行车后轮、使用机械辅助结构保持平衡的展示方式，通过观众操作，能够实现机器人骑自行车保持静止平衡、直线骑行、转弯骑行和按程序骑行多种骑行形式。机器人巧妙灵活的骑行使观众在参与中真切地感受机器人平衡技术的科技性，激发观众的探索兴趣。

为了实现机器人骑自行车的展示方式，在技术手段方面，项目团队需要重点对机器人协调蹬骑控制技术、机器人惯性轮静止和动态平衡技术、机器人蹬骑过程的系统平衡控制技术等关键技术进行重点研究和攻关（见图4-1）。

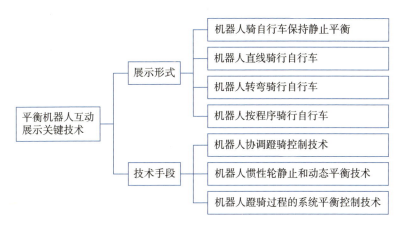

图4-1　平衡机器人互动展示关键技术框图

（一）机器人协调蹬骑控制技术

由于舵机只能进行位置控制，因此只有对安装在机器人腿部两侧共4个舵机进行精准位置控制及预判控制，才能实现关节末端绕圆盘中轴进行圆周运动的最初设想，实现机器人蹬骑自行车的效果。在此将机器人腿部末端走过的圆形轨迹转化为圆周上20个点，通过逐步执行每个点对应4个舵机的位置来实现多舵机配合，实现一个曲柄连杆机构最末端短杆的圆周运动。

（二）机器人惯性轮静止和动态平衡技术

机器人惯性轮平衡是机器人能够成功骑行自行车的基础。在研究过程中，项目团队采用电机带动惯性轮不断加减速和正反转来实现机器人骑行自行车的静止和动态平衡。通过利用惯性轮的转动来辅助自行车保持平衡在国内同领域相似系统研究中尚属首次。

（三）机器人蹬骑过程的系统平衡控制技术

在研究机器人惯性轮静止和动态平衡技术的基础上，需要增加机器人蹬骑动作，真正实现机器人蹬骑自行车的展示效果，项目团队重点研究了在动态周期性干扰下车体的平衡控制，在欠驱动系统平衡控制中是一次新的进步。

三　"机器人骑自行车"展品研发

（一）展示目的

将机器人平衡技术通过机器人骑行自行车的方式予以呈现，在观众与机器人的互动过程中，使观众充分了解先进的机器人平衡控制技术，增加对机器人和机器人平衡技术的科学认知，激发观众对机器人技术探索的兴趣和好奇心。

（二）技术路线

1. 主要结构

"机器人骑自行车"主要由人形机器人、自行车、展示场地和操作台等组成，展示场地为面积 33 平方米、高度 500 毫米的长圆形地台，外围设有250 毫米高的围栏，用来隔离并保护观众安全（见图 4-2 至图 4-6）。

机器人和自行车是展示主体，机器人高度约 30 厘米，焊接固定于自行车车座上，并背负着惯性轮辅助平衡机构。机器人动力由舵机提供，并通过机器人双腿驱动脚蹬形式来完成主动蹬骑过程。机器人通过遥控器或触摸屏控制，能够实现自主骑行、直线行驶、左右自由幅度拐弯、停车、按预定轨迹行走等演示。

操作台是观众与机器人进行互动的信息交流平台。操作台上装有一块触摸显示屏，观众可以根据显示屏上的指示要求进行操作，控制机器人的骑行路径和表演内容。

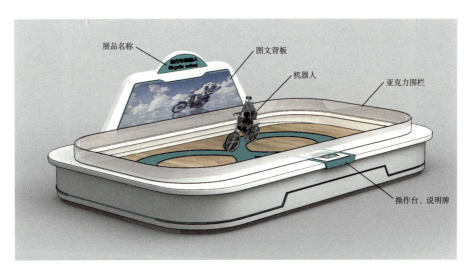

图 4-2　展品"机器人骑自行车"效果图

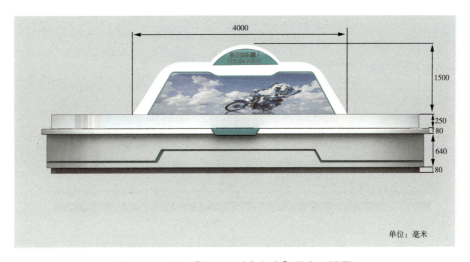

图 4-3　展品"机器人骑自行车"展台正视图

图 4-4　展品"机器人骑自行车"展台俯视图

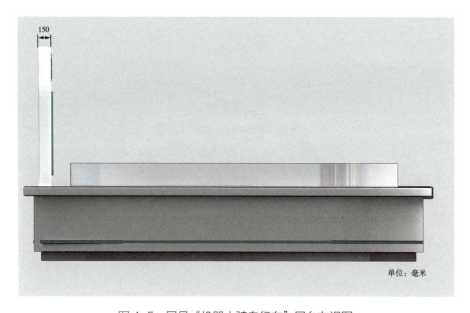

图 4-5　展品"机器人骑自行车"展台左视图

图 4-6　展品"机器人骑自行车"机器人效果图

2. 展示方式

观众通过操作台上触摸屏选择机器人骑行自行车的路线，随后机器人按照观众的选择完成直线骑行、8 字骑行或圆形轨迹骑行的演示。

（三）工程设计

1. 机械设计

"机器人骑自行车"机械设计的技术难点是平衡机构、转向机构、骑行机构和自动支架机构的设计（见图 4-7）。项目团队对上述难点进行了多次优化，最终达到较好的展示效果。

（1）平衡机构设计

自行车在运动时，为保持正常行驶不倾斜，需要在机械设计上考虑如何保证自行车的平衡状态。项目团队选用电机带动惯性轮转动的方式作为"机器人骑自行车"平衡机构的核心部件。项目团队通过实时控制固定在机器人背后的惯性轮的转动，使惯性轮产生侧向力矩，来平衡自行车倾倒的力矩，使自行车回到平衡状态。

图4-7　展品"机器人骑自行车"机器人模型图

　　项目团队为了确保预想的机器人骑行自行车的功能实现，开发了一套
检测惯性轮平衡系统有效性的实验装置，根据车体的质量、质心位置及几
何尺寸，设计了一套倒立摆仿真平衡系统（见图4-8、图4-9）。实验的成
功证明了通过惯性轮控制机器人骑行自行车保持平衡的可行性。

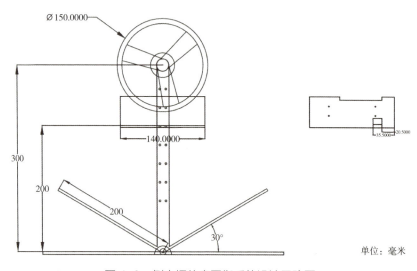

图4-8　倒立摆仿真平衡系统设计思路图

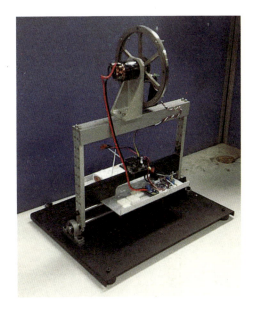

图4-9　倒立摆仿真系统照片

　　为了保证自行车的高平衡度，项目团队在电机的选用上，采用高转速、低惯量的空心杯电机。在飞轮的制作上，反复进行校验，保证飞轮运转平稳（见图4-10至图4-13）。

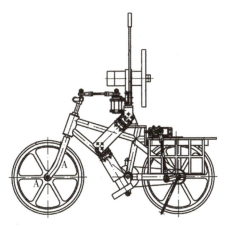

图4-10　展品"机器人骑自行车"平衡机构机械设计简图

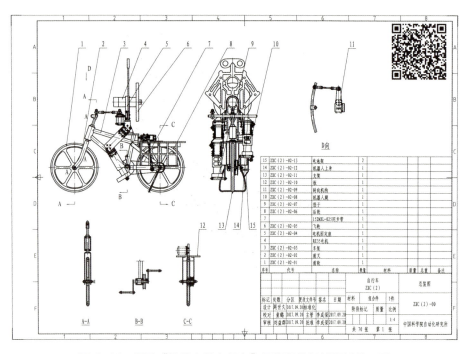

15	ZXC（2）-02-13	电池架	2			
14	ZXC（2）-02-12	机器人上身	1			
13	ZXC（2）-02-11	支架	1			
12	ZXC（2）-02-10	板	1			
11	ZXC（2）-02-09	转向机构	1			
10	ZXC（2）-02-08	机器人腿	1			
9	ZXC（2）-02-07	蹬子	1			
8	ZXC（2）-02-06	后轮	1			
7		152MKL-025同步带	1			
6	ZXC（2）-02-05	飞轮	1			
5	ZXC（2）-02-04	电机固定座	1			
4		RE35电机	1			
3	ZXC（2）-02-03	车架	1			
2	ZXC（2）-02-02	前叉	1			
1	ZXC（2）-02-01	前轮	1			
序号	代号	名称	数量	材料	质量 总重	备注

图 4-11　展品"机器人骑自行车"平衡机构机械设计装配图

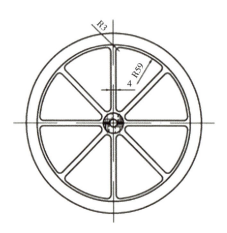

图 4-12　展品"机器人骑自行车"平衡机构飞轮机械设计简图

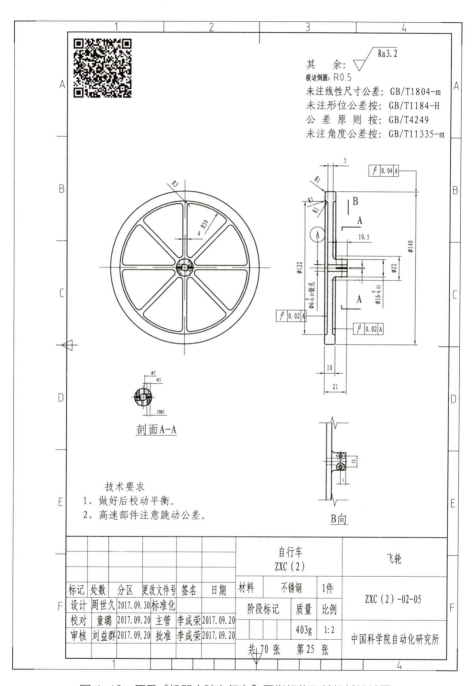

图 4-13 展品"机器人骑自行车"平衡机构飞轮机械设计图

（2）转向机构设计

"机器人骑自行车"可以实现自动转动方向的功能。为了实现这个功能，项目团队在转向机构设计上采用舵机带动双摇杆机构驱动龙头转向的方式，这样的设计能保证高精度转向的作业需求（见图4-14、图4-15）。

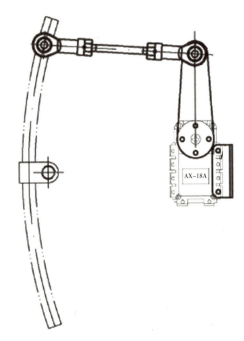

图4-14　展品"机器人骑自行车"转向机构机械设计简图

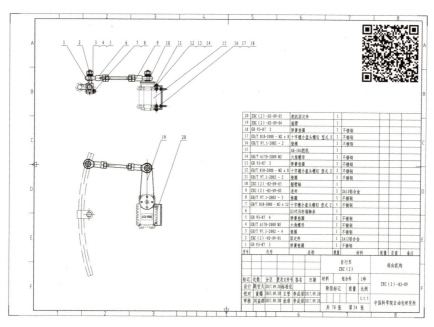

20	ZXC(2)-02-09-05	舵机固定件	1			
19	ZXC(2)-02-09-04	摇臂	1			
18	GB 93-87 2	弹簧垫圈	1	不锈钢		
17	GB/T 818-2000 - M2 x 8	十字槽小盘头螺钉 型式 Z	1	不锈钢		
16	GB/T 97.1-2002 - 2	垫圈	1	不锈钢		
15		AX-18A舵机	1			
14	GB/T 6170-2000 M2	六角螺母	1	不锈钢		
13	GB 93-87 2	弹簧垫圈	1	不锈钢		
12	GB/T 818-2000 - M2 x 8	十字槽小盘头螺钉 型式 Z	1	不锈钢		
11	GB/T 97.1-2002 - 2	垫圈	1	不锈钢		
10	ZXC(2)-02-09-02	摇臂轴	1			
9	ZXC(2)-02-09-02	连杆	1	2A12铝合金		
8	GB/T 97.1-2002 - 3	垫圈	1	不锈钢		
7	GB/T 818-2000 - M3 x 12	十字槽小盘头螺钉 型式 Z	1	不锈钢		
6		S14T/6杆端轴承	2			
5	GB 93-87 4	弹簧垫圈	1	不锈钢		
4	GB/T 6170-2000 M5	六角螺母	1	不锈钢		
3	GB/T 97.1-2002 - 4	垫圈	1	不锈钢		
2	ZXC(2)-02-09-01	固定件	1	2A12铝合金		
1	GB 93-87 3	弹簧垫圈	1	不锈钢		
序号	代号	名称	数量	材料	质量 质量	备注

图 4-15　展品"机器人骑自行车"转向机构机械设计装配图

（3）骑行机构设计

机器人骑行时，需要在机械设计上保证骑行机构的稳定性。项目团队将 4 个舵机分别安装在机器人的腿部，充当机器人的两条大腿和小腿。当舵机转动时，机器人的腿部像人一样做出蹬骑自行车的动作，实现对自行车的驱动（见图 4-16 至图 4-19）。

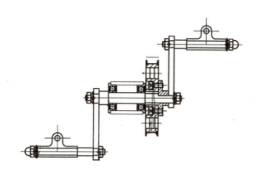

图 4-16　展品"机器人骑自行车"骑行机构机械设计简图

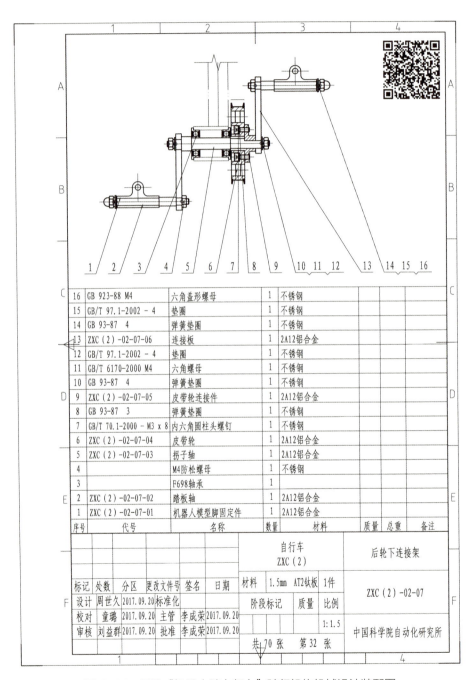

16	GB 923-88 M4	六角盖形螺母	1	不锈钢			
15	GB/T 97.1-2002 - 4	垫圈	1	不锈钢			
14	GB 93-87 4	弹簧垫圈	1	不锈钢			
13	ZXC（2）-02-07-06	连接板	1	2A12铝合金			
12	GB/T 97.1-2002 - 4	垫圈	1	不锈钢			
11	GB/T 6170-2000 M4	六角螺母	1	不锈钢			
10	GB 93-87 4	弹簧垫圈	1	不锈钢			
9	ZXC（2）-02-07-05	皮带轮连接件	1	2A12铝合金			
8	GB 93-87 3	弹簧垫圈	1	不锈钢			
7	GB/T 70.1-2000 - M3 x 8	内六角圆柱头螺钉	1	不锈钢			
6	ZXC（2）-02-07-04	皮带轮	1	2A12铝合金			
5	ZXC（2）-02-07-03	拐子轴	1	2A12铝合金			
4		M4防松螺母	1	不锈钢			
3		F698轴承	1				
2	ZXC（2）-02-07-02	踏板轴	1	2A12铝合金			
1	ZXC（2）-02-07-01	机器人模型脚固定件	1	2A12铝合金			
序号	代号	名称	数量	材料	质量	总重	备注

						自行车 ZXC（2）			后轮下连接架	
标记	处数	分区	更改文件号	签名	日期	材料	1.5mm AT2钛板	1件	ZXC（2）-02-07	
设计	周世久	2017.09.20	标准化			阶段标记		质量	比例	
校对	童璐	2017.09.20	主管	李成荣	2017.09.20				1：1.5	中国科学院自动化研究所
审核	刘益群	2017.09.20	批准	李成荣	2017.09.20	共170张　第32张				

图4-17 展品"机器人骑自行车"骑行机构机械设计装配图

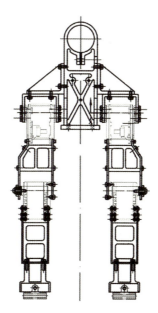

图 4-18 展品"机器人骑自行车"机器人腿部机械设计简图

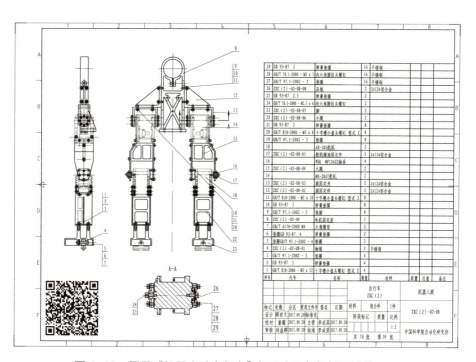

图 4-19 展品"机器人骑自行车"机器人腿部机械设计装配图

（4）自动支架机构设计

当自行车停止运动时，为了保证自行车不倾倒，项目团队设计了自动支架机构，用于在静止状态支撑自行车。项目团队采用舵机带动曲柄连杆的方式驱动支架收起或放下，可以有效实现支架功能（见图4-20、图4-21）。

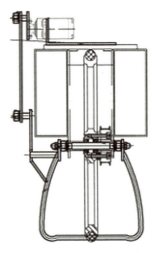

图 4-20　展品"机器人骑自行车"自动支架机构机械设计简图

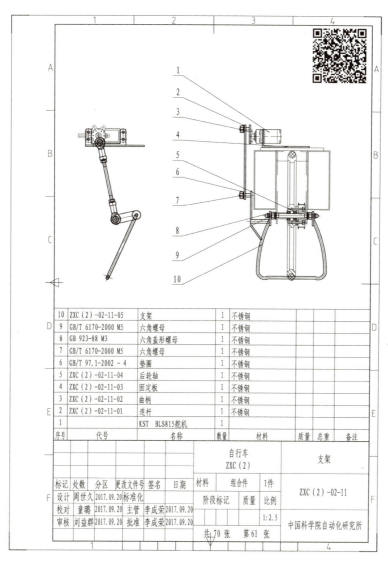

10	ZXC（2）-02-11-05	支架	1	不锈钢		
9	GB/T 6170-2000 M5	六角螺母	1	不锈钢		
8	GB 923-88 M3	六角盖形螺母	1	不锈钢		
7	GB/T 6170-2000 M5	六角螺母	1	不锈钢		
6	GB/T 97.1-2002 - 4	垫圈	1	不锈钢		
5	ZXC（2）-02-11-04	后轮轴	1	不锈钢		
4	ZXC（2）-02-11-03	固定板	1	不锈钢		
3	ZXC（2）-02-11-02	曲柄	1	不锈钢		
2	ZXC（2）-02-11-01	连杆	1	不锈钢		
1		KST BLS815舵机	1			
序号	代号	名称	数量	材料	质量 总重	备注

			自行车 ZXC（2）		支架	
标记	处数	分区	更改文件号 签名 日期	材料 组合件 1件	ZXC（2）-02-11	
设计	周世久	2017.09.20 标准化		阶段标记 质量 比例		
校对	童璐	2017.09.20	主管 李成荣 2017.09.20		1:2.5	
审核	刘益群	2017.09.20	批准 李成荣 2017.09.20	共 70 张 第 61 张	中国科学院自动化研究所	

图 4-21　展品 "机器人骑自行车" 自动支架机构机械设计装配图

2. 电控设计

展品 "机器人骑自行车" 在控制方面借鉴平衡小车开发板的控制方式，通过蓝牙技术由平板电脑应用程序控制机器人骑行自行车的前进、后退、转弯等功能。为了实现 "机器人骑自行车" 的基本骑行功能，项目团队对

大功率控制电路及电池的选型、惯性轮电机的平衡控制算法、多舵机腿蹬
控制算法等关键技术进行了深入研究（见图 4-22 至图 4-25）。

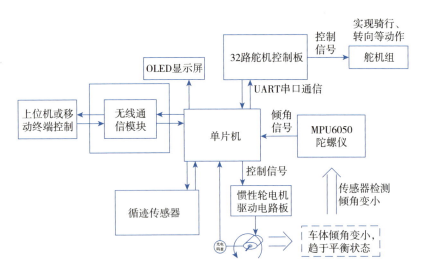

图 4-22 展品"机器人骑自行车"电气原理简图

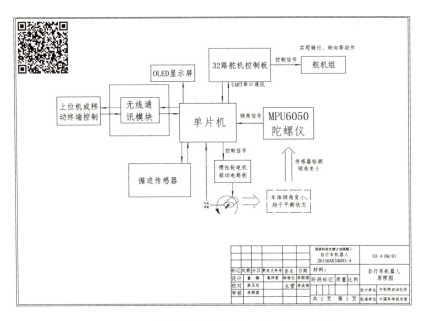

图 4-23 展品"机器人骑自行车"电气原理图

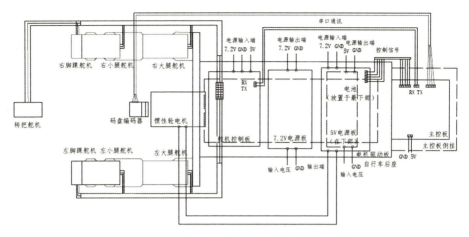

图 4-24　展品"机器人骑自行车"电气接线简图

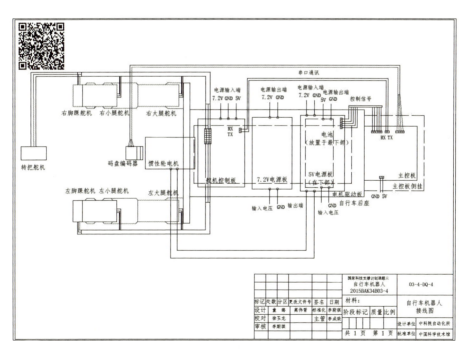

图 4-25　展品"机器人骑自行车"电气接线图

（1）大功率控制电路及电池的选型

"机器人骑自行车"的整体高度达到 400 毫米，车体本身质量也有若干

81

公斤，在惯性轮的驱动下，尤其是在加速、减速过程中，对电机、电池及电机驱动电路提出较高要求——电机在带动惯性轮从静止加速转动时处在部分堵转、瞬时功率和电流都很高的工作状态中。

由于平衡控制属于一个动态持续的往复调整状态，电机需要驱动惯性轮不断加速正反转。为了解决"堵转电流"过大问题和提升驱动电路带载能力，项目团队采用定做大功率锂电池的方案，先后定做了 11.1V、7.2V 最大放电能力达到 10A、电池容量分别达到 5400MAH 和 7600MAH 的电池，同时使用一款可控制电压在 6.5～40V、最大功率可达 360W 的 H 桥大功率直流电机驱动板配合工作。

（2）惯性轮电机的平衡控制算法

在软件编程调试方面，为了实现在不同尺寸惯性轮的倒立摆系统的平衡，项目团队主要采用一阶互补滤波算法，其中控制流程图使用的是 PID 双闭环控制（见图 4-26）。为了避免一定能耗的浪费和危险性，通过编码器测速增加速度环，平衡环优于速度环，当平衡环得出输出值使电机加 / 减速转的同时，期望惯性轮转速为 0。

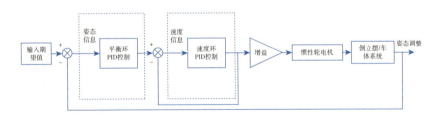

图 4-26 展品"机器人骑自行车"控制原理图

在实现倒立摆系统的平衡控制之后，为了得到更加稳定的关于车体姿态角度检测值，调用并使用了卡尔曼滤波的库函数，通过卡尔曼滤波融合多轴角度传感器及加速度传感器检测值，使用计算后的角度加上加速度传感器直读的角速度数值（倾角在 0° 附近的线速度同角速度可忽略为线性关系）作为姿态控制器输入值。加大惯性轮码盘线数，调整双环 PID 控制器的相关参数，成功实现了机器人骑自行车在静止状态下及直线骑行状态下的平衡控制。使平衡状态下的抖动倾斜角度保持在 −0.8° ~ 0.8°，静止倾倒状态下起步的角度范围扩展到倾斜角度在 ±5°以上。当电池工作电压在额定电压以上时，车体保持平衡。在受到一定量的外部扰动情况下，车体可以迅速回归平衡。惯性轮转速稳定在一定范围内，不会存在转速过快、控制变量发散等现象。

（3）多舵机腿蹬控制算法

项目团队对两侧共 4 个舵机进行精准位置控制及预判控制，实现关节末端绕圆盘中轴进行圆周运动。将机器人腿部末端走过的圆形轨迹分为 20 个点，通过逐步执行每个点所对应 4 个舵机的位置来实现多舵机配合，实现最末端短杆的圆周运动。

为了方便同时计算出多个舵机位置角度及换算成 PWM 值，项目团队建立数学方程式，使用 Matlab 进行计算，得出各舵机在各运动位置的转动角度，同时计算出舵机输入值。与此同时，实现了舵机控制板与主控制板通信，通过主控制板发送指令实现对舵机的控制。最终在主控板控制的情况下，实现了机器人在不同的速度下完成"腿蹬"的周期性驱动自行车的动作。

通过对计算算法的不断优化和创新，设定的数据逐渐使机器人的双腿末端骑出愈加趋近于圆周的运动，最终实现了展示效果。

（四）制作工艺

"机器人骑自行车"自行车车体部分使用钛合金板加工而成，车轮及其他连接部件使用铝合金加工制成。

操控台台面部分使用杜邦可丽耐人造石，根据台体形状进行数控下料，手工粘接，内部使用阻燃板进行加固。在需要安装设备的位置预留孔位，安装完成后再将空隙部分粘接填充，最后打磨抛光而成。

展示场地采用多种材料复合制造而成，基础框架由方钢焊接而成，焊接后进行矫形处理。

（五）外购设备

表 4-1　外购设备

序号	项目名称	规格 / 型号 / 材质	单位	数量	品牌
1	电机	RE35 15V 90W 带编码器 512 点	台	1	MAXON 美信
2	舵机	AX-18A	台	5	Dynamixel
3	超声波模块	KS103	个	1	导向机电
4	主控板	STM32F405C8TB MPU6050	个	1	平衡小车之家
5	降压模块	DC-DC 降压模块	套	2	Risym

（六）示范效果

为了将机器人平衡技术更好地展示出来，让国内观众观看到精彩绝伦的机器人骑行自行车过程，项目团队经过反复论证，摆脱了只依靠车把进行车体平衡的困扰，最终采用机器人腿蹬驱动自行车后轮、使用机械辅助结构保持平衡的展示方案，这种展示技术的转化对机器人技术在科普场馆的展示有积极示范意义。

"机器人骑自行车"的研制成功，意味着首次将机器人骑行自行车的展示方式搬进了科普场馆，实现了"零"的突破。项目团队创新设计思路，实现了在动态周期性干扰下车体的平衡控制，是在欠驱动系统平衡控制的研究中的一次新的进步。

"机器人骑自行车"的研发过程曲折而艰辛。前期目标主要放在借鉴日本所做的自行车机器人实现展示功能上，但是考虑到各种客观因素后，经文献研究，试验、方案的不断完善和修改，项目团队集思广益、充分研讨，最终采用机器人腿蹬驱动自行车后轮，并通过机械辅助结构进行平衡控制的方案，最终顺利完成任务目标，研发出精彩的"机器人骑自行车"展品。项目团队研发出的机器人多舵机协调控制和惯性轮电机平衡控制等技术手段为今后开发机器人平衡类科普展品提供了宝贵的经验。

　　展品"机器人骑自行车"研制完成后，项目团队在北京组织了多场以"机器人"为主题的科普展示活动，邀请当地多所学校及社会团体参观和体验，受到广大公众及社会各界的广泛关注和一致好评。

第五章 | 语音与图像识别互动展示技术研究

　　无论是应用在苹果手机上的 Siri 智能语音助手，还是疫情期间在公共场所进行服务的人脸识别门禁系统，语音与图像识别技术作为人工智能领域的关键技术，在日常生活中具有极其广泛的应用，时刻都在为公众提供巨大的便利。

　　语音识别技术是将人类语音中的词语内容转换为计算机可读的输入，例如，按键、二进制编码或者字符序列。国内关于语音识别技术的研究与探索从 20 世纪 80 年代开始，取得了许多成果并且发展迅速。目前我国的语音识别技术已经和国际上的超级大国实力相当，其综合错误率可控制在 10% 以内。

　　图像识别技术是人工智能的一个重要领域。它是指对图像进行对象识别，以识别各种不同模式的目标和对象的技术。随着计算机及信息技术的迅速发展，图像识别技术的应用逐渐扩展到诸多领域，尤其是在面部及指纹识别、卫星云图识别及临床医疗诊断等多个领域日益发挥着重要作用。

　　语音与图像识别技术在生活中有着广泛而深刻的应用，公众对其应用在机器人技术方面存在天然的接纳度，而仿生学为机器人技术的研究发展提供了新思路、新方法。在"语音与图像识别互动展示技术研究"中，项目团队将语音识别技术、图像识别技术与机器人展示技术深度融合，以造型逼真、形态优美的"机器孔雀"为载体展示语音识别技术和图像识别技术在机器人展示中的应用，通过先进的视觉和听觉系统感知周围背景环境的色彩信息和语音信息的展示方式，实现与观众的互动，直观地展示机器人语音与图像识别技术，使观众了解机器人的构成、功能、应用，以及机器人智能控制技术等方面的科学内容，激发其对机器人技术的探索兴趣。

一　展示技术难点分析

目前语音与图像识别技术在国内科普场馆中有着广泛的应用，它作为一种技术手段与展示内容充分结合，观众在互动体验中能够感受到新技术的新奇和有趣。2016年中国科技馆曾在"遇见更好的你"心理学专题展中推出"表情识别"展品，当观众进入摄像头识别范围时，系统通过摄像头实时捕捉观众面部表情，通过图像识别技术测算观众的年龄和心情等信息。作为将图像识别技术进行直观展示的成功案例，"表情识别"吸引了众多观众纷纷驻足体验，引起现场欢声掌声不断。2019年中国科技馆在"儿童科学乐园"主题展厅的更新改造中展出"与机器人对话"展品，巧妙地将语音识别技术应用在憨态可掬的机器人上，观众可以与机器人进行日常聊天交流，由于聊天内容新颖有趣，互动过程生动活泼，很多小观众在体验后与机器人合影留念、依依不舍。

然而，随着语音与图像识别技术越来越多地在生活中出现，很多公众场所都可以见到相似的应用方案，观众对其的好奇心和期待逐渐回落，传统直观的展示方式在吸引观众方面碰到了困难和瓶颈。此外，在很多技术案例中，语音与图像识别技术往往作为展品展示的一种技术手段，辅助展示内容呈现，这导致观众通常重点关注展示内容本身，忽略了语音与图像识别技术方面的科学知识，这也令人感到遗憾和惋惜。采用何种互动方式能够在激发观众参与兴趣的同时，将语音与图像识别技术重点展示出来是本关键技术展示形式上的技术难点，在展示形式上实现全面创新的同时，如何在嘈杂、复杂的环境下，实现语音与图像识别技术较高的准确率是本关键技术的另一个难点。

二 展示关键技术研究

为了解决上述技术难点，直观地将语音与图像识别技术进行展示，项目团队集思广益，经过多轮研讨，最终将语音与图像识别技术、仿生技术和机器人技术结合，采用惟妙惟肖、栩栩如生的"机器孔雀"形象，模拟孔雀听觉和视觉功能，通过观众与孔雀对话、抢答回答问题和识别观众人数、观众衣服颜色等方式，实现孔雀开屏动作，展示语音与图像识别技术，使观众在参与体验中了解语音与图像识别技术的科技内容，激发观众探索机器人技术的好奇心。

在展示形式上，将人们熟知的仿生技术与机器人技术、语音与图像识别技术相结合，形式新颖、独特。在技术手段方面，项目团队对人脸检测技术和颜色识别技术在复杂环境的识别问题、语音识别技术与多话筒抢答在复杂环境的实现问题等关键技术进行深入研究（见图5-1）。

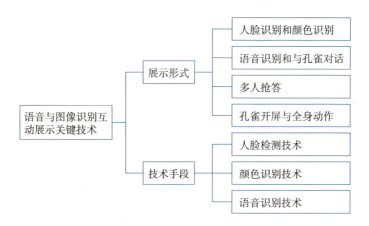

图 5-1　语音与图像识别互动展示关键技术框图

（一）人脸检测技术

国内外有关人脸检测的文献较多，大多采用较为传统的方法，或者多种方法相结合来进行人脸检测。"机器孔雀"采用卷积神经网络的方法进行人脸检测，使用了 Fast Rcnn 的网络模型来对人脸进行检测，通过实验仿真表明，卷积神经网络的方法提高了在室内复杂环境下人脸和非人脸图像的检测率，能够较好地提升检测效果。

（二）颜色识别技术

在本展品中，机器孔雀通过识别观众的服装颜色，完成开屏等动作，因此颜色识别是本展品重点展示的图像识别技术。颜色识别是指根据不同颜色空间（RGB，YUV，HSI 等）各分量的关系，识别出物体的颜色，实现颜色识别。

要确定颜色识别算法首先要对颜色空间进行适当的选取，颜色空间的选择对目标识别效果的影响很大。通过摄像头采集的图像均为 RGB 彩色图像，对同一颜色属性的物体来说，在光线发生变化的情况下，R、G、B 值的分布会发生较大的变化，不适合识别特定颜色。常用的颜色空间还有 YUV 颜色空间和 HSI 颜色空间。HSI 颜色空间是从人眼的主观感觉出发描述颜色的，更符合人眼观察颜色的方式。为了提高亮度变化环境下的识别稳定性，"机器孔雀"引入 HSI 颜色空间进行颜色识别。

（三）语音识别技术

语音识别的目的是让机器明白人的语音命令，"机器孔雀"通过将未知的语音特征序列同参考模板进行匹配和比较，计算出它们之间的匹配程度，进而实现语音识别。语音识别通过采集信号、预处理、特征参数提取、参考模型库、模式匹配和结果分析等步骤进行识别。

三 "机器孔雀"展品研发

（一）展示目的

"机器孔雀"通过与观众语音互动、颜色识别等具有趣味性的互动方式，拉近了观众与机器人的距离，展示图像识别技术和语音识别技术在仿生机器人上的应用，使观众在互动体验过程中进一步了解图像和语音识别技术和仿生机器人技术等方面的内容，萌生对机器人技术强烈的探索兴趣。

（二）技术路线

1. 主要结构

"机器孔雀"主要由机器孔雀、多媒体显示器、话筒以及操作台等组成，展示场地约16平方米，展示区域上布置仿真草坪，机器孔雀固定在可转动的地台上，模拟真实孔雀生活情境，增强互动沉浸感（见图5-2至图5-5）。

机器孔雀是展品展示主体，根据系统指令，完成语音、图像识别和开屏演示。机器孔雀表体覆盖真实孔雀羽毛。在与观众进行互动时，嘴部可以实现开合动作，模拟真实孔雀姿态。

多媒体显示器是进行人机交互的主要信息展示窗口。在机器孔雀进行图像识别时，将系统采样、计算过程直观实时地呈现给观众，有助于观众对图像识别技术建立直观的科学印象；在机器孔雀与观众进行语音对话时，将对话问题条目列示出来，以供观众查看。在多媒体显示屏上安装面向观众的摄像头，用于采集观众互动时的图像信息。

本展品设有三个操作位，每个操作位均设置话筒和按钮，观众可以通过按钮和话筒进行问题抢答。

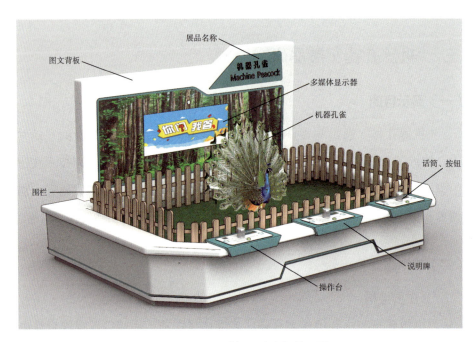

图 5-2　展品"机器孔雀"效果图

图 5-3　展品"机器孔雀"展台正视图

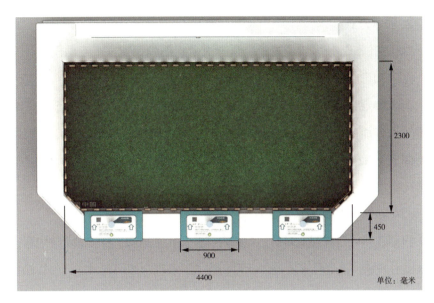

图5-4 展品"机器孔雀"展台俯视图

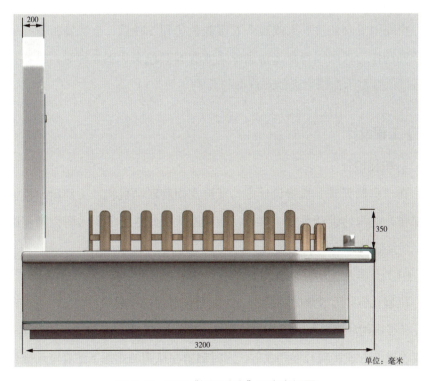

图5-5 展品"机器孔雀"展台左视图

2.展示方式

"机器孔雀"分为知识抢答、语音对话、图像识别三个互动模块。

（1）知识抢答

由 3 位观众同时参与知识抢答，机器孔雀会给观众提出关于孔雀或者自然知识方面的题目，由 3 位观众进行抢答，机器孔雀通过语音识别技术判断回答正确与否，每轮设置 10 个题目，1 位观众答对 3 题，即为获胜，机器孔雀最后为获胜的观众开屏。

（2）语音对话

机器孔雀可以和观众对话，对话内容涉及孔雀知识、自然知识等内容，由观众提出问题，机器孔雀通过语音识别技术了解观众的问题后进行语音回答。

（3）图像识别

机器孔雀利用摄像头可以识别视野范围内的观众人数以及观众衣服颜色，当周围观众超过 5 人或观众衣服颜色达到 5 种后，会触发机器孔雀完成开屏动作。若周围观众未达到 5 人或衣服颜色未达到 5 种时，机器孔雀会通过语音提示邀请附近的观众参与其中。

（三）工程设计

1.机械设计

在"机器孔雀"机械设计中，开屏及翅膀联动机构、头部运动机构和嘴部张合机构的设计是技术难点，项目团队对此进行了深入研究和多次优化，最终达到较好的展示效果。

（1）开屏及翅膀联动机构设计

机器孔雀开屏及展开翅膀时，为配合孔雀的动作需求，要在机械设计上保证开屏机构和翅膀联动机构的稳定性。项目团队采用电动推杆伸缩尾羽展开或收拢的方式实现开屏和收屏，同时翅膀在拉簧的作用下随着电动推杆的伸缩展开或收拢，这样能够较好地模拟孔雀开屏的效果（见图 5-6 至图 5-8）。

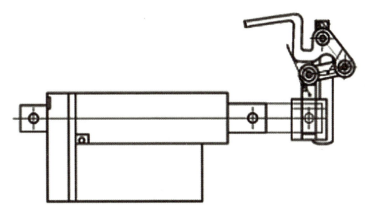

图 5-6　展品"机器孔雀"开屏机构机械设计简图

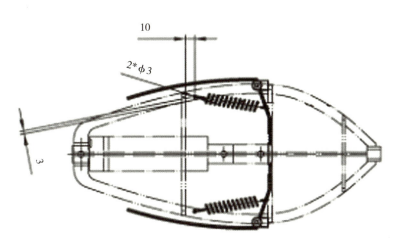

图 5-7　展品"机器孔雀"翅膀联动机构机械设计简图

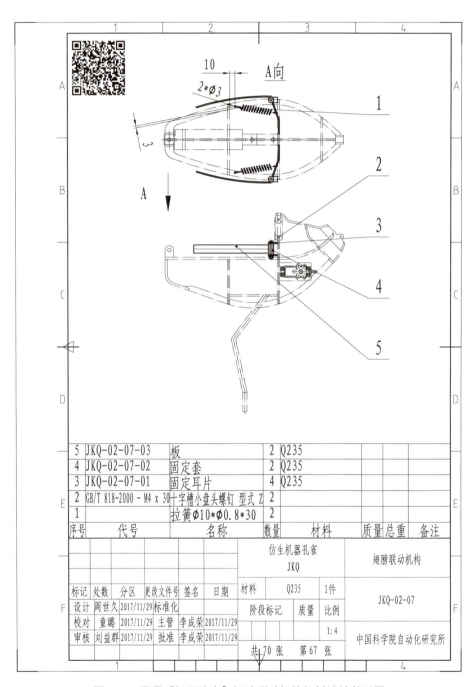

5	JKQ-02-07-03	板	2	Q235		
4	JKQ-02-07-02	固定套	2	Q235		
3	JKQ-02-07-01	固定耳片	4	Q235		
2	GB/T 818-2000 - M4 x 30十字槽小盘头螺钉 型式 Z		2			
1		拉簧φ10*φ0.8*30	2			
序号	代号	名称	数量	材料	质量总重	备注

				仿生机器孔雀 JKQ		翅膀联动机构	
标记	处数	分区	更改文件号 签名 日期	材料	Q235	1件	JKQ-02-07
设计	周世久	2017/11/29	标准化	阶段标记	质量	比例	
校对	童璐	2017/11/29	主管 李成荣 2017/11/29			1:4	中国科学院自动化研究所
审核	刘益群	2017/11/29	批准 李成荣 2017/11/29	共70张　第67张			

图 5-8　展品"机器孔雀"翅膀联动机构机械设计装配图

（2）头部运动机构设计

为了使"孔雀"的动作更加生动、逼真，项目团队经过充分论证，决定增加"孔雀"头部旋转功能和头部平移动作功能。为提高"孔雀"头部运动的高仿真性，同时确保"孔雀"运动的稳定性和可靠性，项目团队经研究决定采用舵机驱动软轴带动头部旋转的方式实现头部旋转的运动，采用舵机带动曲柄连杆和平行杆的组合机构，实现"孔雀"头部前后平移动作，上述实现手段均达到预期展示效果（见图 5-9 至图 5-12）。

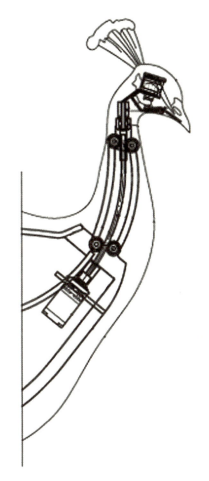

图 5-9　展品"机器孔雀"头部运动机构机械简图

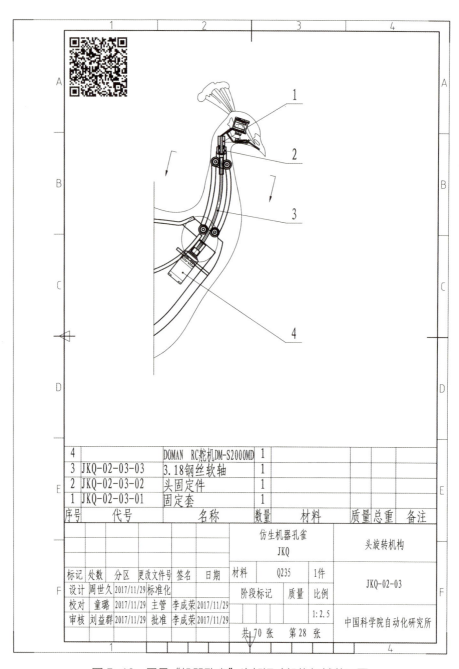

4		DOMAN RC舵机DM-S2000MD	1			
3	JKQ-02-03-03	3.18钢丝软轴	1			
2	JKQ-02-03-02	头固定件	1			
1	JKQ-02-03-01	固定套	1			
序号	代号	名称	数量	材料	质量总重	备注

仿生机器孔雀 JKQ		头旋转机构	

标记	处数	分区	更改文件号	签名	日期	材料	Q235	1件	JKQ-02-03
设计	周世久	2017/11/29	标准化			阶段标记	质量	比例	
校对	童璐	2017/11/29	主管	李成荣	2017/11/29			1:2.5	中国科学院自动化研究所
审核	刘益群	2017/11/29	批准	李成荣	2017/11/29	共170张　第28张			

图 5-10　展品"机器孔雀"头部运动机构机械装配图

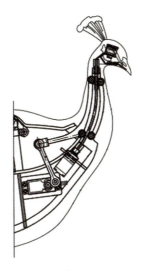

图 5-11　展品"机器孔雀"头部前后平移机构机械简图

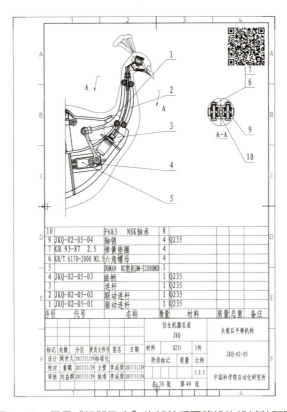

10		F683　NSK轴承	8			
9	JKQ-02-05-04	轴销	4	Q235		
8	GB 93-87　2.5	弹簧垫圈	4			
7	GB 93-87　2.5	弹簧垫圈	4			
6	GB/T 6170-2000 M2.5	六角螺母	4			
5		DOMAN　RC舵机DM-S2000MD	1			
4	JKQ-02-05-03	曲柄	1	Q235		
3		连杆	1	Q235		
2	JKQ-02-05-02	联动连杆	1	Q235		
1	JKQ-02-05-01	驱动连杆	1	Q235		
序号	代号	名称	数量	材料	质量总重	备注

				仿生机器孔雀 JKQ	头部前后平移机构	
标记	处数	分区	更改文件号	签名	日期	材料　Q235	1件	JKQ-02-05
设计	周世久	2017/11/29	标准化			阶段标记	质量	比例
校对	童璐	2017/11/29	主管	李成荣	2017/11/29			1:2.5
审核	刘益群	2017/11/29	批准	李成荣	2017/11/29	共70张	第40张	中国科学院自动化研究所

图 5-12　展品"机器孔雀"头部前后平移机构机械装配图

（3）嘴部张合机构设计

为了配合孔雀与观众的对话，项目团队在"机器孔雀"中增加了嘴部张合动作。项目团队利用磁铁同性相斥、异性相吸的原理，通过电磁铁产生的磁场对安装在下颌上磁铁的吸引与排斥来控制下颌运动，实现孔雀语音与嘴部动作同步的效果，使观众与孔雀的对话更加生动、逼真（见图5-13、图5-14）。

图 5-13　展品"机器孔雀"嘴部张合机构机械简图

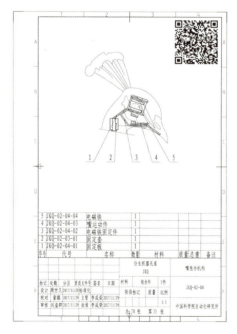

图 5-14　展品"机器孔雀"嘴部张合机构机械装配图

2. 电控设计

"机器孔雀"电气部分采用的电气控制箱内部包括空气开关、漏电保护器、开关电源、控制板和各个驱动板。

电控箱首先把外部 220V 交流电源接入空气开关，经过漏电保护接到插线板上，再通过插线板接入开关电源，开关电源的输出接入各个电路板。同时通过插线板为交流电机供电。

控制板输出控制信号通过交流电机驱动板控制"机器孔雀"转体动作，转体范围约在 ±60 度；通过直流电机驱动板控制"机器孔雀"开屏动作，并通过传感器反馈，控制板可以获得转体和开屏角度的数据信息以及两端的限位信号和复位信号。控制板输出两路 PWM 占空比信号控制"孔雀"点头和"孔雀"转头舵机。控制板输出控制信号通过电磁铁驱动器控制电磁铁，用来控制"孔雀"嘴部张合的动作。

控制板通过串口接收来自上位机的命令，根据命令控制"机器孔雀"的各个动作；同时把"机器孔雀"的状态，包括抢答器按钮的信号通过串口发送给上位机（见图 5-15、图 5-16）。

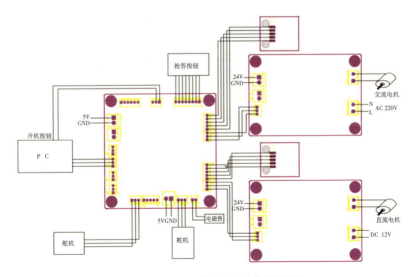

图 5-15 展品"机器孔雀"接线图

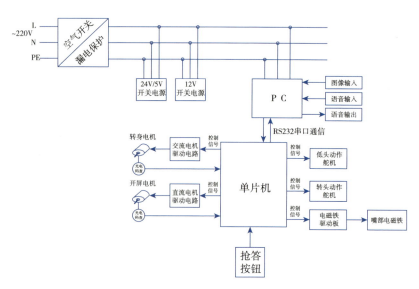

图 5-16 展品"机器孔雀"电气原理图

3.多媒体设计

本展品多媒体部分分为知识抢答、语音对话和图像识别三部分内容。其中知识抢答部分，通过显示屏显示孔雀提出的问题、抢答情况、正确答案及得分信息等内容，便于观众了解抢答环节的各类信息；语音对话部分，通过显示屏列出问题，供观众选择提问；图像识别部分，通过显示屏显示图像识别软件的采样和计算等工作过程，使观众对图像识别工作原理建立初步认识。

（四）制作工艺

"机器孔雀"中"孔雀"身体部分采用铝合金加工制成，各机体部位采用分段连接方式，身体表面覆盖粘接真实孔雀羽毛。

展示区域采用多种材料复合制造而成，基础框架由方钢焊接而成，焊接后进行时效处理和矫形处理，展示区域覆盖仿真草坪。

操作台台体采用 Q235 材料焊接而成，操作台围板采用 Q235 和 PVC
增强阻燃板加工制作。台面采用杜邦可丽耐人造石。

（五）外购设备

表 5-1　外购设备

序号	项目名称	规格 / 型号 / 材质	单位	数量	品牌
1	电机	交流电机 YN90-60 AC220V/0.65A/50W	台	1	北微微特
2	电机	电动推杆 XTL50 DC12V 7mm/s 50mm	台	1	常州罗伊尔
3	舵机	舵机 DM-S2000MD 速度 0.16 秒 /60 度 7.2V	个	2	DOMAN RC 舵机
4	电磁铁	DC12V	个	1	外购
5	传感器	霍尔 HR-1 DC5V	个	2	挚诚科技
6	传感器	光电开关 ST156 DC5V	个	3	挚诚科技

（六）示范效果

　　"机器孔雀"充分效仿"孔雀"的行为和活动，结合机器人技术，全面展示"机器孔雀"的语音与图像识别技术。公众可以在生动有趣的互动过程中了解仿生机器人的构成、功能、应用以及语音与图像识别技术等方面的内容。

　　项目团队首次尝试将机器人技术、语音识别技术和图像识别技术与仿生学结合，以更形象逼真的动物模型的方式进行展示，为其他机器人技术的展示拓宽了思路。项目团队在仿真方面进行新的突破，机构覆盖真实孔雀的羽毛，更贴近现实中的孔雀开屏的姿态。在技术手段方面，项目团队克服重重困难，重点难题逐个击破，先后解决了孔雀开屏效果高度仿真、人脸检测和颜色识别在复杂环境中的识别技术和语音识别与多话筒抢答在复杂环境中的实现等技术难题。

"机器孔雀"研制完成后，自贡、北京两地组织了多场以"机器人"为主题的科普展示活动，邀请当地多所学校及社会团体参观和体验，受到广大公众及社会各界的广泛关注和一致好评。

第六章 | 体感机器人互动展示技术研究

　　体感技术作为人机交互技术的重要方式，近些年取得了重要突破。其在游戏、医学、教育、农业等众多领域得到广泛应用。体感技术具有设备简单、便于观众使用、可以识别人体的姿势动作等特点，逐渐成为科普场馆中受观众喜爱的互动方式。

　　机器人技术作为我国重点发展领域之一，逐渐走进人们的生活，我们能够深刻感受到人们对机器人知识的渴望，对了解机器人技术的向往，向民众展示机器人应用技术变得尤为重要。将体感技术与机器人技术有机结合进行展示，目前在国内外科普场馆中仍然是空白。这样的有效结合可以发挥两种技术各自的长处，使观众在喜闻乐见的互动体验中，了解机器人技术的科学知识。

　　对于体感技术和机器人技术如何结合，才能发挥出最大的展教效果，项目团队进行了深入的调查和研究，最终确定将体感技术运用于机器人的动作控制中，实现观众通过非接触方式，控制机器人模仿动作的展示方式。这种展示方式将机器人技术、计算机技术和人机交互技术进行了有机融合，使展品兼具科学性、互动性和趣味性，能够有效激发观众探索体感技术和机器人技术的兴趣和好奇心。

一　展示技术难点分析

通过对国内外科普场馆机器人展示情况分析发现，随着机器人技术的迅猛发展，各大型科普场馆均设置了机器人展区或对机器人展品进行展示，但展示形式上大多为驻足观看或通过按钮和操作手柄实现与机器人的简单互动。近些年来，随着人机交互技术的发展，以体感技术为代表的互动性强的人机交互技术在游戏领域广泛推广的同时，也逐渐成为科普场馆中常见的互动方式，但在国内外科普场馆中，目前还没有将体感技术与机器人技术结合，运用于机器人动作控制的展示方式。

项目团队在对机器人控制技术的现状和体感技术展示方式进行研究分析后，认为体感机器人在应用于科普场馆展示时存在三大关键技术难点需要攻克。第一，体态信息采集与处理。有关体态信息采集，项目团队选用的是微软 Kinect 体感识别设备，采集人体动作后，项目团队需要针对骨架信息再提取出关节信息，并对数据组进行转换、筛选、混合及平滑处理。第二，机器人的动作再现。通过模拟关节定位数据与机器人的 17 个活动关节逐一绑定，实现观众与机器人动作的同步控制。第三，机器人的动作执行。作为动作执行机构，机器人需要完成人体动作的模仿，机器人动作的准确性、灵活性、稳定性和安全性是关键技术难点。

二　展示关键技术研究

为了解决上述技术难点，项目团队从展示形式和技术手段两个方面开展体感机器人互动体验展示关键技术研究。在展示形式上，项目团队既要考虑观众的喜爱程度，同时也要兼顾机器人运行的安全性和稳定性，选取了受观众欢迎的机器人模仿观众做肢体动作的方式来吸引观众参与体验，激发观众的好奇心和探索机器人技术的热情。在技术手段方面，项目团队对人体关节空间位置识别及数据转换、机器人运动姿态转换和机器人运动控制等关键技术进行重点研究（见图6-1）。

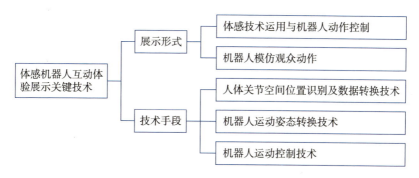

图6-1　体感机器人互动体验展示关键技术框图

（一）人体关节空间位置识别及数据转换

项目团队基于Kinect2.0体感器开发3D人体姿态实时扫描软件，通过Kinect设备实时采集人体25个关节点的运动数据，并对数据组进行转换、筛选、混合及平滑处理，完成数据转换。

（二）机器人运动姿态转换

为了实现观众与机器人的运动同步控制，项目团队将模拟关节定位数据与机器人的17个活动关节进行绑定。为了弥补机器人与人体关节自由度及运动范围的差异，项目团队对机器人的运动姿态进行分析、变换和矫正等处理，达到机器人动作与人体动作的基本一致。同时，项目团队对特定姿态与过程设置碰撞保护，确保机器人运行的安全可靠。

（三）机器人运动控制

为了实现机器人各运动机构的速度、位置和通信的控制，项目团队基于 MP2300 运动控制器开发了 17 轴机器人关节运动控制系统，通过获取上位机动作分析软件给定的实时人体姿态数据，实现机器人各轴交流伺服电机的位置控制，通过插补运算实时运动到目标位置，提高了机器人的反应速度和位置精度。

通过选取机器人模仿观众做肢体动作的展示方式，综合运用人体关节空间位置识别及数据转换、机器人运动姿态转换和机器人运动控制等关键技术，将体感技术运用于机器人的运动姿态控制中，通过非接触方式控制机器人动作，实现了体感机器人互动展示关键技术的研发目标。

三　"体感机器人"展品研发

（一）展示目的

"体感机器人"采用机器人模仿观众肢体动作的互动方式，展示机器人控制技术和体感识别技术，使观众在互动体验中，了解机器人控制技术的基本原理和体感识别技术的广泛应用，激发青少年探索机器人科学知识的兴趣和好奇心。

（二）技术路线

1. 主要结构

展品由人形机器人、体感识别器、体验台等组成。在体验区域和机器人外围设置围栏（见图 6-2）。人形机器人站立在展台中央，可以随着旋转平台转动。机器人的肩部、手臂、颈部、腰部的关节共具有 17 个自由度，可做出弯腰、扭腰、点头、扭头、左右手上臂抬起、上臂旋转、小臂弯曲、小臂旋转、手腕摆动等动作。机器人前方设置有体感识别器，用于识别体验区内观众上半身的肢体动作。体验台为观众互动区域，只有观众站在体验台上，体感识别器才能识别观众的动作。围栏用于维护展品运行的正常

秩序，同时将体验观众与参观观众隔离开，确保体感识别器能够准确识别
参与观众的动作（见图 6-3 至图 6-5）。

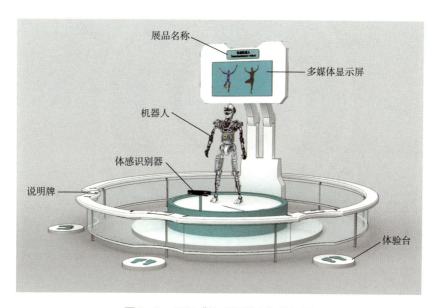

图 6-2　展品"体感机器人"效果图

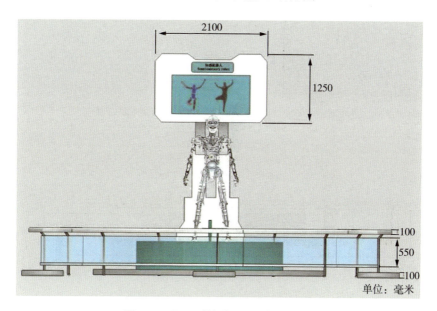

图 6-3　展品"体感机器人"正视图

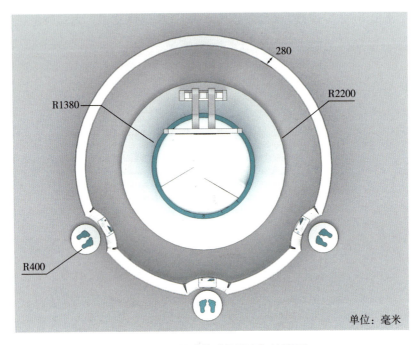

图6-4　展品"体感机器人"俯视图

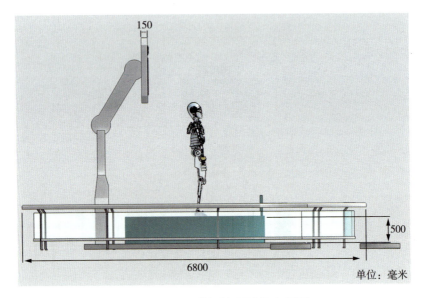

图6-5　展品"体感机器人"左视图

2. 展示方式

在最初的方案设计中，项目团队只设置了 1 个体验台，即只有 1 位观众能够参与体验，之后项目团队考虑能够满足更多观众的体验需求，将体验台增加为 3 个，可以同时满足多名观众参与。

观众参与时站上体验台，系统识别到有观众站上体验台后，机器人和体感识别器会同时转动到面向观众的位置，这时该名观众开始体验。观众上身可以做一些幅度较大的动作，机器人通过体感识别器对观众肢体多个关节动作进行识别，并由系统控制机器人快速地做出相应的动作。观众体验时间为 30 秒，在观众体验结束后或观众提前离开体验台后，机器人和体感识别器即结束识别和模仿任务，转动到其他体验台上的观众，模仿其他观众的动作。

（三）工程设计

1. 机械设计

在设计过程中，项目团队通过充分讨论、集思广益总结出三条机器人主体机械设计原则。第一，确保机器人运行的安全性和稳定性；第二，机器人的运动部件尽量减轻重量，减少负荷；第三，机器人动作要响应足够快，同时动作到位。在此基础上，经过认真分析，项目团队认为机器人气体设计和小腿设计为本展品机械设计的技术难点。

（1）机器人主体设计

在最初的机械设计中，为了实现机器人与观众动作协同一致的目标，我们认为机器人的身体和手臂都应该具有相应自由度的动作，因此，要求手臂能够完成屈伸、旋转、上举等 3 个主要动作，手臂部分需要具有 6 个自由度，计划采用直流伺服电机驱动大臂、小臂、肩关节的运动（见图6-6、图6-7）。

111

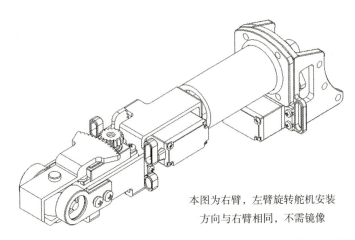

本图为右臂，左臂旋转舵机安装
方向与右臂相同，不需镜像

图 6-6　展品"体感机器人"机器人大臂机构第一版机械设计简图

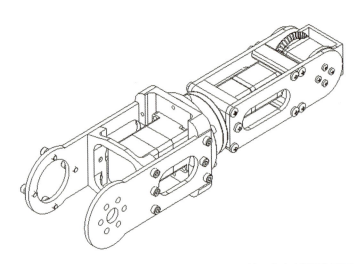

图 6-7　展品"体感机器人"机器人小臂机构第一版机械设计简图

在对机器人头部和腰部进行机械设计时，机器人的脚部是固定在展台上的，无法移动。为了使机器人的演示更加生动，符合人体运动学原理，项目团队增加了机器人头部和腰部动作来配合手臂动作，实现身体的主要动作（见图 6-8 至图 6-10）。机器人头部和腰部动作主要包括点头、弯腰、左右摇摆，这些辅助运动具有 5 个自由度。

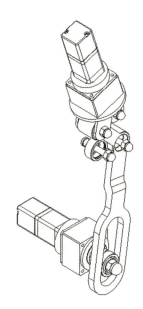

图 6-8　展品"体感机器人"机器人头部机构第一版机械设计简图

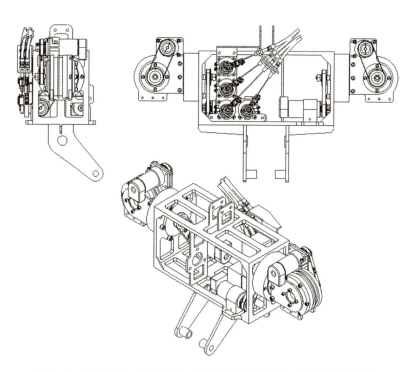

图 6-9　展品"体感机器人"机器人胸部机构第一版机械设计简图

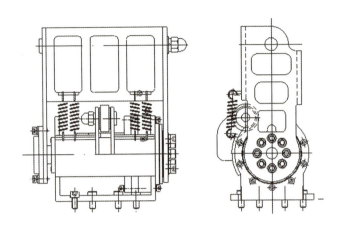

图 6-10　展品"体感机器人"机器人腰部机构第一版机械设计简图

　　经过试验，项目团队发现机器人动力输出的准确性和运动精度不够，因此对驱动器进行了调整，改为采用安川交流伺服电机结合哈默纳科减速器，这样可以有效提高动力输出的准确性，运动精度可以达到 1 微米，使机器人的动作更加柔美协调。为此，项目团队分别对头部机构、胸部、大臂、小臂、手部各机构进行了重新设计，以适应新配备的伺服电机和减速器（见图 6-11 至图 6-20）。

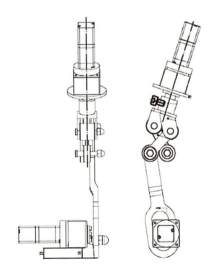

图 6-11　展品"体感机器人"机器人头部机构第二版机械设计简图

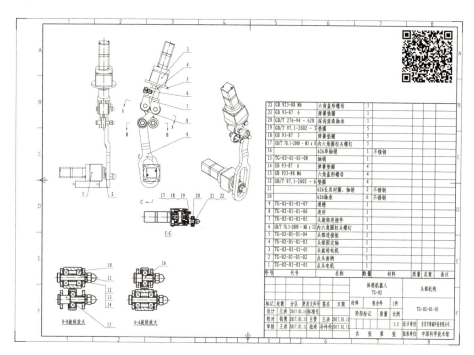

22	GB 923-88 M6	六角盖形螺母	1			
21	GB 93-87 6	弹簧垫圈	1			
20	GB/T 276-94 - 628	深沟滚珠轴承	1			
19	GB/T 97.1-2002 - 3	垫圈	5			
18	GB 93-87 3	弹簧垫圈	5			
17	GB/T 70.1-2000 - M3 x 8	内六角圆柱头螺钉	5			
16		626单轴圈	1	不锈钢		
15	TG-02-01-01-08	轴销	1	不锈钢		
14	GB 93-87 6	弹簧垫圈	4			
13	GB 923-88 M6	六角盖形螺母	4			
12	GB/T 97.1-2002 - 6	垫圈	4			
11		626长双衬圈、轴销	1	不锈钢		
10		626轴承	6	不锈钢		
9	TG-02-01-01-07	滑槽	1			
8	TG-02-01-01-06	连杆	1			
7	TG-02-01-01-05	头旋转连接件	1			
6	GB/T 70.1-2000 - M8 x 12	内六角圆柱头螺钉	4			
5	TG-02-01-01-04	头部连接板	1			
4	TG-02-01-01-03	头部固定轴	1			
3	TG-02-01-01-01	头旋转电机	1			
2	TG-02-01-01-02	点头曲柄	1			
1	TG-02-01-01-01	点头电机	1			
序号	代号	名称	数量	材料	质量 总质	备注

图 6-12　展品"体感机器人"机器人头部机构第二版机械设计装配图

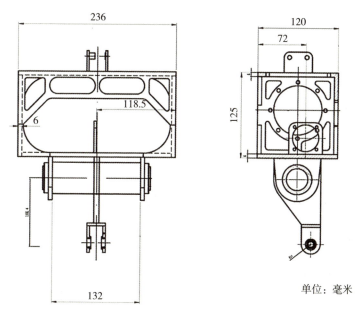

单位：毫米

图 6-13　展品"体感机器人"机器人胸部机构第二版机械设计简图

115

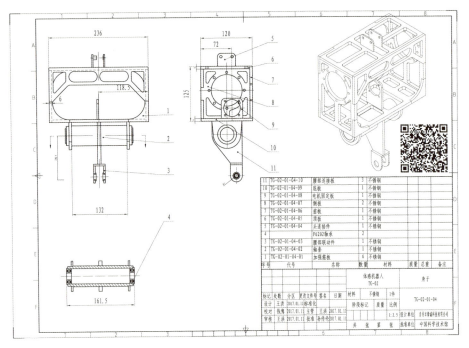

11	TG-02-01-04-10	腰部连接板	3	不锈钢		
10	TG-02-01-04-09	底板	1	不锈钢		
9	TG-02-01-04-08	电机固定板	1	不锈钢		
8	TG-02-01-04-07	侧板	2	不锈钢		
7	TG-02-01-04-06	前板	1	不锈钢		
6	TG-02-01-04-05	顶板	1	不锈钢		
5	TG-02-01-04-04	头连接件	1	不锈钢		
4		F6202轴承	2			
3	TG-02-01-04-03	腰部联动件	1	不锈钢		
2	TG-02-01-04-02	轴套	1	不锈钢		
1	TG-02-01-04-01	加强筋板	6	不锈钢		
序号	代号	名称	数量	材料	质量	总重 备注

			体感机器人 TG-02				身子	
标记	处数	分区	更改文件号	签名	日期	材料	不锈钢	1件	
设计	王洪	2017.01.11	标准化						TG-02-01-04
校对	钱鹏	2017.01.11	王曾	王洪	2017.01.13	阶段标记	质量	比例	
审核	王洪	2017.01.13	批准	孙传伦	2017.01.13			1:2.5	
						设计单位	合肥市智诚科技有限公司		
				共 张 第 张		批准单位	中国科学技术馆		

图 6-14 展品"体感机器人"机器人胸部机构第二版机械设计装配图

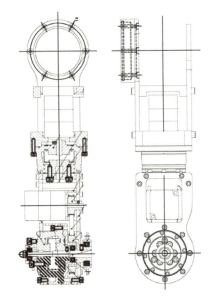

图 6-15 展品"体感机器人"机器人大臂机构第二版机械设计简图

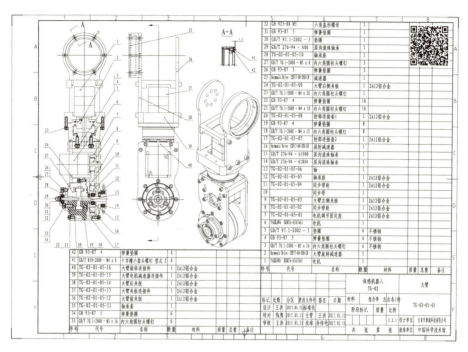

图 6-16 展品"体感机器人"机器人大臂机构第二版机械设计装配图

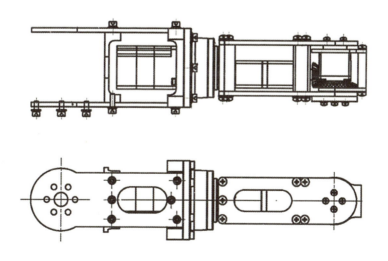

图 6-17 展品"体感机器人"机器人小臂机构第二版机械设计简图

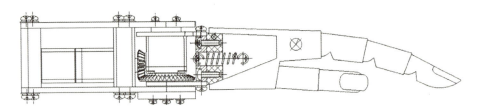

32	TG-02-01-09-11	大齿轮	6	不锈钢		
31	GB/T 70.1-2000 - M3 x 5	内六角圆柱头螺钉	6	不锈钢		
30		61705轴承	1			
29		61700轴承	1			
28	GB/T 97.1-2002 - 3	垫圈	4	不锈钢		
27	GB/T 818-2000 - M3 x 8	十字槽小盘头螺钉	型式键钢			
26	GB 93-87 3	弹簧垫圈	4	不锈钢		
25	GB 93-87 4	垫圈	14	不锈钢		
24	GB/T 97.1-2002 - 4	垫圈	4	不锈钢		
23	GB/T 818-2000 - M4 x 16	十字槽小盘头螺钉	型式键钢			
22	GB 93-87 4	弹簧垫圈	4	不锈钢		
21	GB/T 70.1-2000 - M4 x 16	内六角圆柱头螺钉	6	不锈钢		
20	GB/T 97.1-2002 - 4	垫圈	4	不锈钢		
19	GB/T 97.1-2002 - 4	垫圈	12	不锈钢		
18	GB/T 70.1-2000 - M4 x 10	内六角圆柱头螺钉	12	不锈钢		
17	GB 93-87 4	弹簧垫圈	4	不锈钢		
16	GB/T 97.1-2002 - 4	垫圈	4	不锈钢		
15	GB/T 70.1-2000 - M4 x 10	内六角圆柱头螺钉	4	不锈钢		
14	GB 93-87 4	弹簧垫圈	4	不锈钢		
13	TG-02-01-09-10	腕部夹耳	1	不锈钢		
12	TG-02-01-09-09	小齿轮	1	不锈钢		
11	TG-02-01-09-08	腕部电机固定件	1	2A12铝合金		
10		安川电机SGMMV-A2A2A21	1			
9	TG-02-01-09-07	小臂旋转夹板1	1	2A12铝合金		
8	TG-02-01-09-06	小臂旋转夹板1	1	2A12铝合金		
7	TG-02-01-09-05	小臂旋转连接件	1	2A12铝合金		
6	harmonic Drive CSF4-H0-2UH-LW	减速器	1			
5	TG-02-01-09-04	小臂旋转减速器固定件	1	2A12铝合金		
4	YASKAWA SGMMV-A5A7A61	电机	1			
3	TG-02-01-09-03	小臂加强连接件	1	2A12铝合金		
2	TG-02-01-09-02	小臂附着夹板2	1	2A12铝合金		
1	TG-02-01-09-01	小臂附着板1	1	2A12铝合金		
序号	代号	名称	数量	材料	质量 总重	备注

				体感机器人 TG-02		小臂	
			材料	组合件 左右各1件		TG-02-01-09	
标记 代数	分区	更改文件号 签名	日期				
设计 王洪	2017.01.11	标准化		阶段标记	质量	比例	
校对 钱海	2017.01.11	主管 王洪	2017.01.13			1:2	设计单位 合肥市智城科技有限公司
审核 王洪	2017.01.11	批准 孙传代	2017.01.11				中国科学技术馆
				共 张 第 张			投放单位

39	TG-02-01-09-12	衬板	1	2A12铝合金		
38	GB/T 70.1-2000 - M2.5 x 10	内六角圆柱头螺钉	6	不锈钢		
37	GB 93-87 2.5	弹簧垫圈	6	不锈钢		
36	GB/T 97.1-2002 - 3	垫圈	6	不锈钢		
35	GB/T 818-2000 - M3 x 10	十字槽小盘头螺钉	型式键钢			
34	GB 93-87 3	弹簧垫圈	6	不锈钢		
33	harmonic Drive CSF4-H0-2UH-LW	减速器	1			
序号	代号	名称	数量	材料	质量 总重	十合件 备注

图6-18 展品"体感机器人"机器人小臂机构第二版机械设计装配图

图6-19 展品"体感机器人"机器人手部机构机械设计简图

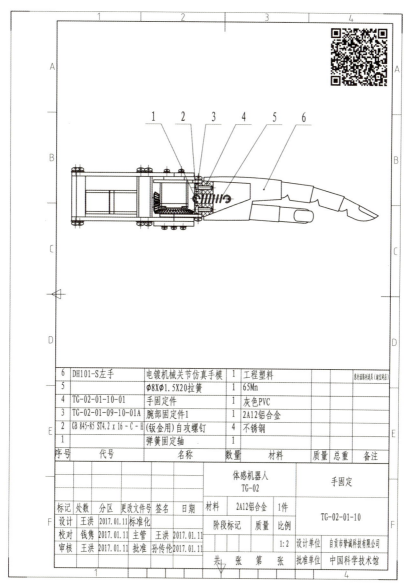

序号	代号	名称	数量	材料	质量	总重	备注
6	DH101-S左手	电镀机械关节仿真手模	1	工程塑料			麦传诺斯科道具（淘宝网店）
5		φ8Xφ1.5X20拉簧	1	65Mn			
4	TG-02-01-10-01	手固定件	1	灰色PVC			
3	TG-02-01-09-10-01A	腕部固定件1	1	2A12铝合金			
2	GB 845-85 ST4.2 x 16 - C - H	(钣金用)自攻螺钉	4	不锈钢			
1		弹簧固定轴	1				

标记	处数	分区	更改文件号	签名	日期	材料	2A12铝合金	1件	体感机器人 TG-02		手固定	
设计	王洪	2017.01.11	标准化			阶段标记	质量	比例		TG-02-01-10		
校对	钱隽	2017.01.11	主管	王洪	2017.01.11			1:2	设计单位	自贡市肇诚科技有限公司		
审核	王洪	2017.01.11	批准	孙传伦	2017.01.11	共 张 第 张			批准单位	中国科学技术馆		

图6-20 展品"体感机器人"机器人手部机构机械设计装配图

通过将各部件组装并与体感识别器进行控制联调试验，测得机器人的反应速度达到0.2秒，17个自由度可实现观众与机器人运动的同步控制，各项性能均满足指标要求（见图6-21、图6-22）。

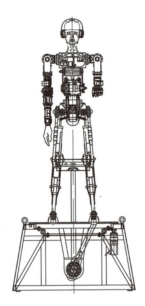

图 6-21　展品"体感机器人"机器人第二版机械设计简图

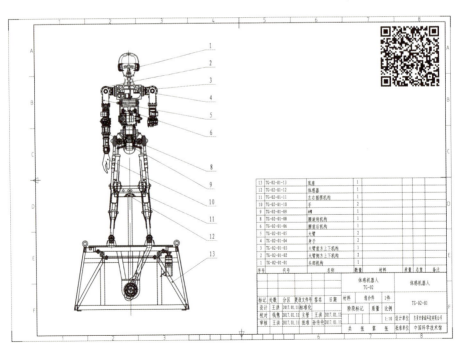

图 6-22　展品"体感机器人"机器人第二版机械设计装配图

（2）机器人的小腿设计

在机器人机械设计中，项目团队更加注重机器人具有与人相像的外观。机器人的造型均是最大限度地接近人体外观，机器人的小腿设计得较为纤细。通过测试，项目团队发现机器人小腿部位整体结构强度较低，随后在机器人小腿结构中增加了加强筋，这样不仅大大提高支撑强度，也使机器人的小腿更加美观和协调（见图6-23至图6-25）。

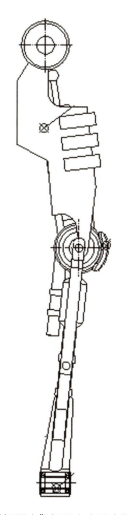

图6-23　展品"体感机器人"机器人小腿支撑第一版机械设计简图

121

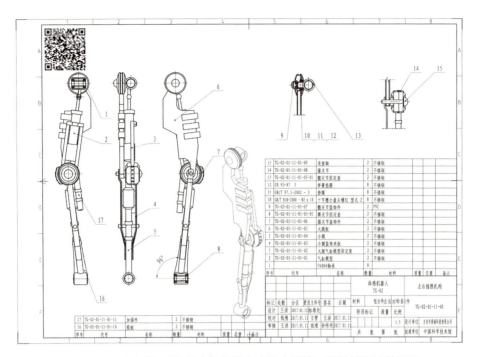

图 6-24 展品"体感机器人"机器人小腿支撑第一版机械设计装配图

图 6-25 展品"体感机器人"机器人小腿支撑第二版机械设计简图

2.电控设计

体感机器人的电控设计主要包括机器人系统构建、人体骨架三维模型设计、机器人关节变量计算和展示系统的实现等关键技术难点。

（1）机器人系统构建

该系统主要由三大模块构成，分别为动作采集模块、指令翻译模块和指令执行模块（见图6-26）。

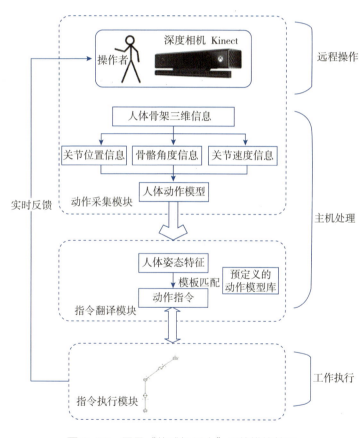

图6-26　展品"体感机器人"系统模块简图

① 动作采集模块

使用Kinect采集人体骨架的三维信息，经过计算机运算，得出人体骨架位置信息、角度信息以及速度信息，根据机械臂上肢动作的动力学模型参数计算，生成人体动作模型（见图6-27）。

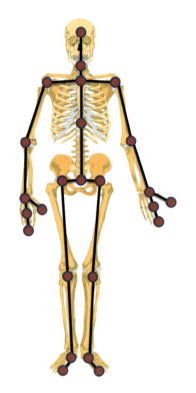

图 6-27　Kinect 提取的人体骨骼点信息

② 指令翻译模块

根据动作采集模块提取到人体姿态特征，与预定义的动作模型库进行模块匹配，匹配出的动作作为指令传输到指令执行模块。

③ 指令执行模块

接收指令翻译模块下发的指令信息，并按要求的速度将机械臂摆正到指令所要求的位置，完成一次人体上肢动作的模仿。

（2）人体骨架三维模型设计

使用 Kinect for windows SDK 中的 Body Basics 可获取骨骼节点的三维信

息，骨架三维数据包括关节位置信息、角度信息以及速度信息等。

① 关节位置信息

Kinect v2 可视范围内可获取人体 25 个关节点的位置信息，并以 30 帧 / 秒的频率刷新。通过微软提供的 Kinect for Windows SDK 来获取基本骨架数据信息。

② 关节角度信息

以人体上肢为例，当人的右手臂做出一个动作，系统可通过 Kinect 获取在相机空间坐标系当中腕关节、肘关节和肩关节的坐标，并计算出肘腕向量和肩肘向量；依据肘腕向量和肩肘向量的信息，获取肘腕向量和肩肘向量的夹角关系。同理上肢及手臂的其他所有向量及位置数据可由此获取。

在人体骨骼系统中，每两个关节点可确定一根骨骼，在 3D 空间坐标系中表现为一个有长度和方向的向量。两个向量可确定一个平面，在两段骨骼向量所决定的平面上对上述骨骼的夹角进行描述。只要获得三个关节点的空间位置信息，便可以求得两段骨架向量的夹角（见图 6-28）。

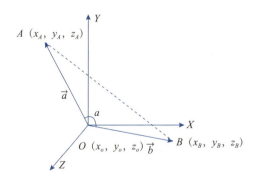

图 6-28　两段骨架向量的夹角示意图

③ 关节速度信息

相对速度的描述指的是身体的某一部分在移动时相对于参考骨架节点的速度。相对速度的描述方式主要是用以配合相对位置和相对角度的描述方式，将满足相对位置或相对角度条件的过程纳入动作描述的方式中。相对速度主要是体现了这个动作的剧烈程度。

通过储存关节点的当前帧的位置和上一帧的位置，两个位置的距离值比每一帧所需要的时间，即可得到该关节点的速度。但由于 Kinect 的骨架数据是 30 帧 / 秒，考虑到很短的时间内 Kinect 可能存在抖动的情况，不适合描述一个动作过程，因此项目团队采取了平均法，每 15 帧（0.5 秒）进行一次平滑，取平滑后的速度值作为实际描述中所使用的速度值。

（3）机器人关节变量计算

为达到机器人的姿态与观众的姿态一致，需要建立机器人的关节变量与观众关节空间位置的相互对应关系。因此，采集到人的体态信息之后，需要使用观众体态信息中的关节位置信息作为计算机器人关节变量的依据，再通过求逆解的方法对机器人关节变量进行计算。

由于各个关节的坐标都能够通过 Kinect 采集的体态信息转换得来，各个中间关节的位置也能够通过体态信息确定。在求解计算过程中，先把所有的关节划分到四个运动链中，四个运动链分别为左臂、右臂、左腿、右腿（见表 6-1）。

表 6-1　机器人关节变量

运动链	末端关节	关节	下一关节	自由度
左臂	左腕	左肩（LShoulder）	左肘（LElbow）	LShoulderPitch、LShoulderRoll
		左肘（LElbow）	左腕（LWrist）	LElbowRoll、LElbowYaw
右臂	右腕	右肩（RShoulder）	右肘（RElbow）	RShoulderPitch、RShoulderRoll
		右肘（RElbow）	右腕（RWrist）	RElbowRoll、RElbowYaw

续表

运动链	末端关节	关节	下一关节	自由度
左腿	左踝	左大腿（LHip）	左膝（LKnee）	LHipPitch、LHipRoll
		左膝（LKnee）	左踝（LAnkle）	LKneePitch
右腿	右踝	右大腿（RHip）	右膝（RKnee）	RHipPitch、RHipRoll
		右膝（RKnee）	右踝（RAnkle）	RKneePitch

所有的关节角度都可以在获取方向向量、转动转换后由简单的反三角函数进行求解。

（4）展示系统的实现

20世纪60年代初，卡尔曼（R.E.Kalman）与布西（R.C.Bucy）等提出一种递推式滤波算法。这种算法不需要保存测量值的历史数据，在获得新的观测数据后，根据前一时刻对观测量的估计以及系统本身的状态方程，通过递推的方法来修正新获得的数据，能够获得相对于直接测量更为准确的数值。

由卡尔曼滤波的基本原理可知，它能够较好地估计含有噪声的线性系统的状态。项目团队用卡尔曼滤波方法对传感器的数据进行校正，得到较为准确的机器人躯干倾角数据，并应用于机器人的体态控制中。

在准确获得机器人躯干姿态的基础上，还可以通过机器人下肢关节的运动对机器人的关节进行调整。项目团队采用反馈控制，使机器人在髋关节处对躯干姿态的偏差进行补偿，从而使机器人能够保持稳定姿态。

（四）制作工艺

机器人本体采用304不锈钢进行加工制作，关键机构的连接件采用强度高且有一定耐热性的铝合金材料，机器人面部采用玻璃钢翻模制作，机器人身体外壳采用具有韧性和粘接性的透明树脂，可以看到机器人的内部结构。

机器人底座面板采用具有较强耐冲击性的抗倍特板进行加工和制作，底座的其余部分采用Q235型材和板材焊接而成。

展品围栏采用304不锈钢管卷管焊接而成。

（五）外购设备

表6-2　外购设备

序号	项目名称	规格/型号/材质	单位	数量	品牌
1	滤波器	AEROEV PNF221-G-5A	个	1	上海埃德电子股份
2	电脑	7040MT i7	台	1	戴尔
3	电机	GM8712-31	台	2	皮特曼
4	交流伺服驱动器	SGD7S-R70A10A	台	6	安川
5	交流伺服驱动器	SGD7S-R90A10A002	台	4	安川
6	交流伺服驱动器	SGDV-R90A11A	台	4	安川
7	交流伺服驱动器	SGD7S-1R6A10A002	台	2	安川
8	交流伺服驱动器	SGD7S-2R8A10A002	台	2	安川
9	交流伺服电机	SGM7A-A5A7A61	台	6	安川
10	交流伺服电机	SGM7A-01A7A61	台	4	安川
11	交流伺服电机	SGMMV-A2A2A21	台	4	安川
12	交流伺服电机	SGM7A-02A7A61	台	2	安川
13	交流伺服电机	SGM7J-04A7C6S	台	1	安川
14	交流伺服电机	SGM7A-04A7A61	台	1	安川

序号	项目名称	规格/型号/材质	单位	数量	品牌
15	控制器	JEPMC–MP2300–E MP2300 基本模块	套	1	安川
16	控制器	JAPMC–MC2310–E M2 运动控制模块	套	1	安川
17	控制器	JAPMC–CM2300–E 通信模块	套	1	安川
18	体感器	KINECT（二代）	套	1	微软 XBOX360
19	电视机	液晶电视机	台	2	三星

（六）示范效果

展品"体感机器人"的研发过程，凝结了项目团队集体的宝贵智慧和辛勤汗水。为更好地展示机器人的技术特点，保证展示效果，项目团队攻克了多个难关，确定了体感机器人的展示形式，完成了人体关节空间位置识别及数据转换的研究，解决了机器人运动姿态的技术问题和机器人运动控制的技术难点，最终实现了关键技术研发目标。

展品"体感机器人"研制完成后，自贡组织了十余场以"机器人"为主题的科普展示活动，邀请当地多所学校及社会团体参观和体验，受到广大公众及社会各界广泛关注和一致好评。项目团队研究开发的"展型体感机器人"获得1项实用新型专利的授权。2017年中国科技馆启动"机器人与人工智能"主题展厅改造项目，在展厅改造过程中借鉴了本展品研发方面的经验和教训，实现了展示效果的进一步提升。

第七章 | 拟人型机器人互动展示技术研究

　　拟人型机器人长得像人类，一般具有仿人的四肢和头部，能够模仿人的形态和行为，代替或帮助人类完成工作任务，具有很强的亲和力，很容易被市场认可和公众接受。它们的出现往往能够吸引广大顾客的眼球，有效解决顾客简单的问题，还可以减少多余人员，大大节约了人力成本。人们通常可以在商场、银行和购物中心等公共场所看到拟人型机器人进行导览和问询服务。在国内外科普场馆，拟人型机器人同样也深受观众欢迎和喜爱，例如，大名鼎鼎的日本科学未来馆机器人阿西莫，它不但能跑能走、上下楼梯，还能完成踢足球和倒茶倒水等动作，动作十分灵巧娴熟，令人印象深刻。

　　拟人型机器人一直是人类探索机器人技术的重点领域。当前拟人型机器人的研究在关键机械单元、基本行走能力、整体运动、动态视觉等很多方面已经取得了突破。

　　为了实现拟人型机器人互动展示技术在科普场馆的应用，保证展示效果，充分体现拟人型机器人的技术特点和优势，在"拟人型机器人互动展示技术研究"中，项目团队选取"机器人弹奏古筝"的展示形式进行展品研制。古筝相比其他乐器弹奏的控制难度更大，精度要求更高，在研发中需要精确计算并控制机器人每根手指的运动轨迹和速度，充分展现机器人灵活多样的手部机构。观众在聆听优美旋律的同时，还可以观察机器人细腻准确的弹奏动作，现场感受机器人技术的魅力。本项展示技术在展示机器人先进性的同时，突出展示了中国古典音乐文化与现代高新技术的结合，吸引观众在了解中国音乐文化的同时，激发对机器人技术的探索兴趣。

一　展示技术难点分析

目前，在国内外科普场馆中，人们通常可以见到外形可爱、憨态可掬的机器人进行迎宾和展览讲解等服务，这是拟人型机器人在展览场馆日常运行应用方面的一种积极尝试，既可以吸引观众关注，还能激发观众对机器人技术探索的兴趣。当拟人型机器人作为展示机器人技术的展品进行展示时，大多采用演奏乐器的展示方式，由于西洋乐器操作相对简单，演奏指法较为单一，便于实现机器人的手部动作，因此，机器人演奏的乐器多为钢琴和萨克斯等西洋乐器。由于受到机器人技术的限制，机器人不能进行长时间持续表演，大多采用定时表演的形式进行展示，观众以观看机器人表演为主，难以实现与机器人之间的互动，这样无疑缺少很多探索的乐趣，展示效果也不尽如人意。

不同于西洋乐器，古筝琴弦分布呈弧形，且演奏指法较为丰富，机器人在弹奏过程当中，能够充分展现其灵活多样的手部机构，通过拟人型机器人弹奏古筝进行表演，是一种十分新颖、吸引观众眼球的展示方式。在项目初期，经调研，英特尔公司正在研发弹古筝的机器人，试图通过系统控制6只手指的机械手来实现古筝的弹奏，但机器人必须由操作人员通过电脑操作，尚未实现观众的参与互动，与在科普场馆无人值守的展示形态仍有较大差距。

为了率先实现机器人弹奏古筝在科普场馆的应用，项目团队经过研讨认为存在以下技术难点需要重点解决。首先，古筝的弦成弧面，手指操作位置信息更为复杂多变，这对机器人手指位置控制提出了更高的要求；其次，演奏古筝手指有不同的手法和力度，这对机器人手指的速度控制和力度控制同样提出了较高的要求，需要精确计算并控制机器人每根手指的运动轨迹、运动速度、压弦深度；再次，项目团队希望实现观众与机器人的互动，由观众控制机器人演奏的展示方式，这样相比观看表演的形式更具展教效果，更能激发观众的好奇心；最后，需要重点研究机器人弹奏的曲目，既要选择众所周知的曲目，也要满足机器人手指运动的性能特点，符合古筝的演奏技法。

二 展示关键技术研究

为了解决上述技术难点，更好地将拟人型机器人互动展示技术进行展示，项目团队集思广益，经过大量调研，从展示形式和技术手段两方面进行深入研究。在展示形式方面，实现观众对于机器人的操控，满足科普场馆互动体验的参与需求，当观众触碰屏幕选曲后，机器人开始响应，根据曲谱解码信息，驱动手臂和手指弹奏古筝。在选曲方面，项目团队在众多古筝曲目中进行选择和尝试，为实现最佳的展示效果同时满足机器人手指的动作特点，最终选定《荷塘月色》、《康定情歌》、《沧海一声笑》和《南泥湾》4首曲目。在技术手段方面，项目团队针对智能曲谱分析识别、机器人左手揉弦力度检测与控制、机器人右手弹奏指法控制和机器人运动控制系统研发等关键技术进行了深入研究（见图7-1）。

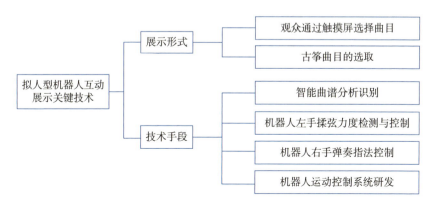

图 7-1 拟人型机器人互动展示关键技术框图

（一）智能曲谱分析识别

为了适应更多曲目的弹奏，项目团队在实现基本功能的基础上，对智能曲谱分析识别软件提出了更高的开发要求，即输入音阶和时长后，软件能够自动生成手臂位置及手指控制数据，曲谱分析软件将输入的曲谱音符自动转换为系统能识别的左右手控制数据，通过串口通信实时发送到机器人主控制器中。运用该软件，还可写入多首曲目，实现曲目内容的扩充和替换，确保展示内容的新颖。

（二）机器人左手揉弦力度检测与控制

古筝的演奏对左手演奏技法有较高的要求，在演奏中要完成按弦、揉弦和上滑等动作，项目团队针对左手的动作控制进行了专门研究，在机器人的左手食指内设置自主研制的液压式指压传感器，响应速度快，反应灵敏，能够在约9毫秒内完成力度传感响应。左手控制软件通过插补算法实时计算出按弦位置和按压的深度数据，时间上准确配合右手的弹奏。左手技法控制配合传感器实现琴弦压力检测，完成揉弦力度控制，实现了按弦、揉弦和上滑等古筝演奏技法，使歌曲音色变得更加丰富。

（三）机器人右手弹奏指法控制

演奏古筝时，右手进行弹弦，对右手手指的响应速度和耐用性提出了很高的要求，为了研制适用弹奏古筝机器人的右手机构，项目团队经过了多次原型实验和技术改进，最终采用五指型弹奏机构配以单气缸和复位装置，使手指机构的灵活性更高，能够实现劈、勾、抹、打、提等古筝常用演奏指法。此外，项目团队对机器人手指专门进行了疲劳检测，在检测中单个手指重复弹奏1万次以上，仍能够正常工作，确保了手指机构的耐用度，可以适应古筝机器人在科普场馆中展示的需求。

在古筝演奏时，指法控制软件接收从计算机曲谱获取的音符数据，根据当前曲谱整体音乐节奏要求和机器人左右手的当前位置数据自动计算出应该使用的弹奏时间、弹奏位置和弹奏技法，通过执行机构实现曲谱的弹奏。软件的控制策略模拟真人弹奏思路，采用最快速的响应技法，减少手臂的整体移动次数，满足弹奏歌曲节奏要求。

（四）机器人运动控制系统研发

古筝的演奏需要左右手、左右臂和身体共同配合完成，机器人共设置 16 个自由度，因此，需要对机器人各部位进行协同控制。项目团队研究开发基于安川 MP2300 的机器人控制系统，以实现同时执行多个动作，满足机器人各部位单独运动及协调运动的控制需求，即对机器人左右手、左右臂和身体辅助动作、手指运动控制和歌曲选择进行协同控制。

通过对智能曲谱分析识别、机器人左手揉弦力度检测与控制、机器人右手弹奏指法控制、机器人运动控制系统研发等展示关键技术手段的研究，通过对观众选曲、机器人弹奏古筝曲目的选取等展示形式的设计，项目团队实现了拟人型机器人互动展示关键技术的研发目标。

三 "古筝机器人"展品研发

（一）展示目的

"古筝机器人"通过观众选择曲目让古筝机器人弹奏古筝的展示形式，重点展示拟人型机器人多关节灵巧手指的控制技术和精细结构，使观众直观地了解机器人手部机构的多样性和灵活性，增加观众对机器人技术的了解，加深观众对机器人的科学认识，提升机器人技术的科普水平。

（二）技术路线

1. 主要结构

展品由弹奏古筝的机器人、古筝、坐凳和操作台等构成（见图 7-2 至图 7-5 ）。

古筝机器人是展示主体，造型兼具现代感和科技感，主要核心部件为两个 6 自由度的手臂和左右手十指灵巧的手部机构。在电脑程序控制下，机器人通过移动手部位置和手指动作，能够像演奏家一样在古筝上进行演奏，动作灵活、准确。古筝机器人能够按照曲谱完成 4 首古筝乐曲的演奏。

操作台是观众与机器人进行互动的重要信息交流平台。操作台装有一块触摸显示屏，观众可以根据显示屏上的指示进行操作，控制机器人演奏的曲目。

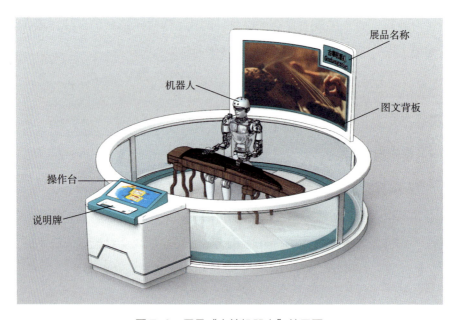

图 7-2　展品"古筝机器人"效果图

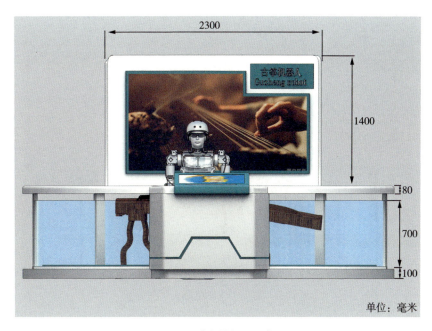

图 7-3 展品"古筝机器人"正视图

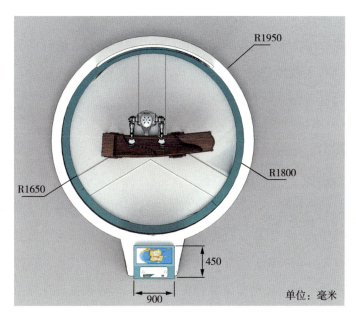

图 7-4 展品"古筝机器人"俯视图

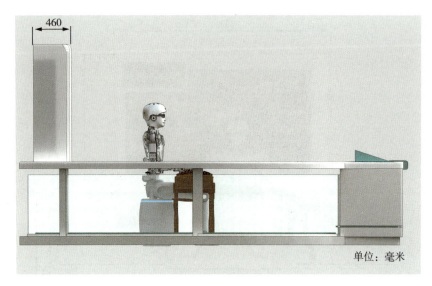

图 7-5　展品"古筝机器人"左视图

2.展示方式

　　观众选择古筝曲目，机器人进行演奏。观众通过操作触摸屏在乐曲库中选择演奏曲目，随后系统开始响应，古筝机器人弹奏古筝进行指定乐曲的演奏。观众在聆听优美旋律的同时，可以观察机器人细腻准确的弹奏动作，感受机器人技术的魅力。可供选择的四首乐曲分别为《荷塘月色》、《康定情歌》、《沧海一声笑》和《南泥湾》。

（三）工程设计

1.机械设计

　　本展品的机械设计主要包括机器人身体、机器人左右手臂和机器人左右手指的结构设计。其中，机器人左右手指的结构设计为本展品的机械设计难点，首先，从外观上要保证机器人手指的美观；其次，在弹奏时要做到手指响应速度快，运动速度和位置的准确，这为机械设计提出了很高的要求；最后，要确保机器人手指的耐用。项目团队经过多轮方案的修改、完善和原型试验，最终攻克了难关，实现了预期的展示效果。

（1）机器人右手结构设计

在古筝弹奏时，右手主要使用拇指、食指和中指，因此，在最初的右手机构设计时，项目团队将机器人右手结构设计为三指机构，无名指和尾指固定，三根手指均由步进电机带动钢丝绳牵引手指完成勾弦动作，靠弹簧推动手指进行复位（见图7-6）。

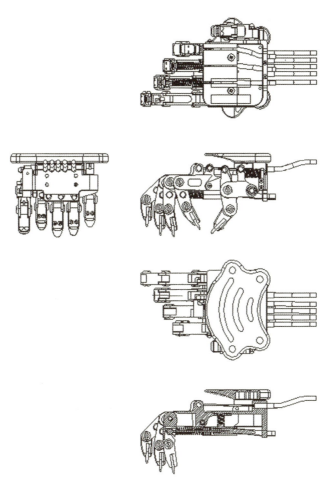

图 7-6　展品"古筝机器人"右手结构第一版机械设计简图

在试验中，项目团队发现三指机构在弹奏古筝时，受限于步进电机的响应速率和钢丝绳结构，移动速度慢，弹奏速率只能达到约每秒 3 次，无法满足常规古筝曲目节奏的要求。项目团队经过研究决定将右手手指的驱动机构改为双气缸机构驱动，勾弦和复位动作均靠气缸带动手指完成（见图 7-7）。

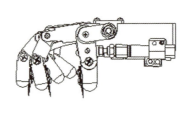

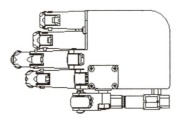

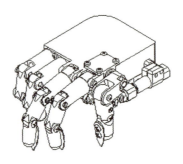

图 7-7　展品"古筝机器人"右手结构第二版机械设计简图

双气缸的手部机构制作完成后，通过装配试验，机构响应速度能达到 12 毫秒，手指弹奏速率能达到每秒 7 次左右，能够满足古筝常规曲目节奏的需求。但在实验中，项目团队发现双气缸机构的体积增大不少，直接影响整个手部的外形美观，同时气缸噪声较大，影响古筝的演奏效果。随后的右手结构设计，改进为一个气缸结合复位机构的形式，气缸负责带动手指插销动作，复位机构由一个内槽的凸轮、棘爪两部分组成，手指插销在内槽凸轮中运动，棘爪设置在两端，改变插销运动方向，完成手指勾弦和复位的动作。同时，为了使机器人更加拟人化，项目团队将手部改为五指可动机构。为了确保古筝机器人在展示时能够长时间稳定运行，项目团队专门对机器人手指进行了疲劳测试，单个手指完成了1万次以上的弹奏后，仍然可以正常工作，确保了手指机构的耐用性（见图 7-8、图 7-9）。

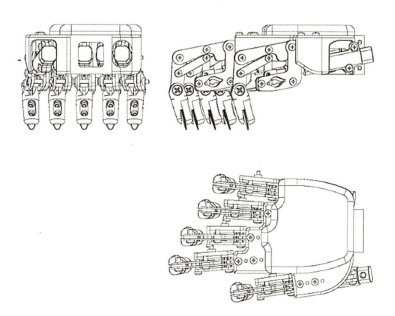

图 7-8　展品"古筝机器人"右手结构第三版机械设计简图

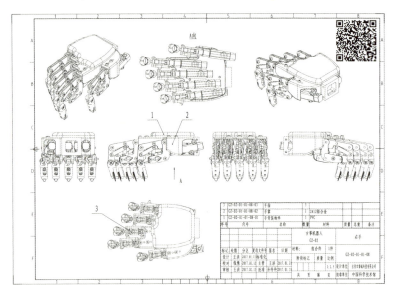

图 7-9　展品"古筝机器人"右手结构第三版机械设计装配图

　　单气缸加复位机构的手部结构，整体上满足了古筝弹奏的速率和准确性要求，同时达到了美观的外观效果。但在实验中我们发现，单气缸机构仍然会有一定噪声，影响古筝的演奏效果。为此，项目团队在第三版右手结构基础上进行优化，在单气缸行程两端分别加上缓冲软垫，大大降低了手部动作的噪声，提升了古筝演奏的整体效果，形成最终技术方案（见图 7-10）。

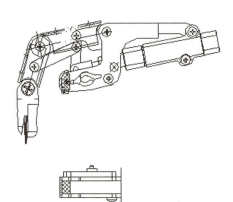

图 7-10　展品"古筝机器人"右手降噪改进后的手指机构设计简图

（2）机器人左手结构设计

在古筝演奏过程中，机器人左手的主要功能是配合右手的弹奏进行揉弦。左手不需要每个手指单独动作。在最初的机械设计中，项目团队采用maxon电机驱动手指进行揉弦（见图7-11、图7-12）。

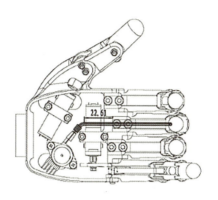

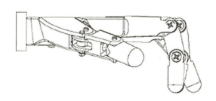

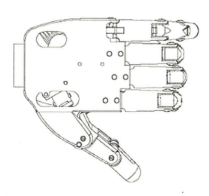

图 7-11　展品"古筝机器人"左手结构第一版机械设计简图

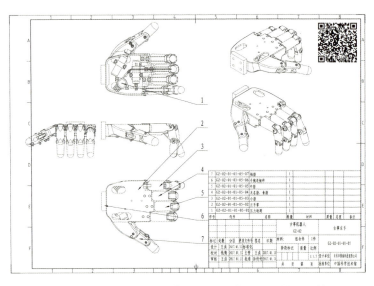

图 7-12 展品"古筝机器人"左手结构第一版机械设计装配图

在原型实验中，项目团队发现采用电机驱动方式带动手指揉弦的速率只有每秒 2 次左右，无法满足古筝常规曲目的演奏要求，并且在工作过程中，左手具有较强的振动，对整个机构稳定性产生一定影响。项目团队经过充分讨论，研究决定将电机驱动改为气缸驱动，使左手揉弦的速率能够提高到每秒 4~5 次，同时改善了左手振动的问题（见图 7-13）。

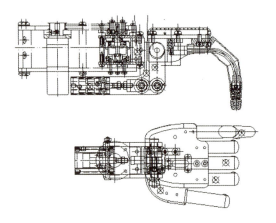

图 7-13 展品"古筝机器人"左手结构第二版机械设计简图

（3）机器人身体和左右手臂结构设计

机器人身体和手臂的结构和动作是以实现机器人左手按压、右手弹拨的协调弹奏为目的的，机器人身体和左右手臂均设置相应的自由度，确保能够灵活动作。在最初的机器人左右手臂结构设计时，左右手臂分别设计6个自由度，采用直流伺服电机驱动，可完成手臂屈伸、旋转、上举，带动大臂、小臂、肩关节的动作（见图7-14）。

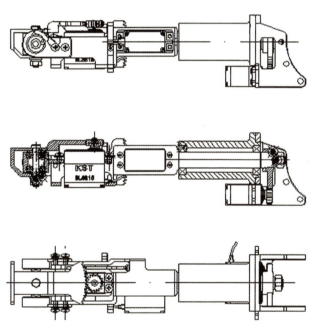

图7-14 展品"古筝机器人"手臂结构第一版机械设计简图

在机器人弹奏过程中，为了使身体动作协调和自然，需要头部和腰部的辅助动作来配合。项目团队根据古筝演奏时演奏家的身体运动状态，为机器人设计了点头、弯腰、腰部旋转等辅助动作，这些辅助动作均由直流伺服电机驱动（见图7-15）。

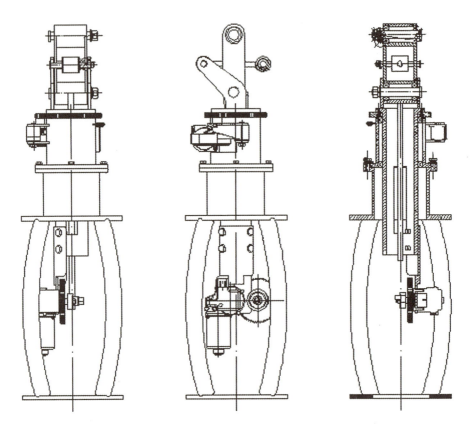

图 7-15 展品"古筝机器人"腰部结构第一版机械设计简图

经过原型实验，项目团队发现机器人身体和手臂的动作速率和精度无法达到展品要求，展示效果不佳。随后，项目团队针对第一版设计方案存在的问题进行研讨，经过分析和讨论后，决定对交流伺服电机进行调整，改为安川交流伺服电机和哈默纳科减速器组合。相比最初方案可以提供精确的动力输出，运动精度可达到 1 微米，确保机器人的动作更加柔美协调，这样可以满足展示要求。机器人手臂结构、头部和腰部结构的机械图纸同时进行了相应的修改（见图 7-16 至图 7-21）。

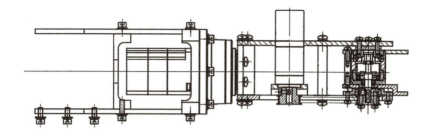

图 7-16 展品"古筝机器人"手臂结构第二版机械设计简图

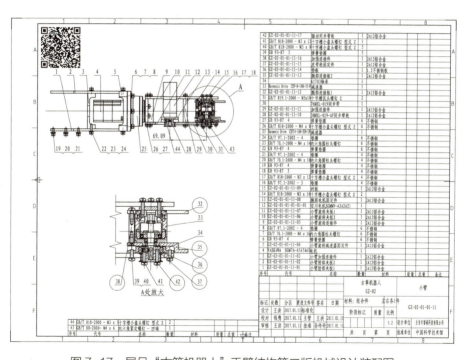

图 7-17 展品"古筝机器人"手臂结构第二版机械设计装配图

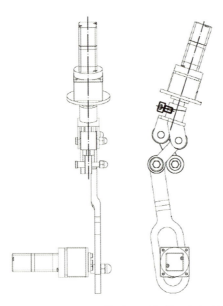

图 7-18　展品"古筝机器人"头部结构第二版机械设计简图

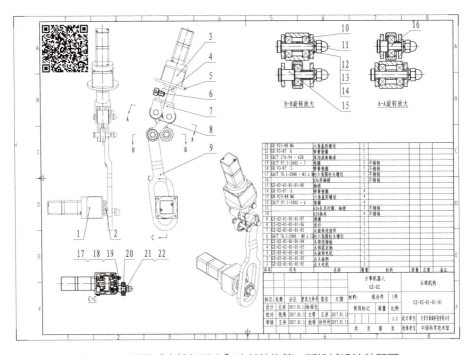

图 7-19　展品"古筝机器人"头部结构第二版机械设计装配图

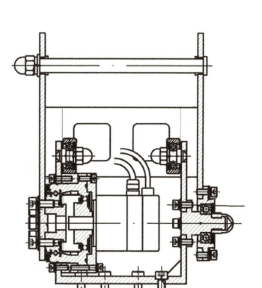

图 7-20　展品"古筝机器人"腰部结构第二版机械设计简图

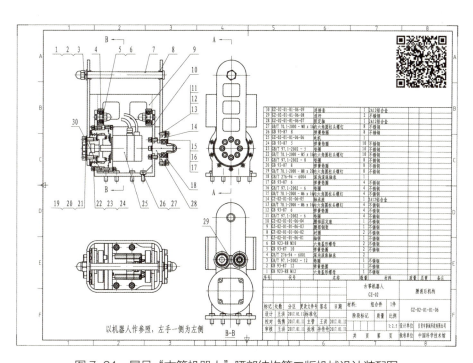

图 7-21　展品"古筝机器人"腰部结构第二版机械设计装配图

2. 电控设计

"古筝机器人"的电控设计主要从控制器的选型、机器人演奏功能控制、手部控制程序设计、曲谱编程与扩展等方面进行研发。项目团队经过多次电控设计方案的调整、优化和整改，最终配合机械设计完成了展品的研发，达到"古筝机器人"预期的展示效果。

（1）控制器的选型

控制系统是机器人的大脑，控制机器人的运动位置、姿态和轨迹、操作顺序及动作时间等，是机器人功能的决定因素。"古筝机器人"演奏古筝时，需要左右手协调运动，两只 6 自由度的机械臂需要高速精确的配合。使用标准的机器人控制系统无法实现，因此，为了实现古筝机器人的功能，项目团队决定进行机器人运动控制系统的自主开发。

在最初选型时，项目团队初步确定了德国倍福 RS485_BC8000 控制器和安川运动控制器 MP2300 系列。机器人弹奏古筝时速度要求高，节奏要求准确，根据展示需求，项目团队最终选择基于安川 MP2300 控制器进行研发，安川运动控制器 MP2300 系列具有强大的轴控能力，在不增加轴控模块的情况下，仅靠 MP2300 基本模块就可以通过总线控制 16 个伺服轴。除伺服轴外，它还可以通过同一根总线来控制变频器、分布式 IO、传感器等，总线的通信速度可达到 10Mbps，最短通信周期可达 0.5ms，这样就保证了主站与子站之间数据实时交流，从而达到更优良的控制效果。此外，MP2300 控制器具有强大的 PLC 功能，可以方便地对系统进行有效控制，同时众多的输入输出模块可供选择（见图 7-22）。

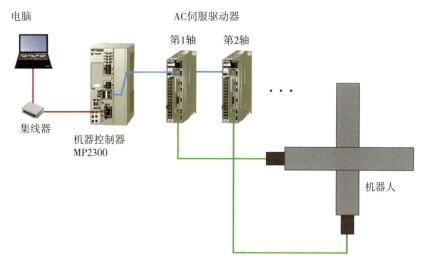

图 7-22　展品"古筝机器人"系统构成示意图

（2）机器人演奏功能控制

机器人演奏古筝需要机器人左右手、左右手臂和身体共同配合完成。机器人共设置 16 个自由度，需要对机器人各部位进行协同控制。基于安川MP2300 开发的机器人控制系统，使用模拟量运动控制模块（SVA–01）进行最多 32 轴的同步控制，同时顺控与运动控制完全同步处理，在一次扫描范围内便能完成从发送起始信号到启动运动控制的操作，还能同时执行多个不同的动作，能够满足机器人各部位单独运动及协调运动的控制需求，对机器人左右手、左右手臂、身体辅助动作、手指运动控制和歌曲选择进行协同控制。

（3）手部控制程序设计

右手指法控制能实现古筝常用演奏指法：劈、勾、抹、打、提等。指法控制软件接收从计算机曲谱获取的音符数据，根据当前曲谱整体节奏要求和机器人当前位置数据，自动计算出应该使用的弹奏技法，通过执行机构实现曲谱的弹奏。软件的控制策略模拟古筝演奏人员的弹奏思路，采用最快速的响应技法，减少手臂的整体移动次数，满足弹奏曲目节奏要求。

左手指法控制配合传感器实现琴弦压力检测，完成揉弦力度控制。机器人的左手实现了按弦、揉弦和上滑等古筝技法，使歌曲音色变得更加丰富、有韵味。左手控制软件通过插补算法实时计算出 6 个自由度机械手臂的按弦位置和按压的深度数据，时间上准确配合右手的弹奏。

相较于钢琴等乐器演奏时的平面演奏，古筝这种乐器的演奏面为弧形。机械手在演奏时，为了避免复位时与琴弦碰撞，通过交流伺服多轴联动控制软件，创建各轴电机运动速度分析表，对各轴的运动速率进行实时计算和分析，完成机器人 16 轴驱动电机实时独立驱动，通过运动轨迹插补运算，使机器人手指的运动方向和速度满足弧形运动曲线要求。

（4）曲谱编程与扩展

为了便于调节演奏功能，项目团队基于 ACCESS 数据库建立古筝曲谱编程调试软件，可对各电机速率、加速度、原点控制、警告等进行控制，并实现启动、暂停、单步运行、停止等功能，方便曲目的调试（见图 7-23）。

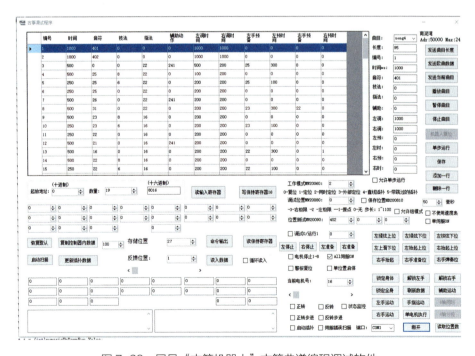

图 7-23　展品"古筝机器人"古筝曲谱编程调试软件

项目团队开发的智能曲谱分析识别软件能够实现功能拓展，在输入音阶和时长后，由软件自动生成演奏位置及控制手指数据。软件根据输入的曲谱音符和弹奏节奏，自动转换为机器人能识别的左右手控制数据，通过串口通信实时发送到机器人主控制器中。借助该软件，项目团队可以在现有 4 首曲目的基础上进行扩展，导入多首曲目，实现曲目的扩充和替换。

（5）功能调试

为了方便古筝机器人的调试，项目团队开发了一台手动控制器，它能对各电机的启动、加减速进行单独控制，还可以进行原点设置、位置保存、警报恢复等操作。由工作人员通过旋钮精确控制脉冲数，可将数据直接输入编曲软件，提高调试效率。

（6）故障检测

自动故障检测软件能够实现机器人各种功能监控和故障检测，可通过 mechatrolink-11（17byte）协议检测通信故障，通过交流伺服驱动器检测电机过流保护；通过电机绝对值编码器检测电机编码器错误，还可以对机器人的各轴进行实时位置和速度监控，插补参数调节等。

3. 多媒体设计

展品"古筝机器人"的多媒体应用平台为呈现在触摸屏播放的多媒体软件。多媒体风格为了配合古筝的韵味，采用古典风格。多媒体内容主要为观众选择不同曲目的界面和演奏曲目的曲谱显示。

（四）制作工艺

机器人主体采用耐腐蚀、抗氧化的不锈钢 304 材料进行加工制作。关键机构连接件采用强度高、耐热性较好的铝合金材料。机器人头部和腿部采用轻质高强度、耐冲击的 FRP 玻璃钢翻模制成。机器人手掌及手指部分等主要活动组件采用具有良好抗蚀性的铝合金材料加工。机器人身体外壳采用黏结性和韧性较好的透明树脂材料加工而成。

古筝采用对外购成品进行改造的方式获得。琴架采用塑性和韧性较好的 Q235 材料焊接而成。

地台钢架和围板采用 Q235 型材和板材焊接制作。地台面板和检修面板采用防水、质轻的 PVC 增强阻燃板加工制作。

操作台同样采用塑性和韧性较好的 Q235 材料焊接制作。

（五）外购设备

表 7-1　外购设备

序号	项目名称	规格 / 型号 / 材质	单位	数量	品牌
1	滤波器	AEROEV PNF221-G-5A	个	1	上海埃德电子股份
2	电脑	7050MT	台	1	戴尔
3	显示器	S22E390H	台	1	三星
4	红外触摸屏	21.5 寸 E21D03U-A01-01	套	1	汇冠
5	交流伺服驱动器	SGD7S-R70A10A	台	6	安川
6	交流伺服驱动器	SGD7S-R90A10A002	台	4	安川
7	交流伺服驱动器	SGDV-R90A11A	台	7	安川
8	交流伺服驱动器	SGD7S-1R6A10A002	台	2	安川
9	交流伺服电机	SGM7A-A5A7A61	台	6	安川
10	交流伺服电机	SGM7A-01A7A61	台	6	安川
11	交流伺服电机	SGMMV-A2A2A21	台	4	安川
12	交流伺服电机	SGM7A-02A7A61	台	2	安川
13	控制器	JEPMC-MP2300-E MP2300 基本模块	套	1	安川
14	控制器	JAPMC-MC2310-E M2 运动控制模块	套	1	安川

续表

序号	项目名称	规格/型号/材质	单位	数量	品牌
15	控制器	JAPMC-CM2300-E 通讯模块	套	1	安川
16	电机	149BC138R	台	2	外购
17	空压机	AC220 2*750W 50L 120L/min	台	1	outstanding

（六）示范效果

"古筝机器人"是国内外第一例能真实弹奏中国民族乐器——古筝的拟人型机器人，填补了国内外科普场馆中古筝演奏机器人展示的空白。展品在展示形式、展示内容、实现手段和拟人外形等方面均有较大突破。展品通过互动体验使观众对机器人技术产生探索的兴趣。

在展品研发过程中，项目团队攻坚克难，反复试验，解决了许多技术难题，最终实现了古筝机器人高效、稳定、可靠的表演效果。通过应用液压式指压传感器，实现快速、灵敏的左手力度传感响应，完成高精度的压弦深度及力量控制，使"古筝机器人"拥有灵活的双手及高度拟人的演奏动作。项目团队基于安川MP2300运动控制器开发了分布式交流伺服控制系统，通过主控计算机完成对"古筝机器人"的控制，实现古筝曲谱常用的劈、勾、抹、打、提等指法的运用。项目团队对可集成网络控制型曲谱编程软件进行深度设计，实现曲谱中的音阶自动生成机器人手臂位置及手指控制数据。

展品"古筝机器人"研制完成后，自贡、北京两地组织了十余场以"机器人"为主题的科普展示活动，邀请当地多所学校及社会团体参观和体验，受到广大公众及社会各界广泛关注和一致好评。2017年中国科技馆启动"机器人与人工智能"主题展厅改造项目，在展厅改造过程中借鉴了本展品研发方面的经验和教训，实现了展示效果的进一步提升。

结　语

在课题研究过程中，项目团队针对课题的研究内容开展了广泛和深入的调研、论证及原型实验。在方案设计过程中，项目团队对国内外相关展品的展示技术进行深入分析，多次组织组内讨论，反复向企业、科研院所、大专院校进行技术论证，组织专家论证会对方案进行审核、优化，确保了方案的可行性。经过不断地修改完善，项目团队完成7件机器人展品的设计和制作。

在课题研究过程中，项目团队梳理总结出机器人展品研发应遵循的普遍规律。

第一，充分做好现状调查，厘清机器人技术的发展方向和科普场馆展示需求，确定机器人展品的展示内容。

课题研究前期，首先，对机器人技术方面的国家重大政策进行深入研究，其次，通过对国内外多家大型科普场馆的调查统计，80%以上的观众对机器人技术充满期待和兴趣。特别是机器人的高精度、灵活性技术、机器人平衡技术、仿生机器人技术、拟人型机器人等特别受到广大观众的关注。因此，课题确定了机器人展示技术的研究方向，开展关键技术研究，研发相关机器人展品。

第二，将机器人展品展示内容与科普场馆展示技术相结合，确定合理的展示形式，符合科普场馆展品的展示要求。

在展品设计时，将复杂的机器人技术与观众熟知的活动或运动相结合，这样可以有效激发观众参与热情，为观众了解和探索机器人技术提供便利。例如，在机器人高精度定位技术展示中，将工业机器人与篮球运动相结合，通过机器人定点投篮、移动篮筐投篮等高难度投篮，展示工业机器人高精度的重复定位精度和稳定的运动性能；在拟人型机器人展示中，通过观众选曲让机器人弹奏古筝，将拟人型机器人与中国传统乐器古筝相结合，突出中国古典音乐文化和现代高科技技术的融合，形式新颖，内涵丰富。

第三，机器人展品与社会生产领域的机器人不同，要满足科普场馆的互动体验需求。在科普场馆进行机器人操作互动的不是专业人员，而是普通的公众，因此对机器人的设计提供了更高的要求。首先，要做到安全可靠。机器人展品要充分考虑观众对展品的非正常和破坏性操作，一方面保证展品运行的稳定可靠，另一方面也要避免展品运行过程中可能给观众造成的伤害和安全隐患。其次，要做到维护方便。机器人展品要避免需要专人值守才能正常运行，应做到观众可以自由参与、自主体验，同时做到方便管理，减少运行维修维护费用。最后，要做到成本合理。科普场馆作为公共服务机构，必须严格控制正常运行的人力、物力成本，减少展品研发费用，确保展品合理的成本是促进科普场馆持续发展的基础。

第四，机器人展品的研发要依靠科普场馆、科普展品研制单位、机器人研发机构等多家单位的通力合作。机器人展品研发作为一个系统性的工程，综合了计算机、控制论、机构学、信息和传感技术、人工智能、仿生学等多学科技术，还要与科普场馆展示技术相结合，满足科普场馆展品的特殊要求，综合性要求高。研制过程中需要围绕展示需求进行大量的技术攻关。目前，机器人研发机构对社会生产领域的机器人研制具有较强的技术能力，但我国还没有专门进行机器人科普展品研发的单位。因为机器人在科普展品的应用没有社会生产领域广泛，且需要与科普场馆的展示技术相结合，研发成本高，利润较低，难以维持机器人展品研发的持续发展。而科普场馆和普通的科普展品研发单位缺乏机器人展品研发所需的专业技术，很难满足机器人展品的技术要求。因此，机器人展品的研制，必须通过科普场馆、科普展品研制单位、机器人研发机构强强联手、分工协作的合作模式，依靠不同学科和领域的专业人才队伍进行团队合作，既要有明确的分工，又需要相互协作、资源共享、优势互补，这样才能真正实现优秀机器人科普展品的研发和落地。

项目团队全力以赴在有限的时间内完成了全部 7 件机器人展品的研制工作，目前 7 件机器人展品在全国多家科普场馆进行展示。在展品研发过程中，由于课题研究时间有限、资金相对较少，完成研制的机器人展品仍然存在一些遗憾和不足，例如，"机器孔雀"存在非标准普通话语音识别率不高的问题；"自行车机器人"存在行驶路线单一、对地面要求较高的问题；"体感机器人"存在动作响应不够迅速、模仿动作不够丰富的问题；"古筝机器人"存在对演奏曲目要求较高、可演奏曲目较少的问题。虽然目前项目团队已经完成了课题研究工作，但在今后的机器人研发工作中也将对课题成果不断优化和完善，以最佳的展示方式和展示效果为全国观众提供科普服务。

图书在版编目（CIP）数据

国家科技支撑计划项目研究：全五册. 第三分册，
机器人技术互动体验系列展品展示关键技术研发 / 中国
科学技术馆编著. -- 北京：社会科学文献出版社，
2021.10
　ISBN 978-7-5201-9430-3

　Ⅰ. ①国…　Ⅱ. ①中…　Ⅲ. ①科学馆 - 陈列设计 - 研
究 - 中国　Ⅳ. ①G322

中国版本图书馆CIP数据核字（2021）第243604号

国家科技支撑计划项目研究（全五册）

第三分册　机器人技术互动体验系列展品展示关键技术研发

编　　著 / 中国科学技术馆

出 版 人 / 王利民
组稿编辑 / 邓泳红
责任编辑 / 宋　静
责任印制 / 王京美

出　　版 / 社会科学文献出版社·皮书出版分社（010）59367127
　　　　　　地址：北京市北三环中路甲29号院华龙大厦　邮编：100029
　　　　　　网址：www.ssap.com.cn
发　　行 / 市场营销中心（010）59367081　59367083
印　　装 / 北京盛通印刷股份有限公司

规　　格 / 开　本：787mm×1092mm 1/16
　　　　　　本册印张：10.5　本册字数：145千字
版　　次 / 2021年10月第1版　2021年10月第1次印刷
书　　号 / ISBN 978-7-5201-9430-3
定　　价 / 598.00元（全五册）

本书如有印装质量问题，请与读者服务中心（010-59367028）联系

中国科学技术馆｜研究书系
CHINA SCIENCE AND TECHNOLOGY MUSEUM

国家科技支撑计划项目研究（全五册）

Research on a Project of National Science and Technology Support Program (Five Volumes in Total)

第二分册

高新技术
互动体验系列展品展示关键技术研发

中国科学技术馆　编著

社会科学文献出版社
SOCIAL SCIENCES ACADEMIC PRESS (CHINA)

国家科技支撑计划项目研究（全五册）

《第二分册　高新技术互动体验系列展品展示关键技术研发》

主　　编：隗京花

副主编：王二超　魏　蕾　王明旭

统筹策划：唐　罡　洪唯佳　毛立强　魏　蕾

撰　　稿：第一章：李　赞　朱云龙　吴少明

　　　　　第二章：王二超　秦承运　张　诚

　　　　　第三章：王二超　秦承运　刘东志

　　　　　第四章：魏　蕾　吴少明　高兴烨

　　　　　第五章：周明凯　杨为华　周　际

　　　　　第六章：魏　蕾　朱云龙　孙业中

　　　　　第七章：李　立　樊　钰　周　泓

总目录

目录
CONTENTS

概　述

　　科技馆是实施科教兴国战略、人才强国战略和创新驱动发展战略，提高公民科学素质的科普基础设施，是我国科普事业的重要组成部分。[①] 科技馆以互动体验展览为核心形式开展科学教育，达到弘扬科学精神、普及科学知识、传播科学思想和方法的目的。展品是科技馆与观众直接交流最主要的手段和方式，是实现科学教育目标的核心载体。公众通过与展品间生动、有趣的交互，能够直观地理解科学原理、科学现象及科技应用，进而激发科学兴趣、培养实践能力、启迪创新意识。科技馆（国外也叫科学中心）在全世界起源并发展至今已 80 余年，积累了丰富的展览展品开发经验，也由此产生了一批深受世界各地公众喜爱的经典展品。

　　党和国家一直高度重视科普事业，近年来对科普的投入显著增加，科技馆得到极大发展，展品需求量猛增。由于我国科技馆事业起步较晚，落后发达国家近 50 年，与我国科技馆发展的需求相比，展品数量仍显不足，质量仍有很大的提升空间，很多馆的展览设计长期停留在模仿国外先进科技馆创意的层面；而各展品研制企业普遍规模较小，更看重企业盈利与发展，缺乏展品创新的动力。现阶段我国科技馆展品创新能力与国际水平相比严重不足，直接影响了科技馆的教育效果，在一定程度上限制了科技馆促进公众科学素质提升服务能力的发挥，制约了我国科技馆的可持续发展。

---

① 科学技术馆建设标准。

2015 年 7 月，科技部批复立项国家科技支撑计划"科技馆展品创新关键技术与标准研发及信息化平台建设应用示范"项目，这是国家科技支撑计划第一次将科技馆展品研发项目纳入其中，充分体现了党和国家对科技馆事业的高度重视，以及科技馆展品创新研发的迫切性和必要性。项目由中国科协作为组织单位，由中国科学技术馆作为牵头单位，协调 15 家单位共同参与，并于 2018 年顺利通过科技部组织的验收。通过项目实施，项目团队研发了一批创新展品，并研究出不同类型展品的关键技术，总结了研发规律，为我国科技馆创新展品研发提供了可借鉴的宝贵经验，有效地促进了科技馆展品创新研发能力和生产制造水平的提升，有力地推动了相关产业的发展，为提升科技馆的科普服务能力起到积极促进作用。项目共设置五个课题，涵盖了基础科学、高新技术、机器人三类互动展品关键技术研究与展品开发，标准研究及信息化共享平台建设几个方面。作为"科技馆展品创新关键技术与标准研发及信息化平台建设应用示范"项目下的课题之一，"高新技术互动体验系列展品展示关键技术研发"遴选近年来最能体现国家综合实力和最受公众关注的高新技术发展成果，聚焦相关高新技术互动展示关键技术，研发符合科技馆需要、能充分展示高新技术成果特点、互动性强、展示形式生动的高新技术创新展品，同时探索和总结高新技术展品的特性和研发规律，为国内科技馆高新技术类展品研发厘清思路，奠定基础。

一　研究背景

高新技术是对人类社会的生产、生活方式产生巨大影响的重大技术，其往往结合了前沿理论及多学科知识，内容复杂、领域广泛，是国家科技战略的重点所在。科教兴国战略和创新驱动发展战略的实施为我国高新技术发展提供了强大驱动力，众多高新技术成果为我国经济社会发展提供了坚强支撑，也为我国作为一个有世界影响力的大国奠定了重要基础。近年来，我国科技发展迅速，特别是载人深潜、载人航天、探月工程等一系列高新技术取得辉煌成就，人工智能、信息化也逐步深入百姓的生活，高新技术不再是高高在上、遥不可及的，其对国家快速发展、人民生活质量提高发挥了重要作用。

随着我国高新技术持续发展，公众对高新技术的科普需求逐渐增加，高新技术科普教育的热度也越来越高。"北斗三号"全球卫星导航系统组网投入运行，"天问一号"火星探测器着陆火星并顺利开展火星巡视科学探测，"嫦娥五号"月球探测器实现月球土壤取样返回，"奋斗者"号全海深载人潜水器创造万米深潜纪录，一系列成果再次引燃了公众对于高新技术的关注热情。高新技术科普教育既是传播和普及前沿科学知识的需要，也是提高全民科学素质的重要手段。积极开展高新技术科普教育，能够增强公众对高新技术的科学认知，激发公众对高新技术的好奇心和求知欲，为进一步推动我国高新技术良好发展建立公众基础，营造社会环境，有效促进科教兴国战略、人才强国战略、创新驱动发展战略实施，为加快建设科技强国奠定基础。

与科技创新蓬勃发展的态势相比，我国高新技术科普教育资源相对较为单一和匮乏，不能满足公众对高新技术科普教育的需求。公众对于我国高新技术的了解途径还主要集中在新闻视频和文字报道上，鲜有机会近距离了解和感受高新技术成果的奥秘。作为向公众普及科学知识、传播科学思想的重要阵地的科技馆，虽然国内大中型科技馆均设有涉及高新技术的展品，但由于高新技术复杂，展品设计难度大，展示形式创新难，即使展品研发人员做了很多努力和尝试，大多数展品仍以模型静态展示、多媒体视频播放为主，展示效果较为一般，不能充分展现高新技术的科学原理和创新技术，以及高新技术的发展对改善人类社会的生产、生活方式的重要作用，与公众及社会对于高新技术的高度关注形成较大反差。因此，就科技馆而言，迫切需要开展高新技术互动展品的关键技术研究，提升高新技术展品研制水平，为观众提供一批高质量的高新技术展品。

二　研究方向

根据近年来我国高新技术发展动态和成果热点，项目团队首先对我国现有高新技术成果进行梳理和分析。其次，结合公众对高新技术的主要关注点及科技馆对高新技术的展示需求，以代表国家科技创新综合实力和公众关注的高新技术成果为突破口，最终确定了高新技术展品的关键技术研究方向。"高新技术互动体验系列展品展示关键技术研发"项目团队，针对"载人深潜互动展示技术""深海钻探互动展示技术""载人航天互动展示技术""嫦娥奔月互动展示技术""互联网技术互动体验平台展示技术""3D打印快速成型互动展示技术""脑波信号监测互动展示技术"等七个关键技术方向开展研究，研发出"揭秘'蛟龙号'""深海钻井平台""神舟飞船""嫦娥奔月""智闯迷宫""3D打印的秘密""脑波控制"等7件/组创新的高新技术展品，让公众尤其是青少年能够在互动体验中，对高新技术产生探索兴趣，积累科学认知，得到科学思想和科学方法的启迪，助力培养一批未来可以从事高新技术研究的潜在力量。

第一章 | 载人深潜互动展示技术研究

　　海洋占据了地球上 70% 的面积，其作为地球内层空间，蕴含着丰富的资源。我国自古以来就是海洋大国之一，拥有优越的海洋自然条件。如今我国正在从海洋大国迈向海洋强国，掌握深海领域的探测和资源开发能力对于强化国家战略科技力量具有重要意义。在此背景下，向公众宣传深海探测成果、科普深海探测技术尤为重要。

　　载人深潜器是深海探测的重要工具，作为可以把人带到水下数千米甚至上万米的重要技术装备，集成了装备制造、材料科学、水声通信、控制技术等一系列尖端科技，体现了一个国家在材料、控制、海洋学等领域的综合科技实力。近年来，我国载人深潜技术和装备从无到有、从浅海到深海、从单项到系列，得到前所未有的高速发展，并取得了举世瞩目的巨大成就。"蛟龙号"载人潜水器是我国首次自行设计、自主集成并由我国独立完成海上试验的大深度载人潜水装备，拥有极高的耐压特性、水下稳定性和机动性，高速水声通信，水声探测等先进功能，可在占世界海洋面积99.8% 的广阔海域中进行样本采集、地形测绘等多个科学研究，对于我国开发利用深海的资源有着重要的意义。早在 2009 年，中国科技馆新馆开馆时就在交通之便展区设置了以"蛟龙号"为原型的"深海机器人"展品，之后多家科技馆也竞相采用"蛟龙号"的静态模型展示载人深潜器技术，虽然很受广大公众关注，但静态的展示方式还是给公众的深度互动体验带来缺憾，也未能充分展现深海载人潜水器深奥的科学原理和技术创新。

因此，在"载人深潜互动展示技术研究"中，项目团队以"蛟龙号"为切入点，对其展示技术进行了深入研究，并进行"揭秘蛟龙号"展品的研发，围绕"蛟龙号"整体结构、悬停定位控制、水声通信、高强度抗压性能、水底作业等展示内容，采用 1∶1 半剖式高仿真模型、多媒体、机电互动相结合的展示方式，突破对于大型复杂玻璃钢模型的制作、在窄空间进行水声通信、半球形透明亚克力外壳的耐压等技术难题，实现了对"蛟龙号"高新技术成果全面、生动、科学地展示，让公众更加深入地了解"蛟龙号"及我国的深海勘探事业，激发公众尤其是青少年对于深海探测的兴趣。

一 展示技术难点分析

在科普场馆中，目前对于载人深潜的展示方案较为单一，主要集中在静态模型、多媒体视频介绍、多媒体互动等方面。静态模型、多媒体视频介绍的展示形式缺乏互动，较为乏味；多媒体互动展示形式虽在一定程度上提升了展示效果，增强了公众的体验感，但是较少有科普场馆在展示中能准确地挖掘出载人深潜的核心技术内容，并通过通俗易懂、生动有趣的互动方式向观众展示。

经过对现有展示方案缺点的分析，项目团队认为通过仿真模拟的方式让观众体验"蛟龙号"在海下的探测过程，不失为一种较好的展示载人深潜的方式。该方式能够较为生动且科学地展示"蛟龙号"的技术，让观众身临其境感受妙不可言的海底世界。项目团队经过研讨，认为该展示方式存在以下问题和技术难点需要重点解决。首先，如何模拟"蛟龙号"的工作环境——深海。由于水深每增加 10 米，压力就增加一个大气压，"蛟龙号"下潜深度为 7062.68 米，海水产生的压力约为 700 个大气压，想要在科技馆内模拟高压环境，面临高成本、高风险的难题，并且还需要确保其安全稳定性。其次，如何较为真实地模拟"蛟龙号"的工作过程。"蛟龙号"集成了多项高新技术，若能将高新技术原理直接应用于互动体验中，再现"蛟龙号"的工作过程，能促进公众对于技术原理的理解认识。由此，这对于"蛟龙号"众多技术原理的剖析和提炼提出了较高的要求。

二　展示关键技术研究

为解决上述技术难点，更加真实地展示载人深潜技术，项目团队在充分分析现有展示内容和形式的基础上，开展头脑风暴，力图在载人深潜展示内容和形式上有所突破。

在展示内容方面，通过文献研究、专家咨询等方式深入挖掘"蛟龙号"的核心技术，选取了"蛟龙号"的三大技术突破为重点展示内容——近底自动航行和悬停定位、高速水声通信、充油银锌蓄电池，充分体现"蛟龙号"的技术先进性和我国在载人深潜领域中的科技创新，激发公众对于深海探测的兴趣。

根据以上展示内容，项目团队经过多个展示方案的尝试，最终采用了"蛟龙号"1∶1半剖式高仿真机电模型与虚拟驾驶互动多媒体相结合的展示形式，既给观众带来震撼的整体视觉效果，也能让观众感受到未被"拒于"模型之外，能够进入模型内部深入了解"蛟龙号"。通过在模型内部设置趣味的虚拟驾驶互动体验，模拟"蛟龙号"内真实的工作环境，吸引公众去了解"蛟龙号"的稳定及悬停定位控制系统、深海通信系统、高强度抗压性能、样本采集、地形测绘等多个科学内容。此外，特别针对高速水声通信和充油银锌蓄电池的深海耐压结构原理两部分内容设计了水声通信、深海耐压互动展品进行展示，对"蛟龙号"的关键技术进行了详细且深入的解读。

为实现以上展示方案，项目团队在技术手段方面重点针对大型复杂玻璃钢模型制作技术、窄空间水声通信技术、半球形透明亚克力外壳耐压技术进行了重点研究（见图1-1）。

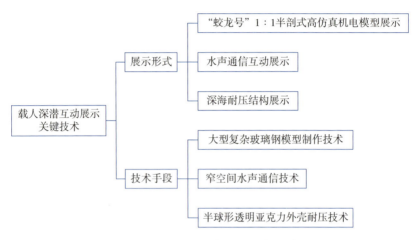

图1-1　载人深潜互动展示关键技术框图

（一）大型复杂玻璃钢模型制作技术研究

由于"蛟龙号"外观造型复杂，仿真模型无法使用传统的钣金工艺，于是项目团队采用玻璃钢进行制作。玻璃钢的设计制作需满足以下要求：根据"蛟龙号"1∶1的尺寸比例，需制作体量较大的玻璃钢模型外壳；玻璃钢模型需具有足够的强度以容纳观众在里面安全互动；玻璃钢模型需便于运输和安装。

应对以上要求，项目团队经过反复实验和论证，最终采用分段式钢结构骨架复合玻璃钢的方式进行制作。玻璃钢面层采用3D打印制作凸模，玻璃钢凸模分片成型，分段成型拼接，这样既保证强度，又保证曲面精度。该技术的实施为今后在科技馆领域内大型复杂玻璃钢模型的设计制作提供了重要的技术积累和经验。

（二）窄空间水声通信技术研究

水声通信技术是利用声波在水中传递不受影响的特性而开发出来的，是潜水器进行深海探测不可或缺的一种传递信息的手段。展示水声通信需要用到声呐模块，由于声呐模块多应用于宽深大空间水域，在科技馆的展示受场地限制，无法营造如海域般广阔的空间进行水声通信模拟。因此，项目团队在本研究中尝试在狭长管道内进行水声通信。

在展品设计测试过程中，项目团队发现在小空间展示水声通信时，各种原因产生的杂波，会导致通话质量不能满足展示要求，若要提高通话质量，就需要加大声呐功率，但由于声呐模块在展品中距离较近，若加大功率就会导致在互动时无论声呐是否在水下都能进行通信，无法达到展现水声通信技术原理的目的。因此，要做好窄空间水声通信的展示就必须解决杂波的影响。项目团队充分调研相关资料，经多次试验，最终通过直管式水槽及声呐换能器定向结构实现了抑制水声杂波：直管式水槽的设置减少了声波在管内传递过程中反射杂波的形成，有效降低了水声杂波的影响；声呐换能器定向机构的设置使收发双方在升降过程中能保证声波传递的指向性，使声呐通信更有效。以上两个技术手段有效保证了通话质量，并实现了窄空间中的水声通信，让公众能够近距离、直观地体验水声通信技术，展示效果较好。

（三）半球形透明亚克力外壳耐压技术研究

在深海耐压结构的展示中，项目团队参照"蛟龙号"真实电池结构的原理设计展品结构，让观众直接观察同样压力作用下"蛟龙号"电池与普通电池的耐压情况，但实现该展示形式的关键技术问题是如何模拟深海可变压力环境。

为解决以上问题，项目团队选取在半球形透明亚克力外壳内营造水下环境，在其中设置"蛟龙号"电池模型和普通电池模型进行加压对比。为确保加压过程中的安全性，项目团队针对半球形透明亚克力外壳的密封固定进行了多次试验，最终通过采用两个不锈钢圆环压板上下对夹，压紧半球形外壳和安装板接口处密封圈的方式解决了液体渗漏的问题，实现半球形透明亚克力外壳的可靠耐压。此外，为确保加压过程中电池模型的稳定性，项目团队通过多次改进模型结构和试验，采用不同硅胶片分别模拟普通电池和耐压电池侧壁材料的强度，通过自动泄压装置和压力传感器相结合的设计实现双余度自动安全泄压，解决了电池模型会因持续的加压而被压溃的问题。以上技术研究过程为半球形透明亚克力外壳的加工、安装、密封、抗压等工艺提供了很好的典范，促进了行业类似技术的改进。

三 "揭秘蛟龙号"展品研发

（一）展示目的

"揭秘蛟龙号"通过 1∶1 半剖式高仿真机电模型、互动多媒体、机电互动装置等多种展示形式，向观众展示"蛟龙号"的整体结构组成、高强度抗压性能、稳定悬停、海底地形测绘、深海通信系统、生物样本采集、水下声学定位、能源电池耐压结构原理等内容，使观众在参与和体验中充分了解"蛟龙号"的工作过程，认识"蛟龙号"所应用的先进技术和我国在载人深潜领域的科技创新成果，激发公众尤其是青少年对深海探测的兴趣。

（二）技术路线

1. 主要结构

展品由"蛟龙号"模型及投影墙、水声通信、深海耐压等部分组成（见图 1-2）。

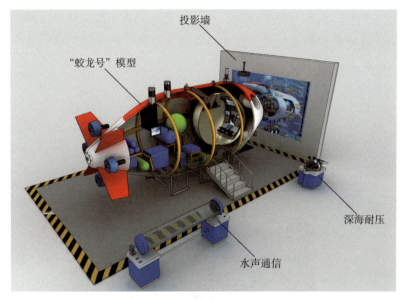

图 1-2 展品"揭秘蛟龙号"效果图

"蛟龙号"模型按照"蛟龙号"的真实结构进行 1∶1 比例仿真制作，通过半剖的形式展示内部结构组成，模型内部设有载人舱模型、电池模型、高压气罐模型、声呐模型等，以及相关介绍的多媒体屏幕。在内部载人舱设有驾驶台，观众可体验虚拟驾驶"蛟龙号"下潜执行探测任务，并可操作舱外的机械臂进行工作。此外，"蛟龙号"模型外部投影墙的视频画面配合展示下潜过程中水下场景，观众可通过载人舱的舷窗观看舱外水下景象，增强沉浸式体验效果（见图 1-3 至图 1-6）。

水声通信部分由声呐探头及升降组件、耳麦、亚克力水管、展台、操作按钮等组成，观众可以利用耳机进行声呐通信对讲互动（见图 1-7 至图 1-10）。

深海耐压部分由耐压电池模型、普通电池模型、打气加压装置、半球形透明亚克力外壳、压力表、显示屏等组成（见图 1-11 至图 1-14）。在半球形透明亚克力外壳内部加注液体用于模拟海水，并浸泡有两种亚克力电池模型，一种电池模型结构根据"蛟龙号"银锌蓄电池先进的耐压结构设计，另一种电池模型结构无耐压结构设计。在普通电池模型、耐压电池模型、半球形透明亚克力外壳内都连接了一个压力表，用于显示三部分的压力数值。通过真实模拟加压，让观众直观地了解"蛟龙号"银锌蓄电池的先进耐压结构原理。

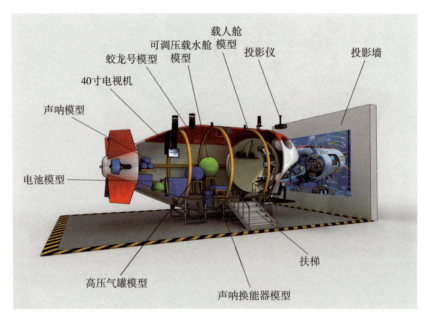

图 1-3 "蛟龙号"模型效果图

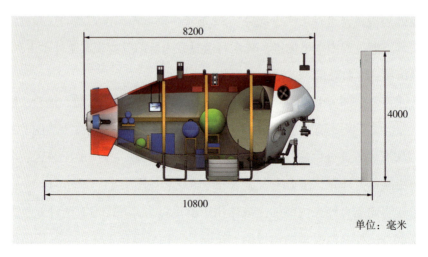

图 1-4 "蛟龙号"模型主视图

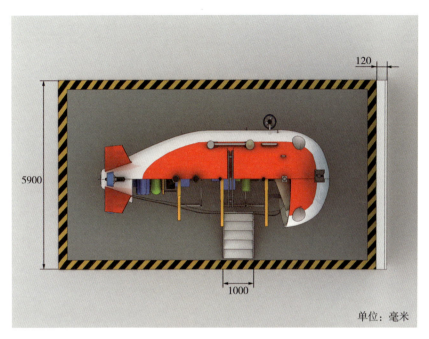

图 1-5 "蛟龙号"模型俯视图

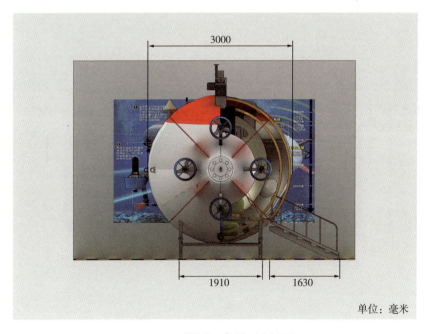

图 1-6 "蛟龙号"模型左视图

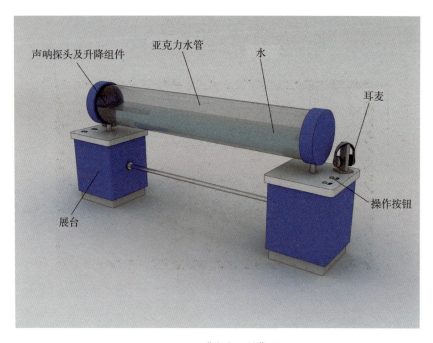

声呐探头及升降组件　亚克力水管　水　耳麦　操作按钮　展台

图 1-7　展品"水声通信"效果图

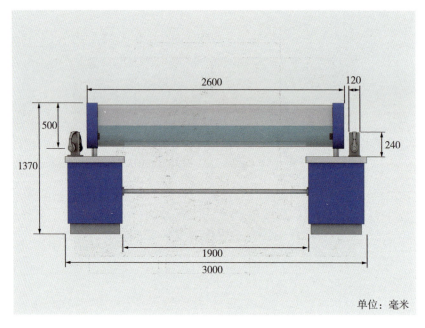

2600　120
500
1370
240
1900
3000
单位：毫米

图 1-8　展品"水声通信"主视图

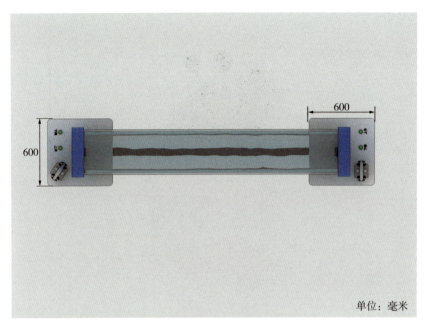

单位：毫米

图 1-9　展品"水声通信"俯视图

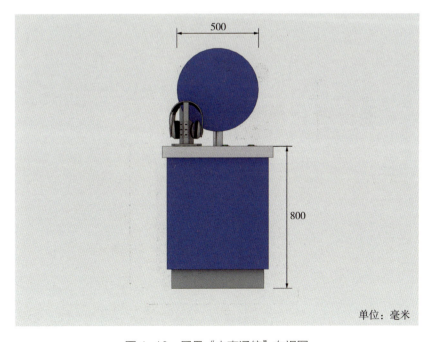

单位：毫米

图 1-10　展品"水声通信"左视图

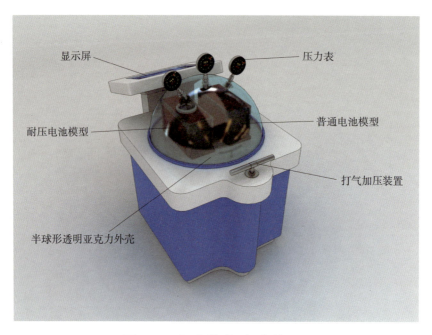

图 1-11 展品"深海耐压"效果图

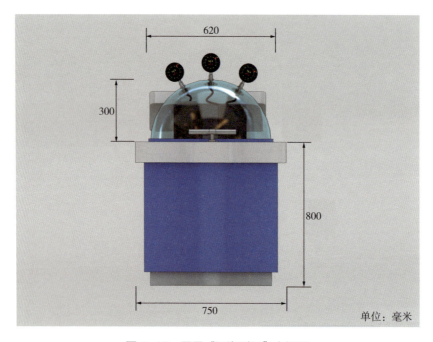

图 1-12 展品"深海耐压"主视图

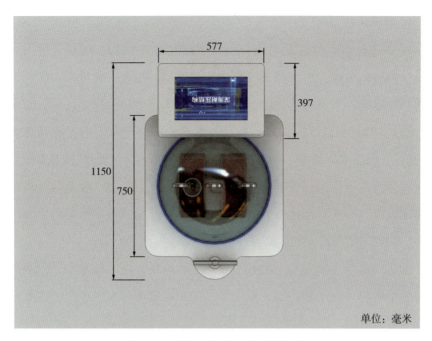

单位：毫米

图 1-13　展品"深海耐压"俯视图

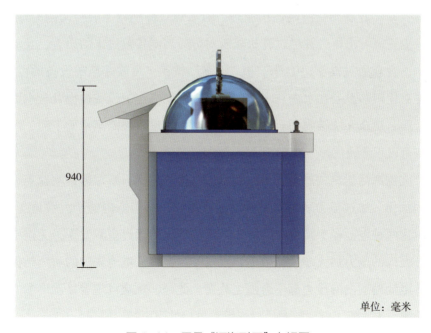

单位：毫米

图 1-14　展品"深海耐压"左视图

2. 展示方式

观众通过观察"蛟龙号"模型，了解其外观结构。然后，进入"蛟龙号"模型内的载人舱，按下屏幕中的"启动"按钮，通过操作摇杆虚拟控制"蛟龙号"下潜进行探测，执行深海测绘、生物采样等任务，并了解"蛟龙号"的材料技术。同时，模型外的投影墙会配合下潜过程动态演示"蛟龙号"周围水下环境，观众可透过"蛟龙号"模型上的舷窗观察舱外的海底环境及执行探测任务的过程。此外，观众还可通过"蛟龙号"模型内的电池模型、高压气罐模型、声呐模型及相关介绍的多媒体屏幕了解"蛟龙号"的内部结构组成和主要部件。

为进一步对"蛟龙号"的核心技术进行解读，在"蛟龙号"模型外设置了机电多媒体互动展品对"蛟龙号"的关键技术（水声通信、深海耐压结构）进行展示。

在水声通信展示部分，需两名观众同时参与，利用声呐通信装置进行语音互动，直观感受声呐通信原理。两名观众分别戴上展台两侧的耳机，通过麦克风发出语音并通过耳机接听对方经声呐传输过来的语音。互动过程中，观众通过操作"上升"和"下降"按钮，可改变声呐设备的位置，从中对比声呐设备在水上和水下的通信效果。当声呐设备被提升至水面上时，两名观众无法接收到对方的语音；当声呐设备被降至水面下时，两名观众可以正常通信。

在深海耐压结构展示部分，观众通过操作手柄向半球形透明亚克力外壳内加压，通过压力表观察两种电池模型内、球形罩内的压力数值变化，并对比两种电池模型结构在不同压力下的变化。通过观察发现，无论半球形外壳内的压力加大多少，根据"蛟龙号"银锌蓄电池先进的耐压结构设计的电池模型内的压力都不会随之改变。此外，观众可观看显示屏中的介绍视频，进一步了解"蛟龙号"银锌蓄电池的耐压结构原理。

（三）工程设计

1. 机械设计

展品"揭秘蛟龙号"机械设计的技术难点是"蛟龙号"模型组件、深海耐压组件和水声通信组件三部分的设计，项目团队对每部分内容进行了多次修改完善，最终达到比较好的展示效果。

（1）"蛟龙号"模型组件设计

针对"蛟龙号"模型外壳设计，由于其体量较大，尺寸约 8.2m×3m×3.4m，为确保外壳模型的整体强度的安全性和运输的便利性，项目团队采用分段式钢结构骨架的设计方式，将"蛟龙号"模型拆分为首段、中段和尾段，进行三段式设计，三段之间采用可靠牢固的螺栓连接，这样既保证了整体刚度，又可拆分进行运输，较为方便（见图 1-15）。此外，"蛟龙号"模型外壳造型复杂，为确保模型有较高的仿真度，项目团队采用三维精密建模的方式进行设计，根据蛟龙号真实外形资料，采用三维设计软件进行三维精密建模，实现高精度仿真。

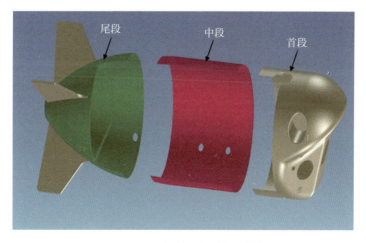

图 1-15　玻璃钢分段外形建模

　　"蛟龙号"模型外部设有自动航行和悬停定位系统，主要通过 7 只推进器控制。当观众在载人舱内体验"蛟龙号"海底巡游工作时，"蛟龙号"模型外部的推进器螺旋桨会跟随转动。为确保外部观众在参观时的安全，避免触碰到转动螺旋桨所带来的安全隐患，项目团队设计了一套摩擦传动的柔性传动机构，机构主要由电机、连接轴、摩擦片、桨扇、碟簧、锁紧螺母等构成，桨扇由碟簧和锁紧螺母固定于连接轴上，连接轴与桨扇之间设置摩擦片，桨扇的旋转由电机驱动（见图 1-16、图 1-17）。当人手或其他物体碰到旋转的桨扇时，由于摩擦片的设置，可以达到电机正常旋转而桨扇不旋转的效果，实现了人碰机停，这样既保证了观众的安全又避免了设备被损坏，实现了安全可靠的展示效果。

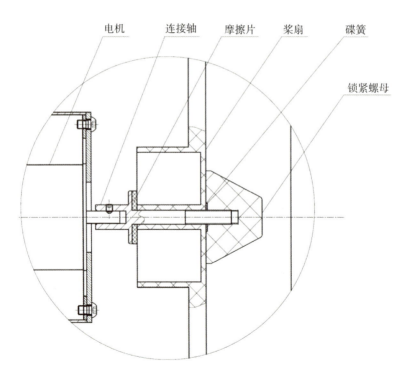

图 1-16　展品"揭秘蛟龙号"推进器螺旋桨机械设计简图

注：由于印刷受限，想看清晰大图请扫描图中二维码，本书其他大图同此情况。

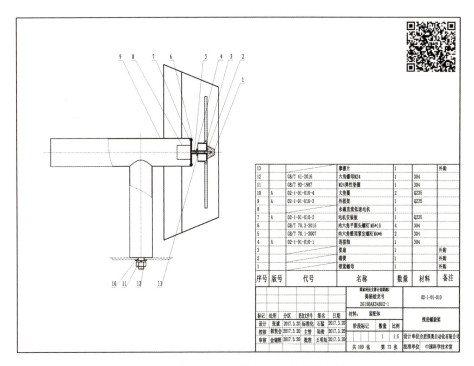

图 1-17 展品"揭秘蛟龙号"推进器螺旋桨机械设计图

（2）深海耐压组件设计

在深海耐压结构的设计中，项目团队初期采用半球形不锈钢外壳营造密闭环境，在壳体上设置透明观察窗，此种方式能较好地保证壳体的耐压能力，但不方便观众观察，不利于展品展示。

为便于观众观察，项目团队最终选取在半球形透明亚克力外壳内营造水下环境。由于亚克力外壳的受压能力有限，为确保加压过程的安全性，在结构设计中，解决外壳和底板之间的密封问题是一个难点。由于互动过程中，要向壳体内施加压力，压力会造成底板产生微量变形，实测时，即便是设置多层密封仍然会发生漏水现象。为了解决该问题，项目团队针对亚克力外壳的密封固定进行了多次试验，最终采用了两个不锈钢圆环压板上下对夹的方式，压紧半球形外壳和底板接口处密封圈，从而解决了液体渗漏的问题，实现亚克力外壳的可靠耐压（见图 1-18、图 1-19）。

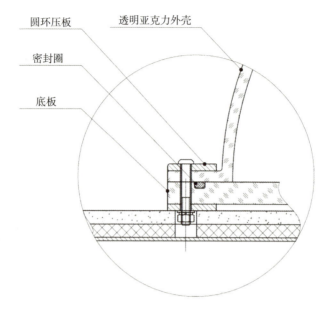

图 1-18   展品"揭秘蛟龙号"亚克力外壳密封耐压结构机械设计简图

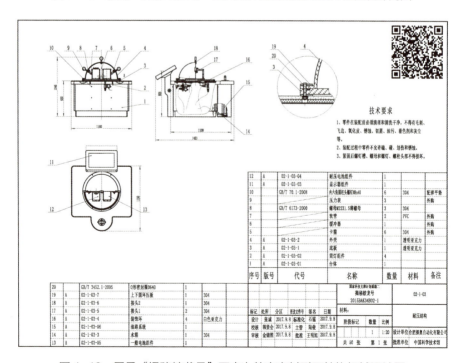

图 1-19   展品"揭秘蛟龙号"亚克力外壳密封耐压结构机械设计图

　　在互动过程中，观众会向壳体内持续加压，如何保证壳体耐压的稳定性是另一个难点。为了解决该问题，项目团队在设计时采用了泄压安全阀结合压力传感器的双冗余度安全泄压机构。双冗余度安全泄压机构设置于底板下方，主要由四通、压力传感器、电磁阀、泄压安全阀、软管等构成，当壳体内部压力大于设计值时，泄压安全阀自动打开，水由软管 1 释放到水池，实现泄压；同时，若压力传感器检测到压力过大，系统控制电磁阀实现水由软管 2 释放到水池，实现泄压；双冗余度安全泄压机构能够为限制壳体内部的压力提供双保险，从而保证展品在运行过程中的安全，防止观众不停地加压导致外壳因压力过大而爆裂损坏（见图 1-20、图 1-21）。

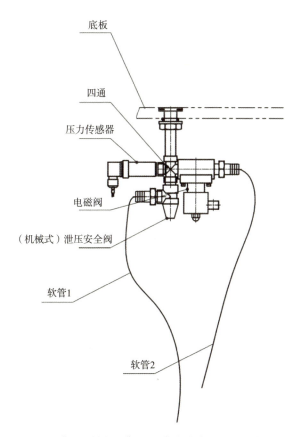

图 1-20　展品"揭秘蛟龙号"双冗余度安全泄压机构机械设计简图

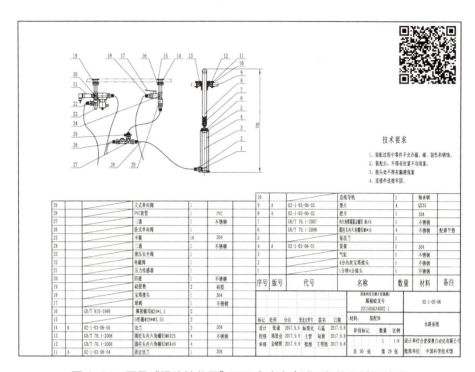

图 1-21 展品"揭秘蛟龙号"双冗余度安全泄压机构机械设计图

　　此外，为确保加压过程中两种电池模型的差异对比展示效果，项目团队对于两种电池模型的结构也进行了独特设计，通过采用不同硅胶片分别模拟普通电池和耐压电池侧壁材料的强度。由于普通电池模型的内外是相对隔断的，外部压力的变化会导致电池侧壁的变形，且变形较大，较难密封，于是其侧壁材料采用定制的带密封硅胶垫圈的硅胶板模拟制作（见图1-22）；而耐压电池模型设置了具有压力补偿作用的压力平衡块组件，始终保持电池内外的压力平衡，外部压力的变化不引起电池侧壁的变形，变形较小，较易密封，其侧壁材料则采用普通硅胶板模拟制作（见图1-23）。以上设计，使观众可以通过透明外壳直观地看到在不同压力下两种电池模型外壁的变化情况。

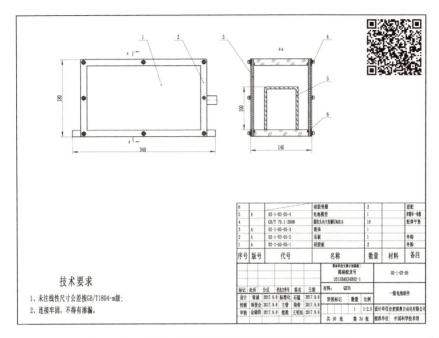

图 1-22　展品"揭秘蛟龙号"普通电池机械设计图

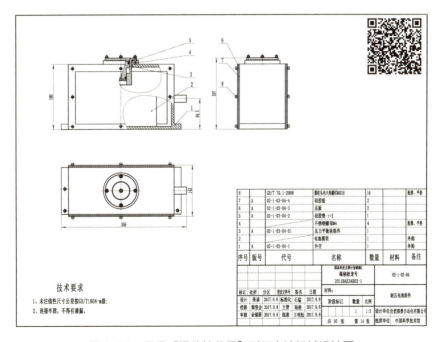

图 1-23　展品"揭秘蛟龙号"耐压电池机械设计图

（3）水声通信组件设计

水声通信模型组件包含耳机、水槽、水声通信设备、提升装置，提升装置通过微型电机和丝杆来控制水声通信设备的升降。观众戴上耳机，利用水声通信设备进行相应的通话互动，当观众通过提升装置控制水声通信设备离开水面时，可以使通话断开。

组件设计中的重点是保证水声通信设备的上下运动的平稳、准确，设计中将水声通信设备通过塑料扣固定于钢丝绳的一端，采用卷丝轮旋转带动钢丝绳另一端实现设备的上升和下降，卷丝轮和丝杆联动，微型电机带动丝杆，丝杆螺母来回移动，并在两个行程极限点设置行程限位开关，保证运动控制的准确、平稳。结构中涉及与水接触的钢丝绳及其他过水件均选择不锈钢 304 材料，以防止生锈（见图 1-24、图 1-25）。

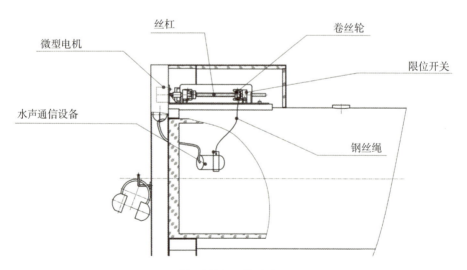

图 1-24　展品"揭秘蛟龙号"水声通信机械设计简图

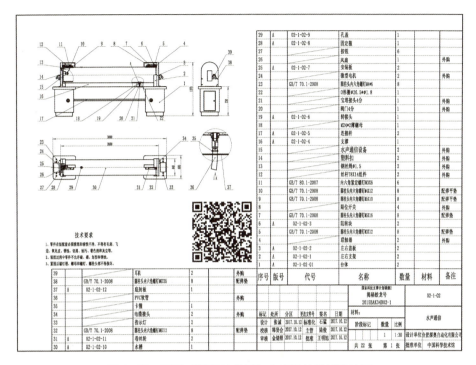

图 1-25　展品"揭秘蛟龙号"水声通信机械设计图

2.电控设计

展品"揭秘蛟龙号"电控设计的技术重点是"蛟龙号"模型组件、水声通信模型组件两个部分的设计，项目团队对每部分内容进行了多次修改完善，最终达到较好的展示效果。

（1）"蛟龙号"模型组件电控设计

"蛟龙号"模型组件电控设计的重点是实现"蛟龙号"虚拟驾驶互动过程中操作手柄、触摸一体机、机械手、风机、射灯、投影仪的联动控制，确保投影多媒体内容与手柄操作和触摸一体机操作相匹配。观众点击触摸一体机画面上的"启动"按键进入互动界面，点击选择菜单选择"蛟龙号"材质后开始下潜，电脑获取观众操作信号，控制投影仪同步播放相应的多媒体画面。"蛟龙号"下潜至一定海深时，多媒体画面呈现黑暗状态，此时系统控制射灯点亮，模拟"蛟龙号"水下照明状态，同时多媒体画面匹配演示;"蛟龙号"继续下潜到任务海深后悬停,观众操作手柄,电脑获取操作信号后,控制风机工作,模拟"蛟龙号"推进器运动状态,同时控制机械手运动(见图1-26、图1-27)。

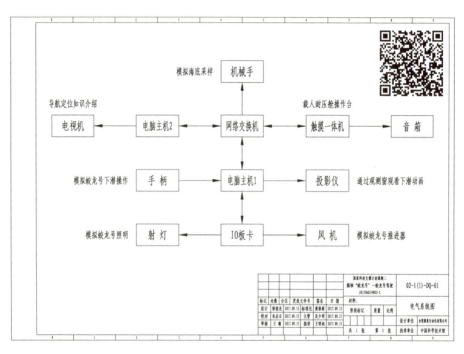

图 1-26　展品"揭秘蛟龙号""蛟龙号"模型组件电气系统图

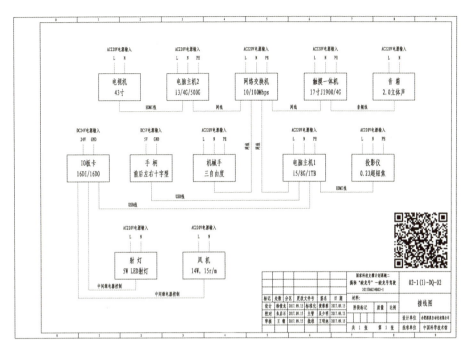

图 1-27　展品"揭秘蛟龙号""蛟龙号"模型组件电气接线图

（2）水声通信模型组件电控设计

水声通信模型组件电控设计的重点是实现水声通信设备换能器的平稳上升和下降运动。观众按住"上升"按钮，PLC 输入端接收到上升按钮信号后发送正向脉冲给步进驱动器，步进驱动器控制步进电机正向转动，可将换能器往上提升，松开上升按钮即停止提升，当换能器提升到水面上一定高度时，限位挡块触发上限位开关动作，PLC 终止发送正向脉冲，步进电机停止转动；反之，观众按住"下降"按钮，PLC 发送反向脉冲控制步进电机反转，将换能器往下降落，松开下降按钮即停止下降，当下降到水面下一定距离时，限位挡块触发下限位开关动作，PLC 终止发送反向脉冲，步进电机停止转动。为实现换能器的平稳运动，PLC 发送脉冲时，设置较长的加减速时间，让电机缓慢启动、缓慢停止（见图 1-28、图 1-29）。

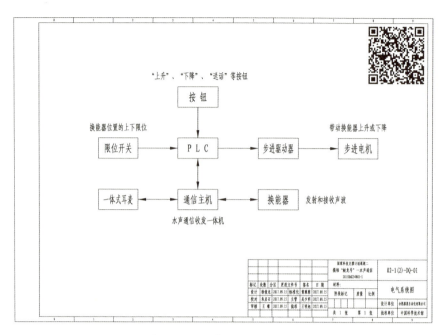

图 1-28　展品"揭秘蛟龙号"水声通信模型组件电气系统图

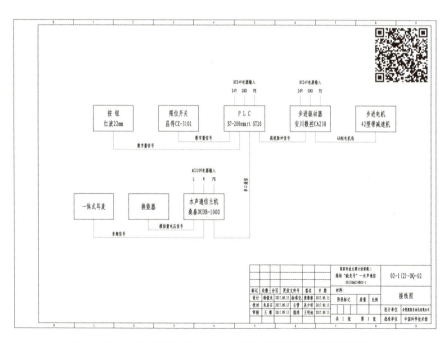

图 1-29　展品"揭秘蛟龙号"水声通信模型组件电气接线图

3.多媒体设计

本展品多媒体采用蛟龙号虚拟驾驶互动游戏的方式，通过逼真的三维动画为观众营造身临水下的沉浸体验，展现耐压材料、深海测绘、水声通信等内容，体现"蛟龙号"先进的制作工艺结构和探测技术，让观众在模拟潜航员工作的过程中了解和认识"蛟龙号"应用的先进技术。

（四）制作工艺

展品"揭秘蛟龙号"的模型外壳尺寸较大，造型复杂，采用玻璃钢工艺定制，外表面油漆处理。内部框架采用方钢和钢板焊接制作，焊后进行时效处理和矫形处理，确保造型精度。玻璃钢面层采用3D打印制作凸模，玻璃钢凸模分片成型，分段成型拼接，这样既保证强度，又保证曲面精度。

载人耐压舱球体模型采用激光切割下料，确保下料精度，再用铆焊焊接，确保球体造型精确和结构可靠，焊接后表面打磨去毛刺，进行烤漆处理。

深海耐压电池组件外壳采用透明亚克力制作，便于观众直观观察现象；外壳和底板之间使用密封圈密封，并在亚克力外壳翻边上增加一个304不锈钢压环，充分确保结构的密封性能，保证展品展示效果。

耐压电池模型和普通电池模型外壳采用透明亚克力制作，两侧壁选用硅胶板，使电池模型在水压下，侧壁硅胶板可以直观地展示出一定变形量。耐压电池侧壁的硅胶板采用普通硅胶板，普通电池侧壁的硅胶板采用定制的带有密封圈的硅胶板。

水声通信模型组件是在采购的水声通信设备基础上制作的，水声通信设备连接一根直径1.5mm的钢丝绳，钢丝绳另一端固定在一个转轮上，转轮与丝杠的螺母固定，丝杠由步进电机驱动。电机驱动丝杆正反转，以此实现水声通信设备的上升和下降。

展台台面采用优质人造石表面，内部采用符合国标的阻燃木工板做衬，以冷板和钢管做骨架，形成坚固而又比较美观、光滑的台面；台体以冷板和钢管为骨架，外表面覆盖 1.5mm 冷板，整体焊接而成，钣金表面进行烤漆处理；内部防锈，确保美观、耐用。

（五）外购设备

表 1-1　外购设备

序号	项目名称	规格 / 型号 / 材质	单位	数量	品牌
1	漏电保护开关	EA9C 1P+N C32 Vigi 30mA	个	1	施耐德
2	漏电保护开关	EA9C 1P+N C10 Vigi 30mA	个	2	施耐德
3	断路器	iC65N 2P C16	个	1	施耐德
4	电脑主机	启天 M4650 i5	台	1	联想
5	电脑主机	扬天 T4900C i3	台	1	联想
6	触摸一体机	LS730CQI	台	1	朗歌斯
7	网络交换机	S1008A	台	1	华三
8	电视机	LED43EC5200A	台	1	海信
9	显示器	22 寸，分辨率 1920×1080	台	1	安美特
10	投影仪	P11，0.23 超短焦	个	1	台石
11	音箱	R18T 立体声 2.0	对	1	漫步者
12	水声通信机	DUDB-1000	套	2	苏州桑泰
13	头戴式耳机	K815	个	2	漫步者
14	I/O 板卡	USB5538	个	1	阿尔泰
15	PLC	ST20 DC/DC/DC	个	2	西门子
16	开关电源	DR-60-24	个	3	明纬
17	中间继电器	RXM2LB2BD	个	11	施耐德
18	机械臂	三自由度	套	2	北京新晨恒宇

序号	项目名称	规格 / 型号 / 材质	单位	数量	品牌
19	操作手柄	C25–2AC–USB–N–HD–L	只	2	上海西穆
20	步进驱动器	CA230	个	2	安川数控
21	步进电机	42 型步进电机	台	2	安川数控
22	电磁阀	DN08–50	个	1	亚德客
23	带灯按钮	GQ22–11E/G/24V/S	只	7	红波

（六）示范效果

课题启动后，项目团队对"蛟龙号"载人深潜器进行了深入的研究，对展示内容不断探究，对展示形式不断优化。与传统的"蛟龙号"静态模型或多媒体视频的展示形式相比，采用"蛟龙号"1∶1 半剖式高仿真机电模型与虚拟驾驶互动多媒体相结合的展示形式更能让观众近距离体验"蛟龙号"的震撼，对其整体结构有全面认识。此外，增加"蛟龙号"水声通信与能源电池耐压结构关键技术点的重点展示，能更好地向公众普及"蛟龙号"背后的科学技术原理，扩展了展示的广度和深度，提升了展示效果。

展品"揭秘蛟龙号"突破性较大，研制完成后在洛阳科技馆展出，吸引了大量观众参观，成为洛阳科技馆的标志性展品。在研制过程中，项目团队研究开发的"一种用于展示蛟龙号的互动科普展品"获得实用新型专利授权。目前，展品"揭秘蛟龙号"陆续被复制推广至全国多家科技馆进行展示，如闽清科技馆、江津科技馆、黄山科技馆、新疆科技馆、南京科技馆等，受到广大公众及社会各界的广泛关注和一致好评。

第二章 | 深海钻探互动展示技术研究

当前，随着陆地资源短缺、环境恶化等问题日益严峻，各沿海国家纷纷把目光投向海洋，加快对海洋资源的研究开发和利用，已从浅海向深远海迈进，深海油气资源、海底矿产资源等已成为国际海洋资源开发的热点。我国海洋资源开发潜力巨大，其中海洋石油资源储量约 240 亿吨，天然气资源储量约 14 万亿立方米。同时，我国又是能源消费大国、世界上最大的石油进口国。海洋和能源都是我国优先发展的战略领域，加快深海、深层和非常规油气资源利用，能有效提高我国能源供给保障能力，有助于我国构建现代能源体系。在此背景下，向普通公众宣传深海资源开发技术具有重要意义。

充分利用深海资源进行深海开发需要利用专门的深海钻探、开采技术。海洋石油 981 深水半潜式钻井平台（以下简称"海洋石油 981"）是中国首座自主设计建造的 3000 米深水钻井平台，为抗击海上飓风和各种复杂波流的影响，平台配置了世界先进的 DPS3 动力定位设备、卫星导航及定位系统，确保平台的全天候作业。它标志着中国油气资源的勘探开发正式向深海挺进，具有重要的战略意义。

对于深海钻探技术的展示，国内科技馆多采用小型钻井平台模型加屏幕动画的表现形式，不足之处在于对深海钻探的技术原理表现得不够生动、透彻。因此，在"深海钻探互动展示技术研究"中，项目团队通过对展示内容进行深入挖掘，以"海洋石油981"为原型设计了一套"海洋石油981"机电模型，通过机电模型的三自由度运动结合可实时跟随的投影画面，模拟了"海洋石油981"通过 DP3 动力定位系统实现在深海风浪影响下纹丝不动地进行钻探工作的过程，并利用增强现实技术展现"海洋石油981"的日常工作情景，让公众充分认识深海钻探设备平稳工作的能力，大大拉近了公众与大型海洋装备的距离，使公众从中感受海洋开发技术的先进性，激发公众尤其是青少年探索海洋、利用海洋的兴趣。

一　展示技术难点分析

经调研发现，在科普场馆中现有深海钻探类的展品普遍存在以下问题：一是展示形式较为单一、乏味，多采用小型静态模型或者布景配合多媒体演示的展示形式，未能激发观众的参与兴趣，观众的体验感不强；二是展示内容较为局限，多停留在深海钻井平台的功能介绍上，未能生动直观地表现深海钻井平台的核心技术，无法体现这一用于海洋开发的高技术重大装备的重要作用。

项目团队经过深入研讨和分析，认为深海钻探展示的核心内容是要展现深海钻井平台是如何抗击海上飓风和各种复杂波流的影响而在海面上保持稳定工作的，最直观的展示方法就是对该过程进行模拟演示。但是，要想在科技馆真实模拟深海钻井平台在海上工作的场景并不容易，项目团队经过研讨认为存在以下问题和技术难点。首先，是否使用水来模拟海水？虽然可以通过真实的水面营造出逼真的海面环境，但是凭借有限的水量较难模拟复杂的海浪运动，如若使用过大体积的水又会对展厅楼板承重造成威胁。其次，利用什么样的机电结构来真实地模拟深海钻井平台在各种海况下的运动，同时生动表现其稳定定位的工作过程和原理，这对于展品机电系统的灵活性要求较高。

二 展示关键技术研究

为了解决上述技术难点，对深海钻井平台的核心技术进行直观生动的展示，项目团队集思广益，试图在深海钻井平台展示形式和展示技术手段上有所突破。

在展示形式上，项目团队首先在使用水来模拟海水运动的方案上进行了多次尝试，但考虑到展品的整体展示效果、安全稳定以及维护维修等问题，还是摒弃了使用水的方案。最终利用多媒体画面灵活多变的优点，采用深海钻井平台机电模型与投影画面虚实结合的展示形式：采用水平面与竖直面相配合的投影形式代替真实的水来营造海上环境，使对于复杂海况的模拟更加生动且丰富；采用深海钻井平台机电仿真模型的形式，模拟深海钻井平台在不同海况下的工作情况和平台整体的运动情况。此外，为增添展品的互动性，还采用增强现实技术让观众查看在深海钻井平台上的日常工作内容。

在技术手段上，为了确保机电模型稳定运动且与投影动态画面完美贴合，项目团队针对三自由度运动系统控制技术、实时跟随投影技术进行了深入研究；在增强现实的互动中，为配合仿真模型的尺寸，实现更震撼的视觉效果，并使观众有更好的观看体验，项目团队还对基于 PC 端的增强现实互动技术进行了重点攻关（见图 2-1）。

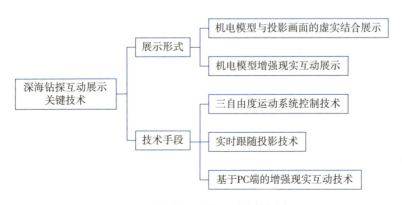

图 2-1 深海钻探互动展示关键技术框图

（一）三自由度运动系统控制技术研究

"海洋石油 981"在不同海况下的运动状态较为复杂，包括在水平面上的二维移动及绕轴转动，较难通过简单的机电结构进行模拟。针对这个问题，项目团队选择将"海洋石油 981"机电模型设置于三自由度运动系统之上，通过对该系统的运动控制来实现模拟"海洋石油 981"的运动。在该系统的设计和制作过程中，需确保运动系统具有较高的运行精度及复位精度，并且需运行平稳、加减速响应迅速以保证机电模型在运动过程中与投影海面保持较高的融合度，此外为确保展示效果还需减少系统在运行过程中所产生的噪声。经过多次试验，项目团队最终采用伺服电机驱动三自由度运动系统实现各种运动，以达到较高的精度、较好的响应度及较高的稳定性。同时，运动系统中的导轨采用整体设计以避免重复安装出现的精度问题，有效地保证了运动系统满足展示要求。

（二）实时跟随投影技术研究

"海洋石油 981"机电模型的下方台面采用投影画面模拟海洋水面环境。在投影时，"海洋石油 981"机电模型处于投影区域内，不仅会影响模型的视觉美观，也会对基于图像识别技术的增强现实互动部分的识别准确率造成影响。因此，在互动体验时需在投影画面中去除模型部分的投影效果。但由于"海洋石油 981"机电模型会随着海面变化不时地运动，投影画面中需要去除的部分就必须跟随模型的运动而变化，这给投影画面的去除工作增添了难度。经过多种方式的尝试和研究，项目团队最终在投影时实时识别"海洋石油 981"机电模型上的特定点，以实时计算模型的实际位置，从而实时生成投影画面的内容，以此保证了投影画面中去除画面的部分能够跟随机电模型的运动进行实时动态匹配。经实测，该技术运行稳定，效果较好，从而保证了虚实结合互动的完美呈现。

（三）基于 PC 端的增强现实互动技术研究

为增强互动效果，本研究中设计了对"海洋石油 981"机电模型的增强现实（AR）互动展示。较为成熟的增强现实开发方式均在移动终端，而智能手机、平板电脑等移动终端主流产品普遍尺寸较小不便于观众观看体验。并且，在 Android、iOS 平台上，由于追踪技术上采用视觉和惯性测量单元（IMU）进行融合，需要增强现实设备带有与 IMU 相应的仪器，所以设备选择和实现方式上有很多限制。根据本研究中展品的尺寸，为确保观众的观看效果，项目团队将增强现实互动屏的大小限定为 15 寸左右。由于硬件上无合适尺寸的移动端设备供选择，因此选择了 15 寸触摸屏、PC 主机和摄像头的硬件组合来实现本研究的增强现实互动展示。基于以上情况，如何保证在 PC 端上不借助 IMU 的辅助而能实现高精度增强现实识别互动效果是技术难点。

在技术研究过程中，项目团队基于 windows 平台的 PC 和摄像头，选择 Vuforia SDK 作为增强现实引擎，开发了 PC 端的增强现实互动技术。在互动过程中，"海洋石油 981"机电模型会随时运动，有可能会导致增强现实的多媒体内容与实物模型脱离。那么，在开发过程中就要求多媒体内容能够与机电模型有较好的跟随、匹配性。展品增强现实系统的开发采用 Vuforia Object Scanner 创建模型对象数据库文件，导入 Unity3D 引擎，完成全部流程开发后，利用 Windows 通用应用平台（Universal Windows Platform, UWP）打包。通过该方式完成的应用程序虽然能满足初步功能要求，但存在识别效率不高的问题，经研究发现原因在于摄像头的选用和调用方式。为了解决该问题，项目团队经过多次开发流程修改和优化，在硬件上采用高清摄像头替换原摄像头，在软件上修改核心功能，最终通过在 Unity3D 平台中创建自身相机，直接获取高清摄像头的图像，让 Vuforia 网络摄像头不直接获取图像，而是获取 Unity3D 平台相机获取的高清图像，从而解决

了 Vuforia 在 PC 设备上高精度识别和匹配的问题，有效地保证了增强现实
互动效果。

三 "深海钻井平台"展品研发

（一）展示目的

"深海钻井平台"通过采用"海洋石油 981"机电模型、多媒体投影和
增强现实互动技术相结合的展示方式，让观众了解深海钻井平台的定位过
程和工作情景，以及其中所蕴含的技术原理，激发观众尤其是青少年对于
海洋探测开发的兴趣。

（二）技术路线

1. 主要结构

展品"深海钻井平台"由"海洋石油 981"模型、半环形投影墙、投
影机、DPS3 动力定位体验操作台、增强现实互动操作台、卫星模型、围栏
等组成。"海洋石油 981"模型通过三自由度运动系统实现沿 X 轴、Y 轴直
线和绕 Z 轴旋转的三个自由度的运动（见图 2-2 至图 2-5）。

在 DPS3 动力定位体验操作台设置"大风""波浪""洋流"3 个风浪模
式选择按钮、"DP3 定位"按钮和"确定"按钮。"海洋石油 981"模型根据
选择的风浪模式，配合半环形及水平投影演示 DP3 动力定位相关工作原理。

在增强现实互动操作台设置 15 寸增强现实互动触摸屏，可转动触摸屏
观看深海钻井平台日常工作介绍。

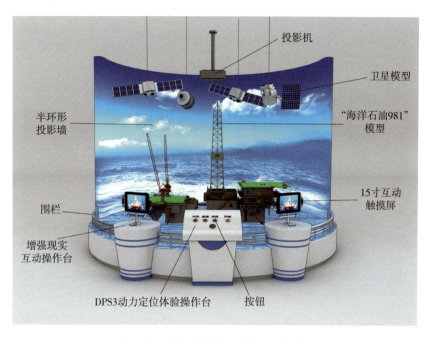

投影机

卫星模型

"海洋石油981"模型

半环形投影墙

15寸互动触摸屏

围栏

增强现实互动操作台

DPS3动力定位体验操作台　　按钮

图2-2　展品"深海钻井平台"效果图

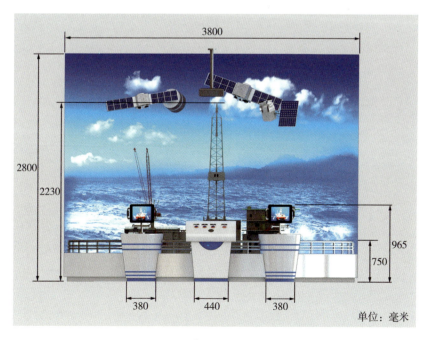

3800

2800

2230

965

750

380　　440　　380

单位：毫米

图2-3　展品"深海钻井平台"主视图

41

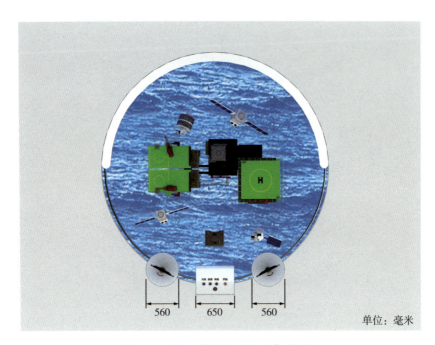

图 2-4　展品"深海钻井平台"俯视图

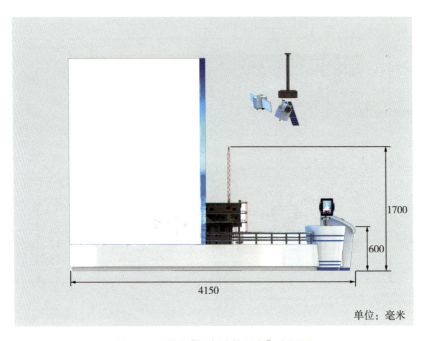

图 2-5　展品"深海钻井平台"左视图

2. 展示方式

展品"深海钻井平台"分为 DPS3 动力定位体验和工作情景体验两部分。

在 DPS3 动力定位体验中，观众通过操作台上的按钮选择风浪模式（包括"大风""波浪""洋流"3 种风浪模式），环形及水平投影画面会根据观众所选的风浪模式进行画面模拟，同时"海洋石油 981"机电模型会根据相应的海况做出运动反馈。在此过程中，观众可通过操作台上的按钮选择 DPS3 动力定位模式，了解 DP3 动力定位系统对于保障深海钻井平台在海面上的稳定性的重要作用。

在工作情景体验中，观众可通过触摸屏选择深海钻井平台日常的工作内容，包括平台锚链定位、直升机降落、油轮衔接、火灾逃生、平台钻井流程五个互动演示内容；然后，通过转动触摸屏，观看在模型上的增强现实多媒体动画，了解钻井平台的日常工作。

（三）工程设计

1. 机械设计

展品"深海钻井平台"的机械设计主要有以下两个难点：一是如何确保三自由度运动系统能较好地模拟"海洋石油 981"在不同海况下的运动状态；二是如何确保增强现实触摸屏组件的灵活运动，以保证观众参与增强现实互动的体验效果。项目团队对以上两部分进行了多次优化，反复验证调整，最终达到了较好的展示效果。

（1）三自由度运动系统机构设计

为模拟深海钻井平台在海面的复杂运动情况，根据其在水平面上的二维移动及绕轴转动，项目团队有针对性地设计了一套三自由度运动系统。该运动系统机构由 X 轴驱动系统、Y 轴驱动系统、Z 轴驱动系统、拖链、模型安装座、支撑滑轨等零件组成。

X 轴驱动系统是通过伺服电机带动丝杆转动，从而带动装在丝杆上的丝杆螺母沿 X 轴方向平动。Y 轴驱动系统整体安装在 X 轴驱动系统上方，与 X 轴驱动系统中的丝杆螺母连接，带动 Y 轴驱动系统整体沿 X 轴方向平动。Y 轴驱动系统同样是通过伺服电机带动丝杆转动，从而带动装在丝杆上的丝杆螺母沿 Y 轴方向平动。Z 轴驱动系统整体安装在 Y 轴驱动系统上方，与 Y 轴驱动系统中的丝杆螺母连接，带动整个 Z 轴驱动系统整体沿 Y 轴方向平动。Z 轴驱动系统由大齿轮、小齿轮、转轴、轴承座、伺服电机、模型安装架等零件组成，伺服电机带动小齿轮转动，小齿轮带动大齿轮转动从而带动模型安装座以及安装座上的"海洋石油 981"模型转动。通过以上机构设计，项目团队实现了"海洋石油 981"模型的三自由度运动，较好地模拟了其在不同海况下的运动状态（见图 2-6）。

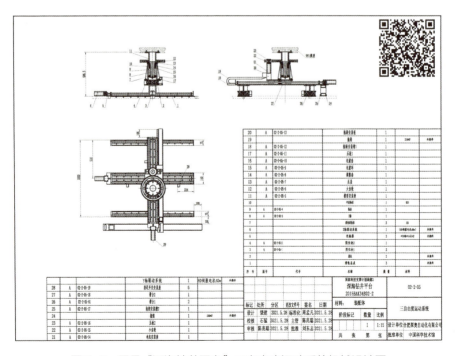

图 2-6 展品"深海钻井平台"三自由度运动系统机械设计图

（2）增强现实触摸屏组件设计

为确保观众对增强现实触摸屏的灵活操作，实现对"海洋石油981"模型各个角度的观察，在增强现实互动触摸屏相关组件的设计中需保证其在两个自由度上的顺畅运动：第一自由度运动是触摸屏的转动，第二自由度运动是触摸屏的翻转运动。其中，第一自由度运动系统由转轴、深沟球轴承、轴承套、摩擦片、小圆螺母等零件组成，转轴通过深沟球轴承和小圆螺母固定在轴承座上，然后整体固定在台面上，触摸屏框安装在转轴上，从而实现触摸屏的转动。第二自由度运动系统由调心球轴承、限位柱、小圆螺母、转轴、支架、手柄等零件组成，转轴一端装有手柄，中间部位通过调心球轴承和小圆螺母固定在安装支架上，另一端固定安装在触摸屏框上。观众可通过转动手柄，带动触摸屏实现翻转运动（见图2-7、图2-8）。通过以上机构设计，观众可以灵活地操作触摸屏从各个角度观看"海洋石油981"模型，体验逼真的增强现实效果。

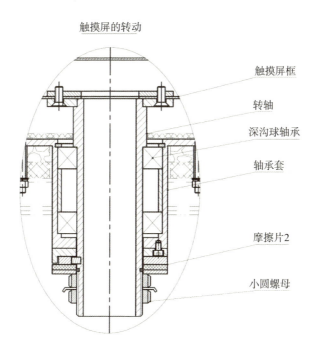

触摸屏的转动

触摸屏框

转轴

深沟球轴承

轴承套

摩擦片2

小圆螺母

触摸屏的翻转运动

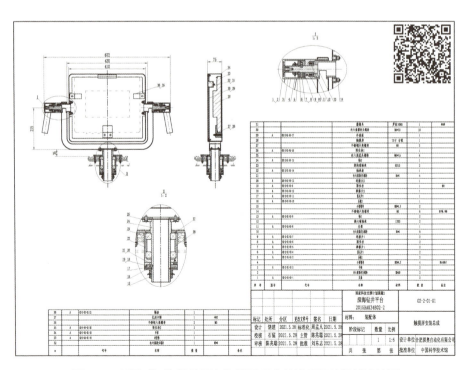

调心球轴承

限位柱

小圆螺母

转轴

支架

手柄

图 2-7 展品"深海钻井平台"增强现实触摸屏组件机械设计简图

图 2-8 展品"深海钻井平台"增强现实触摸屏组件机械设计图

2.电控设计

电控系统的重点是实现 DP3 动力定位操作台上操作按钮与"海洋石油981"模型的三自由度运动的联动控制、投影画面与 DP3 动力定位操作台上操作按钮的联动控制、增强现实互动多媒体播放等功能。

观众操作台面按钮,电脑主机 4 获取信号后,与驱动系统通信,控制伺服电机转动,带动"海洋石油 981"模型相应的三自由度运动,实现操作按钮与模型的联动运动控制。同时,各电脑之间通过网络交换机进行实时通信。观众操作按钮,选择相应海况模式后,电脑主机 4 控制正面投影仪播放相应的多媒体画面,电脑主机 3 控制顶部投影仪播放相应的多媒体画面,实现投影画面与操作按钮的联动控制。

观众点击触摸屏 1 或触摸屏 2 上的页面,开始互动,摄像头 1 或摄像头 2 实时捕捉"海洋石油 981"模型,电脑主机 1 或电脑主机 2 对摄像头画面进行处理,并控制触摸屏中实时展示相应的增强现实动画内容,实现增强现实互动(见图 2-9、图 2-10)。

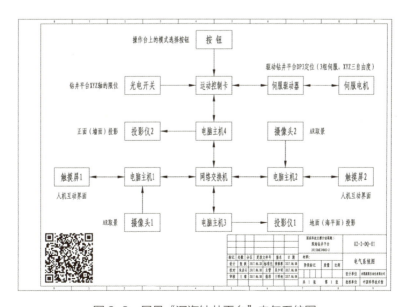

图 2-9 展品"深海钻井平台"电气系统图

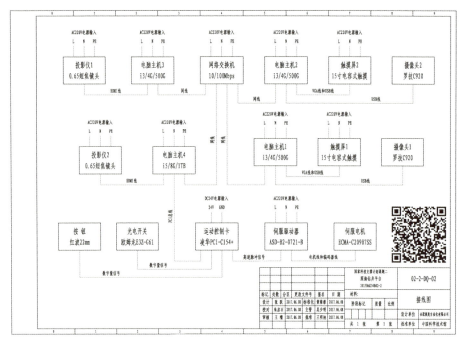

图 2-10 展品"深海钻井平台"电气接线图

3. 多媒体设计

本展品多媒体采用虚实结合的投影画面表现"海洋石油 981"钻井平台在复杂海洋环境下保持稳定的特性，采用显示器增强现实的方式表现实体钻井平台模型的钻井、输油等工作过程。为营造震撼的海上环境，本展品中多媒体内容均采用三维动画的形式呈现，通过三维模型细致的结构、逼真的材质及流畅的动画效果为观众营造身临其境的体验感。

（四）制作工艺

"海洋石油 981"模型的各个组件主要仿照真实的"海洋石油 981"钻井平台设计，采用缩小比例 3D 打印制作，模型底部通过钢板与下方的三自由度运动系统连接。

钻井平台模型的三自由度运动系统采用工业级滑轨总成和丝杠。旋转轴采用 45 号钢加工，表面镀锌处理。大齿轮和小齿轮采用 45 号钢加工，调质处理，齿面淬硬，之后镀锌处理。零部件采用数控加工，保证结构的制作和安装精度，通过伺服电机驱动，实现运动的精确控制和调节。

投影墙采用方管焊接而成，外表面覆盖投影幕。圆形底座骨架采用方管焊接，连接和固定位置焊接钢板，表面防锈处理。

互动操作台手柄和转轴采用 304 不锈钢，触摸屏框和支撑架采用钢板焊接，外表面烤漆处理，触摸屏框和触摸屏之间垫 2mm 硅胶垫防护。增强现实互动操作台和 DP3 动力定位操作台台面使用杜邦可丽耐人造石，根据台体形状进行数控下料，手工粘接，人造石与台体框架之间使用阻燃木工板进行加固。

（五）外购设备

表 2-1　外购设备

序号	项目名称	规格型号	单位	数量	品牌
1	漏电保护开关	EA9C 1P+N C32 Vigi 30mA	个	1	施耐德
2	断路器	iC65N 2P C16	个	1	施耐德
3	开关电源	DR-60-24	个	1	明纬
4	电脑主机	i3/4G/500G	台	3	联想
5	电脑主机	i5/8G/1TB/GTX950	台	1	联想
6	交换机	S1008A	台	1	华三
7	运动控制卡	PCI-C154+	套	1	凌华
8	投影仪	PT-SLW67C，0.65 短焦镜头	台	2	松下
9	触摸屏	15 寸，电容式触摸	台	2	安美特
10	摄像头	C920	个	2	罗技
11	音箱	R18T 立体声 2.0	对	1	漫步者
12	光电开关	E3Z-G61，NPN	个	7	欧姆龙

续表

序号	项目名称	规格型号	单位	数量	品牌
13	伺服驱动器	ASD-B2-0721-B	台	3	台达
14	伺服电机	ECMA-C20907SS	台	3	台达
15	直角减速机	ID20-50WL-FB	台	1	南京利明
16	直线导轨	单行程 1000mm（不含电机）	个	2	上银
17	981 钻井平台模型	长约 1400mm，宽约 830mm	个	1	自制件
18	卫星模型	主体尺寸 250mm×250mm，太阳能板展开约 2 米	个	2	自制件
19	风机	AC220V，240W 离心式	台	1	弘科
20	中间继电器	RXM2LB2BD	个	1	施耐德
21	带灯按钮	GQ22-11E/G/24V/S	只	5	红波

（六）示范效果

　　展品"深海钻井平台"的研发过程汇集了项目团队的智慧和辛勤付出。为了将远离公众生活的"海洋石油 981"生动地展现给观众，并直观地展示其工作原理和技术特点，项目团队进行了深入研究，对展示方案不断完善优化和反复验证，解决了三自由度运动系统控制、实时跟随投影、基于 PC 端开发的增强现实互动展示等技术难点，实现了机电模型与多媒体画面的精准匹配、完美融合，取得了良好的虚实结合展示效果。

　　展品"深海钻井平台"研制完成后，在洛阳科技馆落地展出，受到广大公众及社会各界广泛关注与好评。项目团队研究开发的"一种用于展示海洋石油 981 平台的互动科普展品"获得实用新型专利授权，研究开发的"深海钻井平台互动展示控制系统"获得软件著作权授权。

第三章 | **载人航天互动
展示技术研究**

　　载人航天是当今世界技术最复杂、难度最大的航天工程。虽有不少国家提出载人航天计划，但几十年来，真正能够实现独立将人类送入太空的国家只有美国、俄罗斯（苏联）和中国三个。由此可见，载人航天是国力竞争中最具代表性的战略性工程之一，它对推动国家科技进步和创新发展、提升综合国力、提高民族威望起到了重要作用。

　　我国载人航天事业始于 1992 年，经过一代代航天人自力更生、接续奋斗，从无人飞行到载人飞行，从一人一天到多人多天，从舱内实验到出舱活动，从单船飞行到组合体稳定运行，先后突破一大批具有自主知识产权的核心技术。我国已研制出具有完全自主知识产权的神舟系列飞船，先后实现载人往返、太空漫步、空间对接，跻身航天大国之列。随着新一代载人飞船和中国空间站建成，中国人探索太空的脚步会迈得更远、更大。我国载人航天所取得的辉煌成果振奋国人，虽然掀起了载人航天的科普热潮，但相关科普展示形式还多停留在静态模型或者多媒体视频演示方式上，造成观众对载人航天技术的认知层次较为浅显，很难达到深层次的展教效果。

　　为了更深层次地展示我国载人航天技术发展，提高展品的互动性和趣味性，在"载人航天互动展示技术研究"中，项目团队通过深度挖掘让观众感受直观并且能够充分表现载人飞船飞行过程的展示形式，利用虚拟现实技术让观众作为航天员模拟驾驶神舟飞船，从中了解神舟飞船发射和对接的全过程，通过解决动态环境建模、小空间内虚拟现实多点定位、单自由度振动平台的运动控制等技术难题，为观众营造视觉与触觉相融合的全身心互动体验，并且基于神舟飞船模型与投影墙画面实现虚实结合的展示效果，有效兼顾了观众的第一人视角与第三人视角的参观感受，拉近观众与航天的距离，激发其探索太空、学习航天的兴趣。

一　展示技术难点分析

在科普场馆中，载人航天一直都是航天类展品中的重点展示内容。早在 2009 年，中国科技馆新馆开馆时就设有神舟一号飞船返回舱实物的静态展示。由于该飞船属于珍贵的科技文物，观众只能观看外观不能进入内部。而后，在中国科技馆太空探索展厅 2016 年更新改造中，中国科技馆设置了 1∶1 的高仿真神舟飞船与天宫实验室模型组及内部一系列互动展品，观众可以进入神舟飞船与天宫实验室模型内体验航天员的工作和生活，营造了较好的沉浸式体验环境。但此种展示形式的模型体积庞大，对于场地要求较高，并且造价昂贵，较难在多数科普场馆中进行推广。

经对现有展示形式进行分析，项目团队认为通过营造高仿真的载人航天器模型，让观众进入航天器内部进行操作体验，不失为一种比较好的展示方式。但是，在展品设计过程中有两个难题需要解决：一是为便于推广展示，应尽可能控制展品体量，选择载人航天器的核心部分制作模型来营造体验环境；二是若想让观众更加真实地体验航天员的工作环境，还需为观众营造全面的感官体验环境，如视觉、触觉等。

二 展示关键技术研究

为了解决上述技术难点，让观众直观地体验航天员在载人航天器中的工作过程，项目团队展开了深入探讨，进行了多次头脑风暴；对展示内容进行了深入挖掘，根据公众的关注热点以及载人航天的主要过程，选取了神舟飞船的发射和空间交会对接两部分作为重点展示内容。根据展示内容的特点，项目团队尝试设计了多个展示方案，最终采用第一人视角与第三人视角融合的展示形式，让更多观众能参与到展品展示中：采取虚拟现实技术（VR），让观众在神舟飞船模型内通过 VR 头戴显示器，以第一人视角模拟体验航天员执行任务的过程，飞船模型内可同时容纳两名观众互动体验；同时将神舟飞船高仿真模型和背景投影相结合，通过虚实结合营造出神舟飞船发射、空间交会对接的场景，让周围的观众以第三人视角观看了解。

为了实现以上展示形式，在技术手段方面，项目团队重点对动态环境建模技术、小空间内的虚拟现实多点定位技术、单自由度振动平台技术等关键技术进行重点研究和攻关（见图 3-1）。

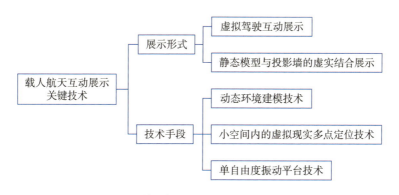

图 3-1　载人航天互动展示关键技术框图

（一）动态环境建模技术研究

虚拟现实技术是一种可以创建和体验虚拟世界的计算机仿真系统，它利用计算机生成一种模拟环境，使用户沉浸到该环境中。采用虚拟现实技术能有效增强观众在体验中的沉浸感，一般使用三维动画来营造虚拟世界。由此，三维模型的精细度、实时动画的流畅度则决定了虚拟世界的真实感，也直接影响观众的体验。

在虚拟现实三维动画制作过程中，项目团队遇到了不少难题。由于神舟飞船的内部数据暂未公开，为确保虚拟现实动画的真实感，项目团队查阅了大量新闻报道及文献资料，并咨询了多位航天专家，力图按照真实场景进行精细化建模。同时，为确保虚拟环境根据观众的动作进行实时响应，需要尽可能降低三维模型的文件大小以减少计算机运行计算的工作量，这就要求三维模型的立体细节不能过于精细。经过多次尝试，项目团队最终采用以二维贴图代替三维细节的方式解决了以上问题。通过精细化建模，项目团队将精细模型的表面细节渲染成二维贴图，然后将贴图添加到简化模型中进行虚拟现实动画制作，这样既保证了模型的细节真实，又减小了模型文件的大小，从而获得画面真实、运行流畅、响应及时的虚拟现实视觉体验。

（二）小空间内的虚拟现实多点定位技术研究

展品虚拟现实互动所使用的设备为第一代 HTC Vive VR 头戴显示器套装，主要硬件包括 1 个 VR 头戴显示器和两个定位基站 Lighthouse。其中，Lighthouse 辅助 VR 头戴显示器的定位是保证头动跟踪精度和手动跟踪精度的关键，而跟踪精度是影响虚拟现实互动效果的重要因素。VR 设备常规的使用方式为 1 个 VR 头戴显示器配置两个 Lighthouse，两个 Lighthouse 呈对角线放置，对角线长度不超过 5 米，常规使用方式下能保证较高的跟踪精度。在本研究的测试过程中，由于神舟飞船模型内设置两人同时互动，需要同时使用两套 VR 头戴显示器，在实测中，项目团队发现若每个头戴显示器设置两个 Lighthouse 进行辅助定位时，系统只能识别 1 台 VR 头戴显示器。项目团队经过多方面考证及试验，发现原因是舱内展示空间较小，两套 Lighthouse 的扫描区域无法避免相互干涉，从而造成无法同时识别两套头戴显示器的情况。

为了解决该问题，项目团队与硬件供应商充分沟通，并结合软件定制开发，最终实现了 1 个 Lighthouse 同时辅助定位两套 VR 头戴显示器。另外，由于减少了 Lighthouse 数量，在整个互动空间内存在个别小的识别盲区，在对盲区的处理上采用在 VR 场景互动中进行软件优化，辅助跟踪，最终成功实现了小空间内的虚拟现实多点定位，保证了整个互动过程中对于观众的头部和手部运动的跟踪精度，从而确保了两名观众同时进行虚拟现实互动的准确性。

（三）单自由度振动平台技术研究

为了增强观众的触觉体验感，项目团队采用了振动平台来模拟神舟飞船发射时的失重感。因神舟飞船模型空间有限，无法采购成熟的多自由度平台进行集成设计，项目团队通过充分调研和多次测试，选用了一款频率可调的大幅度振动电机来构建一个单自由度振动平台，实现了观众在体验火箭发射和飞船进行交会对接过程中的振动仿真，提升了观众体验的沉浸感。

三 "神舟飞船" 展品研发

（一）展示目的

通过神舟飞船的机电模型、VR 互动展示技术、振动平台、大屏幕投影的表现方法，模拟演示神舟飞船的发射过程与空间交会对接过程，展示我国载人航天取得的技术成果和辉煌成就，使观众对我国载人航天事业有更多的了解，激发观众尤其是青少年探索太空的好奇心。

（二）技术路线

1. 主要结构

展品主要包括神舟飞船返回舱模型、投影墙、投影机、围栏等。在神舟飞船返回舱模型内参考真实飞船的结构进行仿制，设有两个座椅及 VR 头戴显示器，座椅扶手设置有手柄和按钮，座椅下方设置有振动平台（见图 3-2 至图 3-5）。

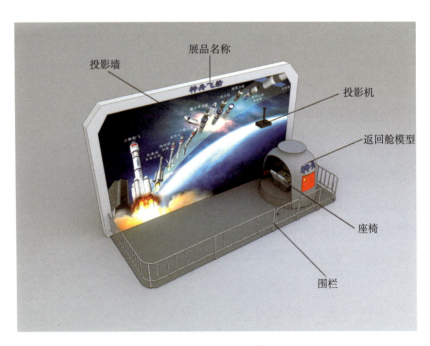

图 3-2　展品"神舟飞船"效果图

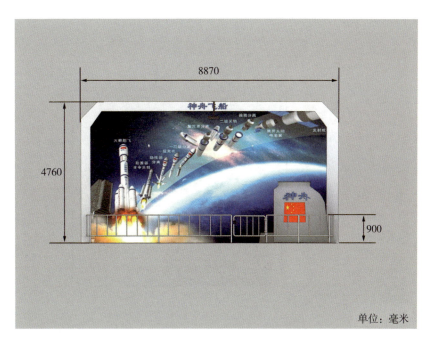

单位：毫米

图 3-3 展品"神舟飞船"主视图

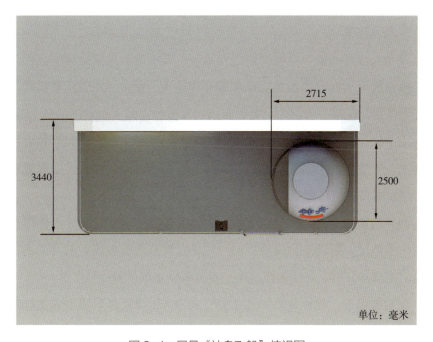

单位：毫米

图 3-4 展品"神舟飞船"俯视图

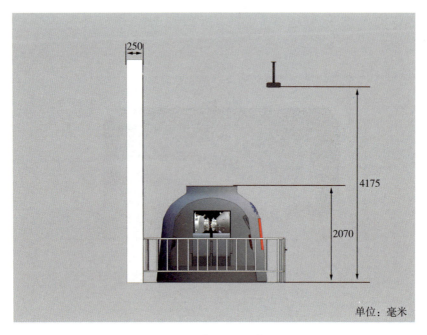

图 3-5　展品"神舟飞船"左视图

2. 展示方式

　　展品"神舟飞船"可同时供多人参与，其中进入返回舱模型内的 2 名观众模拟航天员在舱内的真实坐姿躺在座椅上，戴上 VR 头戴显示器。按下开始按钮，以第一人视角体验神舟飞船发射和空间交会对接的整个过程，并利用手柄、按钮参与互动。座椅下方的振动平台配合发射和对接过程进行运动，增强观众的体验感。舱外观众则以第三人视角通过投影幕观看神舟飞船发射和对接过程。

　　在发射阶段，舱内观众的 VR 头戴显示器中显示发射场外画面以及仪表盘模拟数据，振动平台模拟振动。舱外投影幕演示火箭发射期间逃逸塔分离、助推器分离、一级火箭分离、整流罩分离等过程。

　　在对接阶段，舱内观众操作手柄，控制 VR 头戴显示器中的飞船与天宫进行对接，动感平台配合产生相应的运动。舱外投影介绍对接相关科学知识，并展示舱内观众操作情况。

（三）工程设计

1.机械设计

展品"神舟飞船"机械设计的重点是神舟飞船返回舱模型的设计。返回舱模型外形仿照真实舱体造型设计，竖向剖开后，内部仿照真实舱体配置座椅、模型操作台、装饰包等物品，座椅上设计 VR 头戴显示器、手柄等，座椅底部设计振动电机（见图 3–6、图 3–7）。VR 头戴显示器用于虚拟现实互动过程中的画面展示，手柄用于互动过程中的选择控制，振动电机用于模拟飞船起飞时的振动。

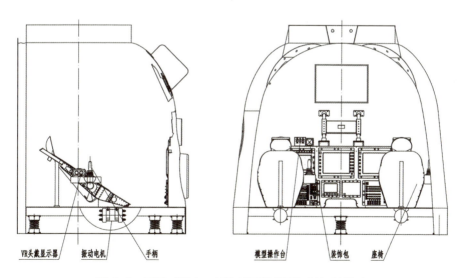

图 3-6　展品"神舟飞船"返回舱模型机械设计简图

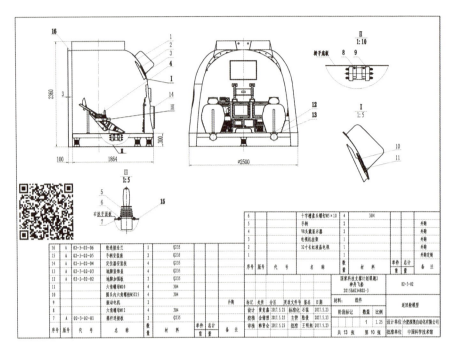

图3-7 展品"神舟飞船"返回舱模型机械设计图

2.电控设计

电控系统主要实现神舟飞船发射过程相关知识介绍视频的播放、舱内VR体验互动、大屏幕投影等功能，其中，电控设计的重点是两套VR多媒体内容的联动控制，以及VR内容与墙面投影内容的联动播放控制。

每套VR头戴显示器连接一台VR电脑主机，同时连接一块I/O板卡，与变频器通信，驱动振动电机工作。投影墙上画面由两台投影仪融合后投射，两台投影仪连接一台电脑主机。三台电脑主机之间通过网络交换机进行实时通信。观众坐在舱内座椅戴上VR头戴显示器，操作手柄，VR主机获取到手柄信号后，控制VR画面显示飞船仪表盘、电视机显示飞船外景，体验飞船点火、升空、太空对接等。同时，通过I/O板卡与变频器通信，变频器驱动振动电机运行，实现VR座椅的振动体验感。此外，电脑主机控制投影仪在投影墙面投出相应多媒体画面（见图3-8、图3-9）。

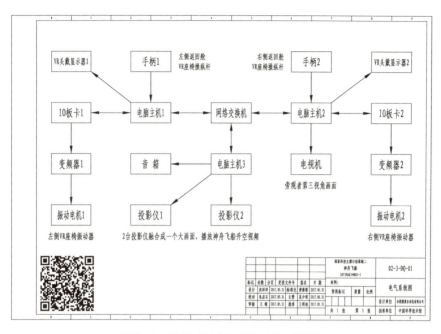

图 3-8 展品"神舟飞船"电气系统图

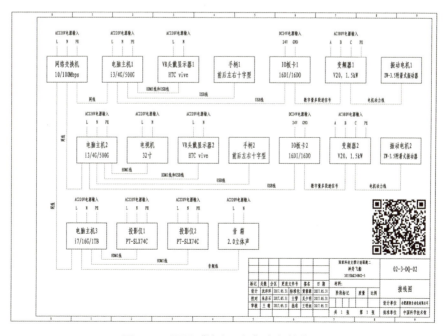

图 3-9 展品"神舟飞船"电气接线图

3. 多媒体设计

本展品多媒体分为神舟飞船外部环境投影与神舟飞船内部 VR 互动两部分内容。其中，外部环境投影通过在大背景墙上投出虚实结合的飞船之外的整个火箭与天宫实验室，表现火箭发射和空间交会对接的过程；内部 VR 互动制作高仿真的神舟飞船内部构造，再现航天员在飞船内部的工作过程。以上两部分内容均采用三维动画的形式进行制作，确保多媒体中所展现的场景真实、震撼。

（四）制作工艺

展品中的返回舱模型造型复杂，采用玻璃钢工艺定制，外表面进行油漆处理。内部框架采用方钢焊接制作，确保造型强度。内部装饰物品仿照真实舱体进行配置，提升仿真度；座椅造型设计符合人体工程学，采用玻璃钢制作，通过钢管与地台连接，确保结构强度，提升观众体验舒适度。

投影墙模块采用方钢焊接制作，进行焊接后打磨、去飞边毛刺、拼接处圆滑过渡，并进行防锈处理。模块表面铺设木工板和铝塑板，投影墙整体组装后，在铝塑板表面铺投影幕。

（五）外购设备

表 3-1 外购设备

序号	项目名称	规格型号	单位	数量	品牌
1	漏电保护开关	EA9C 1P+N C25 Vigi 30mA	个	1	施耐德
2	断路器	iC65N 2P C16	个	1	施耐德
3	电脑主机	启天 M4650 i3	台	2	联想
4	电脑主机	拯救者刃 7000 i7	台	1	联想
5	交换机	S1008A	台	1	华三

续表

序号	项目名称	规格型号	单位	数量	品牌
6	电视机	32寸，分辨率 1920×1080	台	1	长虹
7	VR头戴显示器	HTC vive	套	2	HTC
8	投影仪	PT-SLX74C	台	2	松下
9	融合器	MPG302，硬件边缘融合	台	1	上海大视
10	音箱	R18T 立体声 2.0	对	1	漫步者
11	I/O板卡	USB5538	个	1	阿尔泰
12	开关电源	DR-30-24	个	2	明纬
13	中间继电器	RXM2LB2BD	个	6	施耐德
14	变频器	V20，1.5kW，AC380	台	2	西门子
15	振动器	ZW-3.5 三相附着式振动器	台	2	新乡奥瑞
16	操作手柄	C25-2AC-USB-N-HD-L	只	2	上海西穆

（六）示范效果

"神舟飞船"展品研发过程凝结了项目团队的集体智慧，在展示形式上采用神舟飞船模型模拟驾驶和大屏幕投影结合的虚实结合方式，通过第一人视角与第三人视角相结合的形式对神舟飞船发射和交会对接两个方面进行了生动而全面的展示，有效提升了观众的参与度。在技术手段上突破动态环境建模、小空间内增强现实多点定位、单自由度振动平台等难题，为观众营造了较真实的神舟飞船模拟驾驶体验，同时兼顾了视觉体验和触觉体验，有效提升了参与过程中的沉浸感。为当前载人航天的展示形式提供了有益补充和拓展，对航天技术在科技场馆的传播展示起到了积极示范的作用。

　　展品"神舟飞船"研制完成后，落地宁夏科技馆展出，受到当地观众的欢迎和好评。项目团队研究开发的"一种用于展示神舟飞船发射和对接过程的互动科普展品"获得一项实用新型专利授权。

第四章 | 嫦娥奔月互动展示技术研究

　　月球，作为地球的天然卫星，是距离地球最近的天体。月球上蕴含着丰富的资源和能源，拥有特殊环境，世界各国发展空间探测都从探月开始。早在古代，就流传着嫦娥奔月的神话故事，寄托了中国古人对宇宙的美好向往。中国探月工程于 2004 年正式启动，中国科学家将其命名为"嫦娥工程"，延续了古人千年的飞天梦想，也寄托了当代人对成功登月的殷切希望。"嫦娥"系列月球探测器肩负了中国探月工程的重要使命，从嫦娥一号到嫦娥五号，经过 17 年的接续奋斗，圆满实现了绕月探测、落月探测、月球采样返回探测的三步走战略目标，为我国航天强国建设征程树立了重要里程碑，也为推动世界航天事业发展贡献了中国力量。

　　由此，向公众大力科普宣传我国探月工程及其取得的成就十分重要，可有力彰显科技自立自强在国家发展中的重要作用，并有助于激发公众尤其是青少年勇于创新、敢于攀登的精神。中国探月动态一直广受公众关注，嫦娥探测器、玉兔号月球车更是家喻户晓的探月明星。在科技馆的航天主题展厅中，相关展品备受欢迎，成为观众们驻足体验、拍照留念的必经之地。但是，现有展示多以单一型号的嫦娥探测器静态模型、多媒体视频介绍的形式呈现，展示效果一般，趣味性不足，并且缺少系统全面的技术介绍和细致深入的原理解读。

　　为了更全面地展现嫦娥系列探测器的探月过程及成果，为观众提供有趣的互动体验，在"嫦娥奔月互动展示技术研究"中，项目团队紧密围绕我国探月工程的发展历程，充分利用探月工程所取得的真实月球科学数据，将多媒体、机电模型虚实结合等展示形式有效结合，通过对垂直式磁吸运动系统技术、基于真实月球数据的三维可视化互动展示技术的深入研究，实现了对嫦娥探测器从研发设计、发射升空、奔月绕月、落月探测到探测成果等多方面内容的系统展示，让观众充分了解嫦娥探测器的技术内容及工作过程，并通过嫦娥探测器的探月成果进一步认识月球，激发观众尤其是青少年对于深空探测的兴趣。

一　展示技术难点分析

　　在航天主题的展会中，多以静态模型的方式展示嫦娥探测器，其逼真的外形结构吸引了大量观众合影留念。但是这种展示方式仅仅停留在外观层面，较难让观众了解背后的知识内容。科技馆十分注重观众亲身互动体验以及对于科学知识的传达，对于嫦娥探测器的展示则以互动多媒体、机电结构的方式为主。如在中国科技馆的太空展厅中，展品"嫦娥奔月"采用可转动的半剖地球模型配合投影画面的虚实结合方式，形象地展示各种嫦娥探测器的奔月轨迹，方便观众直观地了解各型号嫦娥探测器的任务差异。

　　经对现有展示情况进行分析，项目团队认为充分利用机电模型的真实立体感和多媒体的丰富多变性营造虚实结合的展示效果，以此来模拟演示嫦娥探测器的探月过程不失为一种生动的展示方式。但是，嫦娥系列探测器的探月任务存在较大的差异，内容极为丰富，且涉及多个空间的变换，如地面发射场、地月系、月面环境等，较难利用单一的展示形式承载所有展示内容。因此，如何根据各部分内容的特点选取合适的展示形式，并将多种展示形式有效结合，较为真实且全面地模拟各个型号的嫦娥探测器探月的过程是本研究的技术难点。

二 展示关键技术研究

为了解决上述技术难点，更加全面地展示嫦娥系列探测器的探月过程，项目团队针对展示内容、形式及技术开展了深入研究。

通过对展示内容进行归类，项目团队将其划分为嫦娥探测器模拟探月和嫦娥探测器真实探月成果展示两部分。根据内容特点，在嫦娥探测器模拟探月部分设计了嫦娥探测器虚拟设计游戏，让观众亲身体验探测器的设计过程，从中了解嫦娥探测器的任务载荷，并且采用机电结构虚实结合的展示方式演示嫦娥探测器的奔月绕月、落月探测的过程。在嫦娥探测器真实探月成果展示部分设计了多媒体查询系统，让观众通过触摸屏查询到真实的月面影像数据，大大拉近了观众与月球的距离。

由于嫦娥探测器探月过程的虚实结合演示部分的内容涉及嫦娥探测器、地球、月球等多个展示主体，较难确定虚实结合展示形式中的虚像和实物。为实现更好的虚实结合展示效果，项目团队分别基于嫦娥探测器模型实物、火箭模型实物、地球和月球模型实物等进行了虚实结合的展示研究，设计了多个展示方案，并针对展示方案开展了多次原型试验。经过不断地尝试和改进，最终选择利用垂直式磁吸运动系统技术实现地月半球模型的虚实结合展示。

此外，为有效利用我国嫦娥探测器获取的月球影像数据，方便观众查询了解，项目团队针对基于真实月球数据的三维可视化互动展示技术开展了深入研究，最终实现了大数据量、高清晰度的月面影像数据动态查询（见图4-1）。

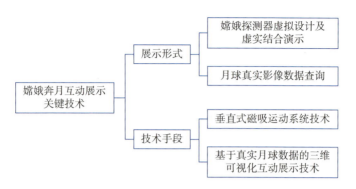

图 4-1 嫦娥奔月互动展示关键技术框图

（一）垂直式磁吸运动系统技术研究

为便于观众观看嫦娥探测器奔月过程的演示，项目团队利用磁吸技术，将月球模型与地球模型设置在垂直面并相互配合运动，通过叠加多媒体投影效果进行虚实结合演示。为确保展示效果，多媒体影像内容与实物模型需紧密融合，这在技术上就需要确保月球模型能够围绕地球模型平稳受控运动。于是，项目团队设计了一套磁吸式运动系统，通过在月球模型底部安装多个磁铁，在投影墙背后设计一个悬臂，其端部通过安装磁铁与月球模型相吸，从而牵引月球运动。在制作过程中，项目团队经过多次试验，采用伺服控制系统提升运动的精度和稳定性，选用钕铁硼强力磁铁增加月球模型与悬臂之间的吸力，设计万向轴承用于减小月球模型与投影墙面的摩擦阻力，采用聚甲醛材质小球替换万向轴承中常用的金属小球大大降低小球对投影幕的影响。通过以上方式，垂直式磁吸运动系统克服了磁场牵引可能造成的磁滞效应，实现了较好的磁吸运动效果。

（二）基于真实月球数据的三维可视化互动展示技术研究

本研究基于我国嫦娥探测器获取的真实月球影像及地形数据构建月球的三维可视化互动展示系统，让公众能够走进嫦娥探测器的探月成果，亲自查询、了解月球真实的影像数据。在研究过程中，项目团队突破海量地形和影像数据高效组织及动态加载、矢量数据的实时渲染及点选查询等难题。

1.海量地形和影像数据高效组织及动态加载

本研究所采用的 50 米分辨率的全月地形与全月影像数据量约 30G，即使经过压缩处理也将大大超过系统的内存，不可能一次性地载入以实现流畅的浏览漫游。考虑到月球地形和影像数据量异常庞大，项目团队基于分层层次细节模型（Hierarchical Level of Detail，HLOD）算法，构建多分辨率金字塔实现全月球海量地形数据实时渲染。多分辨率金字塔模型是一种"分块分层"模型，即采用倍率的方法构建，形成多个分辨率层次，从金字塔的底层到顶层，分辨率越来越低，但表示的范围不变；每层数据又由多个同一分辨率的模型构成。通过构建多分辨率金字塔模型，为本展品提供不同分辨率的地形数据。通过预处理，将全月地形数据和影像数据处理为多分辨率金字塔模型，并以四叉树的形式实现多分辨率金字塔模型的高效组织，以提高海量金字塔模型的访问速度。同时，根据观众触摸漫游时的视点距离模型的远近，越近加载越高分辨率的模型，越远则加载越低分辨率的模型，动态地将硬盘中多分辨率加载入内存，实现全月地形数据的实时流畅渲染。

2.矢量数据的实时渲染及点选查询

矢量数据用于标示地理坐标、地名、地形地貌等，是月表形貌的补充说明。本展品通过读取矢量数据，将数据转换为具有标示功能的三维模型，并基于视点信息，动态拣选，只渲染视点中可见的三维模型，实现月球地名等矢量数据的实时渲染。本研究采用了渲染到纹理（Render to Texture，RTT）的点选查询技术，实现月球地名点选后的扩展查询。渲染到纹理的点选查询技术，是将矢量数据构建的三维模型以不同颜色渲染到纹理，成为一张二维图片，此二维图片与触摸屏幕的像素点一一相对，再根据用户在屏幕上点选的位置查询对应的纹理颜色，实时判断选择了哪个月球地名，以进行月球地名信息的扩展显示。

三　"嫦娥奔月"展品研发

（一）设计目标

"嫦娥奔月"通过将多媒体互动、机电模型与投影影像虚实结合的展示形式有机结合，向观众展示嫦娥探测器从研发设计、发射升空、奔月绕月、落月探测的全过程以及获取的真实月面影像数据，让公众全方位地了解我国的探月工程，激发其对于深空探测的兴趣。

（二）技术路线

1. 主要结构

展品主要由嫦娥探测器虚拟设计操作台、大屏幕投影演示系统、真实月面影像数据查询台组成（见图4-2至图4-5）。

嫦娥探测器虚拟设计操作台主要由4个21寸触摸屏、展台等组成，该操作台主要进行嫦娥探测器虚拟设计互动。

大屏幕投影演示系统主要由投影墙、2台投影仪等组成，其中，投影墙上有1个地球半球模型和1个月球半球模型。月球半球模型通过磁铁吸附于墙面，通过投影墙后的磁吸式运动系统，可以围绕地球半球模型沿固定轨迹360度转动。大屏幕投影演示系统主要用于演示嫦娥探测器奔月过程及对月开展的探测活动。

真实月面影像数据查询台主要由1台28寸触摸一体机和展台组成，该部分主要用于查询真实月面影像。

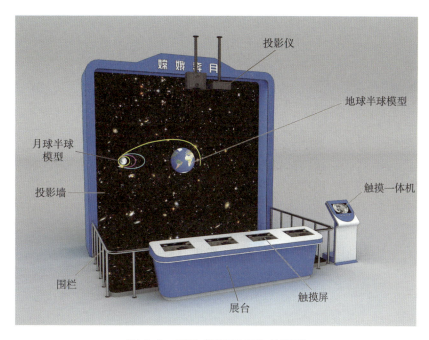

图 4-2　展品"嫦娥奔月"效果图

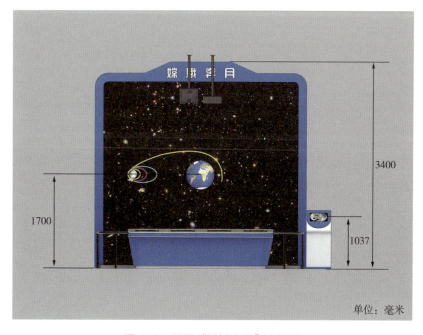

单位：毫米

图 4-3　展品"嫦娥奔月"主视图

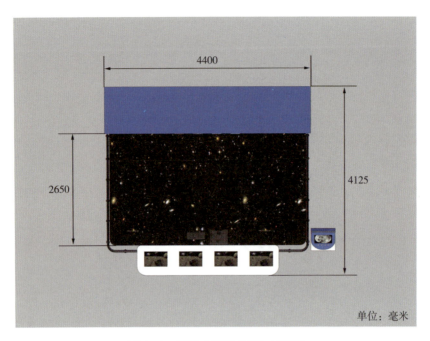

图 4-4　展品"嫦娥奔月"俯视图

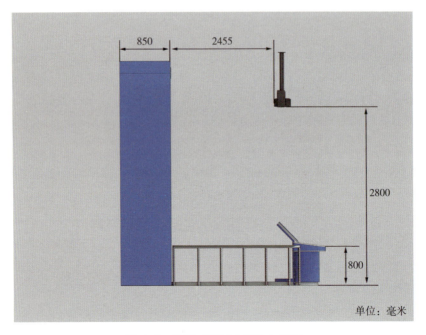

图 4-5　展品"嫦娥奔月"左视图

2. 展示方式

展品"嫦娥奔月"的互动体验主要分为嫦娥探测器虚拟设计及演示、真实月面影像数据查询两部分。

（1）嫦娥探测器虚拟设计及演示

观众通过点击操作台上触摸屏的相应内容，进行嫦娥探测器设计。首先，观众点击触摸屏中"进入设计任务"按钮，系统会随机发布嫦娥一号、嫦娥二号、嫦娥三号3种探测器中任意一种的设计任务列表。观众点击触摸屏中探测器设计任务列表的各项任务，进入设计组装页面，选择合适的卫星平台或有效载荷来用于执行该项任务，进行探测器设计。每次卫星平台或有效载荷组装完成后，都会有对错的提示，以辅助观众进行正确选择。

4个触摸屏之间采用联动的方式，4名观众可同时参与，共同完成设计任务，但每项任务在同一时间只能在一个触屏中进行设计。任务完成与否，会在任务列表中标注提示，以便观众查看当前任务列表的完成情况。待任务列表中的所有任务都完成后，触摸屏中会显示虚拟发射场景，观众点击"发射"按钮，进入嫦娥探测器奔月、探月过程演示。

火箭从触屏中发射到大屏幕投影中，观众在大屏幕投影演示系统中观看所设计的探测器奔月、探月情况演示。在大屏投影系统中，月球半球模型一直绕着地球半球模型转动。当火箭发射后，地球半球模型的空中出现虚拟探测器。虚拟探测器沿着奔月轨迹运行，逐渐远离地球半球模型，飞向月球半球模型，进行对月探测。大屏幕投影中以地球和月球之外的第三视角呈现探测器的奔月轨迹与过程介绍，并以画中画的形式展现探测器的近距离影像与对月探测活动。

通过虚实结合的展示方式，投影中的影像会实时与地球半球模型和月球半球模型的运动配合，地球与月球的立体动态影像投影到白色的半球模型上，展现出逼真的立体效果。

（2）真实月面影像数据查询

观众通过在28寸触摸一体机的主界面上以手指单点或两点触摸进行操

作，查询真实月面影像数据。该部分的互动体验由自由漫游、月球典型地貌路径漫游、月球地名查询、月球经纬度查询共 4 部分组成（见图 4-6）。

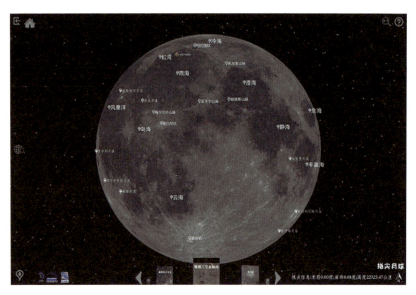

图 4-6　展品"嫦娥奔月"真实月面影像数据查询界面

自由漫游：观众通过在主界面上以手指单点、两点触摸操作以操控主显示区的三维数字月球放大、缩小和旋转，进行自由查看和漫游。

月球典型地貌路径漫游：触摸屏主界面的下方为月球典型地貌路径漫游选择区，内置 9 部典型月面漫游动画。观众可通过手指点击左右两个按钮对月球典型地貌缩略图进行浏览，然后通过手指点选感兴趣的月球典型地貌缩略图，主显示区根据观众所选择的缩略图，以对应的漫游路径引导观众对典型月表地貌飞行漫游，并配有解说。

月球地名查询：观众在主界面上点击月球地名查询按钮，进入月球地名分类界面，观众选择感兴趣的地名。主界面的三维月球转动到观众输入的月球地名区，此时观众可对此区域进行自由漫游浏览。地名查询包括月海（24 个不同地点）、撞击坑（50 个不同地点）、月球山脉（16 个不同地点）、月溪与月谷（50 个不同地点）以及以中国人名字命名的地名（14 个）。

月球经纬度查询：观众在主界面上点击经纬度查询按钮，进入经纬度查询界面，触控输入感兴趣的经纬度（北纬为正，南纬为负，东经为正，西经为负，纬度有效范围为 –90 度到 90 度，经度有效范围为 –180 度到 180 度），点击查询，主界面的三维月球转动到观众输入的经纬度区，此时观众可对此区域进行自由漫游浏览。

（三）工程设计

1. 机械设计

在虚实结合演示过程中，需要月球半球模型绕地球半球模型旋转运动，模拟月球绕地球公转，且整个机构固定于垂直投影墙面上，以便于观众互动观看。因月球公转的同时，投影墙面上还需投影画面，演示嫦娥探测器奔月、绕月过程，若采用传统的轨道式设计方式，则投影墙面上的轨道势必会影响投影画面整体效果。因此，项目团队设计了垂直式磁吸运动系统的方案，通过月球绕地球旋转机构带动月球模型绕地球 360 度精确受控旋转，转速可调，通过磁吸式月球随动机构，实现月球模型在垂直投影面上的良好受控跟随运动。

由此，"嫦娥奔月"展品的机械设计重点在于垂直式磁吸运动系统，该系统的设计核心在于月球绕地球旋转机构和磁吸式月球自转机构两个结构。

（1）月球绕地球旋转机构设计

月球绕地球旋转机构主要实现磁吸式月球机构的 360 度精确受控旋转运动。月球旋转半径为 950mm，伺服电机通过小齿轮带动回转轴承内齿转动，旋转板固定在回转轴承内齿上随动，磁吸式月球机构固定在旋转板前段，当伺服电机转动时即可带动磁吸式月球机构绕地球旋转运动，且伺服电机控制精度高，转速可调，运行可靠稳定。月球启停通过传感器控制，从而实现自动控制（见图 4-7）。

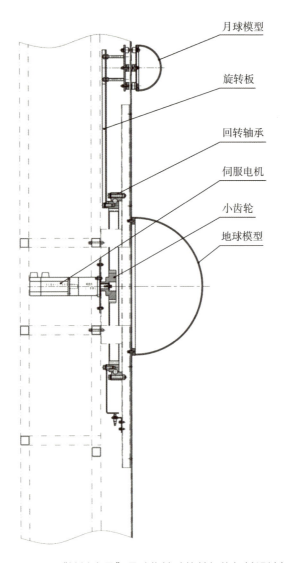

月球模型

旋转板

回转轴承

伺服电机

小齿轮

地球模型

图 4-7 展品"嫦娥奔月"月球绕地球旋转机构机械设计简图

（2）磁吸式月球自转机构设计

磁吸式月球自转机构主要由月球模型、万向轴承、内吸盘、外吸盘、强磁铁、旋转板等组成（见图 4-8）。月球模型、万向轴承和内吸盘全部固定在外吸盘上，内部将强磁铁和万向轴承固定在内吸盘上并与旋转板连接，外吸盘与内吸盘通过磁铁对吸在一起，并通过万向轴承对夹在面板上，伺服电机带动旋转板和内吸盘转动，通过磁盘和万向轴承从而实现月球旋转（见图4-9）。

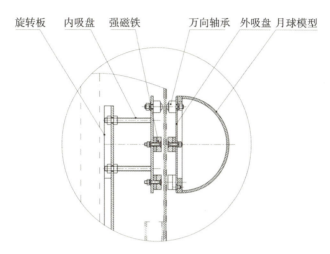

图 4-8　展品"嫦娥奔月"磁吸式月球自转机构机械设计简图

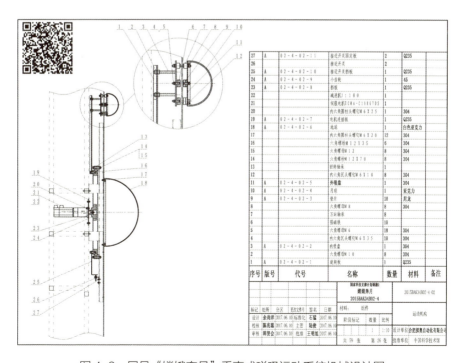

图 4-9　展品"嫦娥奔月"垂直式磁吸运动系统机械设计图

2. 电控设计

由于嫦娥探测器虚拟设计游戏可由多位观众同时体验，因此控制系统的实时协同通信是电控设计的重点之一。此外，为实现地月模型虚实结合演示嫦娥探测器奔月绕月过程，垂直式磁吸运动系统与多媒体投影画面的联动控制是电控设计的另一个重点。

电控系统主要包括电脑、投影仪、驱动系统、交换机等部分。操作台上设置有 4 台触摸屏，每台触摸屏连接 1 台电脑，垂直式磁吸运动系统的驱动系统与投影仪、音箱连接 1 台电脑。5 台电脑之间通过交换机连接以实现多个触摸屏的实时通信。观众通过触摸屏完成嫦娥探测器的虚拟设计游戏后，电脑控制驱动系统进行月球模型的受控旋转运动，同时，控制投影仪根据月球模型的运动状态实时投影多媒体画面，进行嫦娥探测器的奔月和绕月过程的联动演示（见图 4-10、图 4-11）。

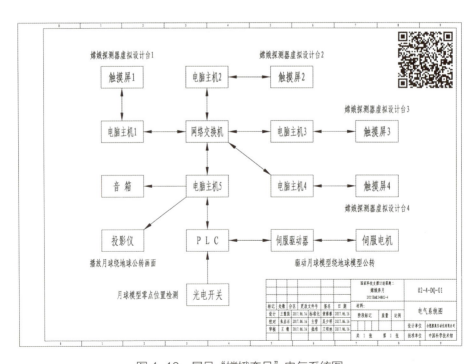

图 4-10　展品"嫦娥奔月"电气系统图

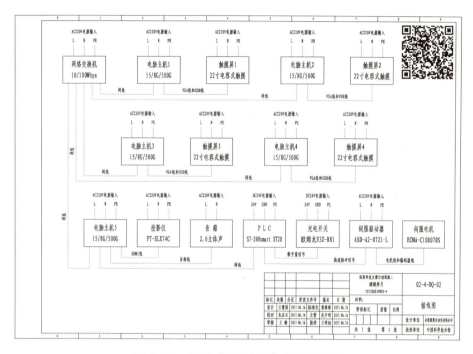

图 4-11　展品"嫦娥奔月"电气接线图

3. 多媒体设计

展品"嫦娥奔月"的多媒体设计主要包括以下两部分。

一是 4 个触摸屏与投影构成的嫦娥探测器虚拟设计及演示系统。此部分涉及观众操作界面和虚实结合动画,主要采用三维动画模拟的形式,在设计和制作的过程中需要注意与地球半球模型和月球半球模型实物的精确联动,以增强虚实结合的效果。

二是在触摸一体机中的真实月面影像查询系统。此部分画面由 50 米分辨率的全月地形数据与全月影像数据构成,观众可通过单点和多点触摸操作实现三维数字月球的放大、缩小、旋转、查询等功能。

(四)制作工艺

嫦娥探测器虚拟设计操作台采用一体化设计制作,台体采用钣金结构,台面为杜邦可丽耐人造石，触摸屏外的防护罩为钣金喷漆，结构强度高，外表美观。

投影墙采用钢结构设计制作，结构强度高，满足投影墙背后的悬臂式月球绕地球旋转机构的安装固定需求。

月球绕地球旋转机构中的齿轮采用 45 号钢数控加工，加工精度高，齿轮进行调质处理，齿面淬硬，之后镀锌处理，齿轮强度好，能够长时间稳定运行。旋转板采用 Q235 材质，激光切割加工，表面防锈处理。

真实月面影像数据查询系统的查询台根据触摸一体机尺寸进行设计，采用钣金结构设计制作，在一体机屏幕安装接触部分增加硅胶垫，以保护一体机。台体表面汽车烤漆处理，表面美观大方。

（五）外购设备

表 4-1 外购设备

序号	项目名称	规格 / 型号 / 材质	单位	数量	品牌
1	漏电保护开关	EA9C 1P+N C32 Vigi 30mA	个	1	施耐德
2	断路器	iC65N 2P C10	个	1	施耐德
3	电脑主机	启天 M4650 i5	台	5	联想
4	触摸一体机	Surface Studio	台	1	微软
5	网络交换机	S1008A	台	1	华三
6	触摸屏	22 寸，电容式触摸	台	4	安美特
7	投影仪	PT-SLX74C	台	2	松下
8	播放器	MP20 高清播放器	台	1	美利多
9	音箱	R18T 立体声 2.0	对	1	漫步者
10	I/O 板卡	USB5538	个	1	阿尔泰
11	PLC	ST20 DC/DC/DC	个	1	西门子

序号	项目名称	规格/型号/材质	单位	数量	品牌
12	中间继电器	RXM2LB2BD	个	7	施耐德
13	光电开关	E3Z-R81，PNP	个	1	欧姆龙
14	开关电源	RS-25-24	个	1	明纬
15	开关电源	DR-30-24	个	1	明纬
16	伺服驱动器	ASD-A2-0721-L	台	1	台达
17	伺服电机	ECMA-C108070S	台	1	台达

（六）示范效果

为更加全面且逼真地展示嫦娥探测器的探月过程及成果，项目团队针对展示形式开展了深入研究，基于探测器模型实物、火箭模型实物、地月模型实物进行了虚实结合的展示研究，尝试了多个展示方案，最终利用垂直式磁吸运动系统技术实现地月半球模型在垂直平面的平稳运动，确保了模型与投影影像的精确配合，达到较好的虚实结合效果，逼真地模拟演示了嫦娥探测器的探月过程。此种展示形式具有较好的通用性，基于"嫦娥奔月"展品的硬件展示系统，可在软件上扩展补充后续新型号的嫦娥探测器内容，实现展示内容的可持续化更新，为公众及时展示探月工程的最新进展。

此外，项目团队还有效利用我国嫦娥探测器获取的月球影像及地形数据，构建可交互的三维数字化月球，便于观众直观地了解月球形貌，该形式属于国内首创，有效地将科技创新成果转化为科普展教资源。

展品"嫦娥奔月"研制完成后，落地宁夏科技馆展出，并被复制推广至新疆科技馆进行展示，吸引了大量观众参观，受到广大公众及社会各界广泛关注和一致好评。项目团队研发的"一种用于展示嫦娥探月工程成果的互动科普展品"获得实用新型专利的授权。

第五章 互联网技术互动体验平台展示技术研究

随着移动互联网的快速发展，我国个人移动终端的普及率大大提升，手机、平板电脑的持有量屡创新高。同时，随着各种移动应用软件的出现，各种网络社交、网络办公已经日渐深入我们的日常工作和生活，移动互联网技术已成为连接线上线下的重要纽带。我国互联网的发展在数字经济、技术创新、网络惠民等方面不断取得重大突破，有力地推动了网络强国建设的战略实施。在此背景下，向公众进一步推广宣传互联网技术势在必行。

针对互联网技术的展示，在科技馆中早已有之，但其展示多为多媒体的形式，也少有机电互动的形式，如上海科技馆曾经展出过通过机电轨道传送黑白两色的球来模拟联网数据传输。已有的互联网技术展示形式较为单一，缺少对互联网的全方位解读。因此，在"互联网技术互动体验平台展示技术研究"中，项目团队深入挖掘观众感兴趣并且可以生动体现互联网技术的展示方式，通过线上与线下相结合的迷宫闯关游戏，让公众感受到互联网技术特点与重要作用，达到科普的效果。

一　展示技术难点分析

目前，互联网应用软件种类繁多，其中不乏大量的科普类软件，它们都是应用了互联网的基础功能来实现如视频教学、互动直播、线上游戏等，它们是以学习知识为根本出发点，然后附带一些如在线聊天等互联网娱乐的功能。在今天这个信息飞速发展的时代，各种新奇功能的应用软件层出不穷，这些教具式的科普软件并不能吸引人们的注意力。互联网科普体验根本出发点应该是寓教于乐，因此本研究的第一个难点是采用何种寓教于乐的表现形式和内容向公众进行科普，使其对互联网技术原理和应用留下深刻的印象。

现有大多数互联网应用软件，由于受制于线下场地、环境等因素，观众只能体验到线上部分，例如，大部分的手游，网民只能隔着小小的手机屏幕，在虚拟世界中穿梭，即使虚拟世界再精彩，人们也只能停留在冰冷的屏幕后，缺乏实体的互动和交流。因此，本研究的另一个难点是如何让观众在体验互联网平台给我们的生活带来便利的同时，又能体验到人们面对面协作的乐趣。

此外，在技术实现上，互联网技术互动体验平台要求平台软件对于各终端设备系统有良好的兼容性。但是，目前移动终端形式多样，操作系统主要有 Android、iOS、Windows 等几种主流系统，同时也有如 MIUI、Smartisan OS 等基于原操作系统的衍生系统以及各操作系统的不同版本。而且，移动终端的屏幕尺寸不同，导致终端显示分辨率五花八门，使软件兼容性成为需要解决的难点。如何在移动终端多样化的情况下，设计开发适配用户主流移动终端参与系统，使系统能够在多平台、多版本下流畅、快捷的使用，同时能够实现软件的向上兼容以及向下兼容也是本研究的技术难点。

二　展示关键技术研究

为了解决上述技术难点，生动、直观、有趣地将互联网技术互动体验平台呈现给观众，项目团队调研了大量技术和应用案例，试图在展示形式与技术手段上有所创新。在展示形式方面，项目团队从满足现今广大青少年对未知事物的新奇出发，借鉴当前较为流行的密室逃脱玩法，将科普知识答题闯关与实体迷宫探秘相结合，并且融入当今网络分享好友助力，将互动体验和社交传播融合在一起，打破时间与空间的限制，给公众一个全新的立体迷宫体验。为实现以上展示形式，在技术手段方面，项目团队针对基于微信的 H5 开发技术、室内定位技术进行了重点研究（见图 5–1）。

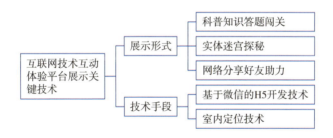

图 5-1　互联网技术互动体验平台展示关键技术框图

（一）基于微信的 H5 开发技术研究

针对目前手机诸多的操作系统，项目团队设计采用 H5 技术，即利用 HTML 软件跨多个平台（安卓系统、iOS 系统、WP8 系统、PC 系统等）。软件平台基于微信开发，由于微信的特性，所以可以在四大平台直接运行，可实现 WiFi 或移动网络两种方式进行联网交换数据。

（二）室内定位技术研究

闯迷宫需要知道观众在迷宫中的位置与路线，项目团队调研了目前已有的室内定位技术，最终采用了比较成熟的 iBeacon 技术，在迷宫中引入 iBeacon 蓝牙定位装置，根据具体的迷宫布局，放置在不同的位置，可以用来向观众提供一些简单的定位服务，例如，在迷宫中各类宝箱以及其他重要角色的坐标位置等。

三 "智闯迷宫"展品研发

（一）展示目的

"智闯迷宫"展品将实体闯迷宫与互联网答题闯关相结合，通过多人线上互动的游戏体验，在模块化可动态拼装的实体迷宫当中游戏闯关互动，使观众在参与体验中充分认识互联网技术的信息传播与社交属性，感受网络信息社会的先进性和重要性，激发观众尤其是青少年利用互联网技术和开发互联网技术的兴趣。

（二）技术路线

1. 主要结构

迷宫的搭建采用立体式结构，分别设置 1.4 米、1.6 米两种不同高度的墙体以对迷宫的区域进行划分。迷宫共划分为 6 个区域，每块区域的墙面用不同的颜色区分，从而提示观众目前所在的区域位置。墙面设置有二维码和小型壁挂式展品（见图 5-2 至图 5-5）。

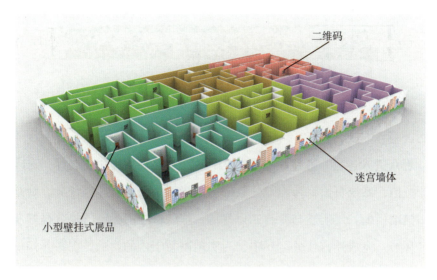

图 5-2 展品"智闯迷宫"效果图

24500

单位：毫米

图 5-3 展品"智闯迷宫"主视图

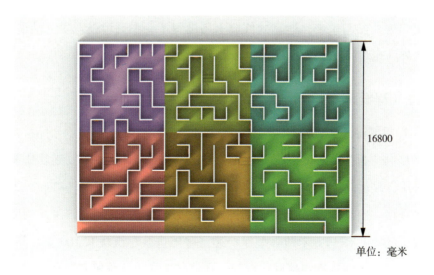

16800

单位：毫米

图 5-4 展品"智闯迷宫"俯视图

图 5-5 展品"智闯迷宫"左视图

2.展示方式

观众进入迷宫，通过手机微信扫码进入 H5 互动程序，选择"进入迷宫"按钮，系统页面将弹出"任务书"来指引观众执行迷宫任务。观众通过扫描墙面的二维码参与科普知识答题、体验壁挂展品、网络分享好友助力等环节，完成迷宫任务。其中，为实现寓教于乐的目的，在科普知识答题的题库中精选了多个领域的科普知识，涵盖了天文、地理、生物、工业、农业、航天等内容；为了丰富迷宫的体验感，在迷宫不同区域设置了多件实体科普壁挂展品，分别展示了多个经典的科学现象；为展现互联网的联通特性，系统设置了好友助力功能，观众可以将当前的迷宫体验分享给微信好友，邀请好友点赞，收集的点赞数多，能在游戏中获得相应奖励，通过这个方式扩大展品的传播影响力。此外，为充分利用迷宫的外围墙面，让更多观众参与进来，迷宫的外墙上还设置了一系列增强现实互动展品，迷宫外的观众可以通过手机扫描二维码后同步参与。

（三）工程设计

1.机械设计

展品"智闯迷宫"机械设计的重点在于迷宫墙体的设计。迷宫拼装模块采用标准化设计，尺寸为 140cm × 140cm × 20cm 与 160cm × 140cm × 20cm 两种规格。迷宫内以 10 × 12 单位网格状设计，通道内宽度 1.3 米。内墙体高度分为 1.4 米、1.6 米两种型号。迷宫整体拼装总模块有 160 块。其中，骨架部分使用镀锌管焊接制作框架，在壁挂展品位置预留安装孔，方便壁挂展品安装。外壳部分使用铝板钣金制作，外壳与框架使用硅酮胶粘接，整体结构轻巧，重量轻，便于运输安装。模块之间安装使用铁质接插件，接插件配合实现无螺钉化，模块间固定稳固，安装拆卸方便（见图5-6至图5-8）。

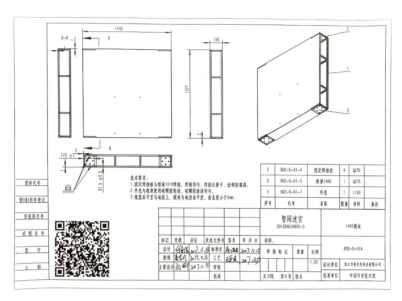

图5-6　展品"智闯迷宫"迷宫墙体拼装模块机械设计图

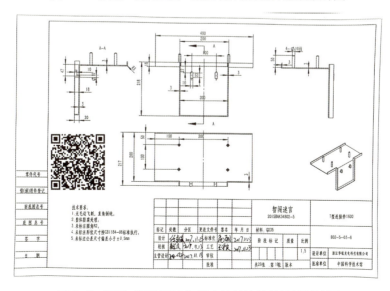

图5-7　展品"智闯迷宫"迷宫墙体连接件机械设计图

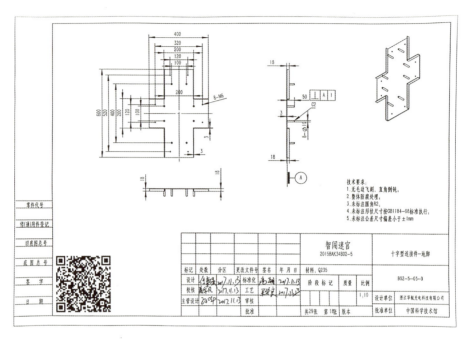

图 5-8 展品"智闯迷宫"迷宫墙体连接件机械设计图

2. 多媒体设计

本展品多媒体部分主要为手机上的 H5 互动程序，其主要用于引导观众执行迷宫任务。为加快 H5 的加载速度，并在观众操作时程序能够流畅运行，此部分多媒体采用二维动画的形式进行制作。并且，采用当前互联网手机游戏流行的卡通风格进行界面设计，吸引观众尤其是青少年的参与。

（四）制作工艺

展品"智闯迷宫"的迷宫模块使用 25cm×25cm 方管焊接骨架，在骨架外使用硅酮胶粘接 2mm 厚铝板，硅酮胶可以很好地保证结构连接强度，并有一定的减缓冲剂效果，实际使用过程中可以减少观众对模块整体的冲击以及对观众安全性危害。模块上设有用于实体展品挂机用开孔，便于安装拆卸实体展品。迷宫模块连接使用抽插形式的配件，配件强度高，无螺栓设计，安装拆卸方便。抽插件使用 3mm 厚度的 Q235 材质钣金制作。抽插件设计为多种形式，可实现迷宫"T"字形、"L"字形、"十"字形等连接模式。

（五）外购设备

表 5-1 外购设备

序号	项目名称	规格 / 型号 / 材质	单位	数量	品牌
1	1600 模块	定制（镀锌管框架＋铝板封面）	块	10	
2	1400 模块	定制（镀锌管框架＋铝板封面）	块	150	
3	小地台	定制（镀锌管框架＋铝板封面）	个	6	
4	水平接插件	定制 Q235	个	60	
5	T 形连接件 1600	定制 Q235	个	8	
6	T 形连接件	定制 Q235	个	10	
7	T 形连接件 地脚	定制 Q235	个	18	
8	十字形连接件	定制 Q235	个	2	
9	十字形连接件地脚	定制 Q235	个	2	
10	L 形连接件	定制 Q235	个	20	
11	L 形连接件 地脚	定制 Q235	个	20	
12	水平连接件	定制 Q235	个	55	
13	水平连接件 地脚	定制 Q235	个	60	
14	直线连接件 1600	定制 Q235	个	5	

续表

序号	项目名称	规格 / 型号 / 材质	单位	数量	品牌
15	L 形连接件 1	定制 Q235	个	30	
16	L 形连接件地脚 1	定制 Q235	个	30	
17	橡胶地脚、螺栓等辅材		套	1	

（六）示范效果

课题启动后，项目团队对互联网技术中的跨平台技术、定位技术、增强现实技术进行了系统深入的研究，方案经过不断调整优化后，确定了上述技术方案在展示互联网技术的可行性。在展品"智闯迷宫"研发过程中，汇聚了项目团队的集体智慧和努力付出。为了更好地展现互联网技术，保证展示效果，项目团队修改了多次方案，确定了最终以迷宫为载体的展示形式，解决了基于微信的 H5 开发、室内定位的技术难题，实现了关键技术研发目标。

展品"智闯迷宫"研制完成后，北京组织了多场科普活动，邀请多所中小学校学生参观体验，受到广大公众及社会各界广泛关注和一致好评。

第六章

3D 打印快速成型互动展示技术研究

快速成型技术是集计算机辅助设计、计算机辅助制造、计算机数字控制、精密伺服驱动、激光和材料科学等先进技术于一体的新技术，对促进企业产品创新、缩短新产品开发周期、提高产品竞争力有积极的推动作用。

与传统的切削加工（车、铣、刨、磨）的材料去除加工方法，以及热成型加工（铸造、锻压）的等量材料加工方法相比，快速成型是一种材料累加的加工成型方法。任何三维零件都可以看作是许多等厚度的二维平面轮廓沿某一坐标方向叠加而成的。依据计算机上构成的产品三维设计模型，可将三维模型切分成一系列平面几何信息，即对其进行分层切片，得到各层截面的轮廓，按照这些轮廓，喷射源选择性地喷射一层层的粘接剂或热熔材料等，形成各截面轮廓并逐步叠加成三维产品。由此可见，快速成型是由三维转换成二维，再由二维累积到三维的工作过程。它将复杂的三维加工分解成简单的二维加工的组合，从而可以自动、直接、快速、精确地将设计思想转变为具有一定功能的模型或直接制造产品，已成为制造业新产品开发的一项重要策略。

3D 打印是快速成型技术的一种，又称增材制造，它是一种以数字模型文件为基础，运用粉末状金属或塑料等可黏合材料，通过逐层打印的方式来构造物体的技术。针对 3D 打印技术，较多科技馆都设有相关展示内容，但多采用 3D 打印成品陈列、小型 3D 打印机现场实物打印的方式，展示方式没有互动，观众较难从中理解 3D 打印的工作过程及原理。

为更直观地展示 3D 打印的技术原理，提高展品的互动性，在"3D 打印快速成型互动展示技术研究"中，项目团队对 3D 打印的工作过程进行分解和提炼，通过开展对三维到二维的数据快速转换技术、小颗粒显示载体的材料性能、复杂高精度机电一体化技术的研究，实现用机电系统对 3D 打印过程的模拟，让观众直观地了解 3D 打印机的分层切片、逐层累加的工作原理，并认识 3D 打印机在生产生活中的应用价值。

一　展示技术难点分析

科技馆多采用 3D 打印成品陈列、3D 打印机现场加工制作的方式对 3D 打印技术进行展示。3D 打印成品多以造型独特、结构复杂吸引观众，但是观众无法从中了解背后的制作过程。而 3D 打印机现场加工制作虽能展现 3D 打印的制作过程，但是耗时较长，观众无法在短时间内看到打印结果，并且 3D 打印机在短时间内的打印动作基本一致，较难观察实物在打印过程中的变化。因此，观众较难从以上展示形式中了解 3D 打印的工作原理。

3D 打印本身就是一项耗时长、重复度高的工作，在短时间内变化细微。而科技馆的展示需现象明显，且需便于观众观察。因此，如何将 3D 打印漫长的过程抽象简化，并在短时间内对 3D 打印的过程进行直观模拟演示，是本研究的难点。

二　展示关键技术研究

为突破现有展示形式，让观众能在短时间的体验中认识 3D 打印的工作原理，项目团队尝试通过机电系统的方式对 3D 打印的工作过程进行模拟演示。根据 3D 打印基于三维向二维转换，再由二维累积到三维的数据转换原理，通过构建一个三维模型实物的多层平面数据提取系统，并设置分层平面叠加的机电装置，将平面数据逐一绘制在对应平面上，逐层叠加，从而将 3D 打印的工作原理直观地展示。

为确保分层平面叠加装置上所显示的平面数据经叠加后能尽可能逼近三维模型实物，同时又能保证该装置的机电结构稳定运行，需选择合适的分层平面数据成像方式及显示载体、分层数量。

项目团队首先从分层平面的结构和材料入手，选取带点阵孔的透明亚克力板、导电玻璃板、普通透明亚克力板等进行了多次分层平面数据叠加成像试验。同时，为确保分层平面数据的笔迹明显、色泽美观、易于清除，还对多种小颗粒材料的性能进行了研究。根据以上研究结果，项目团队最终确定了以多层透明亚克力板承载流动性较好的微小粒径铬刚玉磨料砂进行成像展示的方式。

此外，分层数量的多少也影响三维立体成像效果，数量太少会导致无法显示出逼近三维实体模型的数据信息，数量太多会加大机电结构精准控制和稳定运行的难度。经过对分层数量的多次试验，并不断改进机电结构，项目团队最终研制出一套基于 16 层分层数据的 3D 打印机电演示系统，攻破多项技术难题，为复杂高精度机电系统的开发积累了技术经验（见图 6-1）。

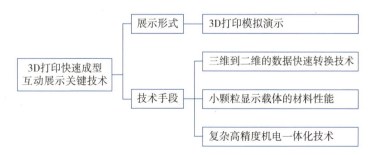

图 6-1　3D 打印快速成型互动展示关键技术框图

（一）三维到二维的数据快速转换技术研究

为实现 3D 打印工作过程的快速模拟展示，首先需要将三维模型转换为多层二维平面数据。项目团队初期计划采用三维扫描仪来实现数据转换，通过实时扫描三维模型实物后，生成三维数据，再对数据进行分层切割、处理以提取出多层平面数据。但三维扫描仪获取数据耗时较长，并且生成的数据容易漏点，不能满足展示需求。经过多次研讨和测试，项目团队决定预先制作多种造型的三维模型实物，通过计算机软件将三维模型实物提前分割为多层平面数据，并在每个模型实物底部安装 RFID 芯片。展示互动时，通过检测 RFID 芯片信息即可识别模型实物种类，根据预先获取的平面数据进行匹配，即可快速获取三维模型的多层平面数据，大大提高了观众互动时的识别效率，有效缩短了观众的操作等待时间。

（二）小颗粒显示载体的材料性能研究

为满足快速打印的需求，显示载体需满足颗粒小且均匀、显色度高、弹性小、摩擦系数大、硬度高的要求。小且均匀的颗粒可使打印笔迹足够精细；较小弹性和较大摩擦系数的颗粒可保证在快速打印时笔迹的稳定，不因颗粒反弹造成笔迹的变形；高显色度的颗粒可以确保笔迹的美观；高硬度的颗粒能够增加重复使用次数。为此，项目团队在各种尺寸的小颗粒材料如钢球、水洗河沙、钢砂、刚玉砂、铬刚玉砂等进行遴选，经过数百次实验，选择彩色 80# 铬刚玉精选磨料砂作为打印显示载体，取得了很好的展示效果。

（三）复杂高精度机电一体化技术研究

该 3D 打印演示系统要实现多层透明亚克力板的旋转控制，并且透明亚克力板之间距离不能太大，否则会影响成像效果，在实现控制目标的同时尽可能减小板与板之间的间距，并保证不同层之间的重叠精度。此外，为确保打印的笔迹统一，还需控制打印喷头稳定且均匀地投料。以上这些要求都对机电设计提出了较大的挑战。经过多次设计、验证及再设计，项目团队攻克了多层透明亚克力板的高精度重复运动，打印喷头的稳定、均匀投料等技术难题，最终开发了一套演示效果明显、运行稳定的 3D 打印机电一体化演示系统，也为复杂高精度机电系统的开发积累了技术经验。

1. 多层透明亚克力板的高精度重复运动

分层平面叠加装置用于承载小颗粒显示载体，包括 16 层透明亚克力板，根据展示需求，16 层透明亚克力板需要反复精确旋转至固定位置以保证良好成像效果，这要求每层板需具有足够的刚度和高精度的旋转运动控制。为提升结构刚度、降低结构重量，对每层板设计了独立的支撑结构并用碳纤维板固定连接。通过将透明亚克力板结构模块化分层设计，在两侧安装传感器实时检测板的位置，有效确保了 16 层板的高精度重复运动。此外，为确保每层透明亚克力板的运动稳定性，每层板都采用独立电机驱动。每层板之间空间较小，这对电机选型设计提出了较高要求。项目团队在设计中试验了几十种电机，综合测试了电机尺寸、扭力、速度等多个参数，最终筛选出一款符合展示要求的微型蜗轮蜗杆减速电机，保证了每层透明亚克力板的稳定运动。

2. 打印喷头的稳定、均匀投料

能否在显示承载平台上稳定、均匀地投放小颗粒显示载体直接影响展示效果的好坏。项目团队先后尝试了滚轴式连续单颗粒数控投料方式、沙漏重力投料方式，由于机构磨损严重不能长期使用、投料笔迹粗细不均匀、材料堆积不出料等，以上投料方式均遭受失败。经过多次深入的头脑风暴，项目团队最终设计了一种可控逆旋动力沙漏快速投料方式，经过长时间试验，实现了载体颗粒的稳定、均匀投料。

三 "3D 打印的秘密"展品研发

（一）展示目的

"3D 打印的秘密"通过机电系统实时模拟，向观众展示 3D 打印机的原理及过程，使其了解在 3D 打印中所采用的分层切片、逐层累加的加工方法，从中认识到 3D 打印技术在工业生产中的重要作用。

（二）技术路线

1. 主要结构

"3D 打印的秘密"主要由 3D 打印展示系统、显示屏、模型、操作区、小颗粒物料（铬刚玉磨料砂）、控制系统、物料回收漏斗、展台组成。3D 打印展示系统包括 16 层透明亚克力板及其转动机构、打印喷头、导轨及运动机构、翻转机构等，操作区包括"启动"按钮、摇杆、识别区等（见图 6-2 至图 6-5）。

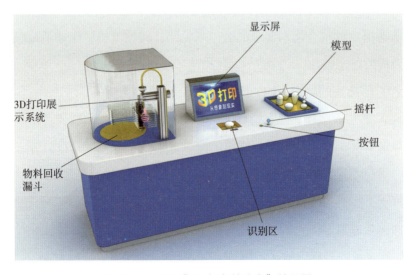

图 6-2 展品"3D 打印的秘密"效果图

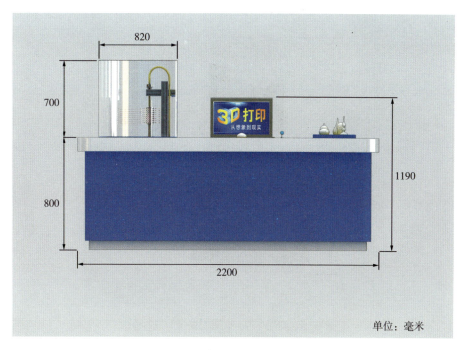

单位：毫米

图 6-3 展品 "3D 打印的秘密" 主视图

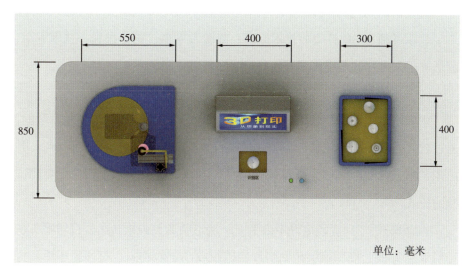

单位：毫米

图 6-4 展品 "3D 打印的秘密" 俯视图

单位：毫米

图 6-5　展品"3D 打印的秘密"左视图

2. 展示方式

观众通过摇杆和按钮选择体验内容：认识 3D 打印、体验 3D 打印。

（1）认识 3D 打印

显示屏播放 3D 打印的技术原理、起源及发展、工作过程、技术应用、前景等相关内容的多媒体视频。

（2）体验 3D 打印

观众选择模型并放入展台识别区中，系统自动识别取得模型轮廓数据，通过软件处理将模型轮廓分为 16 层截面切片，显示屏中显示模型切片，并出现"自动模式"和"手动模式"选项，观众通过摇杆和按钮选择想要体验的模式。

自动模式：3D 打印组件中最下面一层透明亚克力板转出，打印喷头在透明亚克力板上按照该层截面切片轨迹投放小颗粒物料；打印完毕后，打印喷头上移，转出第二层透明亚克力板，打印喷头同样在上面按照相应截面切片轨迹投放小颗粒物料；如此反复，直至 16 层透明亚克力板上的小颗粒物料投放完毕。观众可以看到透明亚克力板中小颗粒物料形成的造型与选择的模型非常类似。

手动模式：显示屏画面中提示观众操作摇杆选择任意层进行打印，观众可以选择一层或多层。选择完成后，观众按下"启动"按钮，3D 打印组件根据观众选择的层数，在透明亚克力板上按照相应层的截面切片轨迹投放小颗粒物料。观众可以对比观看每层透明亚克力板中小颗粒物料形成的造型与相应层的截面切片轨迹。

（三）工程设计

1. 机械设计

"3D 打印的秘密"的机械设计难点主要包括透明亚克力板组件及翻转回收机构、打印喷头组件两个关键结构的设计（见图 6-6、图 6-7）。

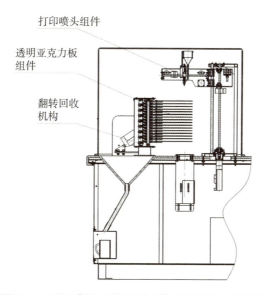

打印喷头组件

透明亚克力板组件

翻转回收机构

图 6-6　展品"3D 打印的秘密"机械设计总成简图

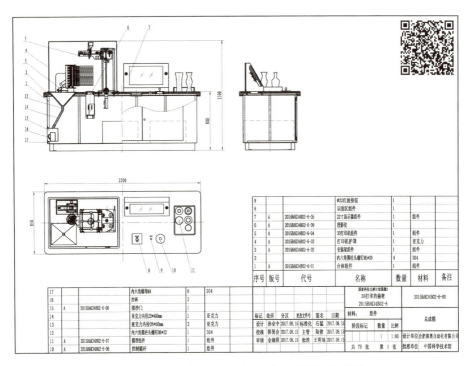

图 6-7　展品"3D 打印的秘密"机械设计总成图

（1）透明亚克力板组件及翻转回收机构设计

在展示过程中，需要对 16 层打印平台透明亚克力板进行旋转控制，但因 16 层板之间的距离不能太大，否则会影响成像效果，在实现控制目标的同时尽可能降低板与板之间的间距，并保证不同层之间的重叠精度，这对打印系统的设计提出了较大的挑战，包括电机的选取、电机的固定、线路布置等，都具有一定难度。项目团队尝试了多个设计方案，最终将透明亚克力板的长 × 宽 × 高设置为 270mm × 180mm × 3mm，既保证了充足的打印面积，又具有一定的刚度。相邻两层透明亚克力板的间距为 14.5mm。透明亚克力板通过一块碳纤维安装板固定在一根转动轴上，碳纤维安装板与一个大齿轮固定连接，电机输出轴连接的小齿轮与大齿轮啮合，以驱动碳纤维安装板转动，最终实现了 16 层透明亚克力板准确且稳定的转动（见图 6-8、图 6-9）。

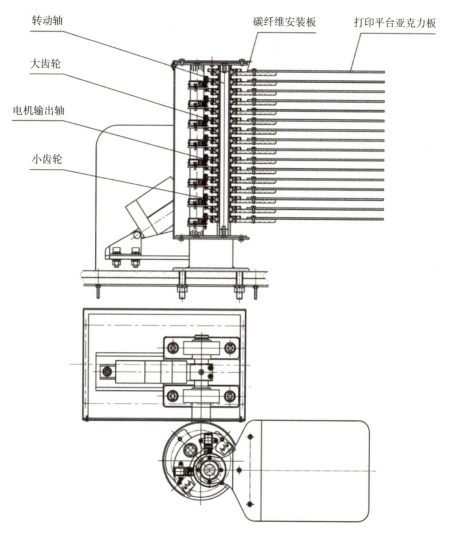

转动轴

大齿轮

电机输出轴

小齿轮

碳纤维安装板

打印平台亚克力板

图 6-8 展品 "3D 打印的秘密" 透明亚克力板组件及翻转机构机械设计简图

序号	版本	代号	名称	数量	材料	备注
31	A	2015BAK34B02-6-02-15	安装架	1	Q235	
30			电动推杆12V/DC/行程50mm	1		
29	A	2015BAK34B02-6-02-14	电动推杆螺柱	2	304	
28			卡箱	2		
27			内六角圆柱头螺钉M4X45	1		
26			φ23轴卡簧	1		
25	A	2015BAK34B02-6-02-13	安装架防护罩	1	Q235	
24			轴承座205	2		
23	A	2015BAK34B02-6-02-12	打印平台亚克力板	16	亚克力	
22	A	2015BAK34B02-6-02-11	打印平台盒安装板	16	碳纤维	
21			内六角头螺钉M4X10	48		
20	A	2015BAK34B02-6-02-10	轴承205	1	304	
19			内六角平头螺钉M4*12	1		
18	A	2015BAK34B02-6-02-09	顶部封板	1	Q235	
17	A	2015BAK34B02-6-02-08	电机从螺柱	1	304	
16	A	2015BAK34B02-6-02-07	废钢轮	1	304	
15	A	2015BAK34B02-6-02-06	轴承608ZZ	15	304	
14			轴承608ZZ	16		
13			氢丝簧φ32	16		
12			十字孔头螺钉M3X12	64		
11			大齿轮	16		
10			平头顶丝M2X2	16		
9	A	2015BAK34B02-6-02-04	合齿轮	16	45	
8			十字孔头螺钉M3X10	32		
7			电机	16		
6			内六角圆柱头螺钉M4X10	32		
5	A	2015BAK34B02-6-02-03	电机安装板	16	ABS	
4	A	2015BAK34B02-6-02-02	打印平台安装板	1	Q235	
3			十字孔头螺钉M3X15	1		
2	A	2015BAK34B02-6-02-01	底座安装板	1	Q235	
1			内六角圆头螺钉M2X12	4		
序号	版本	代号	名称	数量	材料	备注

序号	版本	代号	名称	数量	材料	备注
48	A	2015BAK34B02-6-02-22	传感器安装板	2	Q235	
47	A	2015BAK34B02-6-02-21	筋部安装板	1	Q235	
46			六角螺母M8	1		
45	GB/T70.1-2000		球头预紧杆*16	1		
44	GB/T70.1-2000		内六角螺杆头螺钉M4*8	1		
43	A	2015BAK34B02-6-02-20	限位块	1	聚氨酯	
42	GB/T70.1-2000		内六角沉头螺钉M4*12	1		
41			行程开关	34		
40	A	2015BAK34B02-6-02-19	垂直限位板	1	304	
39	A	2015BAK34B02-6-02-18	球头杜塞下固定块	1	304	
38	A	2015BAK34B02-6-02-17	球头杜塞上固定块	1	304	
37			六角螺母M6	4		
36			内六角头螺钉M4*30	4		
35			内六角平头螺钉M4*30	4		
34	A	2015BAK34B02-6-02-16	摇摆环	1	304	
33			内六角沉头螺钉M4*12	4		
32			六角螺母M4	4		
序号	版本	代号	名称	数量	材料	备注

图 6-9 展品"3D打印的秘密"透明亚克力板组件及翻转机构机械设计图

（2）打印喷头组件设计

展品中使用的打印载体是 0.2mm 的小颗粒，要保证成像的轨迹精度及颗粒释放精度，就需要在打印过程中，颗粒能均匀、平稳地落在透明亚克力板上，这就对打印喷头的设计精度及稳定性提出了较高的要求。项目团队在设计打印喷头的过程中，为了保证此类微小粉末颗粒稳定地受控、均匀地落下，遇到了较多的难题。打印喷头的结构也多次进行了更改，最终实现了技术目标。

打印喷头主要由漏斗、丝杆、贯穿电机、落料头等组成。漏斗通过一个不锈钢管子与落料头相连，贯穿电机与丝杆相连。投料时，贯穿电机旋转，带动丝杆运动，丝杆中的螺旋齿带动颗粒往下投放。

打印喷头固定在一个光杆十字架结构上，十字架末端各固定一个滑块，每个滑块与一根光轴连接，通过步进电机、同步轮、同步带驱动光轴旋转，以此实现喷头在 X 轴和 Y 轴的运动。同时，将打印喷头、丝杆、电机等零部件固定在一个框架上，框架末端通过两个螺母与 Z 轴方向的丝杆连接，并在框架的上下和两端各增加一个滑块，滑块再与光杆相连。Z 轴丝杆通过与一个伺服电机固定连接，电机驱动丝杆旋转，以此实现打印喷头沿 Z 轴的运动（见图 6-10、图 6-11）。

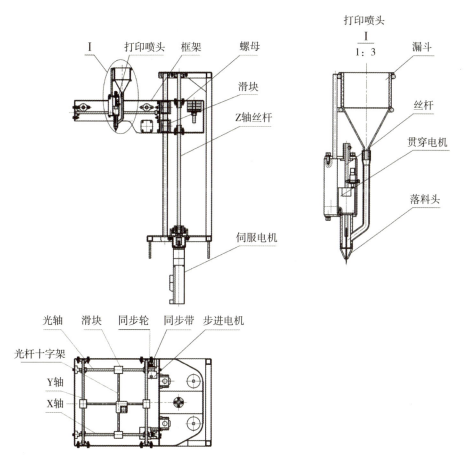

图 6-10　展品"3D 打印的秘密"打印喷头组件机械设计简图

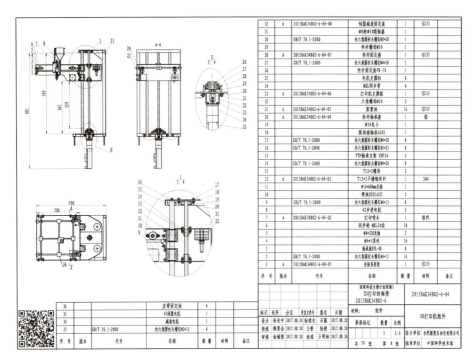

图 6-11 展品"3D 打印的秘密"打印喷头组件机械设计图

2. 电控设计

电控系统的重点是要实现透明亚克力板组件及翻转回收机构、打印喷头组件相关的联动控制，显示屏多媒体视频播放，以及定制模型的识别等功能，以实现展品的自动演示。

观众通过按钮和摇杆进行选择确认的操作，I/O 板卡用于获取按钮和摇杆信号。每个定制模型下方固定有 RFID 芯片，读卡器用于识别观众选择的定制模型。电脑主机根据观众的操作和选择的模型，控制显示屏播放相应多媒体内容。同时，电脑主机与 PLC 进行通信，PLC 控制伺服驱动器、步进驱动器、电动推杆、旋转马达按照程序预设指令运动，完成自动打印展示功能。通过微动开关实现切片的限位检测，以防止零部件运动超出限位。使用投影仪在透明亚克力板上打光，以便观众能更清晰地看到打印展示过程和结果（见图 6-12、图 6-13）。

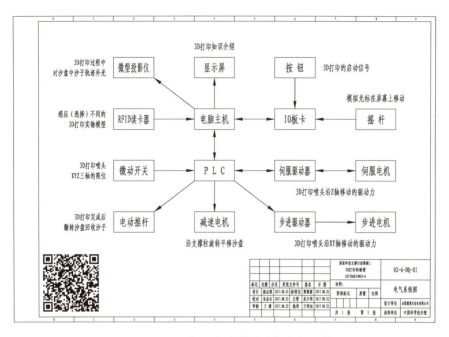

图 6-12　展品"3D 打印的秘密"电气系统图

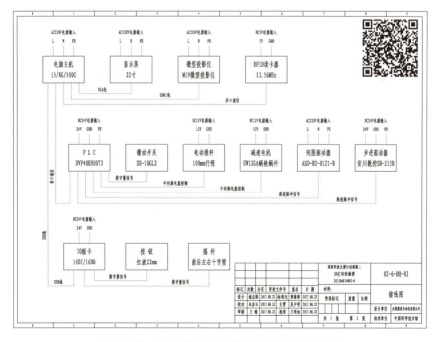

图 6-13　展品"3D 打印的秘密"电气接线图

3.多媒体设计

本展品的多媒体主要分为"认识 3D 打印"和"体验 3D 打印"两部分："认识 3D 打印"侧重对 3D 打印技术的知识介绍，主要采用视频剪辑和动画模拟的形式呈现；"体验 3D 打印"则是让观众进行互动操作，体验 3D 打印的工作过程，设计和制作过程中需要注意多媒体与 3D 打印机电系统的联动，从而带领观众认识 3D 打印的每一个步骤。

（四）制作工艺

透明亚克力板选用无色高透亚克力材质制作，采用激光切割加工，确保尺寸加工精度。透明亚克力板与转动轴的连接板选用碳纤维材质制作，在满足强度要求的前提下，尽可能降低板的重量，以减少电机的驱动负载。透明亚克力板组件中的驱动电机选用了一种微型蜗轮蜗杆减速直流电机，减速箱输出轴与马达轴垂直布置，不带电时能够自锁，电机额定转速 17r/min，额定扭矩 0.6kg·cm，额定电压直流 12V，轴直径 3mm。电机外形尺寸长 × 宽 × 高为 36mm×19mm×17mm，总重 14g。经过长时间运行测试，电机充分满足空间尺寸、重量、转速和扭矩等需求。

定制模型采用 ABS 材质 3D 打印制作，3D 打印展示系统护罩外壳采用透明亚克力材质，压边采用白色亚克力材质，粘接面先抛光再粘接，防护罩上开检修门。

展台台面使用杜邦可丽耐人造石，根据台体形状进行数控下料，手工粘接，人造石与台体框架之间使用阻燃木工板进行加固。

（五）外购设备

表 6-1　外购设备

序号	项目名称	规格 / 型号 / 材质	单位	数量	品牌
1	漏电保护开关	EA9C 1P+N C10 Vigi 30mA	个	1	施耐德
2	断路器	iC65N 1P+N C6	个	1	施耐德
3	电脑主机	天逸 5060 i5	台	1	联想
4	网络交换机	S1008A	台	1	华三
5	显示屏	AN–215W01CM	台	1	安美特
6	投影仪	M19 微型投影仪	台	1	蒂彤
7	I/O 板卡	USB5538	个	1	阿尔泰
8	开关电源	LRS–150–24	个	1	明纬
9	开关电源	LRS–100–12	个	1	明纬
10	PLC CPU	DVP40EH00T3	台	1	台达
11	PLC 扩展模块	DVP32HP00T	台	1	台达
12	中间继电器	RXM4LB2BD	个	38	施耐德
13	读卡器	BC750A	个	1	联星
14	伺服驱动器	ASD–B2–0121–B	台	1	台达
15	伺服电机	ECMA–C20401HS	台	1	台达
16	步进驱动器	SH–215B	个	2	安川数控
17	步进电机	42BYGH40–1704A	个	2	安川数控
18	托盘转动电机	GW12GA 蜗轮蜗杆减速电机	台	16	三拓电机
19	微动开关	SS–10GL2	只	32	欧姆龙

（六）示范效果

展品"3D 打印的秘密"通过机电演示系统，在短短几分钟内将 3D 打印的原理及过程形象直观地模拟呈现，具有较高的创新性。在展品研发过程中，项目团队总结出了通过机电系统模拟高新技术工作过程的展品研发规律。任何一项高新技术都是由多项技术集成的应用，要想使用机电系统进行模拟展示，需先对该技术进行深入了解和研究，充分了解其原理及工作过程，然后不断进行简化、抽象，提取出核心展示内容。如 3D 打印的展示内容就可以总结为由三维转换成二维，再由二维累积到三维的过程。然后，通过机电装置来表达和呈现展示内容，其间需要进行不断试验，力图通过最简的步骤和机构，模拟呈现最直观的效果。如本研究为实现机电系统实时模拟演示 3D 打印原理和过程，解决了多层透明亚克力板的高精度重复运动，打印喷头的稳定、均匀投料等多个机电设计难题，为复杂高精度机电系统的开发积累了技术经验。

展品"3D 打印的秘密"研制完成后，落地到南京市科技馆展示，受到广大公众及社会各界广泛关注和一致好评。项目团队研发的"3D 打印控制系统软件"获得软件著作权。此外，展品陆续被复制推广至沈阳劳动创造体验馆、泉港科技馆、新疆科技馆进行展示。

第七章

脑波信号监测
互动展示技术研究

人类在进行各项生理活动时都在释放出微弱的电流。当心脏跳动、眼睛开闭、思考问题时大脑都会产生不同大小的电压。如果用科学仪器测量大脑的电位活动，那么在荧幕上就会显示出波浪一样的图形，这就是脑电波——一种由大脑活动产生的特殊的生物电信号。

脑电波活动具有一定的规律性特征，和大脑的意识存在某种程度的对应关系。人在兴奋、紧张、昏迷等不同状态下，脑电波的频率会有明显的不同。通过脑电图可以分析不同脑区的精神活动状态，正是因为脑波具有这种随着情绪波动而变化的特性，人类对于脑波的开发利用成为可能。因此，许多科幻电影中都不乏脑波控制外界物体的神奇情景。对于脑电波的展示，国内科普场馆中现有展品多是枯燥地显示观众的脑电波波形，既缺乏趣味的互动，又缺乏对脑电波深入的解读。

为对脑电波原理进行科学展示，让观众体验脑电波控制的奥秘，在"脑波信号监测互动展示技术研究"中，项目团队通过将脑电波控制技术与嵌入式系统控制技术相结合，采集观众的微伏级别的脑电波并进入处理模块，经过除噪、放大、滤波和傅里叶变换等之后，通过算法对 α 和 β 脑电波功率谱求取变换，计算获得注意力和放松度值，通过脑波控制梦幻星空、炫彩风扇、疯狂赛车的互动形式，直观、形象、生动地展现脑波控制相关技术及原理，使展品兼具科学性、互动性和趣味性，有效激发观众探索脑电波控制技术的兴趣和好奇心。

一　展示技术难点分析

　　脑波信号检测多用于医院和科研机构，较少用于科技馆的互动展示。科技馆也有部分相关展品，主要采用多媒体视频介绍的形式，观众较少能够亲身体验脑波信号检测。少数直接将脑波信号采集体验用于展品，多使用湿式电极，不仅佩戴烦琐，也存在卫生和维护问题。总体而言，脑波展示目前在国内科普场馆中仍然比较缺乏。

　　经分析，项目团队认为在科普场馆中展示脑电波控制技术具有以下难点：一是脑电波的检测和处理，由于脑电波是 10^{-6} 伏特级别的微弱信号，必须采用微弱信号检测、处理方法来对脑电波进行检测和处理；二是脑电波信号的解析和对外围设备的控制，需选取合适的展示方式向观众展现脑电波对外围设备的控制，并且需确保科学原理正确、展示现象明显、互动过程有趣。

二　展示关键技术研究

　　为解决上述技术难点，更好地将脑电波控制技术进行展示，项目团队集思广益，从展示形式和技术手段两方面进行深入研究。在展示形式方面，选取了小型轨道赛车、投影屏、LED 风扇作为脑电波的外围控制设备，将原理介绍、互动体验融为一体，让观众亲身体验脑波控制，从中了解脑波信号检测技术的应用价值和发展前景。在技术手段方面，项目团队采用微弱信号检测技术对观众的脑电波进行检测，利用微弱信号处理技术对脑电波信号进行处理，基于专利算法对脑电波信号进行分析，获取观众的原始脑波、注意度、放松度等信息，从而实现脑电波检测、处理与解析。

在研究过程中，项目团队针对非侵入式脑机接口信号采集技术、信号消噪技术、信号解析与智能控制技术进行了重点研究（见图7-1）。

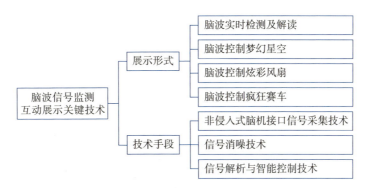

图7-1 脑波信号监测互动展示关键技术框图

（一）非侵入式脑机接口信号采集技术

脑机接口可以分为侵入式脑机接口和非侵入式脑机接口两种。侵入式脑机接口通常植入大脑的灰质，所获取的神经信号的质量比较高，主要用于重建特殊感觉（如视觉）以及瘫痪病人的运动功能，其缺点是容易引发免疫反应和愈伤组织，进而导致信号质量的衰退甚至消失。非侵入式脑机接口并不需要植入大脑，方便佩戴于人体，但是由于颅骨对信号的衰减作用和对神经元发出的电磁波的分散和模糊效应，记录到的信号分辨率并不高。医院、科研机构等场所多采用多导湿电极脑电采集设备的非侵入式脑机接口方式。该方式获得的采集结果精确，但操作流程较为复杂。不仅需要多个工作人员协助使用，还需要使用者剪短头发并且涂抹厚厚的导电凝胶，整个过程耗时较长。

项目团队根据科技馆展示的需求和特点，选取了单导干电极式脑电采集设备的非侵入式脑机接口方式，设置两个信号采集点，一个紧贴额前（提取脑波），另一个夹在耳朵上（提供参考电位）（见图7-2）。脑电信号在脑电处理模块中进行处理之后基于特定的数据协议以串口形式输出。相对医疗和科研而言，该方式通过牺牲一部分精确性来实现更加便捷的采集，不影响观众体验的效果。观众仅需通过简单的操作说明，就能学会自主佩戴设备，而且无须涂抹导电液，整个过程快捷、简便。

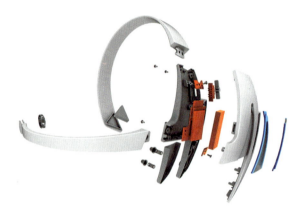

图 7-2　头戴干电极式脑波采集设备爆炸图

（二）信号消噪技术

脑电信号具有非平稳性、随机性和非线性等特征，极易受到噪声干扰，如脉冲干扰，工频干扰，人的呼吸干扰，眼动、心电、肌电、头皮电极的抖动等，这些干扰都会在脑电信号中产生有害的噪声信号，其中有些是脉冲类的噪声，有些是周期性的噪声，这些噪声会干扰脑电信号的特征。因此，在采集完脑波信号之后，还需要对信号进行消噪处理才能使用。

项目团队在本研究中采用了邻域比较数字滤波与小波变换结合的方法实现脑电信号消噪。首先，对脑电信号进行邻域比较数字滤波，之所以先进行邻域比较数字滤波是因为邻域比较数字滤波后的信号在有脉冲噪声的地方发生了比较大的变化，而其他地方基本无变化，因此对后面的处理基本上没有影响；其次，对脑电信号进行小波消噪。

（三）信号解析与智能控制技术

本研究采用嵌入式系统方式实现了脑电信号的解析与智能化控制。据调研，心理学家依据掌握的电生理学研究成果，将脑电图的波形、波幅、节律的绝对值和相对值与人的多种心理特点进行对照后发现，脑电图指数与人的心理特点在理论上具有某种相互联系。根据以上研究规律，项目团队分别建立起脑电信号的注意力值与 LED 阵列控制模型、脑电信号的注意力值与风扇开关控制模型、脑电信号的注意力值与赛车的行驶速度控制模型等，基于嵌入式处理器与嵌入式实时操作系统平台结构实现脑电信号的解析与智能化控制。

三 "脑波控制"展品组研发

（一）设计目标

为对脑电波原理进行展示，让观众体验脑电波控制的奥秘，本研究设计了"脑电原理""脑波控制梦幻星空""脑波控制炫彩风扇""脑波控制疯狂赛车" 4 件展品。让观众通过提升注意力或放松度实现对展品互动装置的控制，在富有科幻感的互动体验中，了解脑电波控制技术的原理及应用，激发其对脑科学的兴趣。

（二）技术路线

1. 主要结构

展品组由"脑电原理""脑波控制梦幻星空""脑波控制炫彩风扇""脑波控制疯狂赛车" 4 个展品组成。

"脑电原理"展品由展台、脑电采集设备、显示屏等组成（见图 7-3 至图 7-6）。"脑波控制梦幻星空"展品由展台、球形幕布、球幕投影仪、触摸屏和脑电采集设备等组成（见图 7-7 至图 7-10）。"脑波控制炫彩风扇"展品由展台、脑电采集设备、LED 悬浮显示风扇、世界地图图文板等组成（见图 7-11 至图 7-14）。"脑波控制疯狂赛车"展品由一套赛车轨道、4 辆赛车、4 个脑电采集设备、4 个专用控制盒、展台等组成，赛车轨道按照 1 : 32 的比例缩小，轨道的造型可以根据实际需求进行单层、双层、交叉等设计，配合场景设计，支持 4 轨同时 PK 赛跑，营造出真实刺激的视觉效果（见图 7-15 至图 7-18）。

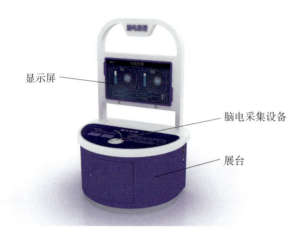

显示屏

脑电采集设备

展台

图 7-3　展品"脑电原理"效果图

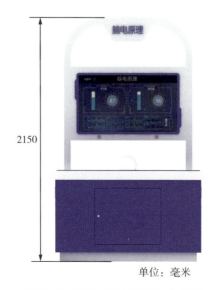

2150

单位：毫米

图 7-4　展品"脑电原理"主视图

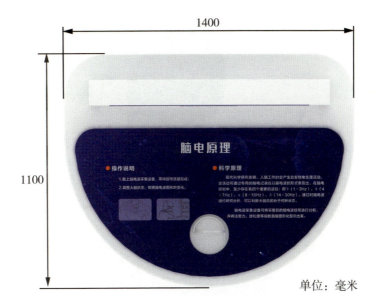

单位：毫米

图 7-5　展品"脑电原理"俯视图

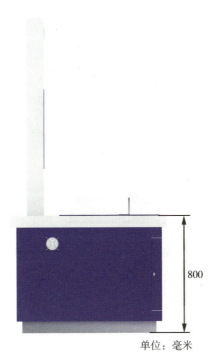

单位：毫米

图 7-6　展品"脑电原理"左视图

117

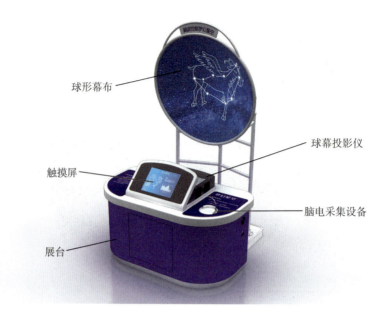

图 7-7 展品"脑波控制梦幻星空"效果图

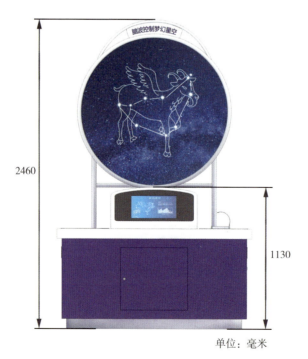

单位：毫米

图 7-8 展品"脑波控制梦幻星空"主视图

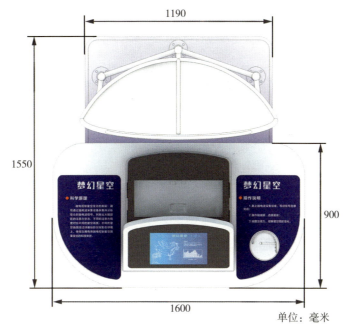

单位：毫米

图 7-9 展品"脑波控制梦幻星空"俯视图

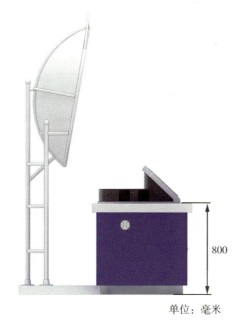

单位：毫米

图 7-10 展品"脑波控制梦幻星空"左视图

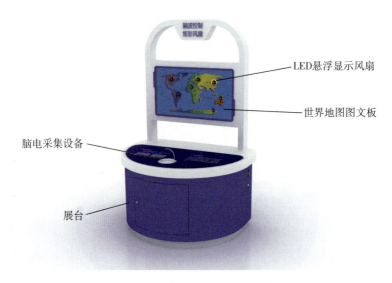

图 7-11　展品"脑波控制炫彩风扇"效果图

图 7-12　展品"脑波控制炫彩风扇"主视图

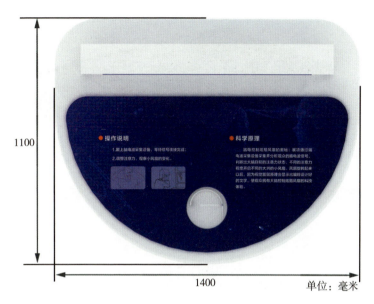

图 7-13 展品"脑波控制炫彩风扇"俯视图

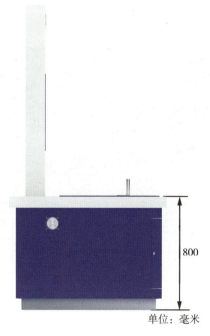

图 7-14 展品"脑波控制炫彩风扇"左视图

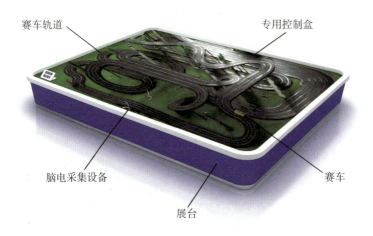

图 7-15　展品"脑波控制疯狂赛车"效果图

图 7-16　展品"脑波控制疯狂赛车"主视图

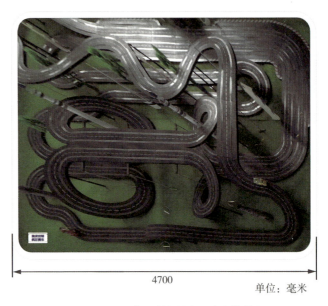

图 7-17　展品"脑波控制疯狂赛车"俯视图

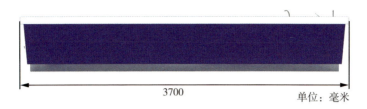

3700

单位：毫米

图 7-18 展品"脑波控制疯狂赛车"左视图

2.展示方式

（1）脑电原理

观众戴上脑电采集设备后，屏幕上的显示由无序的白噪声变为自己的脑电波实时曲线，观众听到相关介绍，包括 δ 波、θ 波、α 波、SMR 波、β 波、高频 β 波、γ 波的特点和它们所对应的精神状态。当观众调整自己的情绪状态，比如放松冥想、注意思考或者困倦时，可以看到脑电波图像的变化。观众摘下脑电采集设备后，屏幕上的显示恢复为白噪声，注意力、放松度指数变为零。

（2）脑波控制梦幻星空

观众首先在触摸屏上选择星座图案，再戴上脑电采集设备，观众的微伏级别的脑电波通过采集点进入处理模块，经过除噪、放大、滤波和傅里叶变换等处理之后，通过算法对 α 和 β 脑电波功率谱求取变换，计算获得注意力值和放松度值。当注意力值为 1 ~ 10 时星空背景为深黑色，无星光；当注意力值为 11 ~ 30 时，星空背景变暗，星座灯光凸显出来；当注意力值为 31 ~ 60 时，星座灯光连线出现；当注意力值为 61 ~ 80 时，星座灯光连线继续增多；当注意力值为 81 ~ 100 时，星座灯光连线连接出完整的星座图形。观众摘下脑电采集设备后，星空变为深黑色，无星光。

（3）脑波控制炫彩风扇

观众戴上脑电采集设备，微伏级别的脑电波通过采集点进入处理模块，

123

经过除噪、放大、滤波和傅里叶变换等处理之后，通过算法对 α 和 β 脑电波功率谱求取变换，计算获得注意力值，并将其量化，注意力值达到一定值时风扇将转起来。当注意力为 0～10 时，风扇静止不动。注意力分别超过 10、20、30、40、50、60、70 时，亚洲、北美洲、南美洲、大洋洲、南极洲、非洲、欧洲上的风扇将依次旋转起来，旋转的风扇上分别显示"欢迎来到中国科技馆""欢迎来到北美洲""欢迎来到南美洲""欢迎来到大洋洲""欢迎来到南极洲""欢迎来到非洲""欢迎来到欧洲"等字样。注意力超过 90 时，所有风扇将持续转动 1 分钟。观众摘下脑电采集设备，注意力变为 0，风扇停止转动，显示文字消失。

（4）脑波控制疯狂赛车

该展品可供 4 名观众同时参与比赛，通过自己的注意力控制赛车前进。观众戴上脑电采集设备，调整注意力，微伏级别的脑电波通过采集点进入处理模块，经过除噪、放大、滤波和傅里叶变换等处理之后，通过算法对 α 和 β 脑电波功率谱求取变换，计算获得注意力值，并将其量化为 1～99 的数值，在控制盒的屏幕上显示出来，注意力水平越高，控制盒显示的数值越高。脑电采集设备将脑电数据无线传输给赛车控制盒里面的嵌入式处理器后实现对赛车启停和速度的控制，当注意力超过 10 时，赛车随即沿着轨道前进，注意力越集中，赛车速度越快。观众摘下脑电采集设备后，控制盒显示数值为 0，赛车车灯熄灭，赛车停止运动。

（三）工程设计

1. 机械设计

"脑波控制"展品组的机械设计重点主要包括"脑电原理""脑波控制梦幻星空""脑波控制炫彩风扇""脑波控制疯狂赛车" 4 件展品的展台设计。

"脑电原理"展品主要由半圆形展台以及立式展架构成，主体为钢架结构，具备良好的支撑性。展台内部存放主控电脑，展架则嵌入一台 40 寸液晶电视机作为显示设备（见图 7-19）。

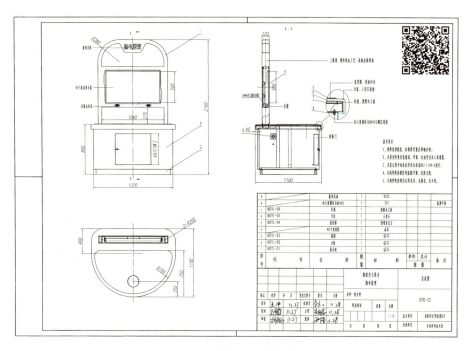

图 7-19　展品"脑电原理"机械设计图

"脑波控制梦幻星空"展品主要由半圆形展台以及半球面弧形投影幕构成，主体为钢架结构，具备良好的支撑性。展台内部存放主控电脑，同时留有一个区域用以嵌入台面式投影仪，投影至半球面弧形投影幕进行显示（见图 7-20）。

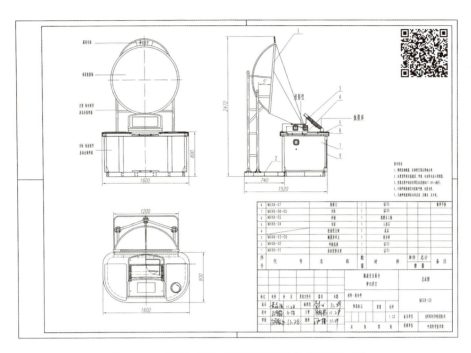

图 7-20 展品"脑波控制梦幻星空"机械设计图

"脑波控制炫彩风扇"展品主要由半圆形展台以及立式展架构成，主体为钢架结构，具备良好的支撑性。展台内部存放主控电脑，展架则嵌入多个 LED 悬浮显示风扇（见图 7-21）。

"脑波控制疯狂赛车"展品主要由一个方形展台构成，主体采用框架结构，主体结构均由钢材构成，结构稳定（见图 7-22）。台面采用复合面板，提供良好的稳定性和支撑性。

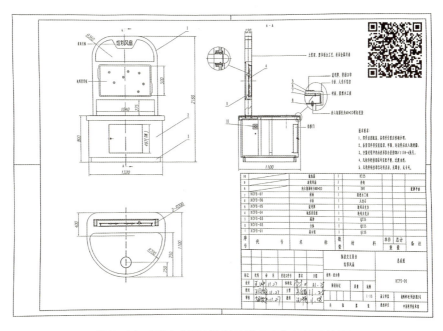

图 7-21　展品"脑波控制炫彩风扇"机械设计图

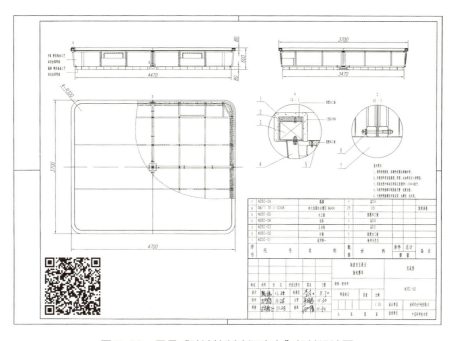

图 7-22　展品"脑波控制疯狂赛车"机械设计图

2.电控设计

电控设计的重点主要是实现脑电采集设备采集用户的脑电波信号，并且通过蓝牙的方式，将信号无线传输给相关主控器，然后由主控器控制相关设备工作或者显示相应内容（见图 7-23 至图 7-26）。

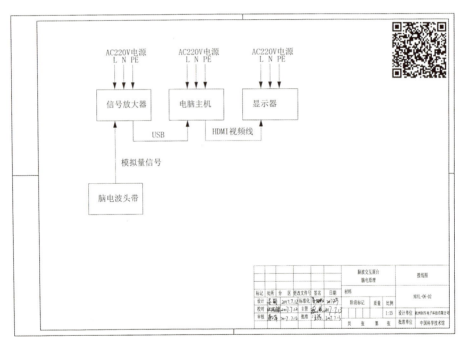

图 7-23　展品"脑电原理"电气接线图

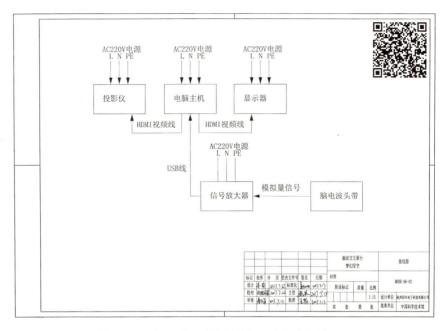

图 7-24 展品"脑波控制梦幻星空"电气接线图

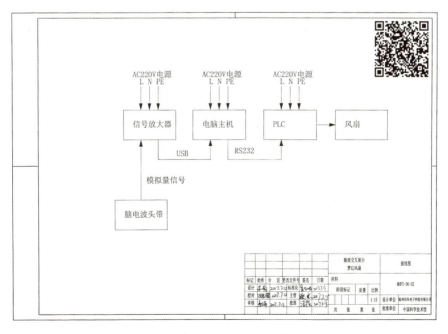

图 7-25 展品"脑波控制炫彩风扇"电气接线图

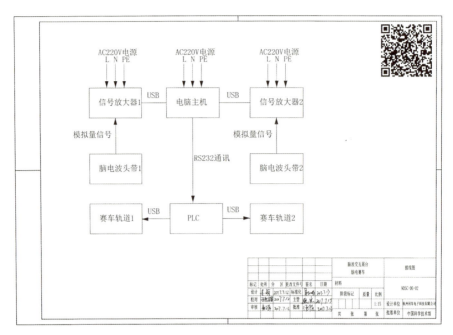

图 7-26　展品"脑波控制疯狂赛车"电气接线图

3.多媒体设计

多媒体设计主要包括以下两部分。一是展品"脑电原理"的多媒体内容。此部分主要向观众介绍脑电波的原理、应用及发展前景，同时采用可视化的方式将观众实时的脑电波数据通过图像进行展现。二是展品"脑波控制梦幻星空"的多媒体内容。此部分主要是以星空图案的清晰程度来反映观众当前注意力的高低。在以上多媒体的设计和制作过程中需要注意对应脑电波数据的图像变化要及时，以增强观众的即时体验。

（四）制作工艺

展台结构主体采用钢结构焊接而成；内部喷塑处理，表面油漆处理；焊接牢固，打磨光滑，穿线孔及管需要倒圆角；各紧固件要安装稳固、牢靠，运动件应注入润滑脂；凡构件衔接部位均装配平整，过渡自然；凡构件衔接部位运转灵活，无噪声，无卡死；锐角倒钝，去除棱角及毛刺。

（五）外购设备

表 7-1　外购设备

序号	项目名称	规格／型号／材质	单位	数量	品牌
1	控制主机		台	3	自主研发
2	电视机	LCD-45T45A	台	1	夏普
3	短焦距投影仪		台	1	夏普
4	路轨赛车	高分子合成材料／高导电性能金属	m²	10	卡雷拉
5	脑电波采集头戴设备	高分子合成材料／镀银电极	个	8	自主研发
6	赛车控制器		个	4	自主研发

（六）示范效果

在本研究中，项目团队通过不懈努力，攻克了多个技术难关，最终成功地将脑电波采集与控制技术系统应用于科技馆展品。在确保脑电检测准确性的前提下，采用单导干电极式进行脑电采集，让观众的体验过程更加简便、快捷。"脑电原理"、"脑波控制梦幻星空"、"脑波控制炫彩风扇"和"脑波控制疯狂赛车"4 件展品既互相独立，又自成体系，既有原理介绍，又有互动体验，让观众亲身体验通过自己的脑电波控制外接设备，丰富了科技馆的互动体验形式，增强了观众对脑电高新技术的兴趣，加深了理解。

展品组"脑波控制"研制完成后，"脑电原理"、"脑波控制梦幻星空"和"脑波控制炫彩风扇"落地福建省科技馆展示，"脑波控制疯狂赛车"落地郑州市科技馆展示，受到广大公众及社会各界广泛关注和一致好评。项目团队研发的"一种基于脑电波控制的路轨赛车系统""一种基于脑电波控制球幕的显示系统""一种基于脑电波控制的文字显示风扇"获得实用新型专利的授权。项目团队研发的"浙大梦幻星空软件""浙大脑电原理展示软件"获得软件著作权。

结　语

在课题研究过程中，项目团队针对课题的研究内容开展了广泛和深入的调研、论证及原型实验。在方案设计过程中，项目团队对国内外相关展品的展示技术进行深入分析，多次组织团队讨论，反复与企业、科研院所、大专院校进行技术论证，组织专家论证会对方案进行审核、补充，确保了方案的可行性。经过不断的修改完善，项目团队完成 7 件／组高新技术展品的设计和制作。

在课题研究过程中，项目团队梳理总结出高新技术展品研发应遵循的普遍规律。

第一，充分做好前期调研，掌握高新技术原理，为展示方案设计筑牢基础。高新技术如载人深潜、载人航天、探月工程等成果背后的科学原理极其复杂深奥，对这些科学技术原理的正确理解，是将这些高新技术进行科学、全面、生动展示的首要问题。项目团队通过查阅大量专业书籍和文献报告进行自学，赴高新技术研发单位进行实地调研，并拜访技术专家进行咨询，从而透彻掌握了相关技术的原理，为展示方案设计工作奠定了坚实的基础。

第二，深入分析高新技术的核心技术点，根据公众的兴趣及关注点寻找展示突破口。高新技术通常集多项先进技术于一体，其所涉及的关键技术点较多，在科技馆条件有限的场景下很难将所有技术点一一展示。由于科技馆的主要目的是激发公众的科学兴趣，因此在梳理展示内容时要充分考虑观众的兴趣、关注点以及认知程度，尽量选取与观众工作生活密切相关的核心技术点进行展示，一方面能吸引观众参与进来，另一方面也有利于观众对技术的认识和理解。

第三，不仅要展示高新技术原理，更要将高新技术用于展示中，让观众亲身体验高新技术的应用。大多数普通观众在日常生活中较难接触到高新技术，而科技馆恰好为观众提供了了解认识高新技术的机会。因此，在展示高新技术的时候，不要只是演示技术原理，还要尽可能地让观众体验技术的应用过程，让观众亲身感受高新技术对于生产生活所带来的改变和影响。例如，在"载人深潜互动展示关键技术研究"中，让观众亲身体验水声通信技术，了解该技术的应用使"蛟龙号"在几千米深的海下也能顺利与外界进行通信。当然，在展示方案的设计中，还需要考虑展示面积、成本造价、运行安全等一系列因素，可能无法真实呈现高新技术的实际应用场景，并且有时候在很大程度上需要牺牲一些精度、准确度等技术指标，或者增加一些辅助设备才能实现高新技术的应用展示。例如，在"脑波信号检测互动展示关键技术"中，采用了操作简便、快捷的单导干电极式脑电采集设备的非侵入式脑机接口方式来采集观众的脑电信号，该方式虽然牺牲了一部分精确度，但是相对医疗和科研而言，不影响科技馆场景下观众体验的效果。

第四，高新技术展品的研发要依靠科普场馆、科普展品研制单位、从事高新技术研究的科研院所等多家单位的通力合作。高新技术涉及领域十分广泛，不同领域的高新技术集合了不同的先进技术内容。在高新技术展品研发过程中，要适应科普场馆展示形式，满足科普场馆展品的特殊要求，并需要围绕展示需求进行展示方式创意和大量的展示技术攻关。目前，高新技术研究单位具有较强的专业科研能力，但还没有专门进行高新技术科普展品研发的。高新技术展品综合性要求高，研发成本高，利润较低，科研单位对高新技术展品研发的动力不足。而科普场馆和普通的科普展品研发单位缺乏高新技术展品研发所需的专业技术能力，很难满足高新技术展品的技术要求。因此，高新技术展品的研制，必须通过科普场馆、科普展品研制单位、高新技术科研机构采取分工协作的方式，加强联合，依靠不同学科和领域的专业人才队伍进行团队合作，既要有明确的分工，又需要相互协作、资源共享、优势互补，这样才能真正实现优秀高新技术科普展品的研发和落地。

项目团队在两年半有限的时间内完成了全部 7 件／组高新技术展品的研制工作，目前 7 件／组高新技术展品在全国多家科普场馆展示。在展品研发过程中，由于课题研究时间有限、资金相对较少等，目前完成研制的高新技术展品仍然存在一些遗憾和不足，例如，"揭秘蛟龙号"深海耐压展品压力较低，无法再现深海压力；"3D 打印的秘密"打印层数较少，3D 立体呈现不够丰富；"脑波控制"存在脑波检测不够稳定的问题；"智闯迷宫"存在技术发展快、展示更新较慢的问题。虽然目前项目团队已经完成了课题研究工作，但课题各参与单位均表示在今后的高新技术研发工作中将对课题成果进行不断优化和完善，以最佳的展示方式和展示效果为全国观众提供优质科普服务。

图书在版编目（CIP）数据

国家科技支撑计划项目研究：全五册. 第二分册，
高新技术互动体验系列展品展示关键技术研发 / 中国科
学技术馆编著. -- 北京：社会科学文献出版社，
2021.10
　　ISBN 978-7-5201-9430-3

　　Ⅰ.①国… Ⅱ.①中… Ⅲ.①科学馆－陈列设计－研
究－中国 Ⅳ.①G322

中国版本图书馆CIP数据核字（2021）第243601号

国家科技支撑计划项目研究（全五册）
第二分册　高新技术互动体验系列展品展示关键技术研发

编　　著 / 中国科学技术馆

出 版 人 / 王利民
组稿编辑 / 邓泳红
责任编辑 / 宋　静
责任印制 / 王京美

出　　版 / 社会科学文献出版社·皮书出版分社（010）59367127
　　　　　　地址：北京市北三环中路甲29号院华龙大厦　邮编：100029
　　　　　　网址：www.ssap.com.cn
发　　行 / 市场营销中心（010）59367081　59367083
印　　装 / 北京盛通印刷股份有限公司

规　　格 / 开　本：787mm×1092mm 1/16
　　　　　　本册印张：9　本册字数：125千字
版　　次 / 2021年10月第1版　2021年10月第1次印刷
书　　号 / ISBN 978-7-5201-9430-3
定　　价 / 598.00元（全五册）

中国科学技术馆｜研究书系

CHINA SCIENCE AND TECHNOLOGY MUSEUM

国家科技支撑计划项目研究（全五册）

Research on a Project of National Science and Technology Support Program (Five Volumes in Total)

第四分册

展品开发标准研究与通用部件研发

中国科学技术馆　编著

社会科学文献出版社

SOCIAL SCIENCES ACADEMIC PRESS (CHINA)

国家科技支撑计划项目研究（全五册）

《第四分册　展品开发标准研究与通用部件研发》

主　　编：隗京花

副主编：胡　滨　唐　罡　范亚楠

统筹策划：唐　罡　洪唯佳　毛立强　魏　蕾

撰　　稿：第一章：唐　罡　毛立强　孙婉莹

　　　　　第二章：毛立强　胡　滨　范亚楠

　　　　　第三章：范亚楠　孙婉莹　唐　罡

　　　　　第四章：范亚楠　胡　滨　高梅香

　　　　　第五章：胡　滨

总目录

目录
CONTENTS

概　述

　　科技馆是实施科教兴国战略、人才强国战略和创新驱动发展战略，提高公民科学素质的科普基础设施，是我国科普事业的重要组成部分。[①]科技馆以互动体验展览为核心形式开展科学教育，达到弘扬科学精神、普及科学知识、传播科学思想和方法的目的。展品是科技馆与观众直接交流最主要的手段和方式，是实现科学教育目标的核心载体。公众通过与展品间生动、有趣的交互，能够直观地理解科学原理、科学现象及科技应用，进而激发科学兴趣、培养实践能力、启迪创新意识。科技馆（国外也叫科学中心）在全世界起源并发展至今已80余年，积累了丰富的展览展品开发经验，也由此产生了一批深受世界各地公众喜爱的经典展品。

　　党和国家一直高度重视科普事业，近年来对科普的投入显著增加，科技馆得到极大发展，展品需求量猛增。由于我国科技馆事业起步较晚，落后发达国家近50年，与我国科技馆发展的需求相比，展品数量仍显不足，质量仍有很大的提升空间，很多馆的展览设计长期停留在模仿国外先进科技馆创意的层面；而各展品研制企业普遍规模较小，更看重企业盈利与发展，缺乏展品创新的动力。现阶段我国科技馆展品创新能力与国际水平相比严重不足，直接影响了科技馆的教育效果，在一定程度上限制了科技馆促进公众科学素质提升服务能力的发挥，制约了我国科技馆的可持续发展。

---

　　① 科学技术馆建设标准。

1

　　2015 年 7 月，科技部批复立项国家科技支撑计划"科技馆展品创新关键技术与标准研发及信息化平台建设应用示范"项目，这是国家科技支撑计划第一次将科技馆展品研发项目纳入其中，充分体现了党和国家对科技馆事业的高度重视，以及科技馆展品创新研发的迫切性和必要性。项目由中国科协作为组织单位，由中国科学技术馆作为牵头单位，协调 15 家单位共同参与，并于 2018 年顺利通过科技部组织的验收。通过项目实施，研发了一批创新展品，并研究出不同类型展品的关键技术，总结了研发规律，为我国科技馆创新展品研发提供了可借鉴的宝贵经验，有效促进了科技馆展品创新研发能力和生产制造水平的提升，有力推动了相关产业的发展与提高，为提升科技馆的科普服务能力，起到积极促进作用。项目共设置五个课题，涵盖了基础科学、高新技术、机器人三类互动展品关键技术研究与展品开发，标准研究及信息化共享平台建设几个方面。

　　其中第四课题"展品开发标准研究与通用部件研发"，通过广泛、扎实的国内外科技馆展品行业调研，搜集相关标准信息、掌握行业需求、总结经验和规律，从展品开发一般规律入手，开展了科技馆展品标准化背景、需求研究。在此基础上，对我国展品研发与生产的特点、普遍原则、一般流程和基本要求进行梳理和分析，建立了一个展品开发标准体系框架。在体系框架下，结合科技馆展品特殊性，研究编写了一套展品开发系列标准并研制了一批通用功能部件。通过向各方征求意见和行业试行，经过反复验证和修订，最终形成标准（建议稿）和展品通用功能部件。对该课题的研究，发挥"国家科技支撑计划"项目的支撑及引领示范作用，为我国科技馆展品开发标准化奠定了扎实的理论基础，形成了可行的标准建设思路，并推动了科技馆展品开发标准的编制和落实。

一　研究背景

　　近年来，我国科技馆建设数量、规模逐渐扩大，展览主题日益丰富，展览展品质量和水平越来越高，科技馆的科普展教综合能力得到显著提升。国内科技馆展览展品研发大致经历了国外引进、仿制改进到自主研发的过程，随着我国科技馆建设逐渐进入稳步发展轨道，展品研发已经从规模化发展逐步进入精品化发展的阶段，但从总体来看，展品质量及其研发水平的提升，还远远滞后于场馆数量、规模的增长。我国科技馆展品研发存在的最大问题就是质量标准不统一，研发标准化、规范化程度总体较低。经过调研发现，大部分科技馆和企业在开发展品时，对展品的理解和执行要求都各不相同，各设计人员凭经验把控设计和制作，开发的项目不同，项目负责人不同，经验背景不同，对各类技术和管理问题的理解不同，这些都会造成项目开发过程和结果的差异。这些问题在一定程度上制约了我国科技馆的可持续发展，影响了科技馆应有效应的发挥。

　　目前，我国科技馆行业已经出台《科学技术馆建设标准》，对于合理规划科技馆建设提供了依据。但科技馆内容建设尤其是展览展品开发方面的正式标准还十分欠缺。对于展品的设计和制作，基本还处在靠以往经验进行的阶段，导致工作流程随意性强、工作质量不统一等一系列问题，不利于项目技术与管理水平的提高、行业可持续发展和人才培养。实际工作中，部分科技馆和展览展品设计制作公司会有自身的设计要求，对一些专门技术要求会参照相关行业的技术标准。但是，科技馆提倡公众动手参与和体验，展品长期处在频繁操作和使用的状态，甚至遇到破坏性操作，因此，展品不同于其他普通商品或产品，参照现有其他通用性标准制作的展品不能完全满足科技馆需求。因此，迫切需要建立和完善科技馆展览设计与制作特有的标准，以此提高科技馆展品开发的管理和技术等各方面工作的能力和水平，为公众提供高质量的互动展品。

二 研究方向

科技馆展览展品有自身的标准要求。展品强调动手参与，观众直接操作和体验，且观众数量一直稳定增长，然而大多数展品都是单件生产，批量化程度不高，参照其他已有标准制作的展品承受不了科技馆公众的频繁操作，也不能满足科技馆更高的安全和环保要求。因此，需要结合行业特点整体规划，加强对展览展品开发的研究和分析，通过调研国内外相关标准规范，总结、提炼出符合中国特色的展品研发和生产的规律、经验，探索建立多种类型的展览展品标准，形成一个完整的、独特的体系，贯穿科技馆展览展品开发全过程，起草包含管理、技术等领域标准建议稿，推动科技馆展览展品开发实现标准化。

（一）建立一个展品开发标准体系

标准体系是一定范围内的标准按其内在联系形成的科学有机整体。制定标准体系，有利于了解一个系统内标准的全貌，从而指导标准化工作，提高标准化工作的科学性、全面性、系统性和预见性。展品开发标准体系贯穿科技馆展品设计与制作的整个过程，是实现展品研发和生产标准化必不可少的支撑条件基础。课题结合行业特点整体规划，通过调研国内外相关标准规范，总结、提炼出展品设计和生产的规律、经验，研究建立了一个展品开发标准体系框架。体系框架从科技馆展品设计与制作工作的实际需求出发，以规范展品设计流程、设计要求和制作要求，并最终提高展品设计、制作水平和质量为目的，主要有展品安全与环保标准、常设展览展品开发标准、巡回展览展品开发标准等。其中常设展览展品开发标准包括设计、测试与试验、制作、质量控制、验收等管理标准，机械、电气、结构、多媒体等通用技术标准和转轮、手柄、按钮、触摸屏等专项技术标准。

（二）编写一套展品开发系列标准

在展品开发标准体系框架下，针对目前急需的一些具体标准进行了深入研究和样板编制。首先，对展品安全、环保要求高度重视，保证观众安全、创造绿色环保的参观环境是科技馆对公众开放的前提，根据科技馆运营实践经验与实际环境，在展品安全与环保要求多方面制定了可行的标准建议稿，为科技馆展览展品的设计划出了安全红线。其次，对展品开发管理进行规范，是促进展品开发更加专业、科学的重要手段。管理规范面向展品开发流程的各个环节，研究编写设计、测试与试验、制作、质量控制、验收等管理标准建议稿，统一流程和各个环节，编制了相关的过程文件模板，使展品设计与制作工作从流程上有一个共同遵循的依据和约束。此外，编制了展品开发通用技术标准建议稿，分析展品设计制作中具体技术方面存在的问题，梳理相关标准，结合展品特点研究编写了相关技术要求，统一设计原则和制作要求，使展品设计与制作工作有一个共同遵循的依据和约束，为确保展品设计水平与制作质量奠定基础。

（三）研制一批展品通用功能部件

科技馆展品强调形式新颖、互动有趣，由很多不同类型的部件组成，涉及技术繁多，研制过程复杂，表现形式多样，实现展品通用功能部件的设计与制作标准化，有利于展品装配调试、质量控制、后期维修等，能有效促进展品规模化生产，为展品产业化发展奠定基础。课题通过梳理展品结构组成特点，整理归类展品组成部件，对科技馆展品组成部件通用化、标准化进行研究，从众多类型展品中总结、分析和归纳出大部分展品都共同需要使用的部件，进而从行业发展角度对一些经常用到的展品部件进行标准化设计。通过反复试验和修正，项目团队研制出了一批符合实际展示需求的展品通用部件，利用转轮、手柄、按钮、触摸屏等，编写了专项技术标准建议稿，对于展品部件通用化、规范化设计制作，简化展品日常维护工作，降低成本具有重要的现实意义。

第一章 | 科技馆展品开发标准现状与需求

我国科技馆建设起步较晚，还处于高速发展阶段，发展初期以学习和借鉴国外科技馆展品为主，自主创意开发展品能力不足。目前，虽然科技馆创新能力得到较大提升，不断涌现出具有自主知识产权的优秀展品，但是总体来看，展品质量水平参差不齐，还没有形成统一的标准。通过对国内一些科技馆和展览展品设计制作公司调研，以及对国内外标准查新和研究成果搜索，目前我国科技馆展览展品开发相关标准还不健全，还没有正式的国家或行业标准。质量提升，标准先行。科技馆展品设计和生产标准化程度较低，在一定程度上制约了我国科技馆展品研发创新的水平提升和可持续发展，影响了科技馆应有社会效应的发挥，迫切需要展开广泛的调研，摸清现状，找准需求，为建立适合行业发展的标准奠定基础。

一 国内外现状

通过广泛调研，目前，国外没有专门的科技馆展品研发标准，只是参考和引用相关行业的现行标准。国内同样没有专门的科技馆展品研发标准，也没有标准体系，仅存在一些地方科技馆展览展品要求和部分企业内部规范，还不成体系，其内容质量离形成标准还有很大差距，适用范围和效率有限。

（一）国外现状

由于研究条件所限，有关国外科技馆展品标准情况仅通过文献检索、网站浏览、邮件问询以及国内同行交流粗略了解。调研范围集中在北美和欧洲的博物馆、科技馆、协会、企业等。经过调研，项目团队发现有一些与展览相关的标准，但并没有成熟可借鉴的科技馆展品开发标准。

1. 国外科技馆展品标准现状

通过对国际标准化组织（ISO）与美国国家标准学会（ANSI）进行标准检索，发现［ANSI UL 2305 BULLETIN-2015——UL Standard for Safety Exhibition Display Units，Fabrication and Installation］ 和［IEC 60364-7-711-1998——Electrical Installations of Buildings-Part 7-711: Requirements for Special Installations or Locations-Exhibitions，Shows and Stands Installations］对本课题研究有参考借鉴价值。其中，前一个是"展览用展示装置的制造和安装的美国国家标准"，后一个是 ISO 组织发布的"建筑物电气装置（第 7-711 部分）：特殊装置或场所的要求"，该标准已有对应国标 GB 16895.25-2005。

（1）美国国家标准 ANSI UL 2305

该标准分为 8 部分，共计 74 节，内容包括安装机构要求、展品电气结构要求、展品相关性能测试、标志和说明要求、展品安装要求、展品装箱要求、展品返工和修理要求以及会议室布线相关要求等（见表 1-1）。

表 1-1　ANSI UL 2305 标准主要内容

主要部分标题	主要章节标题
安装机构要求	玻璃和支撑托架特别要求
	悬挂组件特别要求
	层面和多层展览显示单元特别要求
	平台和架空地板特别要求
	模块化系统特别要求
	便携式展览显示单元特别要求
	定制展览显示单元特别要求等
展品电气结构要求	机械总成
	支架和外壳（机电）
	腐蚀防护
	非绝缘带电部件和薄膜涂布线
	人员防护
	电源及电源连接
	电路分离
	变压器
	接地和连接
	内部接线
	过流保护
	开关和控制器
	便利插座
	展览照明
	插拔连接器
	电气绝缘材料等

续表

主要部分标题	主要章节标题
展品相关性能测试	玻璃面板测试
	模块化系统测试
	稳定性测试
	机械强度测试
	线槽外壳强度测试
	泄漏电流测试
	应力消除测试
	耐腐蚀性测试
	接地连续性测试等
标志和说明要求	电动机操作展览显示单位
	火灾、触电或人身伤害风险说明
	接地说明
	安装说明
	操作说明
	用户维护说明
	移动和存储说明
展品安装要求	电源线和电源板的使用
	公共接入等
展品装箱要求	展品装箱要求
展品返工和修理要求	展品返工和修理要求
会议室布线相关要求	曲度测试
	温度测试
	滚轴曲度测试

续表

主要部分标题	主要章节标题
会议室布线相关要求	绝缘耐压测试
	异常循环温度测试
	安装说明等

结合科技馆展品研发的特点和需求，分析其中的内容，认为此标准文件对我国科技馆展品研发标准的制定具有很大的参考和借鉴作用。

（2）IEC 60364-7-711-1998

此标准对应国标 GB 16895.25-2005，主要内容为展览馆、陈列室和展位相关要求，包括标准的使用范围、目的和基本原则、定义、一般特性评估、安全防护、电气设备的选择和安装、检验等。此标准对科技馆展览展品布展具有一定的参考和借鉴作用。

2. 国外展品制作企业标准

对国外多个科技馆（科学中心）和协会的官网进行了访问，没有发现科技馆展品研发标准相关信息。与北美科学中心协会（ASTC）、亚太科学中心协会（ASPAC），以及欧洲的部分设计公司、展品制作公司电子邮件联系，询问了科技馆展品相关的标准制定情况。综合两方面得到的答复，目前没有科技馆展品行业标准，但是在工作过程中，都会遵照或参考其他行业相关的标准，在展品质量方面确保展品安全环保、易换易修，在档案管理方面确保可追溯性。

通过在国内科技馆展品研发行业内进行调研，对国外科技馆展品标准相关情况进行了解，美国博物馆学会曾经出版过一套丛书，由湖南省博物馆组织翻译后，外文出版社出版，名为《美国博物馆国家标准及最佳做法》，该书专门介绍博物馆标准。根据书中所述，美国博物馆学会约定了一系列的术语，并注明了适用对象、制定标准的原因、标准的来源、标准的运用等。

（二）国内现状

通过在国家标准文献共享服务平台检索"科技馆""展品"，得到三条结果，分析具体内容，只有《GB/T 30348-2013 现行国际展品运输服务质量要求》对于科技馆展品标准具有参考借鉴价值，其他两项标准与本课题研究相关性不大。

为了解各科技馆在实际工作中是否有相关标准应用和需求情况，项目团队对国内部分科技馆和展品制作企业进行了实地调研访谈。经过调研分析，国内科技馆、展品制作企业通常会有一些内部使用的技术要求，但离标准的要求还有很大差距，且处于不完善、不统一的状态。

1. 国内科技馆展品开发标准现状

我国幅员辽阔，东中西部经济发展不均衡，不同地域、不同行政级别之间的场馆在规模和投资方面的差异很大，因此课题组以东部、中部及西部地区划分，选择具有代表性的科技馆进行调研，主要面向近年新建或更新改造中的科技馆及重点城市科技馆。调研内容为各场馆建设和改造过程中展品标准化情况和对标准的需求情况。

东部地区主要选取了中国科技馆、上海科技馆、广东科学中心三个代表性的场馆进行了调研。从调研情况来看，东部地区科技馆相对发展较快，普遍具有专门的展品研发团队，人员配备较全，对标准化工作较重视，通过总结以往经验逐步编制积累了一些规范性文件，并应用到实际工作中；但也存在一些问题，如规范性文件内容还不够系统完善，一些标准文件主要引用了土建类、游乐设施类、机械类、电气类等相关领域的国家标准，并没有根据科技馆展品开发特点提出具有针对性的修改，适用范围有限，较难推广。

中部地区主要调研了合肥市科技馆。合肥市科技馆将展品改造作为常态性工作，具有丰富的展品开发经验。合肥市科技馆展品方案设计主要由馆方制定，并采纳有经验的展品制作公司意见，馆方会提供自制的一套展品通用技术要求作为其招标所需的技术要求，该要求在展品开发管理、安全与环保、通用技术及专项技术方面有具体的约束性，在展品设计和制作时具有较强的指导性。但该通用技术要求的内容还不能完全涵盖展品开发的各个环节和技术需求，技术参数还不够完善。

西部地区主要调研了近两年完成改造的四川省科技馆，该馆在展厅改造过程中提出了总体要求，但是在方案设计和制作阶段比较缺乏具体的技术要求，在一些特殊展品落地过程中遇到了不少困难。

2.国内展品制作企业标准

对科技馆展品研制企业的调研主要面向国内一些长期专门从事科技馆展品研发的企业，包括合肥磐石自动化科技有限公司、合肥探奥自动化有限公司、机科发展科技股份有限公司等，并进行了实地考察和访谈。通过调研得知，一些企业会根据经验及需要，有选择地制定某些标准或指导手册等，但这些标准也是在参照相关国家标准的基础上，根据企业自身的设计、生产方式和技术优劣势进行集成，系统性、普适性不强，难以复制推广，且都缺乏完善的展品开发标准体系。调研还发现了展品研制过程中存在的一些问题。一是在展品开发管理方面，企业大多采用工程项目的管理模式，缺乏整体全链条的管理规范和质量控制意识。展品的技术成果，由于缺乏相关要求，各公司提交的技术资料质量参差不齐，存在资料不全、实物不符及资料内容不规范等问题。二是展品设计通用技术方面，涉及的机电等技术和专业尚可参考各行业的技术标准，但在某些特殊领域则存在大量的无标准可依的实际情况，如各类装饰性材料在科技馆展品上的应用标准、环保型要求、防护要求等。三是展品部件通用化方面，由于科技馆展品具有明显的区别于其他类展品的特点，常用的部件机构没有相关的行业标准供参考，如展台的制作标准、说明牌的制作标准、按钮手轮等。通用部件标准的缺失，容易造成展品质量不统一、研制成本高等问题。

二　社会背景

标准化的目的就是在一定范围内持续获得最佳秩序。标准化的内涵、外延和作用，随着生产方式变化而变化，不断推动经济发展和社会进步。党和政府高度重视标准化工作，各行各业都加快标准化建设，而科技馆事业的快速发展，也亟须在此方面进行深入研究，为建立符合我国科技馆行业特点和需求的展品开发标准奠定坚实基础。

（一）党和国家一直高度重视标准化工作

2001 年，党中央、国务院决定，在组建国家质检总局的同时成立国家标准委，加强统一管理、分工负责的管理体制，标准化事业进入一个新的历史发展时期。2006 年《国家中长期科学和技术发展规划纲要（2006—2020 年）》明确提出要加快实施技术标准战略。标准化是实施创新驱动发展战略的内在要求，是实现产业发展规模化、集约化、现代化的重要途径。党的十八大以来，习近平同志就标准化工作作出了一系列重要论述。习近平同志强调，加强标准化工作，实施标准化战略，是一项重要和紧迫的任务，对经济社会发展具有长远的意义。他还指出，标准决定质量，有什么样的标准就有什么样的质量，只有高标准才有高质量。

（二）科学普及与科技创新同等重要

没有全民科学素质普遍提高，就难以建立起宏大的高素质创新大军，难以实现科技成果快速转化。习近平同志在全国科技创新大会、两院院士大会、中国科协第九次全国代表大会的讲话中指出，科技是国之利器，国家赖之以强，企业赖之以赢，人民生活赖之以好；科技创新、科学普及是实现创新发展的两翼，要把科学普及放在与科技创新同等重要的位置。《中共中央关于制定国民经济和社会发展第十四个五年规划和二〇三五年远景目标的建议》进一步明确，要弘扬科学精神和工匠精神，加强科普工作，营造崇尚创新的社会氛围。

（三）科技馆是重要的科普阵地

科技馆是科学技术普及工作的重要载体，是为公众提供科普服务、保障人民群众基本科学文化权益的重要阵地。科技馆以传递科学概念、激发科学兴趣、启迪科学观念为主要目标，以生动有趣、形式多样的展品直观地开展科学教育，注重观众创新意识、创新思维的培养和创新能力的提高。按照《科技馆建设标准》条件，截至 2020 年底，我国已建成达标科技馆345 座，年服务公众近亿人次；此外，流动科技馆和科普大篷车以巡展的方式，面向县级地区和乡镇农村开展科学教育，年服务公众超过 4000 万人次。当前，全国各地科技馆正处于历史上最好的发展机遇期。与之相呼应的是，科技馆展品开发规模不断扩大，巨额经费的投入，使科技馆吸引了越来越多的展品企业进入科技馆展览展品设计制作领域。在宏观政策的引导和经济利益的推动下，科技馆展品设计制作行业也不断发展壮大，产业化正在逐步形成。

（四）科技馆事业发展对展品开发标准化有着迫切的需求

科技馆展品作为科技馆最重要的展教资源，具有表达科学思想和精神、传递科学知识和方法、承载科学实验和体验、展现科技历史和发展的重要功能。科技馆展品的数量、质量、特色、更新率等直接决定着科技馆的展教功能和对公众的吸引力。近年来，科技馆等科普基础设施得到较大发展，与此不相适应的是科技馆展品研发和生产滞后。主要表现为：一是面向观众的展品数量不足；二是展品缺乏自主创新；三是高水平展品的生产能力不足；四是价格偏高，质量不稳。随着我国科普事业飞速发展，科普展品开发逐渐趋于社会化和产业化，为了保证科技馆在建筑和内容上都呈现高水准，充分发挥科技馆科普教育的社会效应，促进科技馆事业的可持续发展，迫切需要不断提高科普展品设计、制作等各方面工作的标准化水平。

三　标准需求

科技馆展品开发标准主要从展品研发项目管理、展品安全与环保、展品开发通用技术和展品开发专项技术四个方面分别阐述其对标准的需求。

（一）展品研发项目管理标准需求

科技馆展览展品设计环节较多，每一个环节需要完成的任务和成果资料也较多，加上各个环节的评审、批准，以及商务流程、文件管理等，要在确保展览展品内容水平的同时，对展览展品设计的质量、进度和费用进行合理的控制，如果没有规范的管理，没有较高的项目管理标准，对于科技馆在整体把握项目上、公司在具体设计制作上往往会造成一种混乱的局面。近年来，一些大型科技馆如中国科技馆，在展品设计制作方面制定了一些内部管理规范，但仅限于本馆使用，没有形成标准文件在更大范围推广，很多科技馆在内容建设过程中出现延期开馆、展品返工或者开馆前赶抢工期等现象。由此可见，当前亟须编制科技馆展品研发管理规范，在展品设计、制作、技术资料编制等方面，研究制定相应的标准。

展品设计管理规范，主要规定展品方案设计（方案设计包括展览展示内容、展览主题、展览大纲、互动形式和环境形式等）、技术设计（包括展品机械设计、设计计算、测试实验、电控设计、设计图纸等）、多媒体设计、图文版面设计和展览布展设计等各阶段需要达到的设计指标标准、需提交的技术资料等；展品制作过程管理规范则对展品生产过程中的中期检查、出厂检查、竣工验收等环节的质量监督做出规定；展品开发技术资料管理规范主要对展品设计制作的各阶段需要提交的技术资料提出要求，包括制定的各种设计文件标准模板，规定各种设计文件的数据格式、内容格式、图纸格式、多媒体文件格式等。

（二）展品安全与环保标准需求

科技馆是面向社会公众进行科普宣传和教育的开放场所，人流量大，人员密集。同时科技馆提倡公众自己动手参与和体验展品。这些特点都对科技馆展品提出了很高的安全要求。当前，尚没有针对科技馆展品制定的安全与环保标准，对科技馆展品消防、用电等方面的安全问题，可引用相关的国家标准，但对展品的其他方面的安全需求、环保要求、人身安全要求等都无明确规定，亟待研究制定相关标准。

展品安全与环保标准包括科技馆展品安全标准与科技馆展品环保标准。展品安全标准主要在相关国家标准的基础上，对展品消防、用电、用水、人机交互人身安全保护、设施安全防护等方面做出规定。展品环保标准则对展品所用的材料、展品运行的排放物、卫生、噪声等做出严格规定，保证在科技馆内不会出现对人身体有害的物质。

（三）展品开发通用技术标准需求

展品设计与制作整个过程中，流程复杂，涉及的技术范围广，涵盖机械、电气、多媒体、软件等多种技术类别。如不做出统一规定，往往造成展品样式五花八门，同一展区展品选用的材料、设备不统一等情况，给展厅日常运营和展品维护带来不必要的麻烦。针对科技馆展品的技术特点，为规范展览展品设计中的技术要求和技术参数，以科技馆展览展品设计的一般原则和某一技术领域的设计要求为主要内容，制定一套展品开发通用技术标准，在总体上对展品选材、电气设计、结构设计等做出规定。

当前，有些展品制造企业制定了一些企业标准，但这些标准在实际运用中产生的效果不是很理想，主要是因为作为展品开发中的乙方，如果甲方（科技馆）不做严格要求，企业的标准只能是一种企业自己的规定，完全靠企业自觉执行，其结果往往是流于形式，没有起到标准应有的作用。而作为展品开发中的甲方，目前也只有部分科技馆在建馆或展厅更新改造过程中制定了展览展品制作技术要求，但还显得不是很完善，效果有限。因此，需要在现有基础上总结制定一套展品开发行业通用技术标准，在材料与设备、机械与结构设计、电气控制、多媒体以及软件等方面做出规定，以促进展品研制与生产健康发展。

（四）展品开发专项技术标准需求

展品通用部件是科技馆展品产业化的基础。随着科技馆展品开发规模不断扩大，一些常用功能部件在各类展品中也会经常出现，科技馆也逐渐摸索出了一些设计和制作规律，已经具备形成专项技术标准的条件。将展品各部分如展台、图文板与说明牌、通用电路板、展品互动机构、展品显示设备以及展品信息化部分做成统一的通用部件，最终形成标准件，将极大方便展品规模化生产。

与通用技术标准的情况类似，目前，国内尚无展品开发的专项技术标准出台。科技馆展品强调形式新颖、互动有趣，由很多不同类型的部件组成，涉及技术繁多，研制过程复杂，表现形式多样，因此，要从众多类型展品中总结、分析和归纳出大部分展品共同需要使用的部件，制定一系列专项技术标准。

第二章

科技馆展品开发标准体系研究

　　标准化是各行业活动的一项重要基础性工作，而标准体系建设是标准化工作的重要组成部分，它具有鲜明的全局属性和整体属性，是一个有机整体。展品开发标准体系建设从科技馆展品设计与制作工作的实际需求出发，以促进新时代中国特色现代科技馆体系建设为指引，依据全面性、先进性、系统性、适用性和可扩展性等原则，以提高展览展品设计要求、强化展览展品开发过程管理、提升展览展品制作技术要求，并最终以提高展览展品设计水平为目的。展品标准规范体系贯穿科技馆展品设计与制造的整个过程，是实现展品研发和生产标准化、规范化必不可少的支撑条件基础，对于展品行业的发展具有很强的指导作用，并随着行业的实际发展和需求不断更新完善。

一　总体设计

（一）范围

　　研究建立一套适用于科普展馆、科普大篷车、流动科技馆、数字科技馆、农村中学科技馆以及企业、科研院所等科普展品开发及与之配套的数字化科普作品开发的通用技术规范。本标准仅用于展馆展览展品开发，不适用展览展品运行维护等工作。科技馆展品具有互动性强、观众频繁操作、动态展示的特点，与博物馆、展览馆的展品有较大区别，但是博物馆、展览馆行业可参照使用本标准。

（二）原则

"展品开发标准体系"的编制，按照 GB/T 13016–2009《标准体系表编制原则和要求》中的有关规定，注重标准体系的科学性和结构化，在科普事业不断发展、全国各地科技馆数量持续增加、展品制作公司开发能力参差不齐的条件下，对展品开发提出了新要求，兼顾与现行相关国家标准和国际标准的相互衔接，遵循以下原则。

1. 全面性

力求将科技馆展品开发所需的标准列清，形成标准体系表，做到不遗漏，并将其分门别类地纳入相应的类别中，使这些标准协调一致、互相配套，构成一个整体，避免重复和转换，节省资源。通过标准体系表，能方便地找到所需的标准及其当前所处的状况，注重与现行标准的相互衔接。

2. 先进性

"展品开发标准体系"中所列标准，不但考虑当前的技术水平，还对科技馆展品开发的发展有所预见。根据我国实际情况，采用相关国家标准和国外先进标准，保持展品开发标准与国际标准的一致性和兼容性，为规范科技馆展品开发工作奠定基础。

3. 系统性

恰当地将不同适用范围的标准安排在不同的层次上，体现系统性；按标准的功用和内容进行分类，做到层次合理、结构分明。

4. 适用性

既注重标准体系分类的科学性、合理性，又面向需求，有的放矢。

5. 可扩展性

"展品开发标准体系"并非一成不变的，它将随着高新技术的发展和科技馆展品产业的发展而不断充实、调整和完善。

（三）技术路线

科技馆展品具有种类繁多、流程复杂、多技术综合集成、质量水平要求高等特点，展品开发标准体系贯穿了科技馆展品设计与制作的整个过程，是实现展品研发和生产标准化、规范化必不可少的依据。因此，构建科技馆展品开发标准体系框架不能仅从一个角度确定思路，而应该从多个角度思考标准体系框架，并分析各自优缺点，最后综合分析得出最优方案。课题研究的展品开发标准体系框架总体思路是从展品开发流程和展品开发专业分工两个角度分别研究建立体系框架，经综合分析，结合两者优点，最终确定综合的展品开发标准体系框架。

二　标准体系框架

（一）标准体系框架分析

1. 从展品开发流程角度建立标准体系框架

科技馆展品开发行业特色鲜明，展品开发需经过创意、设计、实验、制作、验收等多个过程，涉及科技内容广泛，表现形式多样，技术集成繁多。展品强调互动操作和体验，按照已有的相关标准制作的展品承受不了科技馆公众的频繁操作，也达不到科技馆需要的安全和环保要求。因此，建立科技馆展品开发标准体系需要考虑众多因素和特殊性，针对展品建立标准体系的技术难度很大。研究从实际开发流程角度，主要包括方案设计阶段、技术设计阶段、展品制作阶段、展品验收阶段，结合行业特点整体规划，通过调研国内外相关标准规范，总结、提炼出展品研发和生产的规律、经验，建立展品的标准体系框架，如图 2-1 所示。

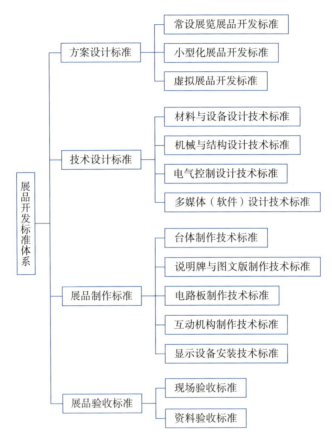

图 2-1 流程角度建立标准体系框图

2. 从展品开发专业分工角度建立标准体系框架

科技馆展品涵盖方案策划、机械结构、电气控制、多媒体与软件等多种专业的分工协作，研究从专业分工角度，主要包括方案策划、机械结构、电气控制、多媒体与软件 4 个专业方向，结合行业特点整体规划，通过调研国内外相关标准规范，从专业分工角度研究建立展品的标准体系框架，如图 2-2 所示。

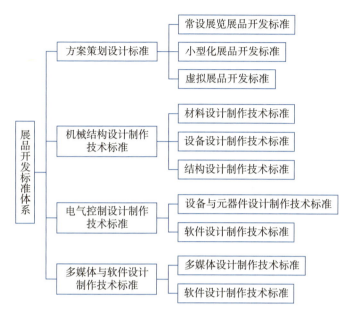

图 2-2 专业分工角度建立标准体系框图

3. 小结

经分析，第一种体系框架优点为流程清晰、每个流程阶段各方面工作标准化目标明确，缺点是技术设计阶段和展品制作阶段重复部分较多，而且安全和环保要求不够突出；第二种体系框架优点为专业分工明确、各专业方向相关工作标准化内容明确，缺点是没有考虑整体性，而且标准工作存在缺项。因此，以上两种体系框架均不是最优方案，需要综合多个角度整合建立标准系统框架。

（二）体系框架建立

建立标准体系框架必须以我国国情和我国科普事业特点为前提，目前我国科技馆发展任务就是建设中国特色现代科技馆体系（以下简称"科技馆体系"），因此，本课题建立的标准体系框架以科技馆体系特点为依据，并为科技馆体系建设服务。科技馆体系是立足我国国情，以实体科技馆为龙头和依托，通过增强和整合科技馆的科普资源开发、集散、服务能力，统筹流动科技馆、科普大篷车、数字科技馆和农村中学科技馆的建设与发展，并通过提供资源和技术服务，辐射带动其他基层公共科普服务设施和社会机构科普工作的发展，使公共科普服务覆盖全国各地区、各阶层人群，具有世界一流辐射能力和覆盖能力的公共科普文化服务体系。

科技馆体系由核心层、统筹层、辐射层组成。

核心层——各地科技馆，要增强自身的科普展教功能，提升能力和水平，并通过体系建设和整合，将众多的科普资源开发、集散、服务功能集于一身，成为整个体系的依托与核心。

统筹层——由各地科技馆统筹负责其建设、开发、运行、维护和管理的流动科技馆、科普大篷车、网络科技馆。

辐射层——不由核心层负责建设、开发、运行、维护和管理，但可由核心层提供展教资源和技术等辐射服务的对象。一是农村中学科技馆、青少年科学工作室、社区科普活动室、科普画廊等基层公共科普设施和其他兼职科普设施（青少年宫、文化宫、图书馆等）；二是开展科普活动的学校、科研院所、企业等其他社会机构；三是科技馆科普衍生品。

展品开发标准体系贯穿科技馆展品设计与制作的整个过程，是实现展品研发和生产标准化、规范化必不可少的支撑条件基础，对于展品行业的发展具有很强的指导作用，并随着行业实际发展和需求不断更新完善。"展品开发标准体系框架"从科技馆展品设计与制作工作的实际需求出发，综合多个角度规范展览展品设计流程、提高展览展品设计质量、加强过程管理、提高展览展品技术要求，并最终提高展览展品设计水平，如图 2-3 所示。

框架包含"展品安全与环保标准""常设展览展品开发标准""巡回展览展品开发标准"三大类，分别对应实体馆展览展品，流动科技馆、科普大篷车、农村中学科技馆的展品，依托于数字网络技术和新媒体技术的虚拟展品。每一类包含若干子类或小项内容。三大类标准之间相互关联，各大类中的小项之间以及小项中的标准之间也相互关联、相互作用。标准体系框架中所提出的标准分类、范围及预计数量，都是相对和发展的，随着实际工作的发展和需求不断更新完善。

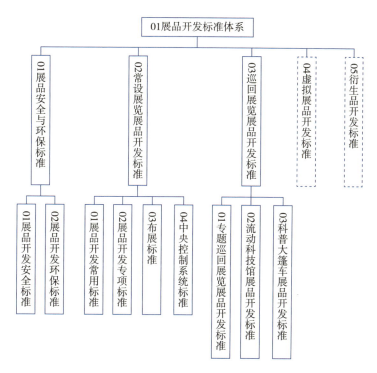

图 2-3　展品开发标准体系框图

三　标准体系明细表

对应科技馆展品开发标准体系框架，展品开发标准体系由"展品安全与环保标准""常设展览展品开发标准""巡回展览展品开发标准"三大类组成，常设展览类又分为展品开发常用标准、展品开发专项标准、布展标准、中央控制系统标准四个子类。表 2-1 为展品开发标准体系。

表2-1　展品开发标准体系

序号	体系表编号	标准名称	标准号	拟立项年度				参考标准情况	拟定标准级别	标准类型	重要程度	备注
				2021	2022	2023	2024后					
1	010000001	展品开发术语	GB/T ××××-××××						国家标准	基础通用	重点	
2	010000002	展品设计管理规范	GB/T ××××-××××						国家标准	管理类	重点	
3	010000003	展品制作管理规范	GB/T ××××-××××						国家标准	管理类	重点	
4	010000004	展品验收管理规范	GB/T ××××-××××						国家标准	管理类	重点	
5	010000005	展品技术资料管理规范	GB/T ××××-××××						国家标准	管理类	重点	
6	010101001	展品开发安全要求	T/科协团体代号 ××××-××××						团体标准	安全标准	重点	
7	010102001	展品开发环保要求	T/科协团体代号 ××××-××××						团体标准	环保标准	重点	
8	010200001	常设展览展品开发通用原则	T/科协团体代号 ××××-××××						团体标准	基础通用	重点	

续表

序号	体系表编号	标准名称	标准号	拟立项年度				参考标准情况	拟定标准级别	标准类型	重要程度	备注
				2021	2022	2023	2024后					
9	010201001	展品材料与设备技术要求	T/科协团体代号×××××－××						团体标准	基础通用	重点	
10	010201002	展品机械与结构技术要求	T/科协团体代号×××××－×××						团体标准	基础通用	重点	
11	010201003	展品电气控制技术要求	T/科协团体代号×××××－×××						团体标准	基础通用	重点	
12	010201004	展品多媒体（软件）技术要求	T/科协团体代号×××××－××××						团体标准	基础通用	重点	
13	010202001	展品操作件	T/科协团体代号×××××－×××××						团体标准	产品标准	重点	包括手轮、手柄、旋钮、推杆、摇把、滑动定位选择、脚踏机械开关
14	010202002	展品台体	T/科协团体代号×××××－××××						团体标准	产品标准	重点	

27

续表

序号	体系表编号	标准名称	标准号	拟立项年度				参考标准情况	拟定标准级别	标准类型	重要程度	备注
				2021	2022	2023	2024后					
15	010202003	展品说明牌（图文板）	T/科协团体代号 ×××××-××××××						团体标准	产品标准	重点	
16	010202004	展品护栏	T/科协团体代号 ×××××-××××××						团体标准	产品标准	重点	
17	010202005	展品电控箱	T/科协团体代号 ×××××-××××××						团体标准	产品标准	重点	
18	010202006	展品电路板（通用）	T/科协团体代号 ×××××-××××××						团体标准	产品标准	一般	
19	010202007	展品电器辅助安装装置	T/科协团体代号 ×××××-××××××						团体标准	产品标准	一般	包括电视、触摸屏、平板电脑、投影机、数码管、摄像头等
20	010203001	常设展览布展技术要求	T/科协团体代号 ×××××-××××××						团体标准	产品标准	一般	

续表

序号	体系表编号	标准名称	标准号	拟立项年度 2021	2022	2023	2024 后	参考标准情况	拟定标准级别	标准类型	重要程度	备注
21	010204001	常设展览中央控制系统技术要求	T/科协团体代号 ××××－×××						团体标准	产品标准	一般	
22	010300001	巡回展览展品开发通用原则	T/科协团体代号 ××××－×××						团体标准	基础通用	重点	
23	010301001	专题巡回展览展品开发技术要求	T/科协团体代号 ××××－×××						团体标准	产品标准	一般	
24	010302001	流动科技馆展品开发技术要求	T/科协团体代号 ××××－×××						团体标准	产品标准	一般	
25	010303001	科普大篷车展品开发技术要求	T/科协团体代号 ××××－×××						团体标准	产品标准	一般	
26	……	……	……						……	……	……	

四　标准工作建议

本章系统分析了现有国内外科技馆展品设计、制作标准，结合我国现代科技馆体系建设特点，科学、系统、合理地规划了科技馆展品开发标准体系，为科技馆展品开发标准化工作提供了依据和蓝图，解决了科技馆展品开发行业长期无标准可依的问题。建立较为系统、完善的标准体系框架和相关标准，将大大提升我国科技馆展品开发整体水平和质量，有效推动行业从幼小向成熟发展。

后续可尽快启动相关标准的研究和编制工作，为保障科技馆展品开发的顺利推进，展品高质量、高可靠的制作，科技馆体系建设的全面成功提供必要的支撑。相关标准成果可在科普服务标准管理委员会立项，形成国标后公开发布，联合国内一些大型科技馆开展全国科技馆展品开发标准说明会，进一步推进标准落地工作。同时，标准也会随着技术的发展而变化，每两年对标准进行一次修订，并且对未来影响科技馆展品的技术趋势进行研讨，对标准进一步完善和复审。

第三章

展品开发
系列标准研究

依据展品开发标准体系框架及标准体系明细表，结合行业发展的迫切需要，优先研究编制了展品安全、环保要求、展品开发管理规范、展品开发通用技术标准、展品开发专项技术标准等标准文件。展品安全、环保要求将有效保证观众安全、创造绿色环保的参观环境；展品开发管理规范能统一流程，规范展品开发流程的各个环节，保证进度和监督管理；展品开发通用技术标准为设计制作符合科技馆特性和要求的展品，提供统一设计原则和制作要求；展品开发专项技术标准将实现展品部件通用化、规范化设计制作，简化展品日常维护工作、降低成本等。

一 展品安全、环保要求

科技馆作为人流密集的公共场所，安全与环保是面向公众开放的前提，在设计制作展览展品过程中应提前考虑。《展品开发安全要求》与《展品开发环保要求》应处于各项标准编制的首要位置，在展品开发管理规范与各技术标准之上，是保障科技馆内人员和展品安全，创造绿色、舒适、健康参观环境的重要支撑。

（一）展品开发安全要求

科技馆观众群体多为未成年人，他们的安全意识不那么强烈，他们对于科学的好奇心处于最强烈的阶段，在与展品互动过程中难免会有一些超出设计人员预想的举动，容易给自身的安全和展品安全留下隐患。因此，展品开发安全要围绕人员安全与展品安全两部分，在展品的设计、制造、安装、维修、检验和使用管理等方面提出要求。

不同于其他博物馆，科技馆展品除了保障消防、用电安全外，还有用水安全要求、固液体排放安全要求、玻璃使用要求、结构安全要求、安全装置要求、儿童展品特殊要求等。展品开发安全要求首先明确，当安全和其他要求发生冲突时，应服从安全第一的原则。

载人的互动体验类展品在参考《游乐设施安全规范》外，有专门针对展品操作安全的条款，该部分内容根据多年展品运行经验，分析观众参观行为，通过大量实际数据分析得出，对于科技馆展品开发、保障观众人身安全具有实际指导价值。

消防安全主要参照现行相关国家标准执行，并对展品用材做出规定，要求电气设备具备优良的通风散热装置，不得遮挡消防设施和通道，不得与消防栓等颜色相近，展品运行不得产生易燃易爆物等。

用电安全主要对展品常用的电控箱设计及制作提出具体要求。例如，要求展厅配电箱、展品电控箱配备空气开关及漏电保护器；对互动机构要求使用安全电压；要求因突然断电不能复位、可能会导致设备损坏以及载人的用电展品，设置手动复位装置及安全互锁装置，恢复供电后展品不得自行启动。

用水安全针对展品本身需要通过水来进行展示所提出，此类展品在科技馆中仅占一小部分，但是在故障率和造成的损失上往往较为突出。因此需要对展品用水安全提出专门的要求。例如，要求展品水电分离，一般电路在展品上部，水路在下部；浸泡在水中的结构、器具或设备要求使用防水材料或提前进行防水、防锈、防腐处理。

展品运行过程中产生的固液体，重点要求设计排放系统，且要求专人维护、展品定时演示。展品中经常使用的玻璃，主要起安全防护作用，因此规定，一般使用安全玻璃，如使用钢化夹胶玻璃。

展品结构安全要求，主要根据科技馆展品的特点，在安全防护装置、展品外形构造、互动机构安全要求等方面提出要求。例如：驱动机构、动力传动链及皮带等活动机构、部件应设有安全防护装置，要求展品结构自身须稳固、不易攀爬，不得外露锐利边缘或锐利尖端，不得有卡住或挤压到观众手脚的孔洞和槽缝，螺钉、螺母等连接件采用隐藏设计，散热孔、音响孔的孔洞直径不得大于 5mm。上述要求和参数，均是在分析大量实践经验和展厅运行数据基础上得到的。例如，孔洞直径与缝隙小于 5mm，是因为 12 个月大以上儿童手指平均直径为 5.6mm，参数能有效保证儿童手指不能进入音响出声孔、滑轨缝隙等处。

安全装置主要针对一些特殊的体验类展品，在安全带、安全压杠、座舱等方面做出要求。对于连接负载较大的互动机构，要求设计限位机构；载人的互动体验类展品须设有自动或手动的紧急停车装置及疏导乘人的设施，以避免突然断电或设备发生故障时危及乘客安全。

儿童展厅安全要求，主题针对儿童参观习惯提出一些特殊要求，其安全防护装置比其他展品要求更高。例如：展品不得有粗糙表面，边角等部位要求设置缓冲机构，轴和旋转物体设计应注意不会夹住衣物和头发，儿童可触及的部位要求进行弹性或软包防护处理。

（二）展品开发环保要求

科技馆的展览展品基本上都是在室内，在相对封闭的空间内，人流密度大，对空气质量要求应提高标准，尤其是展品本身作为一个观众接触亲密的物品，应首先保证自身不会对环境造成污染。科技馆展厅在布展时，搭建场景一般使用的大量板材，墙面的施工、展品外表面喷漆处理等，都会释放有害物质危害观众健康。部分展品运行时也有可能产生废弃物对环境造成危害。因此，展品开发环保要求主要针对展品在设计、制造、安装、维修、检验和使用管理等方面。

科技馆展品所有材料必须是 E1 级及以上环保材料。鉴于展厅环境相对封闭，要求展厅具有良好的空调新风系统。对于新建展厅，即便所用材料达到标准要求，由于累积效应，在相对封闭的展厅内仍可能造成有害挥发物超标。在中国科技馆展厅更新改造期间，经过多方走访调研、咨询专家，首次在施工过程中对板材、展品表面等做专业除甲醛、苯等治理，使得展厅改造完工后，由第三方专业机构按照相关国家标准要求检测的甲醛、苯等有害物排放量全部达标。因此，要求规定，科技馆展品所使用的材料必须经环保治理后才能进入展厅，展厅在甲醛、苯等排放量达到相关国家标准要求时才能开放，否则科技馆应采取专业措施，对环境进行治理。

展厅内光照和噪声对参观质量有较大影响，例如，投影机及其他强光设备，照射角度、强度应设置合理，避免光线直接照射观众眼睛，才能保证视觉舒适性；空场混响、噪声干扰等则会干扰观众的参观。因此，要求对光照和消除噪声等做出了详细的规定。

对于展品运行过程中产生的排放物，则要求控制排放量，同时要求展品配备必要的过滤、机械排放、污染物处理装置等。

二　展品开发管理规范

根据科技馆展品开发的一般流程，项目团队研究制定科技馆《展品设计管理规范》、《展品测试与试验管理规范》、《展品制作过程管理规范》、《展品验收管理规范》与《展品技术资料管理规范》，对展品开发过程中的设计、制作、验收与技术资料归档做出规范与要求，规定各阶段应完成的工作与目标，各阶段工作成果需要提交的资料及规范。管理规范面向展品开发流程的各个环节，项目团队研究编写设计、测试与试验、制作、质量控制、验收等管理标准，统一流程和制作要求，使展品设计与制作工作有一个共同遵循的依据和约束，形成闭环管理。

（一）展品设计管理规范

展品设计是将展品设想通过合理的规划、周密的计划，通过各种形式表达出来的过程，是最基础、最主要的创造活动，是展品的展示效果和预期展示目标实现的前提。设计过程中需要考虑的因素众多，如展览主题、展示内容、展品方案、参观路线、环境需求、布展环境、可维护性、公共空间、管理间、展览预算等。设计管理规范规定了科技馆展品设计管理总则、展品设计、设计成果、设计交底、设计验收管理规范等内容，不仅适用于科技馆展品的设计管理，其他类似展馆科普展品的设计管理也可参照使用。

展品设计管理总则主要包括原型实验和通用要求，考虑到科技馆展品使用的多元性和复杂性，对在设计过程中，需要进行实验的展品，应详细记录实验测试过程的各项数据，并对结果进行分析，提供实验报告。验证合格后进行下一道工序，否则应优化原设计。另外，设计时一定要充分考虑安全、环保、节能、设备、材料、造型、展品结构、展品音视频、制作加工以及安装调试等多方面需求，尽量选用通用型号的设备和标准零部件。

展品设计主要包括概念设计、方案设计、技术设计和工程设计四个阶段，每个阶段都要以设计管理总则为出发点，结合实际完成"展品概念设计书""展品方案设计书""展品技术设计书""展品工程设计书"等相应成果文件。另外，工程设计十分重要，其直接决定展品实现的质量，主要包括展品机械设计（设计计算、测试实验、设计图纸等）、电控设计、多媒体设计、图文版面设计和展览布展设计。

展品设计技术文件清单，是设计资料的汇总集合，主要包括设计图纸，含总成类、机械类、电气类、管道类、音频和视频类、控制系统类、灯光类、图文板类等具体资料；设计文本，含技术说明书、测试/调试说明、制造（施工）接口文件、展品质量验收标准等具体资料；表格明细，含展品配套明细表、标准件外购件总汇（含设备）、设计文件汇总表等具体资料；实物样板，含材料样板及色板等具体资料；软件，主要含各类软件源程序。对展品设计技术文件的要求，能解决大多数科技馆展品技术文件不统一的问题，避免后续复制和维修不便。

设计完成后，在展品制作前，应组织相关设计和制作人员进行设计交底。交底时，对设计原则、设计思想、注意事项、待进一步验证问题等进行说明；应对展品之间的内在逻辑联系、科学原理之间的关联等作出进一步的说明；对于展品拟达到的效果和验收标准，应提出建议；对于展品和展览布展之间的协调处理，要有明确的解决方案；设计验收，提出验收程序、验收合格评定要求等具体内容。

（二）展品制作过程管理规范

展品制作过程是实现设计意图、保障质量的关键。根据科技馆展品应用实际效果，制作过程管理规范给出了展品制作总则、工种分解、工序安排、分部分项验收、组装调试、试运行及出厂检查规范。其他科普类场馆展品的制作过程管理也可参照使用。

根据展品制作的整体流程，制作过程中需进行若干次检查，出厂前进行出厂检查，每次检查具体查验什么内容、如何把控进度和质量，规范作为重点提出了详细要求。

根据涉及的工序，制作按工种类别分解为机械、电气、多媒体（含文案策划和多媒体音画制作）、木工、油漆（烤漆）、玻璃钢、软件（含系统集成）、美工等。不同展品的制作工艺，都应按照最合理的工艺进行生产，不可随意变更或错序施工，以保证质量、避免原材料及资源浪费和对环境的污染。

当展品制作完成时，其中能够在原厂安装调试的展品，要在原厂进行完整的安装调试，出厂时需要进行必要的外观检测和性能测试，确保没有质量问题并实现展示效果。只有在满足各种设计要求的前提下，方可出厂。展品出厂时，应有出厂合格证、备品备件、使用说明书、维保注意事项说明、软件备份等资料。个别特大型展品，工厂没有条件进行调试的，应对主要功能部件进行检查，然后提前将设备运至展览现场，预留足够的时间组织安装调试。

（三）展品测试与试验管理规范

测试与试验是验证展品设计合理性与制作质量的重要手段，尤其涉及载人的互动体验类展品，测试与试验是必不可少的过程，只有高标准才能有高质量和绝对安全，因此，制定科技馆展品测试与试验要求极为重要。

测试与试验管理规范依据展品的技术要求、环保要求、安全要求等内容，给出相应要求的测试方法，能够为展品质量提供保障，适用于科技馆展览展品的测试与试验及过程管理。

根据科技馆展品属性要求，作为科普类产品，本身就要符合国家发展理念，能够引领时代发展，体现出科普的真正价值。科技馆展品种类众多，涉及方方面面，标准给出了机械类、电气类、多媒体、图文板、说明牌、空载检验、安全保护、应用软件、环保等九大类通用要求，每种要求都体现出以人为本的服务宗旨。如对多媒体类要求如下。

——内容科学，准确反映展示内容要求。

——人机互动界面友好。

——播放流畅。

——按钮响应迅速准确。

——画面清晰度符合设计要求。

——色彩运用得体，颜色渐变、过渡平缓。

——配音效果良好。

标准中针对通用要求，给出了相应的检测手段，保证技术指标的可测性。如机械类性能测试如下。

——机械设备运转要求正常，运行时无异常响声。经现场持续运转 8 小时无异常。

——液压装置和气动装置、泵水泵气设备工作正常，无泄漏。

——机械设备经现场 8 小时疲劳测试完好无损，无磨损、变形、破裂等异常现象。

对于载人的互动体验类展品，要求首先按要求进行空载检验，对各种防护设施进行运行检验，合格后由专业人员按照严格的规程进行实际运行试验，测试各种极限状态下展品运行情况。检验合格方可进入试运行阶段，经一定时间的试运行后才能进入展厅投入实际使用。

（四）展品验收管理规范

验收环节作为展品交付的最后阶段，是设计成果转化生产使用的标志，是以设计、制作规范和质量检验标准为依据，按照一定的程序，在展品制作完成后，对展品进行检验和认证、综合评价和鉴定的活动，不仅全面考核展品成果，确保展品能够按设计要求的各项技术指标正常使用，也为提高展品的使用效益和管理水平提供重要依据。验收管理规范规定了展品验收条件、验收流程、验收依据、合格认定等内容，能够有效保障展品设计质量要求，适用于科技馆展品的验收，其他科普类场馆的展品验收也可参照使用。

当展品具备验收条件时，应根据验收流程开展验收工作。一般验收流程为预验收、验收、整改复验。规范在符合国家相关法律、法规及国家标准、行业标准前提下，提出了验收依据主要是《展品设计方案》及合同、变更文件等项目文件。具体的展品验收是对展品总体展示功能、机械、电气、AV、灯光、软件、多媒体、图文板、外观、安全、环保、技术资料等各专业的技术进行验收，达到设计要求后，通过验收。

为了验收工作有章可循、便于操作，标准提供多种验收报告形式表格，如《常设展览展品项目自验收报告》《常设展览展品项目预验收报告》等，便于参考使用。

（五）展品技术资料管理规范

展品的技术资料是展品设计成果的重要体现，是展品设计整个过程的技术结晶，能够提供展品开发过程中可追溯的依据。因此，对技术资料进行管理十分必要。技术资料管理规范规定了科普展品技术资料的总则、技术资料范围、质量要求、技术资料管理主体、技术资料编制要求、移交存档等内容，适用于科技馆展品技术资料管理，其他科普类场馆的展品技术资料管理也可参照使用。

规范中所指展品技术资料主要包括准备阶段文件、管理文件、招投标 / 竞争性谈判文件、合同文件、设计文件、制造文件、施工及调试文件、竣工图、验收文件、声像电子文件等，每种文件按其要求，又细分为多个子文件，另外，根据要求相应文件应加盖公章。

技术资料的编制标准也提出了要求，给出了编码规则及相应编制质量要求等内容。当技术资料按要求编制完成后，所有的技术资料需要移交存档，规范提供了移交存档的过程及相关表格。

三　展品开发通用技术标准

展品作为一种专门设计制作的科普设施，其研发涉及材料、机械、电气、软件等多种专业，在设计、制作过程中必然遵循各专业的标准化要求。

同时，基于科技馆展品绝对安全、高可靠性、高稳定性、高可维护性等特殊要求，仅参照各专业现行标准难以满足现实需求。因此，结合科技馆特点，细致总结观众的参观行为数据，分析展品设计制作中具体技术方面存在的问题，制定一套基于科技馆特殊需求、高于现行国家标准的展品开发材料、机械、电气、多媒体软件通用标准，使展品设计与制作工作有一个共同遵循的依据，确保展品设计水平与制作质量。

（一）展品材料与设备技术标准

科技馆展品种类繁多，展品结构也是多种多样，展品制作材料包括金属材料、非金属有机材料、软包材料等。同时，展品中使用的多种电气设备、计算机设备、液压设备、电动缸等，虽是直接采购的成熟设备，但用于科技馆展品使用也有较高的要求。选择合适的材料，合理规划使用外购设备，对于保障观众与展品安全、提升展示效果、提高展品完好率具有重要意义。材料与设备技术标准在展品材料使用和设备选型方面提出要求，适用于科技馆展品的设计、制造、安装、维修、检验和使用管理。

1.材料

展品用材首先必须符合展品安全与环保要求，尤其注意消防要求。

科技馆的展品主要由操作机构、电控及软件系统、传动机构、设备安装部件、安全防护机构、展台等结构部件组成。对于结构性材料，一般使用碳素结构钢，例如大型展台、造型。轻型结构则使用轻钢龙骨或铝合金型材，以满足展品实际需求为准，不建议使用木材、板材等。

根据使用场景，主要传动零件应选择机械性能不低于45号优质碳素钢的材料；而对于载荷较小或用于原理演示的传动机构，在满足设计指标要求的情况下可以选择铝合金或非金属材料制作。

由于科技馆人流量大，展品会受到观众频繁操作、触碰，因此展品表面材料应使用耐磨、耐划的硬质高强度材料，如展台台面可以选用人造石、不锈钢等。材料的表面应耐磨、光滑无缺损、无锐利的边缘和棱角；选择无镜像反射的材质或亚光漆作表面装饰处理，避免出现光辐反射。

因造型需要，以往很多展品使用玻璃钢材料制作，由于环境污染问题，现较少使用，多采用塑料成形代替。体量较大，必须使用玻璃钢时，应采用胶衣工艺制作。

2.设备

科技馆展品所用设备主要包括电气设备、交互设备、液压电缸设备、计算机、投影机以及散热、通风设备等。设备应易于维护、维修，维修空间具有较好的开敞性，易损件应为易购件、通用件，避免使用非标产品。

从可靠性方面考虑，尽量避免使用键盘、鼠标等作为观众操作的交互设备，展厅中使用的此类设备经常被损坏。如根据展品功能必须使用键盘、鼠标等，键盘、鼠标等应满足展厅高强度连续工作的要求，选用结实、耐用的产品，如金属键盘、轨迹球等。

对于载人的互动体验类展品使用的设备，需特别注意安全性要求。例如，现在很多展品使用动感平台以达到好的体验效果。此类平台载人部分多由油缸或气缸支撑升降，为防止压力管道、胶管及泵等损坏产生急剧下降，要求必须设有保险装置。

同一展厅应选用统一型号计算机，在满足需求的前提下，应选用轮廓尺寸较小的机型，推荐选用统一的工控机，需进行实时 3D 渲染的特殊展品，选用统一的图形工作站。显示屏要求可以通电自启动，以接入中控系统实现智能控制。

投影机建议使用激光投影机，亮度不应小于 5500lm，体积、重量尽量小，以方便安装和维护。散热、通风设备等依据需求设计。

所有设备接口要求统一，在原理图和施工图上注明管、线的型号、规格、连接方式、位置尺寸及消耗能量，且要求在设备工作地附近张贴。

（二）展品机械结构技术要求

机械结构是展品设计中的重要内容，是决定展品性能的主要因素之一。开发者需要在各种限定的条件（如材料、展品企业加工能力、场地条件、安全性等）下，权衡轻重、统筹兼顾，使设计的展品有最优的综合技术经济效果，达到准确实现展品设计功能、安全稳定运行的设计目标。

科技馆展览不同于其他博物馆，它鼓励观众自主操作互动展品获取直接经验以达到教育目的。因此，科技馆展品面临观众的反复动手操作并展现科学现象，在操作过程中，观众行为对展品的影响常常无法预知，有可能造成结构疲劳和受力的不可预见性。许多刚从事科技馆展品机械结构设计的设计师，认为展品仅用于展示，其机械结构载荷一般很小，根据学习的机械设计课程，展品机械机构几乎不会损坏失效。实际情况是，展品面临观众的反复操作，且观众操作行为不可预知，展品载荷可理解为脉冲式的不间断冲击载荷，随着时间的积累，很多展品出现机械结构失效损坏的情况。因此，展品机械结构应以不间断冲击载荷为出发点，例如，以最精简的机构实现预期功能，即通过机械机构实现展品所要求的特定动作；强度、刚度足够，包括考虑观众破坏性操作；充分考虑工厂加工环境，设计可行的制作工艺；充分考虑展品展台狭小的空间，合理规划装配单元和装配顺序，使零部件得到正确安装，同时便于装配和拆卸；可维护性高，根据其故障率的高低、维修的难易、尺寸和质量的大小以及安装特点等统筹安排，做到便捷维修零件部件；综合考虑成本。

基于上述展品运行环境和运行要求，机械结构技术要求在结构设计、制造与安装、检验维护、机械安全防护等方面提出要求，从展品机械结构系统组成着手，聚焦一般要求、结构设计、制造、安全防护等环节，提出相应技术规范，以保证展品安全可靠。

1. 结构设计要求

展品机械结构一般要求包括安全性、可靠性、易用性、维护性、规范性等，这些通用要求是机械结构设计的基本原则。需要说明的是，展品机械设计要充分考虑观众自主操作，以及失误性、破坏性操作，如攀爬、倚靠、坐卧等对展品的冲击；考虑科技馆展品长时运行、频繁启动对展品的影响。因此，展品机械设计必须预留足够的结构强度、刚度，对机械结构进行合理优化，保证展品不易发生故障和损坏。

因运输、货梯、展厅出入口限制等，展品在工厂组装完成后，需拆解运输至科技馆展厅重新安装、调试，故较于其他机器设备，展品对零部件安装、拆卸便利性要求更高，展品在结构上需布局合理，组装、拆卸、搬运便利，尤其是大型展品，应采用拼接结构、活动连接件连接，且应确保结构稳定可靠。

对于驱动系统、传动系统、支撑机构等展品常用机构，包括电机驱动、液压或气压驱动，齿轮传动、蜗轮蜗杆传动、链传动、带传动等；支架、底座、围栏、螺栓及销、轴连接、轴承、可调节机构等，按照机械设计要求进行设计，但需注意科技馆的特殊要求，如儿童展品的机械结构设计应考虑到儿童的生理、心理特点，加以特殊防护，同时也要满足国家关于儿童安全的现行标准和技术规范。

每件展品应有结构设计书，对于重要零部件应有展品结构校核计算，并预留足够安全系数；特别的，对于载人的互动体验类展品，参照《游乐设施安全规范》的要求，安全系数必须达到 5 以上。

2. 制造与安装要求

企业具备基本的生产条件、必要的加工制造手段及工艺装备、检测手段、熟练的技术工人和一定数量的技术人员是展品制作的前提条件，而完备的技术要求与标准是高质量完成制作的保障。加工制作是展品开发的重要环节，设计目标能否实现有赖于工人是否严格按照设计工艺进行加工。

目前，国内科技馆展品开发一般由馆方完成概念设计或方案设计，展品制作企业完成技术和工程设计并加工制作，极少数科技馆拥有自主完成全部设计和加工的能力。因此，展品机械结构技术要求首先明确，参照过程管理规范制定合理、有序的生产流程，馆方和企业依据规范和生产流程把控制作过程和质量。

要求还规定，企业工人应按规定程序批准的展品设计图样和技术文件进行加工制造，设计图样和技术文件不得任意修改，修改应取得原设计者（单位）确认，修改内容应记录存档，以此杜绝目前普遍存在的生产像手工作坊、随意加工，最后根据加工实物修改图纸的怪现象。

关于安装与装配，则要严格按照要求有序安装，特别注意紧固件的安装。展品对表面要求较高，表面不可出现破损、掉漆、划痕等现象。除在设计中外，安装过程也有明确要求，并制定了相应的流程和保护措施。

3. 检验维护要求

检验是发现加工缺陷、提升展品质量和保障安全稳定的最后一道闸门，在展品机械结构部分，主要对外观、连接件安装、重要零部件、焊接件等进行检验。

外观检验主要是表面粗糙度、油漆面、图文板、显示屏等。展品操作台面多采用人造石、有机板材等制作，表面不能有明显划痕、凹凸不平等现象，要求棱边倒角圆润；表面烤漆、喷漆等不可有砂眼、毛刺等；而图文板多采用透明有机材料制作，如有刮痕、粘接残留气泡等都对展示效果影响较大。

对于螺纹连接等重要连接件，除要求工人按照要求施工外，还要求质检按规定使用专业工具进行检验。重要零部件则要求进行100%的超声波与磁粉或渗透探伤。焊接结构在展品中应用较多，检验主要针对有无虚焊、透焊、焊接毛刺、应力消除等，重要焊点要求使用无损探伤进行检测。

4.机械安全防护要求

机械安全防护要求是依据科技馆日常运行实践和展品互动体验的特点提出的机械结构设计特殊要求，是安全防护非常重要的一项内容，既要考虑展品本身安全，更要保障观众和工作人员的安全。以此为出发点，机械安全防护要求主要内容包括设计中消除危险的零部件、避免或减少在危险区域内工作、安全防护机构设置、规避人员无意识风险等。

由于观众自主互动、体验展品，为保障观众安全，危险零部件的界定要比一般机械设计严格，普通螺钉、孔洞和槽缝等在展品中均是危险零件或结构，设计时要尽量避免或隐藏设计，避免观众直接触碰；压杆、推杆等则不可力臂过长，且需设计机构遮盖槽缝；其他场馆、公共场所等常见悬臂、造型构件，在科技馆中也是危险结构，需防止磕碰、攀爬等带来的安全隐患（一些存在安全隐患的设计见图3-1、图3-2）。

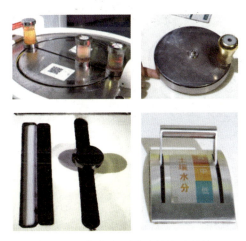

图3-1 存在夹手隐患的互动机构　　图3-2 不合理结构设计

避免在危险区域内工作，要求展品设计时为工作人员预留安全空间，为日常运行、维护提供必要的通道，以避免对人员造成伤害（见图3-3、图3-4）。

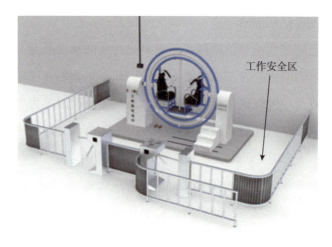

图 3-3　预留安全空间

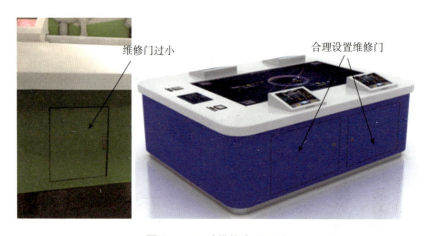

图 3-4　两种维修窗口设计

　　安全防护机构是保证展品安全和人员安全必不可少的装置，展品驱动机构、动力传动链及皮带等活动机构、部件，脆弱的屏幕、展示模型、精密仪器等，都要求设计安全防护机构进行保护。

　　观众在参观、操作展品过程中，注意力难免被展品吸引，容易忽略自身动作可能带来的安全隐患。一些有安全隐患的设计如图 3-5 所示。为避免观众无意识触碰、不规范操作等对展品和人员造成伤害，如连接件被松脱，孔洞、缝隙卡住或挤压到观众手脚等，须做出规范明确要求，包括人机交互设计合理、误操作容错设计、不露出锐利边缘或锐利尖端、醒目的警示标志等。

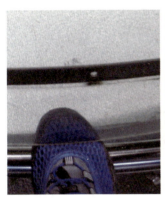

图3-5　有安全隐患的设计

（三）展品电气控制技术要求

电气控制作为展品的大脑中枢，其性能指标的优劣直接决定展品的质量好坏，展品电气控制主要涉及电子元器件、电源、驱动与控制系统几部分。电气控制技术要求提出了电气控制技术的一般要求，具体包括产品质量控制、线路布局、电源管理、散热要求、面板设计、环境适应性设计及特殊要求等相应技术规范，以保证应用电气控制的展品安全可靠。

电子元器件的稳定性对展品设备的运行至关重要，电子元器件的选型及有关技术要求应符合国家相应的电气技术规范标准要求，应能保证安全并满足运行工况。

线路布局包括电路板电路设计及强弱电线走位，线路布局的合理性直接影响设计成本、维护成本、稳定性及美观性方面，标准中给出了展品电器所用导线线径截面应满足使用要求，导线在穿过墙壁或展台台体处等易损部位，应加装护线套等保护措施。连接线（数据线）的长度尽量短，根据电路图在导线两端应标注线号以方便调试及检修。非护套线布线时应使用线槽或套管。采用接插式的接线方式连接时，插头应具有通用性和互换性，并为接插动作留下充足的空间等。

对于面板设计，要求应垂直于操作者的视线，并使指示器件位置在操作者的水平视线区，表头及显示器的安装应和与之相关的开关、旋钮等操作元件上下对应。面板元件布置均匀、和谐、整齐、美观，把经常操作的开关、旋钮、指示灯、显示装置布置在前面板，把不常操作的元件插座装在后面板。另外面板上的功能文字、符号标注应明确、明了、字迹清晰，颜色应与面板颜色有高度反差，位置布在相应元件下方等。

环境适应性设计要求包括温度和湿度、噪声和振动、电磁兼容性及防潮除湿等。特殊要求主要指用水展品的关键技术要求，主要包括密封耐压、防锈、防水电缆、水位监测等具体要求，针对防水要求提出了安全防护措施，包括多级漏电保护措施、漏水防护要求等，以保障科技馆展品的特殊用途及功能。

（四）展品多媒体（软件）技术标准

多媒体是科技馆展品常用的一种展示手段，很多深奥的科学原理、科技应用等都通过多媒体展现给观众；此外，很多展品采用虚实结合的方式将多媒体融入互动体验过程中，多媒体是展品实现人机互动的窗口；因此，多媒体在科技馆展品中占有重要地位。多媒体（软件）技术标准规定了科普场馆多媒体及软件开发应遵循的设计原则和制作要求，适用于科普场馆常设展、临展、巡展和即时展中多媒体展品的开发，但不涉及硬件选择与展览现场的安装调试。

标准研究了展品多媒体分类形式，整合了静态媒体（如文本、图形、图像）和动态媒体（如音频、动画、视频或与其他感觉形式相关的媒体），给出了相应术语和定义，多媒体分类形式给展品设计提出了指引，方便设计方选用。标准给出了多媒体展品软件开发过程中的一般要求，主要有主题性、科学性、趣味性、易学性、统一性、容错性、通用性、稳定性等，提出了设计基本原则及技术要求，在设计原则中描述了多媒体展品软件开发过程中固有的不同方面。这些方面确立了组织单个设计问题框架，有助于开发者通过系统的方法开发多媒体展品软件。尽管这些方面可用作开发过程中的步骤，但既不打算代表一个完整开发过程，也不必以顺序方式予以描述。其中设计内容主要包括内容设计、交互设计和媒体设计三方面。

为保证展览信息被有效传达，标准从信息输出、音频输出、视频输出、文字、图像元素、媒体选择和组合等技术入手，研究了相关标准及技术，给出了具体要求。另外标准对于软件编程也给出了具体流程图、软件编写原则等具体规范。

四 展品开发专项技术标准

科技馆展品种类多样，展示形式各有不同，但经过大量展品的研究和分析，项目团队发现不同展品之间依然有很多共性、通用的结构部件等。研究展品组成部件的共性、总结展品通用功能部件、开展展品组成部件共性技术攻关、进行相关试验验证、研制通用部件样品并对通用功能部件的设计与制作进行标准化，对于展品部件通用化和标准化设计制作、简化展品日常维护工作、降低成本具有重要的现实意义。开发专项技术标准根据展品主要组成结构，以通用化、标准化为设计原则，对科技馆展品常用的一些主要部件、机构进行统一设计，例如手轮、转轮、按钮等。

（一）展品手轮与转轮机构技术要求

手轮与转轮是科技馆展品中常用的互动机构，观众通过转动手轮或转轮输入动力或信号，以激发展品运行。手轮机构技术要求与转轮机构技术要求针对两种机构及配套的手柄机构技术内容进行了研究，对设计开发及应用提出了具体技术要求，适用于科技馆展览展品用手轮、转轮的设计、制造、安装、维修、检验和使用管理。

根据科技馆展品实际应用，对手轮、手柄及转轮进行了系列化和参数化，给出了具体规格型号，明确了设计需求及功能要求。另外通过试验验证，给出了手轮、手柄及转轮的动态性能具体指标参数，标准的提出将有效保障产品质量，提高用户体验。

技术要求明确提出，观众操作展品后应及时得到准确、清晰的响应。手轮和转轮观众操作部分与运动部分的连接应采用限力或缓冲机构，并设有限位装置，避免对观众造成伤害或对设备造成损坏。轴承一般使用自带润滑脂密封圈的深沟球轴承，特殊要求时，可根据机械设计要求选择其他轴承。

手轮盘等转动互动部件距离展品台面高度设定：依据成年人手指直径最大约为20mm，同时为保证并排两根手指放在转盘下方不致扭伤，设定手轮盘等转动互动部件距离展品台面高度为50mm；个别情况下，为保证结构强度，可设定该值为5mm或以下，以确保不会有手指进入。图3-6和图3-7为手轮结构示意图。

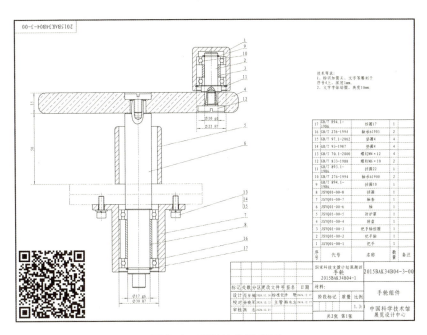

技术要求：
1. 标识加圈义、文字等雕刻于序号4上，深度1mm。
2. 文字字体如图，高度10mm。

17	GB/T 894.1-1986	挡圈17	1	
16	GB/T 276-1994	轴承61903	2	
15	GB/T 97.1-2002	垫圈4	4	
14	GB/T 93-1987	垫圈4	4	
13	GB/T 70.1-2000	螺钉M4×12	4	
12	GB/T 833-1988	螺母M6×10	1	
11	GB/T 893.1-1986	挡圈22	1	
10	GB/T 276-1994	轴承61900	1	
9	GB/T 894.1-1986	挡圈10	1	
8	JSYQ01-00-8	挡圈	1	
7	JSYQ01-00-7	轴套	1	
6	JSYQ01-00-6	轴	1	
5	JSYQ01-00-5	防护罩	1	
4	JSYQ01-00-4	转盘	1	
3	JSYQ01-00-3	把手轴锁圈	1	
2	JSYQ01-00-2	把手轴	1	
1	JSYQ01-00-1	把手	1	
序号	代号	名称	数量	备注

	国家科技支撑计划课题四 手轮 2015BAK34B04-1	2015BAK34B04-3-00
标记 处数 更改文件号 签名 日期	材料：	手轮组件
设计	阶段标记 质量 比例	
校对		中国科学技术馆
审核	1:3	展览设计中心
	共2张 第1张	

图 3-6 手轮结构示意图

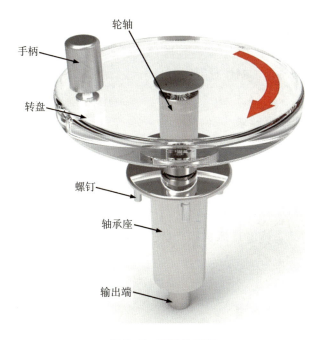

轮轴

手柄

转盘

螺钉

轴承座

输出端

图 3-7 手轮效果图

手轮转盘尺寸设定：转盘作为重要的互动操作部件，需在保证安全的情况下满足观众操作习惯和展品美观要求。经总结多年使用经验，设定转盘直径为 80mm、120mm 和 150mm 三组。其中，直径 80mm 可满足绝大部分观众包括儿童手掌直接握住转盘转动，同时该尺寸可确保转盘中间开孔时的结构强度；直径 120mm 的选择，主要考虑留有足够的空间，在转盘四周设定指示信息；直径 150mm 多用在转轮负载较大的情况下，保障儿童能较容易完成互动操作；同时，为方便儿童操作，可在 120mm、150mm 直径转盘上设计手柄。关于转盘材质，建议使用透明亚克力材料，此材料可加工性强，外观透亮美观，在设定的 15mm 厚度情况下，有足够的强度，满足科技馆展品互动使用环境。同时，为保证不会划伤观众，要求边缘做不小于 3mm 圆角。

手柄结构尺寸设计：依据统计与相关标准，人手握住物体的直径，较舒适的尺寸范围为 16～40mm。在设计手柄时，从观众操作舒适度和结构安全性两方面考虑，设计手柄在使用不锈钢 304 材料制作情况下的直径为 20mm，选用外径 17mm 的自带密封圈深沟球轴承。该尺寸下加工方便，不致手柄壁厚过薄，增加制作难度。

（二）展品按钮技术要求

按钮是科技馆展品经常使用的互动部件，通过对按钮技术进行研究，对其设计开发及应用提出了具体技术要求，对按钮进行了系列化和参数化，给出了具体规格型号，明确了设计需求及功能要求。另外通过试验验证，给出了按钮的动态性能具体指标参数，标准的提出将有效保障产品质量，提高用户体验效果，方便更换维修。

（三）展品展台技术要求

展台是科技馆展品的主要部件，是展品结构主体。展台要求以人机交互友好为原则，结合稳定性、美观性要求，对展台技术内容进行研究，对结构尺寸及性能等提出了具体技术要求，适用于科技馆展品展台的设计、制造、安装、维修、检验和使用管理。

展台技术要求给出了展台的组成、散热、维修等方面要求。根据科技馆展品展台的实际应用效果，对展台进行了参数化，给出了具体规格型号，明确了设计需求及功能要求。例如，规定了展台箱体、台面、高度最小尺寸规格；规定了展台显示器的最佳角度及安装方式；另外通过试验验证，给出了展台的物理性能具体指标参数，包括材料、表面处理、加工工艺等。展台材料一般使用钣金结构，台面使用人造石，钣金表面烤漆，人造石要求表面平整、边角圆润。

根据展品需要，展台可自由设计外形。经多方调研后，将展台高度设定为80cm，踢脚设计为高8cm进深4cm，维修门最小不应低于60cm。其中，高度80cm，主要从方便观众互动操作展台上的展品主体和减少观众坐卧展台的情况发生方面考虑。根据发布的我国人口的平均身高，男性平均身高为167.1cm，女性为155.8cm，以观众站立在展台前方，并可方便地操作展台上的展品为标准，设定展台高度为70～90cm；同时，为方便展品相关设备安装和设备散热要求，综合考虑设定高度尺寸为80cm。踢脚设计，主要是从方便观众操作展品和保护展品表面油漆和清洁方面考虑，结合人体脚部尺寸，同时兼顾展台稳定性，设定踢脚尺寸。维修门尺寸除根据内部设备尺寸考虑外，依据展品维修部门提供的建议，以方便人员身体能进入展台内为依据，结合人体尺寸，设计要求最小不低于60cm。

（四）展品说明牌与图文板技术要求

说明牌与图文板是展品的重要组成部分，是指导观众参与展品互动、拓展展品知识背景与应用、弘扬科学家精神等展品的重要辅助展示手段。说明牌与图文板技术要求是在充分研究的基础上制定的，对其组成、操作说明、原理、文字、版面设计、人机工程等提出了具体技术要求，适用于科技馆展品说明牌与图文板技术要求的设计、制造、安装、维修、检验和使用管理。

展品说明牌与图文板总体上要求字迹、图案清晰，灯光照射下不反光，可长时间不出现褪色、气泡等现象，更换方便。技术要求以总体要求为原则，对说明牌与图文板进行了参数化转化，给出了说明牌与图文板的组成、操作说明、原理、文字、版面设计、人机工程及安装方面要求。如人机工程方面，台面上的图文板应与台面布局一同设计，确保图文板位置、尺寸与台面协调。台面上的图文板应设置15°～30°倾角，以便于观看。展品操作说明牌应设置在操作区附近。墙面图文板主要文字和图形应出现在距地面高度1000～1700mm，次要文字和图形应出现在距地面高度600～1000mm。在图文板制作安装方面要求图文板应保证坚固耐用，避免变形、掉色。台面图文板应采用亚克力热转印工艺，亚克力厚度应不小于3mm，表面不出现明显气泡，粘接牢靠。

（五）展品触摸屏安装防护机构技术要求

触摸屏是多媒体类展品常用的互动操作设备之一，为保护观众与展品安全，有必要设计触摸屏安装防护机构。通过对触摸屏技术进行分析研究，触摸屏安装防护机构技术要求对机构结构尺寸及性能等进行系统总结，提出了触摸屏安装防护机构技术标准，适用于科技馆展品触摸屏安装防护机构的设计、制造、安装、维修、检验和使用管理。

触摸屏安装防护机构要求观众操作展品后，应及时得到准确、清晰的响应，展示效果明显；要求观众操作部分应设有限位装置，避免对观众造成伤害或对设备造成损坏。

根据安装方式的不同，对安装防护机构进行了分类，一般可分为静态触摸屏安装防护机构和动态触摸屏安装防护机构，静态触摸屏安装防护机构位置相对固定，为了呈现最佳视角，触摸屏安装倾角一般设计为15°，另外对其材质、装卸、防水、音效等均提出具体要求。动态触摸屏安装防护机构根据操作者视角不同，可进行不同位置调节，以满足最佳使用要求，一般机构可在上下至少45°、左右120°范围内转动，另外对其材质、装卸、防水、音效等均提出具体要求。

（六）展品信息化拓展技术要求

展品互动操作的实现离不开信息化技术，经过对信息化技术内容进行研究，信息化拓展技术要求对软硬件系统提出具体要求，适用于科技馆展品信息化系统的设计、制造、安装、维修、检验和使用管理。

展品信息化系统由硬件和软件两部分组成。硬件系统主要包括布线、交换机、网络机柜、无线网络、电源控制、服务器及手持客户端等，标准对其均提出了具体的技术要求，保证通信的稳定及畅通。另外对软件系统提出了可扩展性、开放性、安全性、先进性及编码规范等具体要求。

通过对科技馆展品进行大量分析和调研，梳理展品结构组成特点，整理归类展品组成部件，对科技馆展品组成部件通用化、标准化进行研究，进而从行业发展角度对展品部件进行标准化设计，研制符合实际展示需求的展品通用部件，提出展品部件标准化设计建议，对于推动科技馆展品研发、创新水平的提升具有重要的现实意义。通用部件实用性强、结构设计科学合理，可大幅简化展品设计与日常维护工作，有效降低开发、运营、维护成本，有利于促进展品规模化生产，为展品产业化发展奠定基础。

一 研究目标

研制符合科技馆展品实际展示需求的通用功能部件，可为展品研发与生产提供指导和参考。展品通用功能部件设计与制作标准化有利于促进展品规模化生产，为展品产业化发展奠定基础。

为达此目的，研制的通用部件需满足以下要求。

①通用性强，结构设计科学合理。

②安全性高，保证使用者（观众）绝对安全。

③加工工艺简单、经济，制作方（加工厂）可大规模生产。

④可靠性强，便于维护，大幅降低管理方（科技馆）运营成本。

二 研究路线

根据研究目标，通过广泛、扎实的国内外科技馆展品行业调研，搜集相关标准、掌握行业需求、总结经验和规律，开展科技馆展品通用部件研究。研究路线如图 4-1 所示。

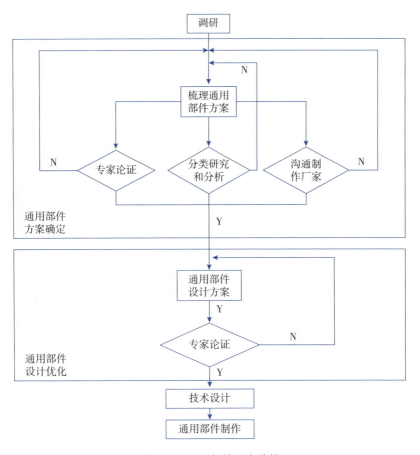

图 4-1 通用部件研究路线

三 展品组成部件标准化研究

（一）科技馆展品特点与基本构成

实体科技馆是我国现代科技馆体系建设的龙头和依托，其展品技术复杂性、各项要求均最高，因此，本文以实体科技馆中的展品为研究对象。

1.科技馆展品类型

目前，我国科技馆的展品大多是专门设计制作的互动展品，通过一定的技术手段，将一些不易于表现的科学知识、科学精神、科学思想和方法通过轻松有趣、直观的形式呈现在观众面前，其展示的内容通常具有综合性的特点。虽然展示内容极其丰富，包罗万象，但是展品展示形式即展品达到教育目标的手段，基本可以概况为以下几类。

机电互动类展品。此类展品可以纯粹利用机械结构来实现，也可以利用机电一体化技术实现，除了表现机电一体化专业本身的科学技术内容外，还可以将一些抽象化的内容通过一定的创意设计，动态地呈现在观众面前，并在一定程度上提供给观众操作的机会，实现展品与观众之间的互动。因为科技馆更多地提倡展品互动性，因此机电互动展品是科技馆展品的主要组成部分。

多媒体互动类展品。交互式多媒体是在传统媒体的基础上加入互动功能，通过操作互动机构，结合多种感官信息呈现，观众不仅可以看得到、听得到，还可以触摸到、感觉到。互动多媒体技术丰富了展品的类型和展示手段，在科技馆中的应用比较广泛。

静态模型展示展品。科普展品中利用模型展示，可以解决原型过大、过小、过于昂贵或不便展示等问题，在一定程度上替代原型，供观众参观学习。

实物陈列类展品。陈列是将真实的物品有序地摆放出来供观众参观学习。虽然在科技馆中陈列类展品较少，但是随着科技馆展览越发包罗万象，展览主题也不断扩展和深入，实物陈列在科技馆中也是一种重要的展示形式。

载人的互动体验类展品。该类展品类似于游乐场中的各种游乐设施，观众可以直接进行互动体验，例如，"三维滚环""空中自行车"，以亲身体验的形式让观众感受、认知其中的科学知识、原理。该类展品多为大型展品，需要按照有关标准的要求专门设计研发。

由上述科技馆展品的五种展示形式可以看出，科技馆展品不同于博物馆的展品或学校教具，它强调观众自主操作展品，依据展品反馈的内容，了解、学习相关知识，领悟学习方法，形成正确的科学概念。这些特点决定了科技馆展品的基本构成。

2. 展品结构

根据上述展品的五个分类，通过研究分析，可总结出五类展品的主要结构如下。

机电互动展品，主要由展台、互动操作机构、传动机构、执行机构、防护装置等组成。其中，展台形状根据实际需要，外形、尺寸大小各不相同；互动操作机构，包括动力输入与电信号输入等类型，动力输入一般采用手轮、手柄、推杆等机构，电信号输入一般通过手轮、摇杆连接传感器或者直接采用按钮、触摸屏等设备；传动机构用于将观众的操作动作传递至展品执行机构，一般采用机械结构传递动力或者电信号传递；执行机构为展品主要展示部分，观众通过执行机构的动作了解展示的内容，理解展品的展示目标，一般根据具体的展品方案进行设计制作；防护装置主要出于安全考虑，为一些有安全隐患的结构设置防护罩、围栏等装置，将之与观众隔离开。

多媒体互动展品，主要由互动操作机构、电控及软件系统、多媒体显示系统等组成。其中，互动操作机构主要由按钮、摇杆、手轮、触摸屏等组成；多媒体显示系统主要包括显示屏或投影等设备。一般情况下，科技馆会为触摸屏、显示屏等设计专门的安装结构，起安全、防护作用。

静态模型展示展品，一般根据要展示的模型，设置相应的展台、防护装置，同时配套设置有关的说明牌。

实物陈列展品，与静态模型展品一样，一般根据实物设置相应的展台、防护装置、说明牌。较大型的实物陈列展品会有针对性地设计围栏围出安全区域。

载人的互动体验类展品，一般根据实际需要专门设计制作。

经梳理后，可得出科技馆展品主要由操作机构、电控及软件系统、传动机构、设备安装部件、安全防护机构等结构部件组成。

（二）展品组成部件标准化现状

通过对国内几个著名科技馆，包括中国科技馆、上海科技馆、广东科学中心等调研，发现这些科技馆在展品组成部件通用化、标准化方面十分欠缺。例如，以互动操作机构中的按钮、摇杆、手轮等为例，一个场馆内，甚至是同一展厅、同一个展区都不能做到统一，如图4-2、图4-3、图4-4所示。

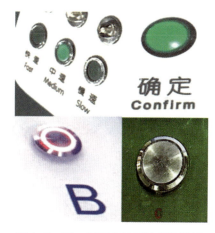

图4-2　同一展厅内使用的多种按钮

图4-3　同一展厅内使用的多种手轮

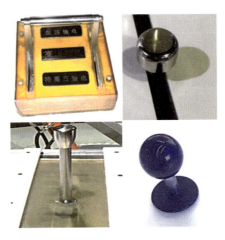

图 4-4　同一展厅内的推杆

部分操作部件由于是单件加工，甚至还存在一定的安全隐患，如图 4-4 所示的推杆，中间的沟槽很容易出现卡到观众尤其是儿童手指的情况。

这些现象出现的原因主要是起主导作用的科技馆没有制定统一的标准，造成同一展厅内的展品不同的制作企业选择不同的结构与生产工艺，其结果就是不同展品上的同一部件五花八门，展品造价较高、质量参差不齐，给科技馆展品的日常运营和维护工作带来了极大的压力。某科技馆展品维修部门，一个展厅内日常准备的维修部件就堆满了整个工作间，可见维护工作的繁杂。

为了提高展品质量，简化日常运营工作，降低成本，提高展品完好率，部分近期改造的科技馆在展品标准化方面做了一些实践探索。例如，中国科技馆 2016 年改造完成的"太空探索"展厅、2019 年完成改造的"儿童科学乐园"和 2021 年完成改造的机器人、地球、能源展厅，在展品部件规范化、通用化方面做了明确规定，采用统一的结构设计和标准件。虽然展品由多家企业生产制作，但展品质量高，展品外观统一，组成部件通用，大大简化了设计工作和日常维护工作，如图 4-5 所示。展厅开放参观后，连续多日展品完好率达到 98% 以上。

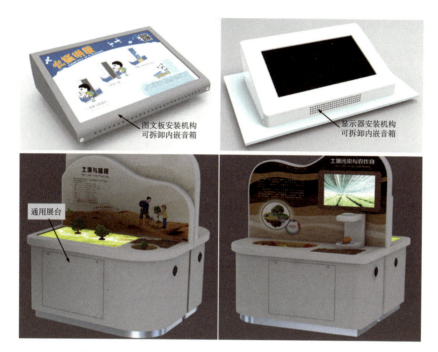

图 4-5　新展厅标准化设计实践

　　虽然类似中国科技馆在展品研发标准化方面做了有益的探索，但只是个案，展品研发和生产标准化、规范化程度低的现状暂时没有改变。

（三）展品组成部件标准化的需求分析

　　通过对科技馆展品及其组成部件通用化的调研分析，展品组成部件通用化、标准化的需求十分迫切。

　　一是行业发展的需要。随着我国科普事业飞速发展、科技馆建设进入高潮，展览展品开发规模不断扩大，逐渐趋于社会化和产业化。展品需求量大、生产能力不足、价格偏高、质量不稳的行业现状亟待改变。作为展品研发标准化的重要组成部分，展品组成部件标准化将有效降低通用性设计的难度，提高展品质量水平，减少故障率，降低展品设计制作成本。

　　二是科技馆自身发展的需要。科技馆深受广大公众的喜爱，成为许多人在空余时间的去处。以中国科技馆为例，2017 年 8 月 12 日全天接待观众达到创纪录的 5.6 万余人次。人流量大、人员密集，使科技馆面临巨大的安全压力，对观众人身安全、展品安全等提出了严峻的挑战；同时，科技馆提倡公众动手参与和体验，展品长期处在频繁操作和使用的状态，甚至遇到破坏性违规操作等，这对展品质量以及可维护性提出了很高的要求。

三是展品生产企业的需要。随着科技馆展品开发产业化的不断发展，越来越多的企业加入展品的研制、生产行列，为行业发展注入了新鲜血液。但是，鉴于现阶段我国科技馆发展水平和企业自身实力，展品设计、生产不规范现象普遍存在，许多企业刚起步，生产类似于手工作坊，造成展品质量很难得到保障。制定展品通用部件统一的标准，对于规范企业生产、提高展品质量具有重要的现实意义，推行标准化设计与制作，有助于企业的快速发展。

展品组成部件标准化、通用化，可大大降低展品设计与生产难度，保障展品质量；标准化的设计可有效降低展品安全风险；通用化的部件可大幅简化维修工作，对提高展品完好率有重要意义。标准的制定是大势所趋，更迫在眉睫，在场馆和场馆之间、场馆和企业之间建立统一的规范和准则，必然可以提升行业发展的压力和动力，推动科普事业良性发展。

四　展品通用功能部件研制

（一）通用部件初选

经过对大量展品的分析，将通用部件划分为 6 类——操作机构、电气控制、安装辅助结构、传动机构、巡展机构和其他类机构，共梳理出 34 项，如表 4-1 所示。

表4-1 展品通用功能部件梳理

序号	种类	通用部件	备注
1	操作机构	手轮	以形式区分，尺寸根据应用体系区分
2		手柄	与手轮配合使用
3		摇把	
4		旋钮	可分档
5		推杆	安全防护
6		滑动定位选择	
7		脚踏机械开关	在现有成品基础上改进
8	电气控制	通用电控箱	尺寸、形式、基本元器件、布局、用线
9		通用电路板	
10	安装辅助结构	说明牌	普通通用说明牌，固定方式确定
11		桌面说明牌系统	可内含音箱，考虑声音传播
12		落地式说明牌	可替换
13		触摸屏安装部件	
14		平板安装部件	桌面固定、动态式
15		数码管安装部件	
16		投影安装支架	
17		电视安装支架	
18	传动机构	齿轮传动	
19		带轮传动	
20		链轮传动	
21		凸轮传动	
22		蜗轮蜗杆传动	
23		四连杆传动	
24		曲柄滑块传动	
25		槽轮传动	
26		棘轮传动	

续表

序号	种类	通用部件	备注
27	巡展机构	巡展通用展台	
28		巡展通用展架	
29		巡展通用图文板	
30	其他	通用展台	维修门、散热孔、踢脚、人造石等参数
31		亚克力保护罩	带通风孔
32		护栏	起阻隔安全保护作用
33		抽拉式维修平台	将计算机等设备拉出
34		VR 保护装置	

（二）通用功能部件优化

在梳理阶段成果的基础上，组织专家对前期成果进行研讨，专家们提出如下建议。

第一，通用部件侧重于机构本身，未能将机构与展品紧密结合。比如，传动机构中链轮传动是机械设计中常见的传动机构，并不是只在科技馆展品中常用的传动机构，其设计、使用自必首先遵循机械设计相关标准。

第二，专题巡展采用了标准化接头，但是安装和拆卸时拧螺栓的量大。

改进建议如下。

①通用传动机构的选取考虑通用性，能基本满足展品传动工作需要。

②根据科技馆展品中传动机构实际应用情况，选取最广泛的三类传动机构类型：平行轴传动，交错轴传动，回转变直线传动。

③每个通用传动机构包括输入、传动机构、输出。

④通用传动机构采用最常用的台面输入，取消侧面输入，以符合科技馆展览特点。

⑤专题巡展采用了快装结构，不用螺栓连接。

经过多次优化，最终确定 24 项通用部件，如表 4-2 所示。

表 4-2 展品通用功能部件梳理（优化后）

序号	分类	通用部件名称
1	通用操作机构	旋钮组件
2		手柄
3		手轮组件
4		推杆
5		平板电脑支撑架
6		触摸屏组件
7		滑轨
8	通用电气部件	通用电控柜
9		通用电路板
10	通用传动机构	平行轴传动
11		交错轴传动
12		回转变直线运动水平机构
13		回转变直线运动竖直机构
14	巡展展品通用结构	专题巡展通用展架结构
15		流动科技馆通用展台
16		科普大篷车通用展台
17	安装辅助部件	电视安装支架
18		抽拉式维修平台
19		数码管装配
20		投影机架

续表

序号	分类	通用部件名称
21	其他通用部件	亚克力护罩
22		常展通用展台
23		落地式图文板
24		带音箱图文说明

（三）通用部件设计

1. 通用操作部件标准化设计

通用操作部件中，手轮、多档旋钮部件结构推荐使用如图 4-6、图 4-7 所示设计，对轴尺寸和轴承型号、零件材料、与展台安装方式等做统一要求。推杆应增加防夹手结构。

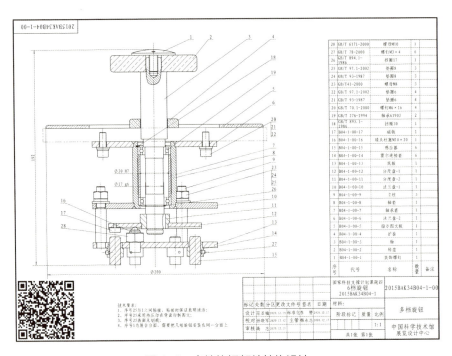

图 4-6　多档旋钮部件结构设计

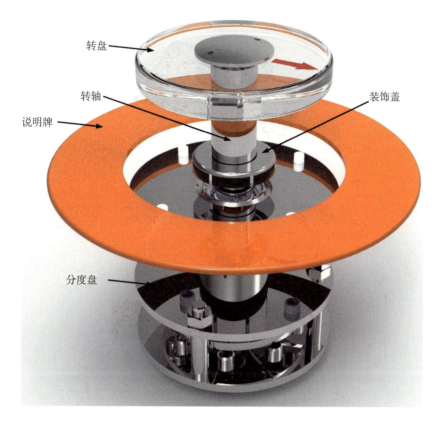

转盘

转轴

说明牌

装饰盖

分度盘

图 4-7　多档旋钮机构效果图

按钮与摇杆可直接采购，但是市场上按钮、摇杆种类繁杂，型号多样，实际使用时应优选出一种型号，按照《展品按钮技术要求》对结构进行必要的改造，统一使用。

触屏安装机构与平板支撑旋转机构是为观众通过触摸屏参与展品互动而专门设计的机构，如图 4-8 至图 4-15 所示推荐结构设计，对零件材料、与展台安装方式、标准件选型等做统一要求。

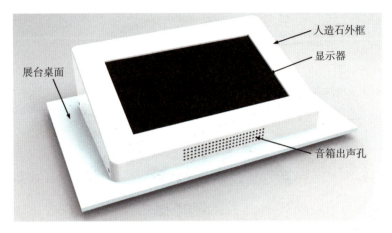

图 4-8　触屏安装机构效果图

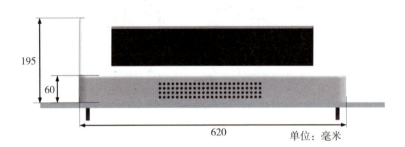

图 4-9　触屏安装机构主视图

图 4-10　触屏安装机构俯视图

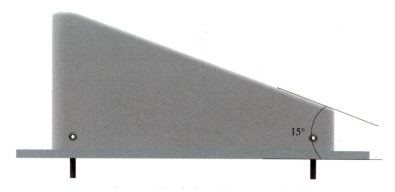

图 4-11　触屏安装机构侧视图

图 4-12　平板电脑支撑旋转机构效果图

单位：毫米

图 4-13　平板电脑支撑旋转机构主视图

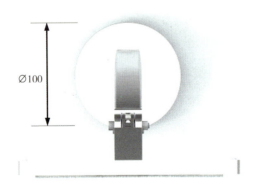

单位：毫米

图 4-14　平板电脑支撑旋转机构俯视图

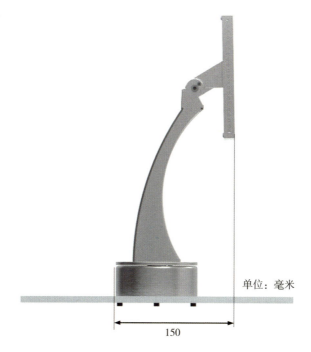

单位：毫米

150

图 4-15　平板电脑支撑旋转机构侧视图

2. 通用电气部件标准化设计

设计两种尺寸规格的通用电控柜，并对线路布局及电气部件等做了规定。设计制作展品通用电控板，满足绝大部分展品电气控制需要；对输入、输出、串口通信、以太网通信等做了统一要求。编制电气控制程序模块，所有展品的电气控制均以此模块为基础进行开发。编制通用多媒体程序控制模块，满足大多数多媒体互动展品程序控制需要。

3. 通用传动部件标准化设计

以科技馆机电互动展品常用的几种输入、输出为基础，对观众操作输入至展品响应部分的中间传动环节进行通用化、标准化设计。所有部件均采用常用的标准机械零部件，主要依据传动距离、负载情况、使用环境与方便快速维修等方面要求进行设计，如图 4-16 至图 4-20 所示的交错轴远距离传动部件。

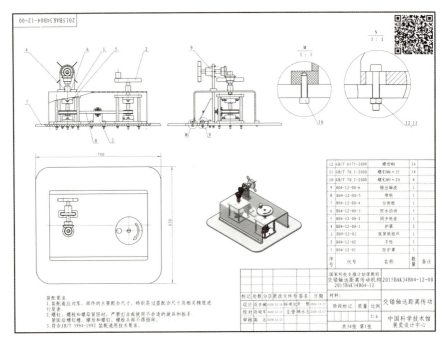

图 4-16 通用交错轴远距离传动部件

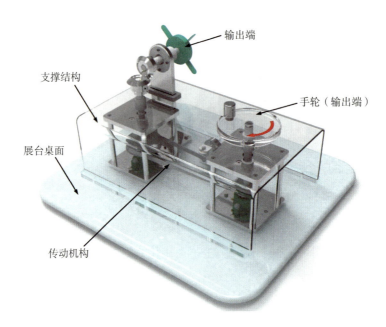

图 4-17 通用交错轴远距离传动部件效果图

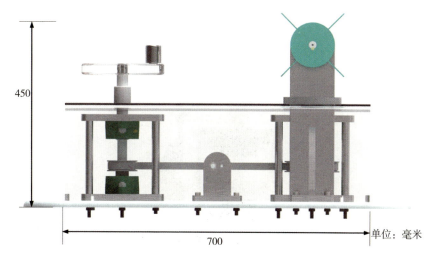

450

700

单位：毫米

图 4-18　通用交错轴远距离传动部件主视图

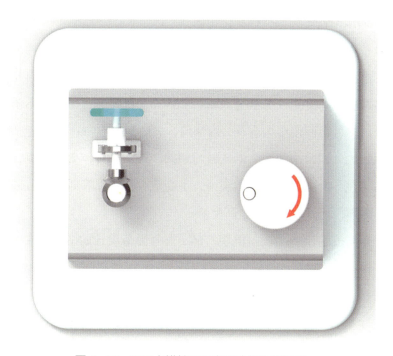

图 4-19　通用交错轴远距离传动部件俯视图

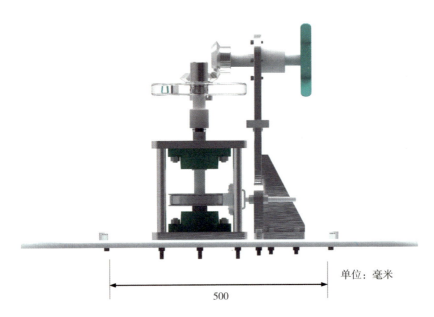

图4-20　通用交错轴远距离传动部件主视图

4.通用设备安装部件标准化设计

设备安装部件中，展台是展品的基础，其外形通常多种多样，但应对以下几个参数作出规定：展台高度，分为面向成人的展品与面向儿童的展厅展品两种，高度建议分别为80cm与65cm；材料，台体建议不锈钢框架与钣金结构，台面使用人造石；维修门，高度至少50cm，宽度至少60cm，尺寸尽量大，同时采用统一的铰链与锁扣；表面，台体表面烤漆，台面板人造石本色；台面文字，字体统一，字高至少3cm，雕刻深度1mm，注入油漆；踢脚，建议进深4cm，高度8cm。

显示屏安装部件为固定电视、显示器等屏幕设计的结构，主要在结构设计、材料、防护措施上做了统一规定。

外挂设备安装支架，主要针对投影机等设备，虽然市面上有投影机架，但是展厅不同于会议室、教室等环境，需要对防尘、防撞与安全作出更高要求，例如，增加保险绳且使用不同挂点设计等。

图文板音箱部件，设计一套可快速更换图文版的结构，同时将音箱集成到其中，图文板使用 3mm 透明磨砂亚克力 UV 打印制作（见图 4-21 至图 4-24）。

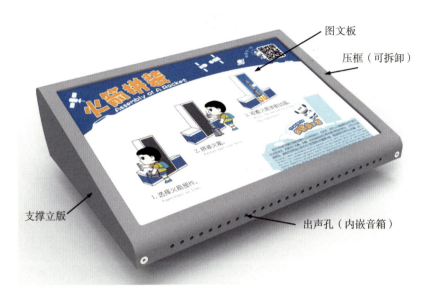

图 4-21　图文板音箱部件效果图

图 4-22　图文板音箱部件主视图

单位：毫米

图 4-23　图文板音箱部件俯视图

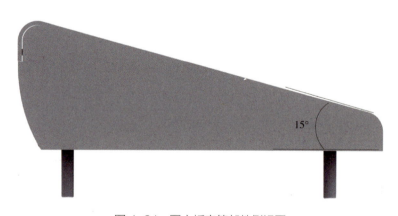

图 4-24　图文板音箱部件侧视图

　　抽拉式维修平台主要在展台内部设置一个导轨式抽拉平台，展品使用的各种部件如工控机、电控柜、传动部件等均安装在平台上，维修时只需拉出，而无须维修人员进入展台内。

5. 安全防护部件标准化设计

亚克力护罩，外形多种多样，但材料选用、粘接工艺、通气与散热孔、与展台连接方式等需要作出统一要求。

围栏，以使用场所为依据，分为安全防护用的围栏与维持参观秩序用的围栏两大类。安全防护用的围栏参照相关国家标准进行设计，维持参观秩序用的围栏，可根据需要自行设计，但强度需满足标准要求。使用钢化玻璃的围栏，应选用带夹层的钢化玻璃，厚度不低于12mm，单块玻璃面积不易过大；同时，为方便维护，提高玻璃安全性，应设计合理的安全玻璃夹持结构，统一安装方式，统一钢化玻璃尺寸。

五 结论

为了确保通用部件的质量，对部件进行了第三方机构疲劳和强度检测，进一步对通用部件进行验证。6 类 24 项科技馆展品通用部件经严格检测结果全部合格，表明研发的部件结构设计合理、可靠性高。

通过研究，形成了较完整的科技馆展品研制标准和通用部件，填补了国内行业的空白，所研制的相关标准与通用部件，将为科技馆展品的研究设计与制作提供基本要求与依据，对于保障展品制作质量，降低开发、运营、维护成本具有积极的现实意义，将在全国科技馆广泛推广，推动我国科技馆创新展品研发向更高水平发展。

第五章 | **应用及展望**

　　课题通过广泛、扎实地调查分析，对科技馆展品开发标准化进行了深入研究，建立了一个标准体系，编制了系列标准，并研制出一批展品通用部件，研究成果已经具备在行业内试行的条件。2018 年 3 月，课题顺利通过验收后，经科技馆专委会和中国自然科学博物馆协会协调，相关标准化内容在多家科技馆、企业试行并征求意见。基于业内馆企合作对展品设计通用标准的急迫需求，借助全国科普服务标准化技术委员会以引导性补助项目机会，课题组将研究成果进行转化，于 2020 年完了科技馆展品设计通用标准研究课题，研编了《科技馆展品设计通用要求（草案）》，建立科技馆、企业之间相互合作，共同开发展品研发的准则，目前正积极推动立项国家标准。

一　研究成果的作用、影响、应用前景

　　科技馆展品开发标准体系，涵盖展品安全与环保、常设展览展品开发、巡展展品开发、虚拟展品开发、科普衍生品开发等内容，与新时代中国特色现代科技馆体系建设相适应；常设展览展品开发标准，包括管理规范和通用标准，对展品设计、制作、验收等开发流程各环节和机械、电气、软

件、材料等组成提出了标准化、规范化要求，为保障科技馆展品的研发质量具有现实指导意义；24 项展品通用功能部件符合科技馆展品实际需求，有效地简化了展品设计工作，降低了维护成本，对保障展品完好率具有重要作用。

通过建立科技馆展品开发标准体系、编制展品开发系列标准、研发展品通用功能部件，对科技馆展品研发与生产行业标准化和规范化的内容进行了有效归纳和总结，并在部分科技馆开展了标准试行。经科技馆专委会组织专家论证会，认可本课题成果已具备在行业试行的条件，将为展品研发与生产提供指导和参考，对展品设计、制作标准化和展品综合性能与质量的提升起到积极的引领示范作用。

二　研究成果转化

课题结题后，课题组继续对展品开发标准进行研究，跟踪研究成果实际应用情况，了解各地科技馆与展品制作企业试用过程中的新需求。

通过跟踪 20 多家科技馆，课题组发现，当前各科技馆纷纷加大创新展品研发力度，以满足新时代公众快速增长的科普需求。但是，展品研发团队建设不足，研发流程不科学规范，以及馆企间设计流程不一、要求不明，业内交流语境不统一，对各类技术和管理问题的理解存在差异，各个环节的设计程度、质量参差不齐等，多种因素导致各地科技馆展品的质量参差不齐。由此，课题组以展品设计通用标准为突破点，着重解决业内科技馆之间、企业间以及馆企间设计流程不一、通用要求不明给展品开发带来的不便，通过提升展品设计通用标准化水平提升展品质量、解决科普服务领域重要标准缺失问题。为此，课题组向国家标准委科普服务标准技术委员会积极申报并完成了"科技馆展品设计通用标准研究"课题，形成了《科技馆展品设计通用要求（草案）》。

《科技馆展品设计通用要求（草案）》针对当前展品研发技术术语界定不

清、流程不明、成果要求不定的现状，结合提升创新研发能力、提高展品质量的实际需求，依据展品设计的工作实践制定，适用于科技馆常设展览展品的设计方案。草案主要内容包括设计一般原则、设计一般流程、各阶段设计要求等。

（一）设计一般原则

科技馆展品设计一般原则主要包括安全环保、科学严谨、互动友好、稳定可靠。科技馆展品设计首先要保证安全环保，以满足参与观众的人身安全要求，展品设计过程应遵循国家和行业的各种安全与环保标准和规范要求，遵循用电、防火和绿色环保等方面要求，全面考虑并消除展品存在的安全隐患。其次，科技馆以普及科学知识、传播科学思想、倡导科学方法、弘扬科学精神为己任，科技馆展品应当至少实现其中之一的目标，因此这就要求科技馆展品展示目的明确、展示内容科学严谨。再次，互动体验是科技馆展品的重要特点，展品布局、尺寸、互动机构设置、外观设计、颜色搭配等都应该有益于观众体验，同时也要符合人体工程学的各项要求，便于观众参与体验。最后，科技馆展品提倡观众自主操作体验，频繁的甚至是破坏性操作难以避免，这对展品提出了较高的可靠性要求；采用便于故障检测和诊断的模块化设计、方便拆装和更换的通用零部件等是提高展品完好率的重要手段。

（二）设计一般流程

依据科技馆展品设计工作流程，将展品设计流程划分为概念设计、方案设计、技术设计与工程设计四个阶段，各个阶段都有明确的工作内容以及工作节点，此外，四个阶段层层递进、环环相扣，概念设计指导方案撰写，方案设计指导技术设计，技术设计指导工程设计，工程设计指导展品加工制作。

概念设计是展品策划人员将富于创造性的思想、理念以设计的方式予以延伸、呈现与诠释的过程，此阶段首先确定展品要表达的科学概念和展示目的，对展品的展示形式提出初步设想。

方案设计是在创意策划的基础上，依据科技馆教育理念，明确展示目的、提升展示效果，创新设计展品展示形式，初步规划展品技术路径，并在艺术设计人员配合下，绘制展品效果图。

技术设计是在方案设计的基础上，由机电设计人员开展必要的原型试验，研究总体技术路线，确定展品基本结构组成和电气系统组成，编辑完成多媒体展品大纲，最后依据展品组成制定制作费用预算。

工程设计是由机械设计、电气设计、展品策划人员依据现有生产条件，制定可行、经济的加工工艺，细化并明确展品材料与设备、机械结构、电气控制、多媒体脚本等内容，完成展品最终机械设计、电控设计和多媒体设计，为展品的制作打下坚实的基础。

（三）概念设计要求

概念设计阶段是将富于创造性的思想、理念以设计的方式予以延伸、呈现与诠释的过程，如何将创意思想进行呈现与诠释，首先要确定展品要表达的科学概念和展示目的；依据科学概念和展示目的，细化要展示的科学知识、科学方法、科学精神等内容；对展品的展示形式，提出初步设想。具体来看，概念设计大致包括四个方面工作，确定展品名称、展示目的、展示内容以及展示形式，完成展品概念设计书，为下一阶段设计奠定基础。

科技馆展品的灵魂在于互动体验，因此，要选择观众乐于接受、参与度高，体现探究性学习的方式方法，表达展品展示内容。在此阶段，展品要实现展示形式大胆创新，方式方法翔实，图文并茂，为实现展品高质量创设打下坚实的基础。

（四）方案设计要求

方案设计是在概念设计的基础上，通过不断的研讨论证，对概念设计书进行初步的深化。具体是以展品概念设计书为指导，以实现展示目的、提升展示效果为目标，依据科技馆教育理念，创新设计展品展示形式；完成展品形式设计，绘制展品效果图；初步规划展品技术路径。方案设计大致包括四个方面工作，即确定展示形式，完成形式设计，绘制展品效果图，明确技术路线，最后编制展品方案设计书，为下一阶段设计奠定基础。

形式设计是展品设计的重要内容，展品布局、尺寸、互动机构设置、外观设计、颜色搭配等都将对观众的参观造成影响。艺术设计人员在展品策划人员的配合下完成展品形式设计，确定展品整体外观、结构布局、尺寸等。形式设计要符合人体工程学的各项要求，便于观众参与体验。

（五）技术设计要求

技术设计是通过多样的技术手段，实现方案设计中确定的方案成果。因此，要以展品方案设计书为指导，明确展品总体结构设计方案，确定展品电控系统设计方案，有多媒体的展品应确定多媒体脚本大纲，提出展品制作工艺要求。技术设计大致包括三个方面工作，完成总体结构设计、电控系统设计以及多媒体脚本大纲设计，编制展品技术设计书，为下一阶段设计制作招标奠定基础。

（六）工程设计要求

工程设计以展品技术设计书为指导，绘制展品总装、部件及全部零件的加工图纸，绘制展品信号流程图、电气原理图、电气接线图、电气布局图，完成多媒体展品脚本及分镜头设计，编制图文板、说明牌文字，完成工程设计。工程设计大致分为五个方面，结构工程设计、电控工程设计、多媒体脚本设计、图文板设计、说明牌设计。在上述基础上，编制展品工程设计书，为展品制作奠定基础。

三　研究中存在的问题、经验和建议

在课题研究过程中，课题组总结经验发现有三个方面十分重要。

一是充分的现状调研和需求分析。标准研究需要建立在充分调研的基础上，一方面了解行业标准化现状，另一方面调查分析展品开发各个环节涉及相关单位对标准化的具体需求，对研究成果的实用性提供保障。

二是工作经验的梳理和提炼。在展品开发工作中，课题组积累了大量的经验，包括工作流程、各类表格、文件模板、图纸规范、展品的组成结构、各类技术要求、维修保养等方面，将这些经验梳理分类为管理、通用、专项三大类，每一类进行标准化提炼。

三是广泛征求意见与不断修正。标准研究是一个螺旋上升、逐渐明晰的过程，专家咨询和广泛征求意见是对每个阶段性成果的修正，及时纠正，不断总结经验，保证课题研究能够获得最终成果。

虽然标准研究已经取得了一些进展和成果，但在整个研究过程中也存在一定的问题。在通用功能部件的研究过程中，通用传动机构和巡展展品通用结构的选取经过多次变更，机构的选取侧重于传动机构本身的功能特征，而没有考虑在科技馆展品中实际应用情况。课题组在通用部件研究过程中，不断修正方案，调研了科技馆现有展品中传动机构的应用，并进行了分析梳理，从中选取出应用最多的几类传动机构作为通用传动机构；调研科技馆现阶段巡展的几大类，并梳理出每一类中可以通用化的结构，在当前现有结构基础上分析改进，形成巡展展品通用结构。

建议科技馆展品开发标准成果向行业进行试用，在实践中检验标准成果的实用性，提高展品研发和生产标准化、规范化程度，同时推广试用通用部件，对于保障展品制作质量，降低开发、运营、维护成本具有积极的现实意义。

参考文献

［1］国务院办公厅. 全民科学素质行动计划纲要（2006–2010–2020），2006，2.

［2］黄体茂. 关于科技馆常设展览形式设计［J］. 科技馆，2007（1）.

［3］马建设，夏飞鹏，苏萍，潘龙法. 数字全息三维显示关键技术与系统综述［J］. 光学精密工程. 2012（05）.

［4］Makowski Michal, Ducin Izabela, Kakarenko Karol, Suszek Jaroslaw, Sypek Maciej, Kolodziejczyk Andrzej. Simple holographic projection in color. Optics Express. 2012.

［5］全国科技馆发展研究课题组. 全国科技馆发展研究报告［J］. 中国科协"十二五"事业发展规划重点研究专题，2010.12.

［6］贾甲，王涌天，刘娟，李昕，谢敬辉. 计算全息三维实时显示的研究进展［J］. 激光与光电子学进展. 2012（05）.

［7］刘盛利. 中学数学对称思想研究［D］. 内蒙古师范大学，2007.

［8］姜巧玲. 高校网络心理健康教育体系的构建［D］. 中南大学，2012.

［9］董蒙. 网络–青少年心理健康教育的有利途径［J］. 教育探索. 2011（08）.

［10］罗鸣春. 中国青少年心理健康服务需求现状研究［D］. 西南大学，2010.

［11］崔景贵. 解读心理教育：多学科的视野［D］. 南京师范大学，2003.

［12］A. K. Amiruddin, S. M. Sapuan, A. A. Jaafar. Analysis of glass fibre reinforced epoxy composite hovercraft hull base［J］. Materials and Design. 2007（7）.

［13］王兴宽. 关于科技博物馆原始创新展品的设计［J］.科技视界，2015（28）：278-280.

［14］徐士斌. 关于科技馆原始创新展品主要来源路径探讨［J］.科普研究. 2013（01）.

［15］杨艳伍. 浅析机电一体化在科技馆的应用与发展［J］，黑龙江省科学技术馆，2010，（34）：253.

［16］梁兆正，顾洁燕，忻歌，等. 当代科技馆的建设与运营［M］. 上海：上海科学技术出版社，2013年：17，207-256.

［17］GB 6675.1-2014 玩具安全 第1部分 基本规范［S］.

［18］GB 6675.2-2014 玩具安全 第2部分 机械与物理性能［S］.

［19］GB 8408-2008 游乐设施安全规范［S］.

［20］GB/T 14775-1993 操纵杆一般人类工效学要求［S］.

［21］GB/T 20051-2006 无动力类游乐设施技术条件［S］.

［22］GB 50231-2009 机械设备安装工程施工及验收［S］.

［23］胡学增，等. 现代科技馆展示理念与新型展示技术发展研究［M］. 上海：上海科学技术文献出版社，2006年：25，34-49.

［24］王硕. 科普产业如何做大？［N］. 人民政协报，2012-06-28（C03）.

［25］曹楠. 科技类博物馆展品研发及运行管理标准化创建及探讨——以北京汽车博物馆为例［J］. 自然科学博物馆研究，2016，1（S1）：107-112.

［26］李春田. 重新认识标准化的作用（第一版）［M］. 北京：中国标准出版社，2003

［27］Doering, Z.（2002）. The Making of Exhibitions: Purpose，Structure，Roles and Process［J］. Smithsonian Institute. 5-27.

［28］Mark Walhimer. Museum Exhibition Design［EB/OL］.

图书在版编目（CIP）数据

国家科技支撑计划项目研究：全五册. 第四分册,
展品开发标准研究与通用部件研发 / 中国科学技术馆编
著. -- 北京：社会科学文献出版社，2021.10
　　ISBN 978-7-5201-9430-3

　　Ⅰ. ①国… 　Ⅱ. ①中… 　Ⅲ. ①科学馆 - 陈列设计 - 研
究 - 中国 　Ⅳ. ①G322

中国版本图书馆CIP数据核字（2021）第243603号

国家科技支撑计划项目研究（全五册）
第四分册　展品开发标准研究与通用部件研发

编　著 / 中国科学技术馆

出 版 人 / 王利民
组稿编辑 / 邓泳红
责任编辑 / 宋　静
责任印制 / 王京美

出　　版 / 社会科学文献出版社·皮书出版分社（010）59367127
　　　　　　地址：北京市北三环中路甲29号院华龙大厦　邮编：100029
　　　　　　网址：www.ssap.com.cn
发　　行 / 市场营销中心（010）59367081　59367083
印　　装 / 北京盛通印刷股份有限公司

规　　格 / 开　本：787mm×1092mm　1/16
　　　　　　本册印张：6.25　本册字数：83千字
版　　次 / 2021年10月第1版　2021年10月第1次印刷
书　　号 / ISBN 978-7-5201-9430-3
定　　价 / 598.00元（全五册）

研究书系

中国科学技术馆
CHINA SCIENCE AND TECHNOLOGY MUSEUM

国家科技支撑计划项目研究（全五册）

Research on a Project of National Science and Technology Support Program (Five Volumes in Total)

第五分册

展品研发与创新信息化共享平台建设

中国科学技术馆　编著

社会科学文献出版社
SOCIAL SCIENCES ACADEMIC PRESS (CHINA)

国家科技支撑计划项目研究（全五册）

《第五分册　展品研发与创新信息化共享平台建设》

主　　编：隗京花

副 主 编：赵兵兵　李　赞　薛一波　李晓峰

统筹策划：唐　罡　洪唯佳　毛立强　魏蕾

撰　　稿：第一章：王立文　司　维

　　　　　第二章：任贺春

　　　　　第三章：李　赞　黄　戈

　　　　　第四章：李　赞　王兆国

　　　　　第五章：赵兵兵

　　　　　第六章：赵志敏

　　　　　第七章：刘亚辉

　　　　　第八章：韩景红

　　　　　第九章：仲　凯

总目录

目 录
CONTENTS

概　述

　　科技馆是实施科教兴国战略、人才强国战略和创新驱动发展战略，提高公民科学素质的科普基础设施，是我国科普事业的重要组成部分。[①] 科技馆以互动体验展览为核心形式开展科学教育，达到弘扬科学精神、普及科学知识、传播科学思想和方法的目的。展品是科技馆与观众直接交流最主要的手段和方式，是实现科学教育目标的核心载体。公众通过与展品间生动、有趣的交互，能够直观地理解科学原理、科学现象及科技应用，进而激发科学兴趣、培养实践能力、启迪创新意识。科技馆（国外也叫科学中心）在全世界起源并发展至今已 80 余年，积累了丰富的展览展品开发经验，也由此产生了一批深受世界各地公众喜爱的经典展品。

　　党和国家一直高度重视科普事业，近年来对科普的投入显著增加，科技馆得到极大发展，展品需求量猛增。由于我国科技馆事业起步较晚，落后发达国家近 50 年，与我国科技馆发展的需求相比，展品数量仍显不足，质量仍有很大的提升空间，很多馆的展览设计长期停留在模仿国外先进科技馆创意的层面；而各展品研制企业普遍规模较小，更看重企业盈利与发展，缺乏展品创新的动力。现阶段我国科技馆展品创新能力与国际水平相比严重不足，直接影响了科技馆的教育效果，在一定程度上限制了科技馆促进公众科学素质提升服务能力的发挥，制约了我国科技馆的可持续发展。

---

① 科学技术馆建设标准。

2015 年 7 月，科技部批复立项国家科技支撑计划"科技馆展品创新关键技术与标准研发及信息化平台建设应用示范"项目，这是国家科技支撑计划第一次将科技馆展品研发项目纳入其中，充分体现了党和国家对科技馆事业的高度重视，以及科技馆展品创新研发的迫切性和必要性。项目由中国科协作为组织单位，由中国科学技术馆作为牵头单位，协调 15 家单位共同参与，并于 2018 年顺利通过科技部组织的验收。通过项目实施，项目团队研发了一批创新展品，并研究出不同类型展品的关键技术，总结了研发规律，为我国科技馆创新展品研发提供了可借鉴的宝贵经验，有效地促进了科技馆展品创新研发能力和生产制造水平的提升，有力地推动了相关产业的发展，为提升科技馆的科普服务能力，起到积极促进作用。项目共设置五个课题，涵盖了基础科学、高新技术、机器人三类互动展品关键技术研究与展品开发，标准研究及信息化共享平台建设几个方面。

在当前互联网高速发展进程的推动下，信息传播与共享正在快速步入网络普及时代，科技馆行业及公众对数字化科普资源的需求呈爆炸式增长。基于互联网进行科技馆创新展品开发，能够丰富展示内容，提高设计制作效率，促进科普事业的发展，服务公众科学素质提高。第五个课题"展品研发与创新信息化共享平台建设"，通过调研分析行业需求，梳理展览展品研发设计流程，探索搭建沟通共享的协同机制，突破大数据存储与实时处理技术、虚拟化技术等若干关键技术，研发展品研发与创新信息化共享平台，旨在有效缩短科技馆展品研发生产行业及设计人员与社会及公众的距离，从而更加广泛、深入地了解社会和公众对科技发展的关注点和对科普资源的实际需求，同时还可以充分调动社会力量参与科技馆展品设计研发工作的积极性，使科技馆展品研发设计工作更加开放，获得更好的成效。

本课题以科技馆展品研发创新工作中存在的主要问题为导向，根据展品研发创新工作的实际需求，以本项目其他四个课题的研究成果为依据，有效利用先进的信息技术，搭建科技馆展品研发与创新信息化共享平台，以达到增强科技馆展品设计研发工作的可参与性、提升科技馆展品设计研发工作的协同效率、改善科技馆展品设计研发工作的成果质量、增强科技馆展品设计研发人员的知识产权保护意识的目的。

课题组采用云计算与大数据的最新技术，提出科技馆展品研发与创新信息化共享平台的层次化整体解决方案。该方案基于当前流行的资源虚拟化技术与非结构化数据库技术，设计了可扩展与高可用的基础架构层、支持海量数据查询的平台层、支持互动与协作共享的应用层以及高并发低延时的互联访问层，实现集资源共享、学习互动于一体的科技馆展品研发与创新共享平台，包含"展品研发与创新云计算基础平台"和基于云平台的"展品研发与创新应用平台"两部分。基础平台提供可扩展与高可用的系统基础架构和海量数据查询服务。应用平台包含四个子服务，分别是在线协作、设计服务和设计成果展示、交流服务，并积累模块化通用部件素材库和展品设计成果资料库。通过需求分析、功能设计、系统建设等工作，完成平台建设，并在场馆和设计企业中进行了试用，验证了技术可行性和操作流程。

第一章 | 需求研究与平台功能设计

　　展品研发与创新信息化共享平台充分利用信息化手段，目的是打破现有展品开发相对封闭、低水平重复的模式，有效地缩短科技馆展品研发生产行业及设计人员与社会及公众的距离。平台可通过无处不在的互联网，充分了解社会及公众的需求，紧跟科技发展最新动态和社会热点，从而更加广泛、深入地了解社会，掌握公众对科技发展的关注点和对科普资源的实际需求。同时，平台还可以充分调动社会力量参与科技馆展品设计研发工作的积极性，发挥全社会的智慧和力量，有效增强展品资源的共建共享，进一步促进科技馆展品研发的水平、效率、标准化、规模化的提升，推动科技馆展品研发生产行业在更高水平上良性、可持续地发展，使科技馆展品研发设计工作更加开放，获得更好的成效，为社会和公众提供更多优质的科普展教资源。

一　共享平台建设需求研究

　　《国家中长期科学和技术发展规划纲要（2006-2020年）》指出，要"加强国家科普能力建设。合理布局并切实加强科普场馆建设，提高科普场馆运营质量"。科技馆是面向社会开展科学技术普及的公益性基础设施，是科普工作的重要载体，是为公众提供科普服务、保障人民群众基本文化权益的重要阵地。科技馆展品作为科技馆最重要的展教资源，具有表达科学思想和精神、传递科学知识和方法、承载科学实验和体验、展现科技历史和发展的重要功能。科技馆展品的数量、质量、特色、更新频率等直接决定着科技馆的展教功能发挥和对公众的吸引力。

近年来，我国科技馆事业得到迅速发展，并建成具有中国特色的现代科技馆体系，包括实体馆、流动科技馆、科普大篷车、中学科技馆和数字科技馆。截至 2020 年底，全国已建成达标科技馆 345 座，配发了流动科技馆 560 套、科普大篷车 1727 辆、农村科技馆 1112 所。与科技馆体系建设的蓬勃发展不相适应的是，科技馆展品研发和生产滞后。目前的科技馆展品设计研发仍由各个科技馆和企业独立完成，多数单位内部也缺乏统一的信息化管理，更没有服务全行业的展品研发与共享平台。当前有关展品的数字化及其管理与共享工作基础设施薄弱、安全性不高、资源分散、互动不强，未来还将面临资源高效检索、存储、展示等诸多挑战。展品研发单位（各级科技馆、企业、高校等）之间缺乏深入的沟通和交流，各自为战，无法实现相关资源的共建共享，导致展品创新研发难度大、风险高、成功率低，且知识产权无法得到有效保障。因此，我国缺乏可靠、安全、高效的科技馆展品研发与创新共享平台，限制了科普事业可持续发展。

针对以上展品研发创新工作中存在的主要问题，本课题根据展品研发创新的实际工作需求，以本项目其他四个课题的研究成果为依据，有效利用先进的信息技术，搭建科技馆展品研发与创新信息化共享平台，以达到如下目标。

1. 增强科技馆展品设计研发工作的可参与性

展品研发与创新信息化共享平台建设使社会上更多的团体和个人能有机会向科普工作的管理者、科普资源的开发者充分表达自己对科技的看法、对科普的需求，并可更进一步地参与到展品研发工作中。这样不仅有助于科技馆充分了解社会和公众的实际需求，同时还可以调动起公众创造、创新的热情，充分利用公众无穷的智慧，这对科技馆展品的创新性研发无疑将起到积极的促进作用，而且也符合党的十八大报告中所指出的"促进创新资源高效配置和综合集成，把全社会智慧和力量凝聚到创新发展上来"。

2. 提升科技馆展品设计研发工作的协同效率

平台的展品在线协同交互设计及展示功能、实时通信功能等，可促进科技馆展品开发机构（包括各级科技馆、企业、高校等）间的协同设计，从而有效提升创新展品研发的效率和成功率；同时增进展品研发设计人员之间的业务交流，在实际的协同设计研发工作中，相互学习、相互启发、相互促进、取长补短，使全国科技馆展品研发设计人员的研发能力和设计水平得到普遍提升。

3. 改善科技馆展品设计研发工作的成果质量

严格依据相关国家标准及行业标准，特别是本项目课题四所进行的展品研发标准与规范研究的成果，构建科技馆展品资源库，有计划、分步骤地将优质展品、通用技术等（首先会收录本项目课题一至三所研发的创新展品及技术）相关资料收录到库中，并通过制定有关的共享机制和管理办法，提供给全国各级科技馆及展品研发、生产企业和相关单位使用，从而有效提升科技馆展品研发生产的标准化、规范化和规模化水平，提升展品质量，降低研发生产成本。

4. 加强科技馆展品设计研发人员的知识产权保护意识

以展品研发与创新信息化共享平台为依托，研究并提出相关的知识产权及创新成果的推广和保护机制，在有效提升展品的创新度和创新水平的同时，加强对相关知识产权的保护，提升科技馆展品研发、生产领域的创新意愿和积极性。

二　平台功能设计

共享平台的应用范围包括通过 Web Service 的方式在互联网上建立服务系统，并利用云平台在互联网上提供给相应的用户，包括数据共享服务、信息通信服务、操作同步等。不同节点通过互联网连接服务端，可浏览设计的各种成果，可以在本地对展品模型进行交互式体验，也可以进行协同设计，不同客户端节点共同参与一个展品的设计，包括展品的外形拼装设计、互动流程设计等。

为提高性能，展品研发与创新信息化共享平台基于云平台而实现互联网的资源共享以及协作设计，并在此基础上实现针对展品设计数字化的应用拓展。该平台服务端可架设在中国科技馆的云平台基础上，并通过 Web Service 的方式提供基本的数据和文件共享服务，并在此基础上通过服务端的逻辑控制实现相关工作流的控制。

系统管理员通过网页方式配置平台服务端的人员管理以及访问控制，服务端会根据逻辑与所连接的客户端进行信息交互，协调多个客户端之间的操作与数据上传下载和相关管理工作。

客户端除了要实现针对现有素材的上传分享以及下载应用外，还能够根据需求定制不同的构件类型，根据仿真需求建立不同的仿真模型，并根据交互需要定制相应的拼装接口，最终实现展品的构造设计以及演示互动中的逻辑设置。客户登录之后，可以随时浏览发布的各种展品，并能够以三维视点通过虚拟交互的方式浏览各种虚拟展品。

为满足多用户实时交互的系统需求，在线协作展品设计系统基于 Web 进行开发，多个用户可通过实时通信同时在 Web 界面操纵三维模块库中的模块，共同在三维场景中将模块组装成创新展品，并通过指定模块间的机械运动、电气等相互作用的物理属性，驱动展品运行，最终共同完成展品的概念设计与发布。用户可使用基于 Web 的安全及统一的用户界面，不同地点、不同身份的用户也能够以一致的界面访问数据资源共享系统提供的各种服务。

所有用户参与在线协作设计的过程包括构件编辑、客户端登录、展品项目管理、展品拼装、展品仿真、展品协作设计、网络展览展示等七个步骤，如图 1-1 所示，不同颜色代表了相应的参与用户群体。

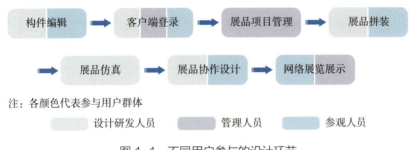

图 1-1 不同用户参与的设计环节

1. 构件编辑

构件编辑是指客户端产生构件并上传相应构件的过程。构件作为基本的展品拼装零件，不但包括模型数据、相应的绘制材质设置数据，而且包括在拼装过程中的一些特殊定义，如每个构件可以添加几个拼装接口，拼装接口在构件作为零件构造展品时如何处理构件之间的连接，以及用户交互处理方面的功能。

根据构件在展品中的作用，不同的构件还需要参与不同的仿真模块计算，例如，激光光束的反射以及投射等路径计算。因此，需要在构件编辑中添加构件的仿真解算注册信息。

构件在场景中还会随仿真的推演产生相应的运动，因此，还需要定义构件的运动模式以及相关的参数，这样在仿真过程中会根据各种事件触发的情况调用构件进行相应的运动。构件的运动定义包括运动的自由度、相

9

应的方向和运动参数等。

对于一些参与物理仿真运算的构件，还需要定义其相应的物理模型，这里主要是碰撞包围盒以及相应的物理模型，根据构件几何模型的尺寸大小、形状要求建立近似的几何形状作为物理模型。

构件的产生并不一定要进行所有的编辑设置，根据需要，不同的构件类型设置不同的模型和参数。设置好之后的构件作为一个展品拼装的零件可以在多个展品中重复使用。构件编辑好之后，产生一个基本的 xml 文件描述，并根据索引得到相关的模型文件、纹理文件等其他文件，在上传的时候，系统会自动搜索完成数据打包并上传。

2. 客户端登录

客户端软件在安装过程中会设置相应服务端 IP 以及相应的配置信息、证书信息等。客户端运行后会自动连接服务端，然后提示用户输入登录名和密码，在通过远程认证之后，客户端就会自动进入选择界面，包括新建和管理自己创建的展品项目，参与其他人创建的展品项目以及浏览所有已经发布的展品项目。

3. 展品项目管理

用户登录之后首先面对的是展品项目管理功能，在该功能界面下，用户可以创建新的展品项目、设定展品的一些基本属性并开始进行拼装和设置，另外也可以接收其他用户参与协作的申请，与其他用户进行协作设计和分享。

用户每个阶段的编辑和设计都可以保存并上传到服务端，每次登录之后都可以从上一个状态开始进行编辑。

4. 展品拼装

展品拼装可作为用户进行展品设计的界面。该界面包括系统提供的构件库，即构件列表。用户从构件库中选择构件，然后利用鼠标在场景中进行拼装搭建。选择添加某个构件之后，系统会自动创建该构件类型的节点加入基本的场景节点树中，也会在拼装接口连接关系建立之后重新修改相应的场景节点树关系。

拼装接口是构件拼装连接的信息，用户利用鼠标进行搭建时，系统会自动搜索连接关系并辅助完成拼装过程。用户的一次确定的操作使构件之间通过拼装接口实现连接，这样就会触发一个操作事件的产生，该操作事件可以作为网络协作事件加上时间戳之后发送到服务端。

大部分类型的构件可以直接加入场景，有部分动态创建类的构件需要在加入场景时，用特殊界面构造几何模型，主要是一些由曲线管道构成的模型。

在拼装过程中，用户采用鼠标和键盘结合的方式，选中移动的节点为主节点，可以利用 TAB 键选择主节点的拼装平面；同时在进行移动的过程中动态切换场景中的拼装平面，并以此作为热区。

5. 展品仿真

在拼装的时候，设置好构件节点之间的连接关系，并通过交互事件设置以及建立各种事件响应的对应关系之后，就可以进入仿真状态了。进入仿真状态之后，系统会自动根据拼装所设置的各种属性，在不同的仿真解算模块中注册相应的事件处理和状态更新逻辑，这样一个可以进行动态交互的展品就以三维的方式展现在虚拟场景中。

用户可以利用鼠标和场景中的按钮、推杆等进行交互，相应的交互事件触发驱动各个仿真模块进行解算，每个节点在仿真模块中注册的响应逻辑建立节点仿真推演的更新过程。

进入展品仿真步骤，首先在初始化阶段，会根据展品拼装所建立的场景树进行遍历，对于每个节点，根据所设置的交互事件以及事件响应逻辑等属性，在仿真模块中进行动态更新逻辑搭建。在仿真开始之后，系统会自动根据每个仿真模块的逻辑分别对各个节点的状态进行更新，包括节点运动，节点特效控制，根据物理运动规则施加不同的力学模型，以及针对激光路径计算进行状态更新等。

每个仿真模块按照 Pipeline 方式构建，更新机制根据每个阶段的状态如果发生改变，则需要进行重新计算，如果没有改变，则只需要保持原有状态，这样可以大大减少更新处理的需求。

系统采用扩展机制，建立基本的仿真推演框架。在该系统中，不同的仿真模块按照插件 Plugin 的方式进行扩展。系统的主循环会主动调用不同插件的更新函数，完成插件中的各种仿真算法。

6. 展品协作设计

基于云平台的展品设计系统最重要的一个特点就是可以针对同一个展品进行在线协作设计。当前加入同一个展品设计的所有计算机节点作为一个组群，每个组群用户都可以发送文字信息或者语音信息，服务端会把同一组内的消息向组内的节点传播。另外，用户对场景树的编辑，包括添加模型节点，移动或者旋转模型节点的操作也会自动发送到服务端，然后传播到其他群组节点。每个操作所引起的逻辑解算结果也会作为属性上传到服务端，由服务端更新其他计算机的状态属性。通信的所有信息都是瞬时的，不会保留在服务器上。客户端自己保留本次协作的所有数据，并提供历史显示查询。

用户能够在服务端创建一个展品项目，或者加入一个已经创建的展品项目，多个用户通过实时通信参与协作设计，最终共同完成展品的设计。

7. 网络展览展示

用户对于已发布的展品可在服务端数据列表中进行管理，客户端会访问服务端并读取相应的列表，在客户端展现出所有已发布展品的按钮。用户可以通过点击按钮进入该展品的仿真演示。进入仿真循环之后，系统会根据所设定的展品相应逻辑进行控制和推演，用户能够利用相关控件进行交互。

三 研究重点和工作基础

为实现以上功能，课题组在互联网时代背景下，以国家、社会、公众对科普教育的需求及科技馆行业可持续发展的需要为依据，有效利用云计算、大数据、互联网、图形图像技术等现代信息技术，搭建科技馆展品研发与创新信息化共建共享平台。

（一）重点研究内容

1. 研究适用于科技馆展品管理与共享的可扩展与高可用的虚拟资源管理、调度和迁移技术

部署在数据中心中的展品资源具有异构性和大规模性，而不同的应用业务需要不同种类的展品资源。同时，平台的基础架构层需要实现运维成本的控制，并实现安全、灵活的可扩展性。该部分着重研究构建支持大规模异构展品资源统一管理、多应用环境下展品资源的灵活配置以及虚拟展品资源的高效调度和迁移的基础架构层，以实现大规模异构展品资源的有效管理，在满足不同应用对展品资源复杂需求的同时，保障不同用户资源的隔离与安全。

2. 研究适用于科技馆展品管理与共享的支持海量规模数据的高效存储、处理和检索技术

大数据的计算处理过程需要传输大量的多样化数据，占据了大量的执行时间。同时，大规模数据管理需要应对大量数据的并发式访问。该部分主要研究实现支持展品数字化的元数据定义、海量多样化数据的高效存储与检索以及大数据在线实时处理的平台层，以实现通用的、可靠的、可扩展的分布式存储系统，保障数据请求的均衡调度，并能够智能地从海量数据中归纳、过滤信息，优化数据的存储、处理和检索。

3. 研究适用于科技馆展品管理与共享的在线交互设计和成果实时展示技术

在线设计系统中，需要科技馆常用的零配件的三维模型、零配件间组装装配约束属性、运动属性、显示效果等，两个零配件间组装装配，需要研究建立一种模型表示两者间的装配约束关系和运动关系。由于科技馆常用零配件中有许多非标产品，故这种装配关系的表达与机械制造领域的虚拟装配关系有较大差别。该部分主要研究实现支持用户互动体验、群体协作、科技馆展品创新技术展示和共享、海量科技馆展品资源共享的应用层，以进一步促进优秀展品资源的共建共享，有效提升科技馆展品研发、生产的标准化、规模化水平，让展品设计人员打破时间和空间的限制，随时随地进行充分的业务交流与学习，提高创新设计水平；同时，还可以激励创新性研发，使科技馆展品设计研发良性、可持续地发展。

（二）相关技术和标准调研分析

1. 国内外科技馆展品研发与创新信息化共享平台研发情况

我国科普工作的信息化建设才刚刚起步，科普工作的手段大大落后于信息革命的步伐，如何应用最新的信息技术，特别是网络技术做科普，实现科普现代化，是一个亟须研究的课题。

中国数字科技馆在科技馆科普信息化方面进行了有益且成功的探索与尝试。中国数字科技馆是由中国科协、教育部、中国科学院共同建设的一个基于互联网传播的国家级公益性科普服务平台。但中国数字科技馆最主要的任务是面向公众，特别是青少年群体，提供一个网络科普平台，与实体科技馆、流动科技馆、科普大篷车相互配合，打破时空的限制，为公众提供更加丰富、便利的科普服务，以激发公众科学兴趣、提高公众科学素质。因此它并不为科技馆展品研发设计工作提供信息化支持，也不具备科技馆展品研发创新信息化共建共享功能。

我国科技馆展品研发生产行业起步较晚，不同机构（包括科技馆、企业、高校、研究院所）之间虽然通过自然科学博物馆协会、科技馆专业委员会等组织定期举办一些会议、展览等交流活动，但尚缺乏一个长期稳定运作，能为业界发展提供可靠技术支撑与共享，促进展品研发创新能力和水平提高，推动行业标准化、规模化建设发展的信息化共建共享平台。

国外先进科技馆大多较为重视信息和网络技术的应用，并积极利用网络开展科普教育活动，如法国发现宫、拉维莱特科学城、美国探索馆等，其网站内容丰富多彩，深受公众欢迎，公众不仅可以从中获得有关的日常参观服务信息，而且还可以通过其获得很多更加深入和广泛的展品、展览信息及相关的科技拓展内容（包括文字、图片、音视频、动画等），甚至可以在其网站上进行一些较为简单的在线科普游戏，或进行网络预约、订票、在线购物等。此外科技馆界也都可以从这些先进科技馆的网站上获得很多对自身建设有益的启示。但所有这些都仅仅是使用一些简单的互联网技术搭建一个科技馆门户网站，并且在内容上也只有美国旧金山探索馆这种研发实力强且有意分享部分研发成果的科技馆会在自己的网站上公布一些本馆的展品资料，但资料的内容也都非常有限，几乎不包含可真正用于设计制作的技术细节，对于展品设计研发工作只是在创意、展示方式和初步技术路线上给出一些启发，对于完成展品技术设计任务的帮助极为有限。可以说，目前国外科技馆界尚没有以云计算等先进的信息技术为基础、专门用于推动和提升科技馆展品研发设计与创新为目的、功能较为全面的共建共享平台。

综上所属，本课题所研究并搭建的科技馆展品研发与创新信息化共享平台在国内外均无先例，属于开创性工作。展品研发与创新信息化共享平台，是一个特定于展品研发的行业应用系统，其功能是根据实际应用需求研发的，是一种应用现在成熟技术而构成的应用系统。而且据目前调研情况，国内外未见有投入使用的展品研发与创新信息化共享平台。因此没有知识产权障碍。

2.国内外科技馆展品在线设计系统研发情况

据目前调研情况，国内外未见有投入使用的展品在线设计系统。与此相类似的系统有两类。

一是装配类小游戏，如飞机、车辆、武器、变形金刚等装配小游戏。通观这类小游戏，有两种使用方式：①构成装配体有若干个部件，每个部件有若干种形式，包括不同形状、颜色等，游戏者可指定每个部件采用哪种形式，在选择完毕之后就形成了一个游戏者定制的装配体；②构成装配体有若干个部件，游戏区域勾画出装配体的轮廓，另一个区域放置待选部件，用户用鼠标把部件拖动到装配体轮廓上，当拖动的部件位于正确的区域时，认为游戏装配成功，在所有部件完成装配时，游戏结束。通观这两种使用方式，这里的装配关系是固定的，而本课题将要研发的在线设计系统，创新展品由哪些零件组成，这些零件以何种装配关系等是不确定的，必须建立标准零件模型、标准零件库、装配模型表达，由仿真计算核心仿真计算展品的最终运行效果，并以三维虚拟现实的表现形式展示给设计者。这与装配类小游戏固定化的装配截然不同，从而才能发挥设计者的能力，研发出创新展品。

二是机械制造领域中的虚拟装配技术。虚拟装配是指通过计算机对产品装配过程和装配结果进行分析和仿真，评价和预测产品模型，做出与装配相关的工程决策。按照实现功能和目的的不同，目前针对虚拟装配的研究可以分为如下三类：以产品设计为中心的虚拟装配、以工艺规划为中心的虚拟装配和以虚拟原型为中心的虚拟装配。①以产品设计为中心的虚拟装配是在虚拟环境下对计算机数据模型进行装配关系分析的一项计算机辅助设计技术，基本任务就是从设计原理方案出发在各种因素制约下寻求装配结构的最优解，由此拟定装配草图，它以产品可装配性的全面改善为目的。②以工艺规划为中心的虚拟装配，采用计算机仿真和虚拟现实技术进行产品的装配工艺设计，从而获得可行且较优的装配工艺方案，指导实际装配生产。③以虚拟原型为中心的虚拟装配利用计算机仿真系统在一定程度上实现产品的外形、功能和性能模拟，以产生与物理样机具有可比性的效果来检验和评价产品特性。以虚拟原型为中心的虚拟装配主要研究内容包括考虑切削力、变形和残余应力的零件制造过程建模、有限元分析与仿真、配合公差与零件变形以及计算结果可视化等方面。从以上三类虚拟装配的定义和功能可以看出，其与本课题所要研究开发的在线协同设计系统中的通过零部件组装在三维虚拟现实环境中表达创新展品概念创意方案的作用是不同的，虚拟装配的主要目的是设计验证产品的装配过程，并进行装配工艺规划，本课题中的虚拟组装零件，一是在三维虚拟空间中表达各零件间的相互定位位置关系，二是定义各零件间的运动关系，以便于在三维虚拟空间中多角度地观察展品运行状况，更直观地理解展品的概念创意。目标不同，导致机械领域的虚拟装配，其技术庞大复杂，也不适合于本课题将要研发的在线协同设计系统的虚拟组装技术。本课题的虚拟组装技术，将部分参考虚拟装配技术中的相关模型，形成适合展品创新研发的虚拟组装技术。

综上所述，本课题所要研究并搭建的科技馆展品在线设计系统在国内外均无先例，属于开创性工作。展品在线设计系统是一个特定于展品研发的行业应用系统，其功能是根据实际应用需求研发的。本课题的虚拟组装技术，将部分参考虚拟装配技术中的相关模型，形成适合展品创新研发的虚拟组装技术，形成自主知识产权。

3. 展品研发与创新信息化共享平台建设所需技术情况

（1）云计算服务模式

根据权威的 NIST（National Institute of Standards and Technology，美国国家标准技术研究院）定义，云计算主要分为三种服务模式：基础设施即服务、平台即服务、软件即服务。

17

（2）软件定义网络技术

实现数据中心大规模资源的运维管理和网络控制，目前最流行和前沿的技术为软件定义网络（Software-Defined Networking，SDN）技术。

（3）网络隔离技术

当前的主流网络隔离技术为 VLAN（或 VPN），网络隔离技术也是实现多租用运营的核心技术。

（4）Overlay 技术标准

在网络技术领域，Overlay 指的是一种网络架构上叠加的虚拟化技术模式，其核心是在不对基础网络进行大规模修改的条件下，实现应用在网络上的承载，并能与其他网络业务分离。

（5）OpenFlow 技术原理

实现 SDN 的另一种核心技术 OpenFlow，其技术原理为：将原本完全由交换机/路由器控制的数据包转发过程，转化为由 OpenFlow 交换机和控制服务器分别完成的独立过程。

（6）分布式块存储技术

Linux 平台上的 DRBD（Distributed Replicated Block Device）以高可用为目标，通过双机块设备的实时复制在网络上提供类似磁盘阵列的 RAID1 功能。

（7）海量数据存储与分析技术

在线计算分别基于两种模式研究大数据处理问题，一种基于关系型数据库研究提高其扩展性，增加查询通量来满足大规模数据处理需求；另一种基于新兴的 NoSQL 数据库，通过提高其查询能力丰富查询功能来满足有大数据处理需求的应用。

4. 知识产权和技术标准现状及预期分析

在云计算基础架构技术领域，国内外主要的专利技术有：[201010597537.2]一种云计算中虚拟机镜像导入方法及装置；[201010597265.6]一种云计算中虚拟机镜像导入和导出系统；[201010596783.6]一种云计算中虚拟机镜像导出方法及装置;〔201010537793.2〕一种云计算环境下的任务调度方法;〔201010533733.3〕一种私有云计算应用中虚拟机镜像安全方法;〔201010533715.5〕一种Xen虚拟机安全动态迁移方法;〔201010533733.3〕一种私有云计算应用中虚拟机镜像安全方法;〔201010518992.9〕一种可信虚拟机平台;〔200910108609.X〕一种虚拟机迁移决策方法、装置及系统;〔201010214334.0〕一种基于虚拟机架构的透明信任链构建系统;〔200910004037.0〕安全增强的虚拟机通信方法和虚拟机系统;〔200810180626.X〕一种虚拟机的管理方法、装置和系统;〔200920194560.X〕一种虚拟网络分隔系统;〔200910063085.7〕用于虚拟机系统的可信计算基裁剪方法;〔200810057354.4〕虚拟机监视器、虚拟机系统及客户操作系统进程处理方法;〔200810189755.5〕虚拟机故障转移中的安全等级实施。由于网络虚拟化在国内外是一个新兴技术,其涉及的专利很少,而且并不符合展品研发与创新信息化共享平台的实际应用需求,因此对于本课题在展品研发与创新信息化共享平台方面的研究并无知识产权障碍。

在大数据存储与实时处理平台领域,国内外主要的专利技术有:〔02819445.4〕计算机网络内的数据块存储;〔200710079507.0〕块存储服务方法、块存储服务系统及块存储服务客户端;〔200810241323.4〕一种分块存储器的实现方法。这些专利技术基本在应用领域或应用范围上有很大局限,还无法真正应用到云计算服务平台,并且在动态重构、协作数据缓存或分布式容错方面还各有不足。在分布式文件系统结构方面,惠普公司的专利〔US 2005/0015461 A1〕描述了一种分布式文件系统,着重在分布式文件之间的消息传递通道多通道传输方式;专利〔US 2004/0153479 A1〕描述了一种通过文件分块的方式将数据分发到分布式文件系统的多个节点的方式;微软的专利〔US 7505970〕描述了一种没有服务器的分布式文件系统的结构。这些专利主要描述了分布式文件系统本身所应当具有的相关的技术,并且特别针对各个公司自己构建的系统来进行技术描述。由于分布式文件系统往往与所需要使用的环境密切相关，因此，在本课题中，可以针对展品研发与创新信息化共享平台构建定制化的分布式文件系统，并申请专利，可以在一定程度上避免专利的冲突。在数据访问上，IBM 公司的专利［US 2010/0235396 A1］描述了一种对于分布式文件系统的访问方式，强调的是对于客户端的信任特性；日立公司的专利［US 2009/0228496 A1］则描述了一种通过标准的协议去访问文件系统，并且在多个历史版本的情况下访问到最近的版本。这些数据访问的专利也通常集中在对于一个文件系统的访问之上，与具体的文件系统相关。当前的分布式文件系统对于云计算支持的往往还是针对公共云平台的支持，特别支持信息化共享平台构建的分布式文件系统专利非常少。经过技术比对和分析，由于技术的差异性，上述专利的技术内容与本课题采取的技术存在较大区别，可以形成项目特色的专利。

第二章

共享平台
研究与设计

通过 Web Service 的方式建立展品研发与创新共享平台，该共享平台具备展品在线交互设计、成果展示、业务交流、实时通信、展品信息检索、展品技术资料上传及下载等功能，可实现展品在线协同交互设计和成果的实时展示，以及展品研发的实时在线协作设计。该平台基于对数据中心计算/网络/存储资源的管控，支持不同虚拟化方式的物理资源、多应用的灵活高效资源分配/管理/迁移、虚拟资源的安全保障与监控。平台服务端通过 Auth2 的方式进行认证，并采用基于角色的访问控制方式。同时平台服务端通过 Restful API 的方式提供资源访问服务，利用 HTTP 的 POST、GET 等命令实现资源的有效管理。

平台在线协作设计系统通过应用 erlang 的微进程实时分布式调度技术，实现服务端协作信息同步的功能。根据信息数据服务，客户端利用三维实时可视化技术实现支持互动与协作共享的系统应用层：海量用户互动体验、展品研发人员群体协作、科技馆展品创新技术展示和共享、海量科技馆展品资源共享。

利用分布式数据库实现为展品研发与创新信息化共享平台提供必需的数字化资料支撑。这些资料包括展品创意文件、效果图、机械及电路等技术设计图纸、多媒体资料、模块化展品设计素材、展品微视频等。以科技馆展品研发与创新信息化共享平台为基础和依托，在进一步提升优秀的科技馆展教资源共享率、扩大受益范围、充分发挥展品科普展教作用的同时，对相关知识产权进行切实的保护，使创新者的合理利益得到有效保障，从而提高科技馆展品研发生产领域创新的积极性，进而提升整个行业的发展水平。

一 基础平台设计

展品研发云包括计算、存储、安全和网络等 4 个基础设施组成部分。其中，网络和存储是两大核心，也是本项目研究的重要方面。网络是计算、存储、管理系统的基础，一套先进的网络机制是保证云平台稳定运行的基础，在本项目中，网络采用了 SDN、Overlay、网络隔离等技术实现，具备以下优势。

展品研发云管平台采用 SDN 软件定义网络技术支持弹性组网，为多租户部署提供网络隔离和弹性扩展的功能；基于 DCOS，整合数据中心大规模资源，集成多样的第三方设备和服务，以自主创新的网络虚拟化及安全技术为核心，为数据中心打造面向云计算业务的一体化管理平台。

相比传统公有云技术，展品研发云管平台所实现的弹性组网、大规模异构资源管理与调度、多用户虚拟网络构建等技术，为实现专有云的个性化和差异化部署提供了支撑。

相比当前的私有云解决方案，展品研发云管平台能够支持异构资源的集成，包括虚拟化软件和物理设备，计算、存储和网络资源，不同品牌的设备等，展品研发云管平台通过 DCOS 技术实现了底层复杂和烦琐操作的屏蔽，以 API 调用的方式构建专有云平台及上层的行业应用。

另外，展品研发云管平台拥有完全自主的知识产权，不依赖特定厂商的软件或硬件产品，避免厂商锁定，可以在不同类型的数据中心中快速部署并有效使用。因此，展品研发云管平台，在云计算业务开发、运行和维护等多方面具备其他云平台不可比拟的优势。

二 应用平台设计

1.在线协作设计软件系统

在线协作设计软件系统的建成为科技馆展品设计制作行业的协作设计提供了互联网工作平台，打破原有工作模式的时间和空间限制，各个工种的设计人员可共享同一个三维设计界面，实时观看展品拼装过程及展示效果，并且每个协作人员均可申请对展品模型的操作权，在协作过程中大家可以通过实时的文字通信进行交流并保存展品的修改意见。

（1）三维模型上传和展品基础构件的编辑功能

虚拟展品的数字构件作为在线协作设计软件最基本的拼装零件，不但包括通过模型文件上传到系统的三维模型数据和相应的材质贴图等设置，还包括在虚拟拼装过程中需要定义的多种特殊属性：拼装接口属性、运动属性、光学仿真或物理仿真属性。拼装接口属性的定义降低了数字模型在三维虚拟空间中的操作难度，是提高展品虚拟拼装和概念设计效率的有效应用。

构件编辑的功能实现方法如下。

在应用系统的客户端软件中，使用 QT 作为交互界面开发工具，实现基本的鼠标键盘消息管理；使用 OSG 作为三维渲染引擎，实现基本的 OSG 模型加载以及纹理加载。

在进行三维场景绘制时，用户点击鼠标对构件进行拼装接口的设计以及 marker 标定点的设定和命名，来完成对构件的编辑。

所有数据资源的获取通过服务端的 spring +hibernate +postgresql 的方式建立的 webapp 框架，然后通过 restapi 的方式获取。

（2）模块化通用部件库提高了概念设计的工作效率

本系统支持多种格式三维模型的导入，通过对模型的拼接属性和仿真属性进行编辑，模型可转化为支持在本系统虚拟拼装的通用构件并被存入模块化通用部件素材库的相应分类，设计人员可以通过选取素材库中的构件快速拼装虚拟展品（见图 2-1）。

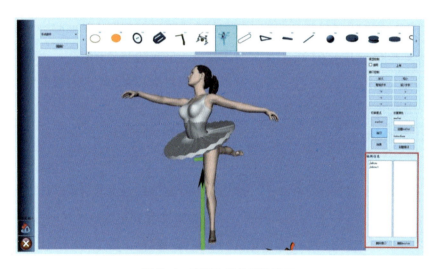

图 2-1　定义构件的拼装接口

（3）展品拼装功能实现了展品的在线交互设计

在线协作设计系统的主要功能包括导入三维模型、由模型转为展品构件、快速拼装虚拟展品、多人在线协作设计和三维仿真演示。

其中的展品拼装过程简单高效，具有光电磁效果、运动属性的展品经过简单设置触发参数即可进行效果演示。

展品拼装的功能实现方法如下。

在应用系统的客户端软件中，使用 QT 作为交互界面开发工具，实现基本的鼠标键盘消息管理；使用 OSG 作为三维渲染引擎，实现基本的 OSG 模型加载以及纹理加载（见图 2-2）。

图 2-2 展品拼装过程

　　用户使用鼠标选中构件后，场景中加载该模型，并根据模型动态调整用户视点。用户可以使用鼠标选中模型，然后进行移动，在移动过程中，程序会根据在构件编辑时设定的拼装接口自动完成动态的姿态调整，在三维设计空间中智能地辅助用户完成拼装过程（见图 2-3）。

　　当用户释放鼠标时，表明这个拼装过程已经完成，程序开始计算拼装的运动关联问题，并绑定相关的构件模型。

　　所有数据资源的获取通过服务端的 spring +hibernate +postgresql 的方式建立的 webapp 框架，然后通过 restapi 的方式获取。

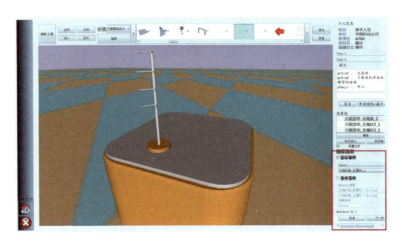

图 2-3　互动展品需要添加鼠标事件

（4）展品仿真功能可以有效验证概念设计的合理性

设计成果展示系统是基于互联网的三维仿真演示平台，演示的内容是在线协作设计系统发布的虚拟展品，这里仿真了现实科技馆中的观众与展品之间的互动，用户对虚拟展品进行交互式操作，展品会依据预设的光、电、磁、机械运动等物理属性演示，登录用户可以提交文字评论、有针对性的意见和需求。这个系统使展品的设计者、生产者、使用者（观众）等人群都有机会充分表达对展品的意见和需求，为后续的产品研发和改造提供具有针对性的用户反馈。

观众通过在线协作设计系统可以在多人协作过程中直接观看展品实验结果和演示效果。

展品互动演示功能的实现方法如下。

在应用系统的客户端软件中，使用 QT 作为交互界面开发工具，实现基本的鼠标键盘消息管理；使用 OSG 作为三维渲染引擎，实现基本的 OSG 模型加载以及纹理加载。

利用 QT 所产生的每一步设置界面，用户可以设定相应的控制逻辑，如利用按钮控制另一个部件的运动逻辑等，设定好之后点击控制按钮开始仿真。OSG 场景中会自动加入该事件的响应机制，当用户点击按钮的时候，会触发相应的事件，然后进一步控制部件之间的关联运动。如果有电子特效，则在 marker 之间的检查之后，被触发并进行播放。

（5）协作设计功能有效降低了团队合作的沟通成本

在线协作设计系统使展品设计人员、制作人员以及更多的团体和个人有机会参与到实时的展品设计过程中，并在协作设计中通过实际操作展品的拼装，充分表达对科学原理解读、科普效果的需求，这些需求和意见将是展品设计人员宝贵的经验积累（见图 2-4）。

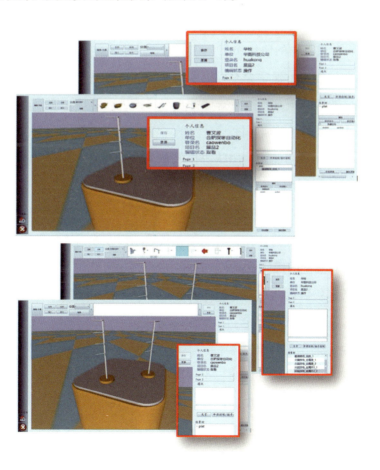

图 2-4　协作设计

协作设计功能的实现方法如下。

服务器端采用 erlang 进行展品项目的消息管理，通过 erlang 建立了连接等待、消息管理等机制。为每个用户建立一个微进程，用户之间的消息通信以及广播通信都根据进程进行。用户的退出和加入状态也是利用微进程进行管理。

在应用系统的客户端软件中，使用 QT 作为交互界面开发工具，实现基本的鼠标键盘消息管理；使用 OSG 作为三维渲染引擎，实现基本的 OSG 模型加载以及纹理加载。用户的操作按照基本元进行划分，然后每个操作会发送相应的数据到服务端，服务端按照展品项目进行广播和同步，从而实现在线设计过程中的协作功能。

在通信过程中，通常会有延迟和时序问题，解决方式是把每个报文加上时间戳，然后在服务端进行排序并在客户端进行处理，充分利用多线程的方式保证数据通信的实时性。

（6）实时通信功能作为团队协作的基本沟通方式，有价值的建议和意见可以保存在相应的展品资料中

多人在线实时讨论功能的实现方法如下。

功能实现的原理与协作设计相同，只是用户在线讨论的数据是文字信息，而不是对模型的操作数据。

所有数据资源的获取通过服务端的 spring +hibernate +postgresql 的方式建立的 webapp 框架，然后通过 restapi 的方式获取。

2. 模块化通用部件素材库

共享平台为展品设计人员提供了展品资料管理、设计经验积累和持续完善通用部件的工具，在展品研发过程中也可以使用公共的通用部件进行辅助设计，通用部件素材库分类的不断完善和数量的不断增加，可以大大节省在协作设计过程中三维建模和重复虚拟实验的工作量，实现提高展品研发设计效率的目标。

（1）完成属性定义的展品构件经过标准化审核形成通用部件

通用部件素材库的功能实现方法如下。

利用 JavaScript 进行页面的动态控制，利用 bootstrap 以及 jQuery 进行页面控制，实现在 Web 服务端获取部件列表的进行动态显示，并根据用户在页面上提交的设定条件，通过查询的方式，返回到 spring 框架的服务端，然后过滤相应的结果，最后通过 rest 的方式把结果返回到网页上。

（2）图形化的通用部件库统计功能

（3）部件库分类检索功能

素材库分类检索功能的实现方法如下。

在资源上传管理过程中，每个构件和展品按照相应的标签作为属性存储在数据库中。然后在数据库中按照这些标签设定好各种检索判断的条件格式，当用户在页面上输入检索条件时，这个条件通过 rest 的 post 发送到服务端，然后服务端通过 SQL 语言查询数据库之后，并返回动态网页，包含符合检索结果的各个条目。

3. 展品设计成果资料库

构建完成科技馆的展品资料库，为科技馆展品研发和生产的标准化、规范化和规模化的工业化进程奠定基础，通过对平台用户和相应展品资料的权限管理，实现展品推广和声明知识产权的功能，有利于持续开展展品资源共建共享的机制建设。

（1）展品资料管理和用户权限规范了知识产权管理

（2）上传资料类型涵盖了图文、视频、三维模型、设计图纸等形式的文件，可设置关键词和类型属性，进行检索查询

上传展品资料时，可设置属性和关键词，①展示形式从以下几类中选择：静态展示、机电互动、多媒体互动、综合类型、其他。②展览用途从以下几类中选择：常设展览、短期专题展览、流动展览、其他。③展示内容先选一个类别，包括基础科学、应用技术、前沿科技、儿童展览、其他；

29

然后留一个空格自行输入具体展示内容，如"光的折射规律""太阳能发电站结构"等。④关键词可自行填写，也可以推荐以前使用频率较高的几个待选。

资源库各类文档上传管理功能的实现方法如下。

所有数据资源的获取通过服务端的 spring +hibernate +postgresql 的方式建立的 webapp 框架，利用 Java 程序实现逻辑，在网页中嵌入 Java Script 控制用户的基本输入和动态显示控制。

用户上传使用的是 rest 中用 HTTP 操作 post 的功能，然后把要传递的文件经过编码后发送到服务端，服务端根据解析内容的格式，一方面利用 Java 程序把相关信息储存到数据库，另一方面利用文件操作实现基本的文件读写。

（3）展品设计成果资料展示页面

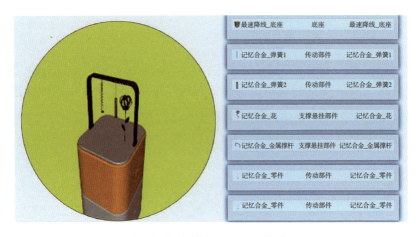

图 2-5 拼装展品的构件清单

（4）图形化的资料库统计功能

4. 设计成果展示与交流信息系统

展品设计人员一直缺少与观众沟通交流的渠道，展示效果的反馈意见不能被有效地利用于展品改造和创新展品研发的工作中。设计成果展示与交流信息系统建立了设计人员与观众、设计人员与展品维修人员等多个群体的交流平台，增强了科技馆展品设计和研发工作的可参与性，通过互联网手段搭建平台，使展品的设计者、管理者、使用者（观众）等人群都有机会充分表达对展品的意见和需求，为后续展品研发提供用户反馈。

（1）互动、光电效果展品的仿真演示

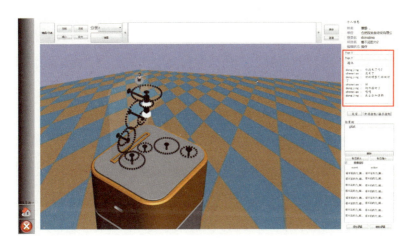

图 2-6　机械类展品运动仿真实验

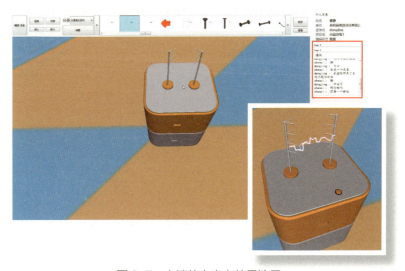

图 2-7　尖端放电光电效果演示

光电效果演示功能的实现方法如下。

在应用系统的客户端软件中，使用 QT 作为交互界面开发工具，实现基本的鼠标键盘消息管理；使用 OSG 作为三维渲染引擎，实现基本的 OSG 模型加载以及纹理加载。

利用 OSG 中的粒子特效，实现闪电、火、光、电等仿真效果。当 marker 的检测通过之后，会触发一个相应的消息，这个消息的响应函数，根据用户设定的逻辑执行。所谓仿真，在计算机图形学上都是采用粒子特效进行模拟，关键是如何触发，什么时候触发，所以触发参数的设置是实验结果的关键。

（2）展品留言评论功能能够有效收集用户反馈意见

留言评论功能的实现方法如下。

所有数据资源的获取通过服务端的 spring +hibernate +postgresql 的方式建立的 webapp 框架，利用 Java 程序实现逻辑，在网页中嵌入 JavaScript 控制用户的基本输入和动态显示控制。然后服务端的 Java 程序进行数据的数据库存储以及相关的信息发送，客户端与服务端通过 restapi 的方式获取。

第三章 | 基础平台
研究与设计

　　基础平台提供可扩展与高可用的系统基础架构和海量数据查询服务，选定合适的技术路线和运行环境，为应用层开发搭建运行环境，是完成系统搭建的首要工作。

　　大数据的计算处理过程需要传输大量的多样化数据，占据大量的执行时间，从而可能造成数据处理时间过长而缺乏实时性，因此，要考虑如何提高在线处理能力，从而满足大数据在线处理需求。另外，需要研究利用智能分析处理技术和推荐技术从海量数据中归纳、过滤信息，并依据这些信息进行快速、准确的实时处理。大规模数据管理需要应对大量数据的并发式访问，对数据放置及对请求调度的不均会造成对访问的延迟，需要有效的数据请求均衡调度及海量数据的放置及高可用保障。

一　技术架构设计

　　综合考虑展品研发与创新信息化共享平台实用性方面的各种因素，研发平台管理和安全支撑机制，提出展品研发与创新云计算基础平台的体系架构，如图 3-1 所示。

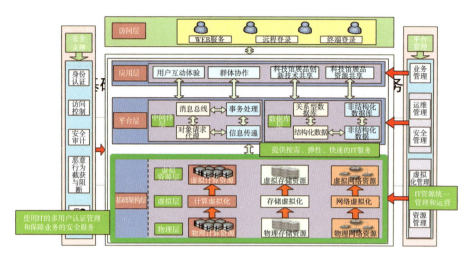

图 3-1　展品研发与创新云计算基础平台

　　云计算通过虚拟化技术将计算、存储以及网络资源抽象成虚拟化服务，并在基础架构层、平台层和应用层为用户提供服务。用户通过访问层远程接入展品研发与创新信息化共享平台，平台管理负责为展品研发与创新信息化共享平台提供统一的运维、业务、安全、虚拟化、资源管理服务，安全支撑解决平台接入、访问等方面的共性问题。总体来说，展品研发与创新信息化共享平台体系架构分为基础架构层、平台层、应用层以及访问层四个层次。

　　作为展品研发与创新信息化共享平台的基础架构层，支持平台层和应用层的部署，并与安全支撑和平台管理衔接。基础架构层，负责提供平台和应用部署所必需的 IT 资源，包括计算资源、存储资源、网络资源和安全资源。基础架构层以主流的私有云方式进行设计与实施，通过私有云的方式，实现计算、存储、网络和安全的虚拟化，从而以按需获取、灵活扩展等优势提供 IT 服务。

二 关键技术研究

1. 大规模异构资源整合管理

通过软件定义网络（Software-Defined Networking，SDN）技术，实现底层各类资源的异构资源虚拟化，通过分布式控制器进行资源集成和整合，通过集中式控制器进行总体调度。

本项目采用的核心技术及其原理主要包括基于 SDN 的网络虚拟化技术、面向私有云的多租户间网络隔离技术、高可用技术、深度流检测技术。

2. 多应用环境下资源的灵活配置

在多种应用业务下，针对不同应用的特点和资源需求，灵活并快速获取 IT 资源，并通过组网功能快速部署业务网络架构。

虚拟化节点提供计算资源虚拟化，高性能节点提供高性能的存储服务器，大数据节点提供大数据的运算和分析，如 Hadoop 集群；专属资源为不同应用系统提供专属的设备，例如，某些系统需要专属的物理服务器提供高可靠性和高性能。IT 服务资源集成第三方专业服务，提供安全等方面的保护。

3. 虚拟资源的高效调度和迁移

在复杂多变的数据中心物理网络基础设施之上，基于 SDN 技术构建网络虚拟化平台，解决云计算服务的可扩展性和安全性。

展品研发云平台包含展品研发云控制器集群，其中包括多个展品研发云控制器节点，当系统中的任何一个控制器节点发生故障或宕机时，其他控制器节点可通过中心数据库学习，同步系统信息，接管故障节点，平台功能不受影响，保证系统控制平面高可用性。

用户业务数据分别冗余同步在存储主节点与备节点上，保证业务在主节点故障时可以迅速恢复，同时虚拟机的迁移、快照、备份等功能也保证

用户业务在故障后快速恢复到业务时间点。

4.运维监控与网络安全

由于传统 IT 网管软件主要负责对物理服务器、网络设备提供管理，此外还可针对虚拟环境提供监控，但对云资源平台管理层、虚拟机内操作系统层以及虚拟机应用层无法进行监控。云平台只能提供虚拟化层和针对虚拟机的调度。对于云平台系统运维人员而言，除了有物理层需要管理外，还需要对虚拟层、云资源平台管理层、虚拟机内操作系统层以及虚拟机应用层进行监控以便提升运维水平，帮助运维人员能在众多的云平台资源中快速找到所出现故障的问题点，统一监控平台应运而生。

5.云平台与大数据的关联、应用和支撑

大数据业务及大数据应用系统的部署，离不开一个稳定、高效、弹性、高可用的云基础支撑平台。云平台对大数据的支撑作用体现在如下方面。

（1）基于 SDN 技术，实现弹性二层网络的无限扩展，支撑大数据业务系统对网络的弹性、敏捷和快速性的组网需求。

（2）分布式存储技术和系统，依据存储数据特性进行策略化部署，保障数据价值利用最大化。

（3）网络流量监控和分析，基于大数据方式，实现对大规模网络流量的高效处理和分析。

6.海量规模数据的高效存储、处理和检索技术支撑

大数据的计算处理过程需要传输大量的多样化数据，占据大量的执行时间。同时，大规模数据管理需要应对大量数据的并发式访问。该部分主要研究实现支持展品数字化的元数据定义、海量多样化数据的高效存储与检索以及大数据在线实时处理的平台层，以实现通用的、可靠的、可扩展的分布式存储系统，保障数据请求的均衡调度，并能够智能地从海量数据中归纳、过滤信息，优化数据的存储、处理和检索。

第四章 | 应用平台研究与设计

展品研发与创新信息化共享平台的应用层包括海量用户互动体验、展品研发人员群体协作、科技馆展品创新技术展示和共享、海量科技馆展品资源共享。可以实现支持用户互动体验、群体协作、科技馆展品创新技术展示和共享、海量科技馆展品资源共享，以进一步促进优秀展品资源的共建共享，有效提升科技馆展品研发、生产的标准化、规模化，让展品设计人员打破时间和空间的限制，随时随地进行充分的业务交流与学习，提高创新设计水平；同时，还可以激励创新性研发，使科技馆展品设计研发良性、可持续地发展。

一 技术选型研究

1. 应用服务器：Tomcat

当前最流行的 JavaEE 应用服务器，由著名的 Apache 软件基金会开发维护，支持完整的 JavaEE Web 规范，包括 Servlet、JSP、WebSocket，支持负载均衡，符合该系统 ****** 的需求。

2. 应用开发框架：Spring

Spring 是开源的应用开发框架，是 JavaEE 事实上的实现标准，完成了大量开发中的通用步骤，留给开发者的仅仅是与特定应用相关的部分，从而大大提高了企业应用的开发效率，其主要特性如下。

低侵入式设计，代码的污染极低。

独立于各种应用服务器，基于 Spring 框架的应用，可以真正实现 Write Once、Run Anywhere 的承诺。

Spring 的 IoC 容器降低了业务对象替换的复杂性，提高了组件之间的解耦。

Spring 的 AOP 支持允许将一些通用任务如安全、事务、日志等进行集中式管理，从而提供了更好的复用。

Spring 的 ORM 和 DAO 提供了与第三方持久层框架的良好整合，并简化了底层的数据库访问。

Spring 的高度开放性，并不强制应用完全依赖于 Spring，开发者可自由选用 Spring 框架的部分或全部。

3. 数据访问：Hibernate

Hibernate 是由 JBOSS 公司维护的最流行的对象关系映射（O/R Mapping）开源框架，利用它强大高效的功能可以构建具有关系对象持久性和查询服务的 Java 应用程序。Hibernate 将 Java 类映射到数据库表中，从 Java 数据类型中映射到 SQL 数据类型中，并把开发人员从 95% 的公共数据持续性编程工作中解放出来，它是传统 Java 对象和数据库服务器之间的桥梁，用来处理基于 O/R 映射机制和模式的那些对象。

其主要特性如下。

Hibernate 使用 XML 文件或注解（Annotation）来自动映射 Java 类到数据库表格中。

为在数据库中直接储存和检索 Java 对象提供简单的 API。

如果数据库中或任何其他表格中出现变化，那么仅需要改变 XML 文件属性或注解。

抽象不熟悉的 SQL 类型为熟悉的 Java 对象。

操控数据库中对象复杂的关联。

最小化与访问数据库的智能提取策略。

用简单的方式提供强大的数据查询功能。

Hibernate 支持几乎所有的主要 RDBMS。以下是一些由 Hibernate 所支持的数据库引擎。

HSQL Database Engine

DB2/NT

MySQL

PostgreSQL

FrontBase

Oracle

Microsoft SQL Server Database

Sybase SQL Server

Informix Dynamic Server

4. 数据库：PostgreSQL

PostgreSQL 是由加州大学伯克利分校研发的一个功能强大的开源数据库系统。经过长达 15 年多的积极开发和不断改进，PostgreSQL 已在可靠性、稳定性、数据一致性等获得了业内极高的声誉。目前 PostgreSQL 可以运行在所有主流操作系统上，包括 Linux、Unix（AIX、BSD、HP-UX、SGI IRIX、Mac OS X、Solaris 和 Tru64）和 Windows。PostgreSQL 是完全的事务安全性数据库，完整地支持外键、联合、视图、触发器和存储过程（并支持多种语言开发存储过程）。它支持了大多数的 SQL:2008 标准的数据类型，包括整型、数值型、布尔型、字节型、字符型、日期型、时间间隔型和时间型，它也支持存储二进制的大对象，包括图片、声音和视频。PostgreSQL 对很多高级开发语言有原生的编程接口，如 C/C++、Java、.Net、Perl、

39

Python、Ruby、Tcl 和 ODBC 以及其他语言等，也包含各种文档。

作为一种企业级数据库，PostgreSQL 以它所具有的各种高级功能而自豪，像多版本并发控制（MVCC）、按时间点恢复（PITR）、表空间、异步复制、嵌套事务、在线热备、复杂查询的规划和优化以及为容错而进行的预写日志等。它支持国际字符集、多字节编码并支持使用当地语言进行排序、大小写处理和格式化等操作。它也在所能管理的大数据量和所允许的大用户量并发访问时间具有完全的高伸缩性。目前已有很多 PostgreSQL 的系统在实际生产环境下管理着超过 4TB 的数据。

5. 网络访问：Restful API

REST 全称是 Representational State Transfer，即"表征性状态转移"，定义了一种系统架构设计风格，一种分布式系统的应用层解决方案。符合 REST 风格的网络访问架构被称为 Restful API，其主要特性如下。

客户端 – 服务器（Client-Server）：提供服务的服务器和使用服务的客户端分离解耦，提高客户端的便捷性（操作简单），简化服务器，提高可伸缩性（高性能、低成本），允许客户端、服务端分组优化，彼此不受影响。

无状态（Stateless）：来自客户的每一个请求必须包含服务器处理该请求所需的所有信息（请求信息唯一性），提高可见性（可以单独考虑每个请求），提高可靠性（更容易故障恢复），提高了可扩展性（降低了服务器资源使用）。

可缓存（Cachable）：服务器必须让客户端知道请求是否可以被缓存，客户端可以重用之前的请求信息发送请求，减少交互连接数，减少连接过程的网络时延。

分层系统（Layered System）：允许服务器和客户端之间的中间层（代理，网关等）代替服务器对客户端的请求进行回应，而客户端不需要关心与它交互的组件之外的事情，提高了系统的可扩展性，简化了系统的复杂性。

统一接口（Uniform Interface）：客户和服务器之间通信的方法必须是统

一化的（例如，GET、POST、PUT.DELETE），提高交互的可见性，鼓励单独优化改善组件。

支持按需代码（Code-On-Demand）：服务器可以提供一些代码或者脚本并在客户的运行环境中执行，提高可扩展性。

6. 协同数据同步：Erlang

Erlang 是一种通用的面向并发的编程语言，它由瑞典电信设备制造商爱立信所辖的 CS-Lab 开发，目的是创造一种可以应对大规模并发活动的编程语言和运行环境。其主要特性如下。

并发性：Erlang 支持超大量级的并发进程，并且不需要操作系统具有并发机制。

分布式：一个分布式 Erlang 系统是多个 Erlang 节点组成的网络（通常每个处理器被作为一个节点）。

鲁棒性：Erlang 具有多种基本的错误检测能力，它们能够用于构建容错系统。

软实时性：Erlang 支持可编程的"软"实时系统，使用了递增式垃圾收集技术。

热代码升级：Erlang 允许程序代码在运行系统中被修改。旧代码能被逐步淘汰而后被新代码替换。在此过渡期间，新旧代码是共存的。

递增式代码装载：用户能够控制代码如何被装载的细节。

外部接口：Erlang 进程与外部世界之间的通信使用和在 Erlang 进程之间相同的消息传送机制。

7. 三维引擎：OSG

OSG（即 Open Scene Graph），一个开源的三维实时场景图开发引擎，被广泛应用在可视化（飞行、船舶、车辆、工艺等仿真）、增强现实以及医药、教育、游戏等领域，可以支持几乎所有的操作系统平台，能够在手持台、平板、嵌入式设备、家用电脑、中型大型机和集群上进行工作，其主要特性如下。

高性能：支持基于视锥体的裁切、基于遮挡的裁切以及其他的小特性裁切，支持 LOD、OpenGL 状态排序、VAO、VBO 以及着色语言、显示列表。

高效能：OSG 的核心支持所有的 OpenGL 扩展，对其进行封装、优化，使用户不用关注 OpenGL 那些底层的代码和扩展等，就可以快速地搭建基于最新特性的三维应用程序。

兼容性：OSG 支持市面上几乎所有的数据格式，无论是图片还是三维模型，对于字体等都能很好地读取。

可移植性：OSG 不依赖任何与操作系统有关的中间件，只使用标准 C++ 和 OpenGL，早期在 IRIX 上开发，随后扩展到 Linux、Windows、Mac、AIX 以及 Andriod。

可伸缩性：OSG 可以运行在多核的 CPU 和 GPU 上，这缘于 OSG 对 OpenGL 显示列表和纹理单元以及拣选、绘制遍历等过程实施了保护措施，使这些阶段可以单独为一个线程也可以在一个线程中串行执行。可以通过 osgViewer 以及所有的例子来配置当前 OSG 应用程序的线程模型。

二　关键应用设计

课题研究成果为展品研发与创新信息化共享平台，集成了 4 个系统软件：在线协作设计软件系统、模块化通用部件素材库、展品设计成果资料库、设计成果展示与交流信息系统。需要设计以下主要应用。

1. 构件编辑

在应用系统的客户端软件中，使用 QT 作为交互界面开发工具，实现基本的鼠标键盘消息管理；使用 OSG 作为三维渲染引擎，实现基本的 OSG 模型加载以及纹理加载。

在进行三维场景绘制时，用户点击鼠标对构件进行拼装接口的设计以及 marker 标定点的设定和命名，来完成对构件的编辑。

所有数据资源的获取通过服务端的 spring +hibernate +postgresql 的方式建立的 webapp 框架，然后通过 restapi 的方式获取。

2. 展品拼装

在应用系统的客户端软件中，使用 QT 作为交互界面开发工具，实现基本的鼠标键盘消息管理；使用 OSG 作为三维渲染引擎，实现基本的 OSG 模型加载以及纹理加载。

用户使用鼠标选中构件后，场景中加载该模型，并根据模型动态调整用户视点。用户可以使用鼠标选中模型，然后进行移动，在移动过程中，程序会根据在构件编辑时设定的拼装接口自动完成动态的姿态调整，在三维设计空间中智能地辅助用户完成拼装过程。

当用户释放鼠标时，表明这个拼装过程已经完成，程序开始计算拼装的运动关联问题，并绑定相关的构件模型。

所有数据资源的获取通过服务端的 spring +hibernate +postgresql 的方式建立的 webapp 框架，然后通过 restapi 的方式获取。

3. 展品互动演示

在应用系统的客户端软件中，使用 QT 作为交互界面开发工具，实现基本的鼠标键盘消息管理；使用 OSG 作为三维渲染引擎，实现基本的 OSG 模型加载以及纹理加载。

利用 QT 所产生的每一步设置界面，用户可以设定相应的控制逻辑，如利用按钮控制另一个部件的运动逻辑等，设定好之后点击控制按钮开始仿真。OSG 场景中会自动加入该事件的响应机制，当用户点击按钮时，会触发相应的事件，然后进一步控制部件之间的关联运动。如果有电子特效，则在 marker 之间的检查之后，触发并进行播放。

4.光电仿真

在应用系统的客户端软件中，使用 QT 作为交互界面开发工具，实现基本的鼠标键盘消息管理；使用 OSG 作为三维渲染引擎，实现基本的 OSG 模型加载以及纹理加载。

利用 OSG 中的粒子特效，实现闪电、火、光、电等仿真效果。当 marker 的检测通过之后，会触发一个相应的消息，这个消息的响应函数，根据用户设定的逻辑进行执行。所谓的仿真，在计算机图形学上都是采用粒子特效进行模拟，关键是如何触发、什么时候触发才是重点，所以触发参数的设置是实验结果的关键。

5.协作设计

服务器端采用 erlang 进行展品项目的消息管理，通过 erlang 建立了连接等待、消息管理等机制。为每个用户建立一个微进程，用户之间的消息通信以及广播通信都根据进程之间进行。用户的退出和加入状态也是利用微进程进行管理。

在应用系统的客户端软件中，使用 QT 作为交互界面开发工具，实现基本的鼠标键盘消息管理；使用 OSG 作为三维渲染引擎，实现基本的 OSG 模型加载以及纹理加载。用户的操作按照基本元进行划分，然后每个操作会发送相应的数据到服务端，服务端按照展品项目进行广播和同步，从而实现在线设计过程中的协作功能。

在通信过程中，通常会有延迟和时序问题，解决方式是把每个报文加上时间戳，然后在服务端进行排序并在客户端进行处理，充分利用多线程的方式保证数据通信的实时性。

6.多人在线讨论

功能实现的原理与协作设计相同，只是用户在线讨论的数据是文字信息，而不是对模型的操作数据。

所有数据资源的获取通过服务端的 spring +hibernate +postgresql 的方式

建立的 webapp 框架，然后通过 restapi 的方式获取。

7. 留言评论

所有数据资源的获取通过服务端的 spring +hibernate +postgresql 的方式建立的 webapp 框架，利用 java 程序实现逻辑，在网页中嵌入 JavaScript 控制用户的基本输入和动态显示控制。然后服务端的 java 程序进行数据的数据库存储以及相关的信息发送，客户端与服务端通过 restapi 的方式获取。

8. 各类文档资源上传管理

所有数据资源的获取通过服务端的 spring +hibernate +postgresql 的方式建立的 webapp 框架，利用 java 程序实现逻辑，在网页中嵌入 JavaScript 控制用户的基本输入和动态显示控制。

用户上传使用的是 rest 中用 HTTP 操作 post 的功能，然后把要传递的文件经过编码后发送到服务端，服务端根据解析内容的格式，一方面利用 java 程序把相关信息储存到数据库，另一方面利用文件操作实现基本的文件读写。

9. 资源检索

在资源上传管理过程中，每个构件和展品按照相应的标签作为属性存储在数据库中。然后在数据库中按照这些标签设定好各种检索判断的条件格式，当用户在页面上输入检索条件时，这个条件通过 rest 的 post 发送到服务端，然后服务端通过 SQL 语言查询数据库之后，并返回动态网页，包含符合检索结果的各个条目。

10. 通用部件库

利用 JavaScript 作为页面的动态控制，利用 bootstrap 以及 jQuery 进行页面控制，实现在 web 服务端获取部件列表的动态显示，并根据用户在页面上提交的设定条件，通过查询的方式，返回到 spring 框架的服务端，然后过滤相应的结果，最后通过 rest 的方式把结果返回到网页上。

通过以上几个功能模块的组合工作，实现系统用户需要的应用功能。

第五章 | 在线协作系统研究与设计

　　展品研发的工作包括展品创意、原理解析、互动形式设计、外观造型设计、机械结构设计、电控系统设计、软件多媒体设计及展览安全设计等。从展品创意阶段到完成可以向观众运行展示的科技馆展品，需要多工种人员相互配合进行不断的修改设计、模拟实验和技术改进等工作，集体会议或单独会面等讨论形式的时间和成效不可控，造成某个单一技术领域的设计人员独立研发一个创新型展品的难度过高。

　　信息化共享平台，可以使展品设计向先进的工业产品设计方式转化，从概念设计阶段就引入多人协作的工作方式，展品创意的原理、展示效果、结构、安全等相关问题能够得到充分讨论，第一时间得到展品研发的可行性论证，作为继续设计的有力保证。在线协作设计软件系统的建成为科技馆展品设计、制作行业之间的协作设计提供了互联网工作平台，打破原有工作模式的时间和空间限制，各个工种的设计人员可共享同一个三维设计界面，实时观看展品拼装过程及展示效果，并且每个协作人员均可申请对展品模型的操作权，在协作过程中大家可以通过实时的文字通信进行交流并保存展品的修改意见。

一　协作系统功能研究

在线协作设计系统主要定位于概念设计阶段，概念设计不必要是最精细的模型设计，但一定要能够融合各方面人员参与，能够体现各种技术实现，有效实现"大脑风暴"。基于云平台展品设计系统是针对概念设计的协作设计系统，通过云平台技术实现展品的资源的集中管理；通过云服务技术，实现展品资源的最大限度共享与知识积累；并通过平台服务提供在线式的展品协作设计过程迭代：体验学习—概念设计—协作设计—验证修订—发布分享—体验学习。

在协作设计中，作为协作团队的成员都可以从设计的不同角度考虑，提出修订意见。修订意见的反馈，作为系统设计的内部迭代，并通过信息管理的方式，给出每个信息修订是否修订完成的管理。另外，展品在发布之后，普通的用户也能通过网络浏览，并通过用户的评价方式给出自己的反馈意见。这些意见，也会同展品资料一起在云平台上存储，并供后面的环节使用。

在线协作设计软件系统的建成为科技馆展品设计、制作行业之间的协作设计提供了互联网工作平台，打破原有工作模式的时间和空间限制，各个工种的设计人员可共享同一个三维设计界面，实时观看展品拼装过程及展示效果，并且每个协作人员均可申请对展品模型的操作权，在协作过程中大家可以通过实时的文字通信进行交流并保存展品的修改意见（见图5-1）。

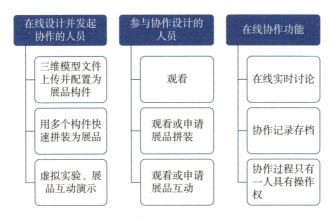

图 5-1 在线协作设计的工作流程

二 协作系统架构设计

在线设计系统由中心数据库、中心服务器、在线设计服务器（实际上与中心服务器在同一台服务器上）、协同设计客户端、虚拟成果展示平台构成。

系统主要模块如下。

1. 中心数据库

中心数据库是从基础资源层虚拟出来的存储资源，主要用于管理在线设计系统的三维模型数据、物理建模数据、纹理数据、在线设计用户信息数据以及展品信息数据等，旨在利用数据模型的科学性、真实性，为实时物理建模、运算提供数据支撑平台，同时为展品信息的管理、查询、载入以及用户信息的管理等提供数据源存储功能。主要包括如下几个。

物理模型库：存储各类物理模型数据、算法。

三维模型库：存储各类展品相关的三维模型。

纹理库：存储各类展品、场景相关的纹理数据。

用户信息库：提供基本的用户注册，用户信息管理，用户登录以及用户数据与通信管理。

展品信息库：存储展品详细系统信息，包括所需模型信息、场景存储信息、相关物理模型信息等。

展品项目管理：针对每个展品建立一个项目，各个客户端的协同设计是基于项目范畴进行的。不同的互联网用户可以加入同一项目，参与项目的设计讨论和协同操作。

2. 中心服务器

中心服务器是从基础资源层虚拟出来的计算资源，是在线设计展品前的信息交流中心。同时，也是在线设计服务器的数据处理中心。它分为被动式实时信息模块、在线设计服务器分配模块和在线设计管理模块，主要包括如下几点。

被动式实时信息模块：接收在线设计服务器所发送的展品创建、参与和完成等信息。

在线设计服务器分配模块：为用户分配指定的在线设计服务器，以便于用户能够创建、参与指定展品的协同创作。

在线设计管理模块：对在线设计的信息进行管理，包括请求并传输在线设计服务器所需的各项存储数据、资源等。

在线设计服务器：对展品的协作提供中心处理运算功能。

数值计算模块：对展品创作过程中的所有数值进行运算，并提供相关运算结果。

逻辑运算模块：对展品创作中的各种逻辑提供运算，并反馈正确的逻辑结果。

多端数据同步模块：对所有参与到指定展品中进行协作的客户端进行数据间的实时同步。

信息管理模块：对展品设计过程中的信息进行处理，并形成一个完整的展品信息。

大规模虚拟场景管理模块：提供对大规模虚拟场景的管理功能。

多人实时通信模块：提供让参与到指定展品设计的多个用户进行实时通信的功能。每个客户端在连接上服务端之后，会与服务端建立一个长期的网络通信连接。服务端会检查客户端的心跳信号，以判断客户端是否断线或者退出。另外，每个客户端在进入协同设计的时候所发送的各种文字、语音、操作数据信息等会以项目分组的方式进行组内广播。服务端会建立统一的时间，每个连接的客户端和该时间进行通信，每个报文都包含相应的时间戳、失效时间段等。

三维特效渲染模块：提供三维特效绘制功能。

协作设计模块：提供多人参与虚拟场景绘制的功能。

（1）协同设计客户端

实时交互模块：提供对展品内容进行实时交互的功能。

UI 界面模块：提供友好易用的用户交互界面。

数据同步模块：提供与在线设计服务器进行数据同步的功能。

信息处理模块：对输入的信息进行处理，并反馈到对应展品的三维场景变化中。

协作设计下的用户管理：提供多人在线设计时的用户行为记录和管理，以及协调决策功能。

三维虚拟场景管理模块：提供对虚拟场景进行管理的功能。

三维实时渲染模块：提供三维场景绘制功能。

网络通信模块：提供端对端的网络通信功能。当前加入同一展品设计的所有计算机节点作为一个组群。每个组群用户都可以发送文字信息或者语音信息，服务端会把同一组内的消息向组内的节点广播。另外，用户对场景树的编辑，包括添加模型节点、移动或者旋转模型节点的操作也会自动发送到服务端，然后广播到其他群组节点。每个操作所引起的逻辑解算结果也会作为属性上传到服务端，由服务端更新其他计算机的状态属性。通信的所有信息都是瞬时的，不会保留在服务器上。客户端自己保留本次协同的所有数据，并提供历史显示查询。

物理引擎模块：提供物理计算功能。

三维特效渲染模块：提供三维特效绘制功能。

协作设计模块：提供多人参与虚拟场景绘制的功能。用户能够在服务端创建一个展品项目，或者加入一个已经创建的展品项目。展品项目设计分为两类：交互式事件类和机械仿真类。根据展品项目的设计类型进入不同的设计主界面。

（2）展品设计成果虚拟展示模块

所有提交的展品设计，在服务端上建立相应的缩略显示。客户端可以在一个页面上浏览所有的展品结果，并选择一项进行体验。主要包括如下几个。

UI 界面：提供友好易用的用户交互界面。

成果查询模块：提供对展品成果进行查询的入口，并反馈查询结果。

成果场景载入 / 管理模块：提供管理所有展品虚拟场景，并载入选定场景的功能。

三维特效渲染模块：提供三维特效绘制功能。

三 在线协作关键技术研究

1. 展品协同设计迭代过程的完整实现

基于云平台展品设计系统是针对概念设计的协同设计系统，通过云平台技术实现展品的资源的集中管理；通过云服务技术，实现展品资源的最大限度共享与知识积累；并通过平台服务提供在线式的展品协同设计过程迭代：体验学习—概念设计—协同设计—验证修订—发布分享—体验学习。

在协同设计中，作为协同团队的成员都可以设计的不同角度考虑，提出修订意见。修订意见的反馈，作为系统设计的内部迭代，并通过信息管理的方式，给出每个信息修订是否修订完成的管理。另外，展品在发布之后，普通的用户也能通过网络浏览，并通过用户评价方式给出自己的反馈意见。这些意见，也会同展品资料一起在云平台上存储，并供后面的使用者学习浏览。

2. 标准化构件的展品拼装逻辑设计

一个展品往往由多个组件构成，例如基本的展台，展台上的按钮、旋钮以及操作杆，以及各种支架模型，各种连接模型以及运动部件等。每个组件就是从素材库中选取的模型，这些模型的组装通过每个模型所定义的接口进行。通过运动接口连接的模块，还需要定义其运动的自由度，以及每个自由度的运动范围。

利用标准化构件库的建立，为同一基础设计提供了快捷方便的使用，防止重复劳动，避免接口规范的混乱。而展品概念设计主要包括两个方面的内容：拼装设计以及控制逻辑设计。

结合抽象模型基础类的实现，通过扩展的方式实现不同接口的拓展。利用对象属性的方式实现对构件的描述，如基本属性（名称、类别、修改时间、上传者信息、大小）、存储属性（文件名称、位置等）、构造属性（拼接接口定义、marker 点定义、物理模型定义）、展品逻辑属性（事件定义、运动逻辑、flash 动画等）等。一个构件的定义在软件上实现是通过一个复杂对象的定义方式，并融合了多个数据源以及不同节点数据的关联。

3. 展品虚拟化仿真技术

不同的展品由不同的科学原理展示，设计者在展品设计的时候，需要一个动态的过程来展示。而在该虚拟展品设计平台上，通过建立相应的运动仿真模型，实现对不同场景的应用模拟。

通过电学电压放电模型的模拟，加上计算机特效渲染技术（动态粒子系统模拟），两者之间再通过用户所设定的展品逻辑进行串联，最终得到一个计算机上模拟展示的展品动态效果。

平台建立了一个基本的仿真模型框架，该框架模型基于事件驱动的方式实现消息的实时传递，各个仿真模型可以通过软件动态嵌入的技术实现节点的动态仿真效果展示。

4. 拼装逻辑表达与智能拼装技术

因展品在线设计系统主要用于概念设计阶段，因此，不同于机械制造领域 CAD 设计模型关注的是零件几何尺寸、材料、工艺、可制造性、可装配性等特性，该系统中的 CAD 模型更加关注零件的三维模型、装配约束属性、运动属性、显示效果等特性。本课题通过对拼装逻辑表达技术的研究，建立一种基于三维虚拟现实交互技术的标准零件模型表达方式，并基于该表达方式，建立一系列标准零件，形成标准零件资源库。

两个零件间组装装配，需要研究建立一种模型表示两者间的装配约束关系和运动关系。这种装配关系的表达与机械制造领域的虚拟装配关系的表达类似，但还有较大差别。虚拟装配关系的表达关注零件的公差配合、装配工艺路径的规划等，本系统中的零件装配模型关注零件间的装配相容性、装配方向和定位等，除此之外，还需要定义两个零件间的运动关系，如大小齿轮间的转速关系、曲柄滑块机构中曲柄转动角度与滑块移动距离和方向之间的关系等。

拼装逻辑表达技术的主要内容包括如下几个：定义多个自由度的拼装接口模型及拼装约束；建立拼装坐标转换机制，实现不同拼装模型之间坐标系转换机制；利用拼装接口的约束关系，这样用户在进行构件的拼装时，不需要类似于 3DMax 中较为烦琐的 6 个自由度调节。通过接口，系统绘制智能计算对应关系，然后引导构件动态设置多个自由度的参数，而用户只需要简单地用鼠标点击期望位置，其他的位置调整以及接口关联都有系统在自动完成，实时动态拼装效率大大提高。

5. 微进程调度与数据同步技术

展品协同设计因其网络数据量大、响应延迟要求苛刻，对网络数据的同步提出了非常高的要求。本课题通过对多种数据同步技术的研究，最后基于 erlang 的微进程服务技术，实现了高容量低延迟的在线协同数据同步，能够支持 10 万个节点的数据通信管理，提供了良好的扩展性，解决了互联网数据通信延迟造成的用户协同数据时序混乱的问题。

每个用户连接通信，由一个微进程进行管理。微进程之间通过上层监管节点进行数据通信管理。同时微进程在任务计算切换以及产生和释放的时候开销非常小，这样系统效率非常好。每个展品在进行协同展示的时候，都建一个虚拟的节点组群，这个组群也有一个专门的 agent 节点进行通信管理，并负责协调子节点之间的数据交互。

6. 展品逻辑编辑与虚拟仿真

展品的设计需要一个动态的展示效果，例如，尖端放电模拟，根据不同的位置，两个极点之间产生不同的高压，然后触发电离空气产生电弧。对于这样的科学原理模拟，需要建立在相应的仿真模型基础上。平台建立了基本的仿真模拟框架，可以扩展不同的仿真模块，实现对不同物理原理仿真模拟展示。

利用物理仿真模型，包括光电仿真模型，再利用图形学的粒子系统进行特效绘制。仿真模型控制绘制的结果展示不同的位置、方向、颜色以及规模等；实时绘制则根据这些属性进行动态的场景规划以及光照效果模拟。

在客户端软件中，以 QT 作为交互界面框架，实现基本的鼠标键盘消息管理，利用 OSG 作为三维绘制引擎。利用 OSG 中的粒子特效，实现闪电，以及火、光、电等效果。当 marker 的检测通过后，会触发一个相应的消息，这个消息的响应函数，根据用户设定的逻辑进行执行。所谓的仿真，在计算机图形学上都是采用粒子特效进行模拟，关键是如何触发，什么时候触发才是重点。

第六章 | 通用部件素材库研究与设计

　　共享平台为展品设计人员提供了展品资料管理、设计经验积累和持续完善通用部件的工具，而且展品研发过程中也可以使用公共的通用部件进行辅助设计，通用部件素材库的不断分类完善和数量的不断增加，可以大大节省在协作设计过程中的三维建模和重复虚拟实验的工作量，实现提高展品研发设计效率的目标。通过信息化共享平台，展品设计人员、维修人员或展览相关人员的设计模型汇集起来进行标准化处理，如此形成的拥有大量标准化展品构件的通用部件素材库即可建成。在展品研发过程中经过展示优化、安全优化的标准化通用部件取代原有的个人制作的零件模型，不但节省大量的设计、建模和实验时间，而且提高了设计品质，有效地降低了创新展品的制作失败率。

　　基于云平台实现互联网的资源共享以及协作设计，在此基础上实现针对科技展品的数字化应用拓展。该平台服务端架设在中国科技馆的云平台基础上，并通过 web service 的方式提供基本的数据和文件共享，并在此基础上通过服务端的逻辑控制实现相关工作流的控制。

　　服务端的人员管理以及访问控制通过网页方式对平台进行配置管理，然后服务端会根据逻辑与所连接的客户端进行信息交互以及协调多个客户端之间的操作与数据上传下载。考虑到科技馆展品的展示内容和形式多样，除了常用部件外还经常会需要特殊设计的组件，因此，客户端除了要实现针对基本素材的上传分享，以及下载应用外，还能够根据需求定制不同的构件类型，根据实际仿真需求建立不同的仿真模型结构，并根据交互定制相应的拼装接口，最终实现在展品的构造设计以及运行逻辑设置。客户端登录上之后，可以随时浏览各种发布的展品，并能够以三维视点进行虚拟交互的方式浏览各种虚拟展品。

一　素材库功能设计

1. 系统流程

针对服务端的设计，主要包括 web service 以及数据库设计，内容涉及结构化的数据信息，以及非结构化数据。如针对模型文件和展品的逻辑以及设计文档等的存储，采用文件系统存储；针对结构化数据，如关联信息、构件信息等都在数据库中存储。

2. 用户流程

在主要用户界面，客户端启动之后，会首先判断服务端的连接情况，如果网络不同，或者服务端没有响应，则会弹出相应的错误提示。如果服务端连接正常，则进入认证阶段。

用户输入相应的登录名和密码之后，系统会把加密信息编码之后发送到服务端，服务端进行人员的认证。如果认证成功则返回一个 auth 的 token，以便作为后续连接的证书。服务端会通过认证的信息，向客户端发送 SOAP 信息，包括用户的相关信息，如在线用户信息、编辑展品信息，以及在线信息等。

主界面左边是信息展示以及导航，用户可以选择退出以及主菜单界面，也能够通过左边的信息框掌握目前平台的相关信息，如当前在线用户、平台信息，以及自身用户的编辑展品信息。

编辑展品目录下显示服务端传来的当前用户正在编辑的展品目录。这些展品是以用户为主的展品项目，不包括用户参与的各种其他展品项目信息。

在线用户目录下显示服务端传来的当前服务端上登录的用户。在线用户的判断，根据客户端在登录之后，间隔性地发送心跳信号。

平台信息目录下，动态展示用户在平台上发送信息。作为一个交流平台，各个用户之间可以通过这个平台进行总的平台信息交流。还有一个专门的界面进行针对特征展品的信息交流。这里的信息是整个平台上的信息内容。

云展品协同设计平台的主要功能包括四个部分：素材管理、构件设计、展品设计以及交互浏览。

用户可以在该界面下，选择不同的按钮，进入不同的编辑界面。在不同的界面下，客户端会与服务端建立不同的通信模式。客户端主要负责相应的逻辑以及信息通信的主动权，而服务端负责进行信息的判断，以及逻辑的时序协调方面。特别是用户在资源共享以及编辑控制权方面，服务端需要进行总体资源的控制协调。

3. 素材管理

用户在主界面中点击素材管理按钮之后，直接进入素材管理界面，如图 6-1 所示。

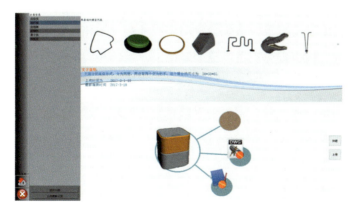

图 6-1　展品的素材管理

左边列表框中展现目前服务端上所有素材的分类信息。用户可以选择添加分类，不同的分类建立是为了给素材的检索和查询提供方便。添加分类之后，用户可以在本地进行调整，但这时候的数据并没有与服务端进行更新关联。只有当用户选择上传更新分类的时候，该分类信息才会与服务端进行协调。

右边界面展示当前分类的所有素材缩略信息，用户可以选择素材进行编辑，也可以新建素材。

客户端会向服务端发送请求，根据客户端选择的类别，服务端会返回当前素材的列表，以及缩略图。用户可以在列表中查询，图标上可以直接看到模型的形状。然后选中一个模型，可以查看其相关的信息。

用户在选择分类的基础上，选择新建，然后需要导入基本的模型，提供基本的信息。

新建的素材需要提供名称、缩略图（以 png 方式，大小在 128*128，16 位色），以及 3DMax 文件。然后系统会以缩略图显示在列表上，但此时的数据并没有与服务端的信息进行关联，新建的素材还没有上传。

在新建的素材或者服务端已有的素材的基础上，用户选择之后，可以进行材料的补充。在系统主界面上，以图形方式直观地展示素材的内容。

图标可以进行交互选择，不同的状态会有不同的交互内容。网络中每个用户进行编辑的时候，系统会自动向服务端发送相应的申请，服务端在协调各个客户端的资源抢占申请的基础上，返回相应的状态给所有在线的用户。

本地编辑完成之后，用户可以选择上传更新。这时候通过与服务端的连接进行数据通信。数据通信过程由用户端发起，然后服务端进行逻辑判断和状态返回。

4. 展品构件编辑

构件编辑是指客户端产生构件并上传相应构件的过程。构件作为基本的展品拼装零件，不但包括模型数据、相应的绘制材质设置数据，还包括在拼装过程中的一些特殊定义，如每个构件可以添加几个拼装接口，拼装接口在构件作为零件构造展品时如何处理构件之间的连接，以及用户交互处理方面的功能。

根据构件在展品中的作用，不同的构件还需要参与不同的仿真模块计算，例如，激光光束的反射以及投射等路径计算。因此需要在构件编辑中添加构件的仿真解算注册信息。

构件在场景中还会随仿真的推演产生相应的运动，因此还需要定义构件的运动模式以及相关的参数，这样在仿真过程中会根据各种事件触发的情况调用构件进行相应的运动。构件的运动定义包括运动的自由度、相应的方向和运动参数等。

对于一些参与物理仿真运算的构件，还需要定义其相应的物理模型，这里主要是碰撞包围盒以及相应的物理模型，根据构件几何模型的尺寸大小、形状要求建立近似的几何形状作为物理模型。

构件的产生并不一定要进行所有的编辑设置，根据需要，不同的构件类型设置不同的模型和参数。设置好之后的构件作为一个展品拼装的零件可以在多个展品中重复使用。构件编辑好之后，产生一个基本的 xml 文件描述，并根据索引得到相关的模型文件、纹理文件等其他文件，在上传的时候，系统会自动搜索完成数据打包并上传。

5. 分类检索

在资源上传管理中，每个部件以及展品按照相应的标签作为属性存储在数据库中。然后在数据库中按照这些标签设定好各种检索判断条件格式，当用户在利用网页实现的检索页面上输入检索条件的时候，这个条件通过 rest 的 post 发送到服务端，然后服务端通过 sql 语言查询数据库之后，返回动态网页，包含检索结果的各个条目。

二　素材库关键技术研究

不同于机械制造领域中的零件 CAD 设计模型，在机械制造领域中，零件 CAD 设计模型关注的是零件的几何尺寸、材料、工艺、可制造性、可装配性等属性，而展品在线设计系统中，因是在概念创意设计阶段，需要标准零件的三维模型，标准零件间组装装配约束属性、运动属性、显示效果等，因此需要研究建立一种适合于基于三维虚拟现实交互技术的标准零件模型的表达方式；并基于该表达方式，建立一系列标准零件，形成标准零件资源库。

1. 基于约束关系的展品构件模型

协作设计作为展品设计的概念设计阶段，并不是要取代展品的最终设计工作。概念设计需要用户能够以最直观、快捷的方式进行构思，然后与多人反复讨论、反复体验，各方面意见最终可以达成一致。

一个复杂的展品设计，往往涉及很多部件，可能有些小部件模型还非常复杂。另外，不同类型部件还涉及不同的模型考虑，有运动范围考虑、制作工艺考虑、光学路径的考虑、物理运动的规律考虑等。如果利用 3DMax 或者 Solidwork 等设计工具，正常的设计和制图过程往往就很复杂。这样的方式不能满足概念设计过程中需要的便捷和高效的要求。

设计的主要行为就是复杂对象的组合，把各种定义为元素的构件，通过各种约束关系组合起来，产生不同的复杂逻辑关系，是一种 "parts-whole" 的关系。因此利用构件库的思路，大部分的构件可以重复利用；另外，每一次展品协作设计，反复修订的模型又会在系统中按照分类留下数据，每次考虑的各种物理环境因素的影响都会直接以结果方式存储在云平台展品资源库中。经过积累，这样的概念设计才能大大提高效率。如图 6-2 所示。

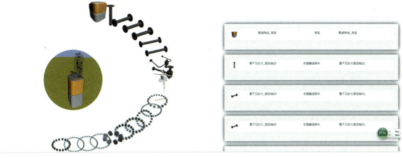

图 6-2　虚拟展品的构件

　　构件的定义除了三维模型的定义外，还需要考虑其应用类型的相关属性。如光学构件中的曲面参数、透光反光参数等，以及物理仿真中的物体质量以及碰撞检测模型等。

　　利用鼠标的空间中的定位操作是一件麻烦的事情。在很多3D设计软件中普遍采用解耦的方式，一次在一个维度下进行平移。不同的实现下调整坐标就成了这些软件中一个让人头疼的事情。

　　而展品协作设计平台中，由于采用了构件的方式，项目团队可以预先定义构件的拼装约束模型，用户在进行拼装的时候，鼠标的位置会根据所设定构件约束关系解算出构件的目标位置，这样既方便也快捷。

2. 运动模型与相关参数设计

　　运动连接管理，在拼装的过程中，要建立动态连接链，然后拼装所建立的连接设置相应的运动模型和相关参数。

　　运动根据连接之间的关系可能是旋转、运动传动以及轨迹运动等，下面以传动进行分析。

　　●与之固定关联的部件，一起运动，在运动推导过程中，是轴的"子"节点。

　　●轴和轴之间运动关联，通过轴上固定运动部件之间建立的关系，在运动推导过程中，没有直接的父子关系，而是一种运动传递。

　　●与之活动关联的部件，主要起固定轴的作用，也就是轴的支撑点。在运动推导过程中，该节点是轴的"父"节点。

　　运动连接链要建立在 scene 中，这样很多 logic 才能使用。如何建立这个数据结构，关键看要保存的信息以及要进行的功能。

　　要保存的信息有：每个 triaxis 的内容（位置、姿态、运动元件及其位置），以及关联的 triaxis 之间的运动关联关系。

　　在拼接过程中，会有很多错误的地方，如果完全靠仿真来表现，程序难度会比较大，所以这里可以在进入仿真状态时，对该运动链进行分析判断，然后报错，主要的检测如下。

　　● triaxis 是否有支架和固定连接点。

　　●运动链应该是开环的，如果存在闭环，则错误。或者两个 triaxis 之间只能存在一个可运动连接，如果存在两个，而且速度不一致，则判断错误。

　　由于在 fixcontrollogic 中采用的是鼠标点选进行选择判断以及移动前删除连接，运动过程中判断位置（主要是修改 vplane），鼠标 up 进行状态更新。

　　传动构件在这里不同的地方如下。

　　●如果构件拼接面在 triaxis 上，就局限在 triaxis 上移动，而不是 vplane 了，除非移出 triaxis。

　　●连接更新方面，连接状态现在只用了 free 和 wait，对于 fixed 和 active 两种状态还没有考虑如何利用。

　　●需要建立一个对象，这样在每个 connpoint 中能够记录是哪个连接，如何进行操作。这需要结合上面的运动链程序。

第七章

设计成果资料库研究与设计

构建完成科技馆的展品资料库，为科技馆展品研发和生产的标准化、规范化和规模化的工业化进程奠定基础，通过对平台用户和相应展品资料的权限管理，实现展品推广和声明知识产权的功能，有利于持续开展展品资源共建共享的机制建设。通过信息化共享平台，构建科技馆的展品设计成果资料库，不但有利于推动科技馆展品研发和生产的标准化、规范化和规模化，而且为展品相关的知识产权声明和创新成果推广提供了专业平台。

并且，本课题针对适合于展品研发与创新工作的共建共享机制做了初步研究，在共享设计成果的同时能够有效保障设计者的权益。展品设计成果资料库是基于互联网的页面型发布和管理系统，用户通过访问资料库网站即可获取展品相关的各类型资源（包含展品外观效果图、技术设计图纸、多媒体资料、展品微视频等），展品资料的拥有者有权限设置资料的共享范围和资料类型，有效地解决了成果推广和知识产权保护之间的矛盾。

一 资料库功能设计

1. 展品项目和资料管理

展品项目管理是用户登录之后最常用的一个功能，在该功能界面下用户可以创建新的展品项目、设定展品的一些基本属性并开始进行拼装和设置，另外也可以接收其他用户参与展品设计的申请，与其他用户进行协同设计和分享。

用户每个阶段的编辑和设计都可以保存并上传到服务端，每次登录后都可以从上一个状态开始进行编辑。展品项目管理的主要功能界面设计如下。

每个用户通过平台设计完的展品，可以提交发布。在服务端实现对所有发布的展品存储管理，包括展品基本信息以及展品的动态逻辑，展品的设计资料以及关联的设计者信息，展品分类信息以及展品的展示类型。

展品发布时，引导用户提交相应的资料。在服务端根据分类进行数据规整和分类存储。

客户端能够分类浏览所有发布的展品，并能够以三维方式交互式 360度浏览。也能根据展品设计的逻辑，实现展品逻辑的动态展示，或者交互式展示。

已发布展品在服务端数据列表中管理，客户端会访问服务端，并读取相应的列表，在客户端展现出所有已发布展品的按钮。用户可以通过点击按钮进入该展品的仿真演示中。

2. 用户中心

服务端数据中心建立相应的数据库，并通过互联网提供相应的功能模块，包括提供基本的用户注册、用户信息管理、用户登录以及用户数据与通信管理。

每个用户模型按照基本信息、权限等级设计，用户对数据的访问都需要通过用户权限进行认证。同时在用户活动，包括上传素材以及展品提交等，实现相应的积分机制。

3. 智能检索

针对所发布的展品，除了能利用分类进行浏览外，也可以通过关键词或者 tag 方式进行检索。检索的内容包括所有展品的相关文档资料的全文检索，以及数据库中的分类信息和关键词的检索。

用户整合多种检索技术，实现智能化的信息引导，及时找到用户的展品信息（见图 7-1）。

图 7-1　展品的检索

对于公共的展品数据，平台也提供在线的查询方式。用户可以通过分类别的方式查询，选择不同的类别，浏览该类别所有展品。平台也可以按照描述的标签进行检索，根据用户输入的关键词信息，在数据库中查询匹配相应的展品，在网页中动态展示处理。

在线的查询浏览，可以为设计用户提供更多的设计参考。用户可以在体验中分享别人的经验，也可以针对展品撰写相应的评价，提出自身的意见。所有围绕展品的信息资源都关联在一起。

二 资料库架构设计

展品设计成果资料库采用 Web Service 技术构建，使用面向服务技术设计，以展品资源共享为核心，将体系结构设计为多层结构。系统从下向上共分为四层。

第一层为展品资源封装层。资源封装层采用 XML 技术对各类数据资源进行统一描述与封装，将局部资源封装成可供网络共享的全局资源，并通过 Web Service 技术屏蔽资源的异构性，以一致透明的方式对其进行访问。展品资源封装层的管理系统则完成对封装后的资源的控制和管理，并对资源的状态进行监控，为资源的优化调度提供基础。对于数据交换中间件层而言，各种展品资源是透明的。

第二层为数据交换中间件层。该层为实现基于知识管理的数据资源服务和服务协同提供基本的功能。该层将 Globus Toolkit 作为交换平台。该平台已经实现了 WSRF 和 WSN 标准，提供了一个公共的基础框架。在 Globus Toolkit 的基础上，进行二次开发，实现数据传输、数据管理、安全管理以及消息管理等核心组件。其中安全管理主要解决安全等级隔离及不同安全等级间的数据传输控制问题。

第三层为展品资源使能层。这一层构架在数据交换中间件层之上。资源使能层提供开发和运行数据资源共享应用系统所需要的使能工具，包括服务注册、服务管理、服务发现、服务访问及资源优化调度等。

第四层为展品资源共享应用层。在该层实现数据资源共享系统门户，为用户提供基于 Web 的统一和安全的用户界面，使不同地点、不同身份的用户能够以一致的界面访问数据资源共享系统提供的各种服务。

展品设计成果资料库包含如下多个模块。

用户中心：对所有用户信息进行统一管理，可为不同用户设置不同的权限，并设计了完善的积分体系，用户可通过参与协同设计累计积分并获得相应权限。

多媒体信息发布和管理系统：各类展品设计资料信息的综合管理功能，包括展品设计资料新增、编辑、发布、使用、展品设计成果动态静态展示、360 度观看等。

用户资源上传系统及关联积分体系：用户可通过此系统进行展品资源的上传，并累计相应的积分。

智能化全文检索：基于平台业务服务模型和搜索模型设计，用户可通过关键词或者根据不同的分类对全网资源进行智能化搜索。

资源处理系统：各类型资源入库前的格式及容量按入库规范进行调整。

资源推广系统：为提高展品资源的利用率而设计，可在互联网上对此平台上的展品资源进行推广，与其他平台共享展品设计资源。

第八章

设计成果展示
系统研究与设计

设计成果展示与交流信息系统建立了设计人员与观众、设计人员与展品维修人员等多个群体的交流平台，增强了科技馆展品设计和研发工作的可参与性，通过互联网手段搭建平台，使展品的设计者、管理者、使用者（观众）等人群都有机会充分表达对展品的意见和需求，为后续展品研发提供用户反馈。通过信息化共享平台，展品创意可以用通用部件素材库中的基础构件拼装成标准展品，拼装过程和仿真实验过程都可以方便地实时共享给协作团队的所有成员，设计和实验的界面就是讨论界面，用多人协作拼装展品取代原有的独立重复修改效果图的形式，用可操作的三维模型和多人的实时通信取代原有的平面效果图和语言交流形式，由此带来沟通理解的成功率明显提升、概念设计周期大幅缩减。

一 展示系统功能设计

1. 展品发布与管理

每个用户通过平台设计完的展品，可以提交发布。在服务端实现对所有发布的展品存储管理，包括展品基本信息以及展品的动态逻辑，展品的设计资料以及关联的设计者信息，展品分类信息以及展品的展示类型。

展品发布时，引导用户提交相应的资料。在服务端根据分类进行数据规整和分类存储。

客户端能够分类浏览所有发布的展品，并能够以三维方式交互式360度浏览；也能根据展品设计的逻辑，实现展品逻辑的动态展示，或者交互式展示。

已发布展品在服务端数据列表中管理，客户端会访问服务端，并读取相应的列表，在客户端展现出所有已发布展品的按钮。用户可以通过点击按钮进入该展品的仿真演示中。

进入仿真循环之后，系统会根据所设定的展品相应逻辑进行控制和推演，用户能够利用相关控件进行交互。

界面示意如图 8-1 所示。

图 8-1　仿真演示

2. 用户中心

服务端数据中心建立相应的数据库，并通过互联网提供相应的功能模块，包括提供基本的用户注册、用户信息管理、用户登录以及用户数据与通信管理。

每个用户模型按照基本信息、权限等级设计，用户对数据的访问都需要通过用户权限进行认证。同时在用户活动，包括上传素材以及展品提交等，实现相应的积分机制。

3. 留言评论

所有资源的获取通过服务端的 pring+hibernate+postgresql 的方式建立的 webapp，利用 java 实现逻辑，在网页中嵌入 javascript 控制用户的基本输入和动态显示控制，然后服务端的 java 程序进行数据的数据库存储以及相关的信息发送，客户端与服务端通过 restapi 的方式进行获取。

二　展示系统分析

1. 展品仿真体验

在拼装的时候，设置好构件节点之间的连接关系，在交互事件设置以及各种事件响应的对应关系建立之后，一个可以测试的展品就可以进入仿真状态了。系统进入仿真状态后，会自动根据拼装所设置的各种属性，在不同的仿真解算模块中注册相应的事件处理和状态更新逻辑，这样一个可以动态交互的展品就以三维的方式展现在虚拟场景中。

用户可以利用鼠标与场景中的按钮以及推杆等进行交互，相应的交互事件触发下驱动各个仿真模块进行解算，每个节点在仿真模块中注册的响应逻辑建立节点仿真推演的更新过程。

进入展品仿真后，首先初始化阶段会根据展品拼装所建立的场景树进行遍历，对于每个节点，根据所设置的交互事件以及事件响应逻辑等属性，在仿真模块中进行动态更新逻辑搭建。然后在仿真开始后，系统会自动根据每个仿真模块的逻辑分别对各个节点的状态进行更新，包括节点运动，节点特效控制，以及物理运动仿真规制施加不同的力学模型，并针对激光路径计算，进行状态更新等，如图 8-2 所示。

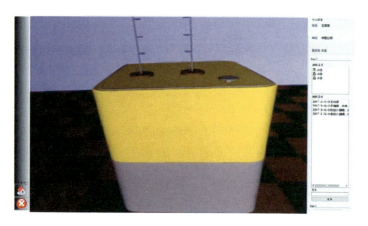

图 8-2　展品仿真演示

每个仿真模块按照 pipeline 方式构建更新机制，每个阶段的状态如果发生改变，则需要进行重新计算，如果没有改变，则只需要保持原有状态，这样可以大大降低更新处理的要求。

系统采用扩展机制，系统建立基本的仿真推演框架。在该系统中，不同的仿真模块按照插件 plugin 的方式进行扩展。系统的主循环会主动调用不同插件的更新函数，完成插件中的各种仿真算法。

在系统中，不同的仿真模块按照统一的插件接口注册到插件关系系统中。

设计的展品在发布后可以选择在虚拟场景中体验验证，并可以选择不同场景模式，以第一人称视点的方式，在虚拟场景中漫游，全方位检查展品设计内容，并与展品所设计的交互方式进行交互，如点击虚拟按钮实现展品的功能启动，或者选择旋钮拖动，对控制展品的逻辑进行仿真验证，如图 8-3 所示。

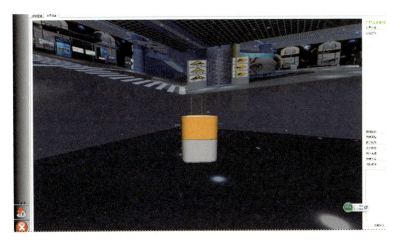

图 8-3　三维展品演示场景

由于场景以及展品都是三维的模型，相关的内容都可以以立体的方式输出。如接上虚拟显示头盔，实现真正虚拟场景的漫游，并利用 leapmotion 的手部跟踪实现对展品的虚拟交互。

2. 展品评价与用户反馈

虚拟体验是概念设计中一个重要的环节，让团队用户能够在场景中，通过模拟真实情况的体验，全方位多角度地验证展品的实际效果，然后根据体验的结果反馈到展品的设计评价上去。

三　展品的数字化仿真技术示例

在展品拼装的基础上，进行在线数字化仿真，以便更直观地了解展品功能和互动效果，从而实现概念设计阶段成果从传统的静态的展品效果图到动态仿真演示的提升。下面以展品"光的路径"为例介绍仿真功能的原理和使用方法（见图 8-4）。

图 8-4 光的路径（声光体验）

1. 构件部分

● 展台柜模型

按照基本的三维模型导入，包括几何模型数据、基本的材质数据，模型尺寸根据 SolidWorks 中设计的实际尺寸，换算到虚拟场景中的尺寸。

在构件中添加拼装接口，并设置为子节点拼装类型（拼接拼装式指在拼装之后，两个构件在场景中的节点关系是平级，如果是子节点类型的拼装，则拼装之后，加入该拼装接口的是其子节点）。

分类上传该构件。

● 按钮

作为通用构件已经包含在构件库中。用户也可以添加自定义模型的按钮构件，并分类上传到构件库中。

构件包含基本的几何模型和纹理材质。

构件包括添加的拼装接口。

构件包括添加的事件触发，以及设置触发事件类型。添加事件触发的模型，在交互的时候，用户可以利用鼠标点击，或者点击拖动，会产生相应的颜色改变以及发送相应的消息。

● 旋钮

作为通用构件已经包含在构件库中。用户也可以添加自定义模型的旋钮构件，并分类上传到构件库中。

构件包含基本的几何模型和纹理材质。

构件包括添加的拼装接口。

构件包括添加的事件触发，以及设置触发事件类型。添加事件触发的模型，在交互的时候，用户可以利用鼠标点击，或者点击拖动，会产生相应的颜色改变以及发送相应的消息。

● 转盘

作为通用构件已经包含在构件库中。用户也可以添加自定义模型的转盘构件，并分类上传到构件库中。

构件包含基本的几何模型和纹理材质。

构件包括添加的拼装接口，包括上下两个拼装接口，下拼装接口为普通拼装接口，上拼装接口为子节点类型拼装接口。

构件包括添加 action 动作设置，这里主要指运动自由度设置，这里设置为旋转方式，并设置旋转中心 pivot，以及运动范围。

● 光学组件

不同的光学组件需要作为不同的构件加入构件库中。通用构件库中包含了该展品中的一些光学组件，用户也可以自定义产生，并分类上传到构件库中。

构件包含基本的几何模型和纹理材质。

构件包括添加的拼装接口、接口类型。

构件包括添加 action 动作设置，这里主要是运动自由度设置，这里设置为旋转方式，并设置旋转中心 pivot，以及运动范围。

构件包括添加的反射和投射面，这些面在进行光线计算中，会考虑进行相应的光线变化。

● 激光光源组件

激光光源组件在通用构件库中已经包含，用户也可以自定义产生，并分类上传到构件库中。

构件包含基本的几何模型和纹理材质。

构件包括添加的拼装接口、接口类型。

构件包括添加 action 动作设置，这里主要指激光发射。

● 光线发射范围限定组件

光线发射范围限定组件在通用构件库中已经包含，用户也可以自定义产生，并分类上传到构件库中。

构件包含基本的几何模型和纹理材质。

构件包括添加的拼装接口、接口类型。

该构件在光线运算中，会作为激光终止的条件。

2. 拼装部分

树形结构节点管理，从构件库中选择不同构件，按照拼装接口进行拼装。

针对每个展品设计，就是一个基本的三维场景。

场景初始包括基本的地板、参考人物模型（标准成人，身高 1.75m，以及儿童模型，身高 1.1m）、室内基本环境、基本的光照模型节点、自由视点节点等。

用户从构件库中选择不同构件，加入场景中，并能够根据拼装接口进行相应的平移及旋转操作，实现对节点位置的修改。

用户能够用鼠标点选不同的节点（构件加入场景就是一个实体，称为节点），然后修改节点的相关属性（包括设置材质、纹理，以及缩放控制），也能根据拼装接口进行平移和旋转。

用户可以根据参考人物模型的高低，对展品的尺寸进行调整，包括缩放相应的几何模型。

对于可以交互的节点（如按钮、旋钮），选中节点之后，在属性对话框中，用户可以设定该节点在进行交互的时候需要产生的消息类型 ID，以及消息所传递的参数。

对于具有 action 的节点（如激光、转盘），选中节点之后，在属性对话框中，用户可以设定消息 ID，以及消息参数的系数。

系统会根据拼装接口的类型，自动设定各个节点之间的父子关系，这个父子关系将应用在运动控制以及相应的几何变化上。

系统会根据各个消息以及 action 之间的映射关系，自动建立相应的函数调用关系。

用户可以对节点的某些变化以及关键位置设定相应的提示，这个标注信息会产生三维的文字标签加入模型位置。

用户对每个节点的设置和修改都定义为一个"操作"，每个操作在网络协作设计的时候会自动与服务端内容进行更新。用户也可以根据协作设计中的对话功能，进行实时文字交流。

展品拼装好之后，需要上传到服务端发布，或者进入仿真部分验证。

3. 仿真部分

编辑好的展品就可以进入仿真状态进行验证。用户可以与展品进行实时交互，观察是否达到展品设计的预期效果。

在仿真状态下，用户视点按照参考人物模型视角进行场景浏览（不同于拼装时的自由视点，这里视点高度根据参考人物高度限制，采用地形跟随漫游方式）。用户可以利用鼠标对能够交互的节点进行相应的操作，如点击按钮、点击拖动旋转按钮等。展品会按照所设计的运动和状态改变进行相应的计算推演。

　　仿真中如果发现问题，可以随时切换回拼装状态，进行相应的拼装调整。

　　用户点击按钮，会触发相应的事件，事件又驱动相应的节点的 action，包括激光开始发射、转盘进行旋转。用户点击和拖动旋转按钮，可以旋转相应的光学组件。

　　系统仿真包括物理仿真、事件驱动仿真两大类。根据展品设计的类型，系统会自动进行相应的仿真推演。光线从激光光源发射，然后进行射线检测，在碰撞平面上判断是不是光学组件，然后进行动态光线生成和绘制。

　　通过以上的拼装和仿真过程，利用素材库中的模块素材形成一件展品的交互仿真模型，可以更直观地展示展品的设计思路，使分享和讨论更有针对性。

第九章 | **共享平台研究成果**

通过共享平台研究设计，建立了展品研发与创新共享平台，实现展品在线交互设计、成果展示、业务交流、实时通信、展品信息检索、展品技术资料上传及下载等，实现展品在线协同交互设计和成果的实时展示，以及展品研发设计在线业务交流。开发了实现可扩展与高可用的系统基础架构层、支持海量数据查询的系统平台层、支持互动与协作共享的系统应用层，构建科技馆展品研发设计资料数据库，尝试建立保护知识产权、激励创新研发的资源共建共享机制，并通过课题实际工作的锻炼，建立一支具备信息化思维方式、掌握并熟练使用最新信息技术，同时具备较强展品研发设计能力的、高素质的科技馆展品开发专业人才队伍。

一　主要成果

1. 共享平台业务系统的功能

共享平台融合了虚拟化技术、私有云管理、分布式存储技术、大规模计算技术、互联网技术和移动通信技术等多种技术，能够有效缩小科技馆展品研发生产行业及设计人员与社会及公众的距离，从而更加广泛、深入地了解社会、公众对科技发展的关注点和对科普资源的实际需求，同时还可以充分调动社会力量参与科技馆展品设计研发工作的积极性，同时，也会引领技术创新和产业提升，具有广阔的应用前景（见图 9-1）。

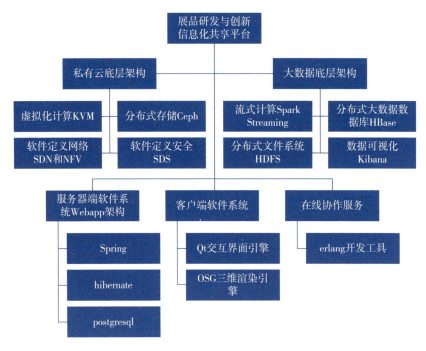

图 9-1 共享平台功能实现的技术架构

在课题研究过程中，项目团队综合调研了多行业的领先技术和流行趋势，确保课题成果具有良好的开放性和可集成性，并能够具有较大的负载能力，同时具有技术的前瞻性，符合行业流行发展趋势。

共享平台的底层支撑系统采用私有云加大数据的技术架构，采用了最小规模部署方式，使用一台万兆网络接入设备，采用 x86 服务器作为计算设备、存储设备及安全设备，计算采用 KVM 虚拟化，存储采用 Ceph 基于本地磁盘的分布式存储，安全采用基于 NFV 技术的网络服务及安全方案。大数据架构采用大数据集群部署，集群由流式计算、分布式文件系统、分布式数据库、大数据查询和可视化系统构成。由分布式数据库 HBase 对结构化数据进行存储，由和分布式文件系统 HDFS 对非结构化的展品资料数据进行存储，再通过流式计算 Storm 以 Streaming 的方式进行数据读取和计算，通过 Elastic Search 对数据进行查询，通过 Kibana 对数据进行图形化和可视化的展示。无论是业务系统的数据（展品结构化信息和展品文件），还是底层基础设施的运维数据（网络 Flow 数据），通过大数据架构实现存储、查询和展示分析。

应用系统服务器端采用 tomcat 的 Webapp 架构平台系统，使用 Java 语言开发，选择 Spring + hibernate + postgresql 的技术框架；客户端是采用 C++ 语言开发，使用了 QT 交互界面引擎和 OSG 三维渲染引擎；客户端与服务器端的资源访问采用了 restAPI 协议；协作服务的数据同步采用电信级的 erlang 开发工具定制完成。

2. 实现支持互动与协作共享的系统功能

本课题成果中的在线协作设计系统、模块化通用部件素材库、展品设计成果资料库、设计成果展示与交流信息系统在实际工作应用过程中，可提供用户互动体验、展品研发人员群体协作、科技馆展品创新技术展示和共享、海量科技馆展品资源共享等功能。建成的展品设计成果资料库为展品设计工业化提供了基础条件。

在线协作设计系统在三维图形设计的基础上引入协作机制，并且它是促进设计团队正常并且有效工作的基础。然而目前国内外的相关研究多着重在网络应用中如何提供多元化的人机界面，对于群体支持的协作方式和协作规则，却很少完整定义出来。实际上，以互联网为基础的群体协作应用的关键是必须有一个有效的协作机制，让用户互相沟通与协调，以提高协作的质量。为科技馆创新展品的知识产权提供了行业展示平台，成为展品资源共建共享机制建立的基础。

针对科技馆创新展品的研发难度大、风险高、成功率低等现实问题，本课题组建成的展品设计成果资料库，其功能不局限于资料的存储和管理，重点是为创新展品的知识产权保护和展品资源共建共享机制的建立提供基础保障。

共享平台为展品资料共建共享机制的建立解决了如下四个关键问题。

第一，易接近性问题。给产权所有者（资料提供方）与使用方（接收方）提供便捷的技术环境是引发展品资料共建共享行为的保障因素。共享平台拥有在线协作设计软件系统和设计成果展示与交流信息系统，用户可以通过虚拟展品的三维演示、协作设计以及在线浏览各类型展品资料的方式充分了解相关技术细节，甚至可以下载展品的加工图纸。

第二，经费问题。给展品资料提供者资助经费是共享动机的激励方式之一，其优点是作用直接、效果立竿见影，但缺点是经费的支持是一个持续不断的过程，而这类动机激励通常会产生资源共建共享不可持续的问题。本课题采用的激励方式是激励参与者的利他主义和由此带来的满足感，虽然此种激励作用的力度较小，但可以持续。

第三，版权问题。展品版权的被认可也是共享动机的激励方式之一。以往的资料管理系统强调所有资料要进行入库并统一管理，展品资料的提供者遂失去了对资料的控制。这种管理系统一旦面向互联网开放，展品资料得不到行业和社会的认可，甚至被盗版，由此导致展品资料持续供给的障碍。本课题的展品设计成果资料库中产权所有者的登录账号对自己的展品资料具有完全的控制权，产权所有者可以根据外部情况动态管理展品资料的开放程度和用户范围，这为展品资料的逐步开放和共享提供了可持续发展的条件。

第四，展品质量问题。展品资料的质量会影响使用者的参与动机。以往的资料管理系统看重展品资料的静态质量和绝对质量，而本课题看重的"精品"是相对的、发展的，强调精品展品是在广泛的交流中优化而成的。展品设计成果资料库不仅能记录展品资料的下载量和浏览量，还能记录使用者的评价和意见，通过这些直接用户的反馈意见，展品所有者可以不断完善并提升展品质量，甚至对后续的创新展品研发工作也有帮助。

二　测试使用效果

共享平台建成后，在中国科学技术馆、四川科技馆、河北省科技馆开展了试用测试，科技馆以及相关展品制作企业技术人员进行线上交流协同设计，验证了系统功能和使用效果。在多个场馆、不同专业岗位的试用，证明该平台系统初步实现了课题设立的主要功能，实现了预期目标。

如中国科技馆的"儿童科学乐园"主题展厅更新改造项目中进行的在线协同设计测试，以展品策划和艺术设计人员为主，在讨论沟通的同时在线修改模型，并在设计过程中和确认阶段引入机械设计和电控设计人员提供的建议，保证设计成果的合理可行。

传统的展品设计过程一般以会议当面讨论、电话沟通、网络通信软件文件交流为主，在每次交流表达对项目或阶段性成果的意见后，艺术设计人员在本地电脑上进行制图和修改，提交给策划负责人审核确认，策划人员再次指出问题和建议，每件展品需要这样往返3~5次才能定稿。在线协同设计软件可将相关人员集中到一个交流平台，针对同一个三维模型发表意见，沟通交流，并可以实时修改，将每次交流、修改、确认的过程大大缩短。传统的策划过程通常将概念设计完成后才交给技术设计组，如果这时发现问题经常需要再回去修改概念设计，造成返工，浪费工作时间。利用平台进行的协调设计过程中，可以方便地邀请技术设计人员提前加入，发表意见和确认成果，缩短研发周期，保证设计的质量效果。

第八届中国（芜湖）科普产品博览交易会（以下简称"科博会"）期间，展品研发与创新信息化共享平台参与展出，现场展示了平台功能和开发情况，得到科技馆行业展品设计人员的认可，设计人员对基于互联网的协同设计模式发展前景给予很高的期望（见图9-2）。

图 9-2　科博会展出

结　语

　　展品研发与创新信息化共享平台为展品设计人员与制作企业搭建了高效协作的桥梁，通过互联网、虚拟仿真、远程协作等技术的应用，根据科技馆展品设计行业内对通过应用信息化手段实现协作设计的迫切需求，解决了展品设计过程中一直存在的研发难度大、风险高、成功率低等问题，实现了可视化的远程协作设计和展品设计成果资料的共建共享。实现了在展品设计工作中相互学习、相互启发、相互促进、取长补短，希望助力于全国科技馆展品研发设计人员的研发能力和设计水平的提升。课题应用测试过程中，展品研发与创新信息化共享平台的应用改变了传统的沟通交流方式，具备提升科技馆展品设计研发工作协作效率的巨大潜力。

　　展品研发与创新信息化共享技术的推广应用，将增强科技馆展品设计研发工作的可参与性，使社会上更多的团体和个人能有机会向科普工作的管理者、科普资源的开发者充分表达自己对科技的看法、对科普的需求，并可进一步地参与到展品研发工作中。通过展品设计成果资料库的建立，展品设计和研发人员享有对自己的设计成果完全的管理和共享权限，在获得展现自我能力的同时，可以得到使用者最直接的反馈意见，有效地提升展品设计人员的知识产权意识，并促进展品设计成果共建共享机制的建立和不断完善。

　　课题组对传统的展览展品研发模式进行了深入研究，调研对比可用的互联网通信、协同设计技术，提出了新时期协同展品设计和共建共享的技术路线，并搭建测试系统验证了其可行性，为科技馆行业信息化、标准化、协同化打下了坚定的基础。相信在不远的将来，一方面，随着通信工具、设计软件、仿真演示等各领域的技术进步，将建成功能更加完备、技术更成熟、性能更加稳定的软件平台；另一方面，逐渐形成全行业乃至全社会众筹众创、共建共享科普资源的机制，形成内容不断丰富、用户不断扩充的良性循环，在技术和机制的共同助力下，科技馆展览展品研发行业将得到进一步发展，提供更多优质展览展品，助力科技馆展教水平再上新台阶。

图书在版编目（CIP）数据

国家科技支撑计划项目研究：全五册. 第五分册，
展品研发与创新信息化共享平台建设 / 中国科学技术馆
编著. -- 北京：社会科学文献出版社，2021.10
ISBN 978-7-5201-9430-3

Ⅰ.①国… Ⅱ.①中… Ⅲ.①科学馆－陈列设计－研
究－中国 Ⅳ.①G322

中国版本图书馆CIP数据核字（2021）第243600号

国家科技支撑计划项目研究（全五册）
第五分册　展品研发与创新信息化共享平台建设

编　　著 / 中国科学技术馆

出 版 人 / 王利民
组稿编辑 / 邓泳红
责任编辑 / 宋　静
责任印制 / 王京美

出　　版 / 社会科学文献出版社·皮书出版分社 （010）59367127
　　　　　　地址：北京市北三环中路甲29号院华龙大厦　邮编：100029
　　　　　　网址：www.ssap.com.cn
发　　行 / 市场营销中心（010）59367081　59367083
印　　装 / 北京盛通印刷股份有限公司

规　　格 / 开　本：787mm×1092mm 1/16
　　　　　　本册印张：6.25　本册字数：83千字
版　　次 / 2021年10月第1版　2021年10月第1次印刷
书　　号 / ISBN 978-7-5201-9430-3
定　　价 / 598.00元（全五册）